普通高等教育"十一五"国家级规划教材修订版

高职高专机电类系列教材

机械工业出版社精品教材

机械制造工程

第 4 版

吴 拓 编

U0168259

机械工业出版社

本书是为适应高等职业教育机械类和近机械类专业教学体系改革的需要，将"金属切削原理与刀具""金属切削机床概论""机床夹具设计""机械制造工艺学""金属工艺学"以及"当代先进制造技术"等专业课程中的核心教学内容有机地结合起来，从培养技术应用能力和加强工程素质教育出发，以机械制造技术的基本原理为主线，综合编写而成的、系统的机械制造专业基础课教材。全书共分四篇，计十五章。第一篇金属切削加工及装备，包括金属切削加工的基本知识、金属切削过程及其基本规律、金属切削基本理论的应用、典型金属切削加工方法及刀具、金属切削机床；第二篇机械制造工艺，包括机械加工工艺规程、典型表面与典型零件的加工工艺、特种加工与其他新加工工艺、机械加工质量；第三篇常用机床夹具及其设计，包括机床夹具及机床夹具设计概要、工件的定位与夹紧、刀具导向与夹具的对定；第四篇当代先进制造技术概要，包括现代制造技术新理念、工业自动化制造技术、智能制造技术。书中加入了实训项目四个，即见习参观、金工实训、机械制造工艺课程设计、机床夹具课程设计。

本书注重实际应用，突出基本概念，内容翔实，精炼简明，可供高等职业教育机械类和近机械类专业使用，也可供有关工程技术人员参考。

本书配有电子课件，凡使用本书作为教材的教师可登录机械工业出版社教育服务网 www.cmpedu.com 注册后下载。咨询电话：010-88379375。

图书在版编目（CIP）数据

机械制造工程/吴拓编. —4 版 .—北京：机械工业出版社，2020. 11
（2024.9 重印）

普通高等教育"十一五"国家级规划教材：修订版　高职高专机电类系列教材　机械工业出版社精品教材

ISBN 978-7-111-66990-6

Ⅰ.①机…　Ⅱ.①吴…　Ⅲ.①机械制造工艺-高等职业教育-教材
Ⅳ.①TH16

中国版本图书馆 CIP 数据核字（2020）第 234375 号

机械工业出版社（北京市百万庄大街 22 号　邮政编码 100037）
策划编辑：薛　礼　责任编辑：薛　礼　王莉娜
责任校对：张　薇　封面设计：马精明
责任印制：郜　敏
中煤（北京）印务有限公司印刷
2024 年 9 月第 4 版第 3 次印刷
184mm×260mm · 26.5 印张 · 718 千字
标准书号：ISBN 978-7-111-66990-6
定价：68.00 元

电话服务　　　　　　　网络服务
客服电话：010-88361066　机　工　官　网：www.cmpbook.com
　　　　　010-88379833　机　工　官　博：weibo.com/cmp1952
　　　　　010-68326294　金　书　网：www.golden-book.com
封底无防伪标均为盗版　机工教育服务网：www.cmpedu.com

前言 PREFACE

机械制造业是在我国国民经济中起着极其重要作用的基础工业。近年来，随着科学技术的进步，特别是微电子技术、计算机技术、信息技术等与机械制造技术的深度结合，机械制造业发生了深刻的变化，呈现出激烈的国际性竞争的高速发展态势。机械工业的高速发展，对高等职业院校培养工程技术人才提出了更高的要求。为了使学生建立与现代机械制造业发展相适应的系统的知识体系，高等职业院校就必须根据现代机械制造业的发展调整机械制造专业的课程体系结构和教学内容。机械制造专业课程如何进行改革成了高等职业院校共同面临和普遍关注的热点问题。

《机械制造工程》教材自出版以来，得到了读者的充分肯定，2006年8月被列入普通高等教育国家级"十一五"规划教材。然而，科学技术的发展与进步是永无止境的。近年来，随着信息化技术的迅猛发展，先进技术不断涌现，传统制造技术受到了前所未有的冲击和考验。传统的机械制造技术虽然仍然是机械制造的基础技术，但必须融合当今正在快速发展的现代制造技术，才能满足我国机械制造业，尤其是机械装备业的高速发展对人才需求。

本书是基于高等职业教育目标和教学特点，将与机械制造相关的几门专业课程中的核心教学内容有机地结合起来，从培养技术应用能力和加强工程素质教育出发，以机械制造工程的基本原理为主线，综合编写而成的一门系统的机械制造专业基础课教材。编者在总结多年教学实践经验的基础上，认真吸取兄弟院校专业教学改革的成功经验，十分注重加强基础教育、突出能力培养，同时适当融入一些反映国内外新成果、新技术的内容，以扩大知识面，在内容上尽量将相关内容有机地结合，避免了不必要的重复。本书具有如下几个鲜明特色：

1）优化篇章设置，使知识结构更加明晰。本书分为四篇，将机械制造技术分为四大模块，使得知识结构更加清晰，既反映了它们的独立性，又反映了它们的相关性。

2）内容丰富，知识体系更加完整。增加更具前瞻性的内容，使学生既掌握传统知识，又着眼当代先进制造技术，树立不断创新的意识。

3）体例新颖，知识要点更加突出。每章都设置有教学导航，将每章的知识目标、能力目标、学习重点、学习难点大体列出，知识要点清晰、重点突出。

4）主旨明确，内容精炼，实用性强。本书编撰时力求贯彻四条原则：一是具有明显的"职业"特色；二是贯彻职业教育以"必需、够用"（注意，这里的"够用"必须两层含义都包含，即只需满足需要就够了，不宜过多；又必须满足应用需要，不能缺漏）为度的原则；三是以培养职业能力为目标；四是以传统机械制造技术为基础，结合当代机械制造技术的新概念、新特点、新技术及新发展，充分体现机械制造技术知识的完整性、系统性和科学性。

5）配有实训项目，突显"教、学、做"一体化。

6）综合性强、适用面宽。机械制造与自动化、数控技术、模具设计与制造技术等机械类专业都可选用本书。本书既适合教学又适合自学，可供高等职业院校机械类和近机械类相关专业使用，也可供有关工程技术人员参考。

本书内容详尽，鉴于大学课程设置普遍较多，课时较难满足需要的现状，在教学上建议：①授课应根据课时数的安排和专业方向的设置做出合理选择，采取精讲和甄选相结合的原则；②指导学生遵循"牛吃草"式的"反刍"法学习，先灌输、后细嚼。

　　本书在编写过程中得到了众多同仁好友的热情支持，在此表示衷心感谢！本人虽殚精竭虑、字斟句酌、全身心地投入编写，但由于水平有限，书中难免仍有疏漏和不当之处，恳请广大读者不吝批评指正。

编　者

目录 CONTENTS

第四篇　当代先进制造技术概要

第十三章　现代制造技术新理念　359

第十四章　工业自动化制造技术　377

第一篇

金属切削加工及装备

第一章 CHAPTER 1　金属切削加工的基本知识

教　学　导　航

【知识目标】

1. 了解金属切削加工技术发展概况。

2. 了解金属切削运动和工件上的表面；掌握切削用量、切削层横截面要素等概念。

3. 熟悉刀具材料应具备的性能；掌握常用刀具材料。

4. 熟悉刀具切削部分的结构要素；熟悉刀具角度的参考系；掌握刀具标注角度和工作角度的概念。

【能力目标】

1. 通过学习，能够计算切削用量。

2. 通过学习，能够标注刀具角度。

【学习重点】

1. 掌握刀具的标注角度。

2. 常用刀具的使用性能。

【学习难点】

刀具角度的标注。

第一节　金属切削加工概述

知识要点一　金属切削加工的概念

一般情况下，通过铸造、锻造、焊接和轧制的型材毛坯精度低、表面粗糙度值大，不能满足零件的使用性能要求，必须进行切削加工才能成为合格的零件。

金属切削加工是通过金属切削刀具与工件之间的相对运动，从毛坯上切除多余的金属，使工件达到规定的几何形状、尺寸精度和表面质量，从而获得合格零件的一种机械加工方法。

金属切削加工分为机械加工和钳工加工两大类。机械加工通常通过各种金属切削机床对工件进行切削加工。机械加工的基本形式有车削、铣削、钻削、镗削、刨削、拉削、磨削、珩磨、抛光以及各种超精加工方法等。钳工加工则是使用手工切削工具在钳台上对工件进行加工的，其基本形式有划线、錾削、锉削、锯削、刮削、研磨以及钻孔、铰孔、攻螺纹（加工内螺纹）、套螺纹（加工外螺纹）等；此外，机械装配和设备修理也属于钳工加工。

在现代机械制造中，除少数零件采用精密铸造、精密锻造以及粉末冶金或工程塑料压制等方法直接获得零件（有的局部仍需切削加工）外，绝大多数零件仍需通过切削加工，以满足加工精度和表面质量的要求。因此，金属切削加工在机械制造中占有十分重要的地位。在切削加工中，选择合理的加工方法，对于保证产品加工质量、提高生产率和降低成本是非常重要的。

知识要点二　金属切削加工的功用

任何机器或机械装置都是由多个零件组成的。组成机械设备的零件虽然多种多样，但最常见的有三类，即轴类零件，如传动轴、齿轮轴、螺栓、销等；盘类零件，如齿轮、端盖、挡环、法兰盘等；支架类零件，如连杆、支架、变速箱机体和机盖等。

任何一个零件表面又都是由若干个基本表面组成的。组成零件的基本表面及其形成如图 1-1 所示，主要有以下几种：

（1）圆柱面　圆柱面是以直线为母线，以圆为轨迹，且母线垂直于轨迹所在平面做旋转运动所形成的表面（图 1-1a）。

（2）圆锥面　圆锥面是以直线为母线，以圆为轨迹，且母线与轨迹所在平面相交成一定角度做旋转运动所形成的表面（图 1-1b）。

（3）平面　平面是以直线为母线，以另一直线为轨迹做平移运动所形成的表面（图 1-1c）。

（4）成形表面　成形表面是以曲线为母线，以圆为轨迹做旋转运动或以直线为轨迹做平移运动所形成的表面（图 1-1d、e）。

机械零件的这些表面大多都由切削加工得到。不同的表面需要采用不同的加工方法，加工零件必须合理地、按顺序加工出各个表面。

图 1-1　零件的表面及其形成

第二节　切削运动和切削要素

知识要点一　切削运动

在金属切削加工中，刀具和工件间必须完成一定的切削运动，才能从工件上切去一部分多余的金属层。切削运动是为了形成工件表面所必需的、刀具与工件之间的相对运动。切削运动按其作用不同，分为主运动和进给运动，如图1-2所示。

图1-2 切削运动和加工表面

a) 车削 b) 铣削 c) 刨削 d) 钻削 e) 磨削

1—主运动 2—进给运动 3—待加工表面 4—过渡表面 5—已加工表面

1. 主运动

主运动是指切除多余金属所需要的刀具与工件之间最主要、最基本的相对运动。切削过程中，有且只有一个主运动，它的速度最高，消耗的功率最大。主运动可以是直线运动，也可以是旋转运动。车削的主运动是工件的旋转运动；铣削和钻削的主运动是刀具的旋转运动；磨削的主运动是砂轮的旋转运动；刨削的主运动是刀具（牛头刨床）或工件（龙门刨床）的往复直线运动等。

刀具切削刃上选定点相对于工件的主运动的瞬时速度称为切削速度，用矢量 v_c 表示。

2. 进给运动

进给运动是指使新的切削层金属不断地投入切削，从而切出整个工件表面的运动。进给运动可以是连续运动，也可以是间断运动；可以是直线运动，也可以是旋转运动。车削的进给运动是刀具的移动；铣削的进给运动是工件的移动；钻削的进给运动是钻头沿其轴线方向的移动；内、外圆磨削的进给运动是工件的旋转运动和移动等。进给运动可以有一个或者多个，切削过程中有时也可以没有单独的进给运动。它的速度较小，消耗的功率也较小。

切削刃上选定点相对于工件的进给运动的瞬时速度称为进给速度，用矢量 v_f 表示。

切削加工过程中，为了实现机械化和自动化，提高生产率，一些机床除切削运动外，还需要辅助运动，例如切入运动、空程运动、分度转位运动、送夹料运动以及机床控制运动等。

3. 合成切削运动

主运动和进给运动的合成运动称为合成切削运动。合成切削运动的瞬时速度用矢量 v_e 表示，$\boldsymbol{v}_e = \boldsymbol{v}_c + \boldsymbol{v}_f$。

$\boldsymbol{v}_c$ 和 $\boldsymbol{v}_f$ 所在的平面称为工作平面，以 P_{fe} 表示。

在工作平面内，同一瞬时主运动方向与合成切削运动方向之间的夹角称为合成切削速度角，以 η 表示，如图1-3所示。

由 η 角的定义可知

$$\tan\eta = \frac{v_f}{v_c} = \frac{f}{\pi d} \tag{1-1}$$

式中　d——随着车刀进给而不断变化着的切削刃选定
点处工件的旋转直径；

　　　f——进给量。

知识要点二　工件上的表面

切削过程中，工件上始终存在着三个不断变化的表
面，如图1-2所示，即待加工表面、已加工表面和过渡
表面。

待加工表面：工件上有待切除的表面。

已加工表面：工件上由刀具切削后产生的新表面。

过渡表面：在待加工表面和已加工表面之间由切削
刃在工件上正在形成的那个表面。它将在下一次切削过
程中被切除。

图1-3　合成切削速度角

知识要点三　切削要素

切削要素包括切削用量和切削层横截面要素。

1. 切削用量

切削用量是指切削加工过程中切削速度、进给量和背吃刀量（切削深度）三个要素的总称。
它表示主运动和进给运动量，用于调整机床的工艺参数。

（1）切削速度　切削速度 v_c 是指切削刃上选定点相对于工件的主运动的瞬时线速度，单位
为 m/s 或 m/min。主运动是旋转运动时，切削速度的计算公式为

$$v_c = \frac{\pi d n}{1000} \tag{1-2}$$

式中　d——完成主运动的刀具或工件的最大直径，单位为 mm；

　　　n——主运动的转速，单位为 r/s 或 r/min。

在生产中，磨削速度单位用 m/s，其他加工的切削速度单位习惯用 m/min。

（2）进给量　进给量 f 是指工件或刀具的主运动在每转或每一行程中，刀具与工件两者在进
给运动方向上的相对位移量，单位是 mm/r。

主运动是往复直线运动时每往复一次的进给量。

进给速度 v_f 是指刀具切削刃上选定点相对于工件进给运动的瞬时速度。进给量 f 与进给速度
v_f 之间的关系为

$$v_f = f n \tag{1-3}$$

（3）背吃刀量　背吃刀量 a_p 也写作 a_{sp}，是指工件已加工表面和待加工表面之间的垂直距
离，单位是 mm。

外圆车削背吃刀量 a_p 为

$$a_p = \frac{d_w - d_m}{2} \tag{1-4}$$

钻孔背吃刀量 a_p 为

$$a_p = \frac{d_m}{2} \tag{1-5}$$

式中　d_m——已加工表面直径，单位为 mm；

　　　d_w——待加工表面直径，单位为 mm。

2. 切削层横截面要素

切削层是指在切削过程中刀具的切削刃在一次走刀中所切除的工件材料层，切削层的轴向剖面称为切削层横截面，如图 1-4 所示。

图 1-4 纵车外圆时的切削层要素

切削层横截面要素是指切削层的横截面尺寸，包括切削层公称宽度 b_D、切削层公称厚度 h_D 和切削层公称横截面积 A_D 三个要素。

（1）切削层公称宽度 b_D 切削层公称宽度是指刀具主切削刃与工件的接触长度，单位是 mm。车削时，车刀主切削刃与工件轴线之间的夹角即主偏角 k_r，则

$$b_D = \frac{a_p}{\sin k_r} \tag{1-6}$$

（2）切削层公称厚度 h_D 切削层公称厚度是指刀具或工件每移动一个进给量 f 时，刀具主切削刃相邻的两个位置之间的垂直距离，单位是 mm。车外圆时

$$h_D = f \sin k_r \tag{1-7}$$

（3）切削层公称横截面积 A_D 切削层公称横截面积即切削层横截面的面积，单位是 mm^2，可以表示为

$$A_D \approx b_D h_D = a_p f \tag{1-8}$$

第三节 刀具材料

在切削过程中，刀具直接承担切除工件余量和形成已加工表面的任务。刀具切削性能的优劣，取决于构成刀具切削部分的材料、几何形状和刀具结构。然而，无论刀具结构如何先进，几何参数如何合理，如果刀具材料选择不当，都将不能正常工作，由此可见刀具材料的重要性。它对刀具的使用寿命、加工质量、加工效率和加工成本影响很大。新型刀具材料的应用，常常使刀具寿命提高几倍甚至几十倍，使一些难加工材料的切削加工成为可能。因此，应当重视刀具材料的正确选择和合理使用，重视新型刀具材料的研制。

知识要点一 刀具材料应具备的性能

在切削加工时，刀具切削刃与切屑、工件相互接触，承受着很大的压力和强烈的摩擦，刀具在高温下进行切削的同时，还承受着切削力、冲击和振动，工作条件十分恶劣，因此刀具材料必

须满足以下基本要求。

1. 高的硬度和耐磨性

高的硬度和耐磨性能够满足刀具抵抗机械摩擦和磨损的需要。刀具切削部分的硬度，一般应在60HRC以上。耐磨性则是材料硬度、强度、化学成分、显微组织等的综合效果，组织中碳化物、氮化物等硬质颗粒的硬度越高、颗粒越小、数量多且呈均匀弥散状态分布，则耐磨性越好。

2. 足够的强度和韧性

足够的强度和韧性能够满足切削刃在承受重载荷及机械冲击时不致破损的需要。切削时，刀具切削部分要承受很大的切削力、冲击和振动，为避免崩刃和折断，刀具材料应具有足够的强度和韧性。

3. 高的耐热性

高的耐热性能够满足刀具热稳定性的需要。刀具的耐热性又称为热硬性，即刀具材料在高温下必须能保持高的硬度、耐磨性、强度和韧性，才能完成切削任务。材料的耐热性越好，允许的切削速度也就越高。

4. 良好的导热性和较小的热膨胀系数

良好的导热性和较小的热膨胀系数能够提高零件加工精度。在其他条件相同的情况下，刀具材料的导热系数越大，则由刀具传出的热量越多，有利于降低切削温度、延长刀具寿命。热膨胀系数小，则刀具的热变形小，加工误差也小。

5. 稳定的化学性能和良好的抗黏结性能

稳定的化学性能和良好的抗黏结性能能够提高刀具抗化学磨损性能。刀具材料的化学性能稳定，在高温、高压下，才能保持良好的抗扩散、抗氧化的能力。刀具材料与工件材料的亲和力小，则刀具材料的抗黏结性能好，黏结磨损小。

6. 良好的工艺性能和经济性

为了便于使用和推广，刀具材料应具有良好的工艺性能和经济性。刀具材料具有良好的工艺性能，可以进行锻造、轧制、焊接、切削加工和磨削、热处理等，则方便制造加工，满足各种加工的需要。同时，刀具材料还应具备良好的综合经济性，即材料价格及刀具制造成本低，资源丰富，寿命长，有利于推广应用。

常用的刀具材料主要有工具钢（包括碳素工具钢、合金工具钢和高速钢）、硬质合金、陶瓷和超硬刀具材料（金刚石、立方氮化硼）四大类。目前使用量最大的刀具材料是高速钢和硬质合金。碳素工具钢和合金工具钢是早期使用的刀具材料，由于耐热性较差，现在已较少使用，主要用于手工工具或低速切削刀具，如锉刀、拉刀、丝锥和板牙等。

知识要点二　常用刀具材料

1. 高速钢

高速钢是加入了W、Mo、Cr、V等合金元素的合金工具钢，其合金元素W、Mo、Cr、V等与C发生化合反应形成高硬度的碳化物，使高速钢具有较好的耐磨性。W和C的原子结合力很强，可以提高马氏体受热时的稳定性，使钢在$550 \sim 600 ℃$时仍能保持高硬度，增加了钢的热硬性。Mo的作用与W基本相同，能细化碳化物晶粒，使钢中碳化物的分布更均匀，从而提高钢的韧性。V与C的结合力比W更强，并以稳定的VC形式存在，且VC晶粒细小，分布均匀，硬度很高，V使钢的热硬性提高的作用比W更强。W和V的碳化物在高温时能阻止晶粒长大。Cr在高速钢中的主要作用是提高其淬透性，也可提高回火稳定性，抑制晶粒长大。

高速钢具有高的强度和高的韧性，具有一定的硬度（热处理硬度在$62 \sim 66HRC$之间）和良好的耐磨性，其红硬温度可达 600～660℃。它具有较好的工艺性能，可以制造刃形复杂的刀具，如钻头、丝锥、成形刀具、铣刀、拉刀和齿轮刀具等，因刃磨时切削刃易锋利，故又名锋钢。

高速钢根据切削性能，可分为普通高速钢和高性能高速钢；根据化学成分，可分为钨系、钨钼系和钼系高速钢；根据制造方法，可分为熔炼高速钢和粉末冶金高速钢。

(1) 普通高速钢　普通高速钢工艺性能好，切削性能可满足一般工程材料的常规加工要求。常用的品种有：

1) W18Cr4V 钨系高速钢 W、Cr、V 的质量分数分别为 18%、4%、和 1%。它具有较好的综合性能和刃磨工艺性，可制造各种复杂刀具，但强度和韧性不够，精加工寿命不太长，且热塑性差，因此目前应用较少。

2) W6Mo5Cr4V2 钨钼系高速钢 W、Mo、Cr、V 的质量分数分别为 6%、5%、4% 和 2%。它具有较好的综合性能和刃磨工艺性。由于 Mo 的作用，其碳化物呈细小颗粒且均匀分布，故刀具抗弯强度和冲击韧性都高于钨系高速钢，并具有较好的热塑性，适于制作热轧刀具，如麻花钻，也可用于制造大尺寸刀具，但有脱碳敏感性大、淬火温度窄和热处理工艺较难掌握等缺点。

3) W9Mo3Cr4V 钨钼系高速钢旧称 9－3－4－1，W、Mo、Cr、V 的质量分数分别为 9%、3%、4% 和 1%。这是根据我国资源研制的牌号。其抗弯强度与韧性均比 6－5－4－2 好，高温热塑性也好，而且淬火过热、脱碳敏感性小，有良好的切削性能。

(2) 高性能高速钢　高性能高速钢是在普通高速钢中增加 C、V 含量，添加 Co、Al 等合金元素的新钢种。其常温硬度可达 67～70HRC，耐磨性和耐热性有显著提高，常用于不锈钢、耐热钢和高强度钢等难加工材料的切削加工。下面介绍其中主要的几种：

1) W6Mo5Cr4V3 高钒高速钢。由于将 V 的质量分数提高到了 3%～5%，从而提高了钢的耐磨性，一般用于切削高强度钢。但其刃磨性能比普通高速钢差。

2) W2Mo9Cr4VCo8 钴高速钢。它具有良好的综合性能，加入钴后可提高钢的高温硬度和抗氧化能力，因此可以提高切削速度，常用于切削高温合金、不锈钢等难加工材料。因含钴量高，故价格昂贵（约为 W18Cr4V 的 8 倍）。

3) W6Mo5Cr4V2Al 铝高速钢。铝高速钢是我国自主研发的新型高速钢种，它是在普通高速钢中加入了少量的铝，提高了高速钢的耐热性和耐磨性，具有良好的切削性能，寿命比 W18Cr4V 提高了 1～4 倍，价格低廉，与普通高速钢的价格接近。但其磨削性差、淬火温度范围窄、氧化脱碳倾向大、热处理工艺要求较严格。

(3) 粉末冶金高速钢　粉末冶金高速钢是把高频感应炉熔炼好的高速钢钢水置于保护气罐中，用高压惰性气体（如氩气）雾化成细小的粉末，然后用高温（1100℃）、高压（100MPa）压制、烧结而成。它克服了一般熔炼方法产生的粗大共晶偏析现象，热处理变形小，韧性好、硬度较高，耐磨性好。用它制成的刀具，可切削各种难加工材料。和熔炼高速钢比较，粉末冶金高速钢具有如下优点：

1) 由于可获得细小而均匀的结晶组织，完全避免了碳化物的偏析，从而提高了钢的硬度和强度；

2) 由于物理力学性能各向同性，可减少热处理变形与应力，因此可用于制造精密刀具；

3) 由于钢中的碳化物细小均匀，使磨削加工性得到显著改善；

4) 粉末冶金高速钢提高了材料的利用率。

粉末冶金高速钢目前应用较少，原因主要在于其成本较高，其价格相当于硬质合金，因此主要用来制造各种精密刀具和形状复杂的刀具，如拉刀、切齿刀具，以及加工高强度钢、镍基合金、钛合金等难加工材料用的刨刀、钻头、铣刀等刀具。

（4）涂层高速钢 涂层高速钢是一种复合材料，基体是强度、韧性好的高速钢，而表层是具有高硬度、高耐磨性的其他材料。涂层高速钢刀具的切削力小、切削温度下降约25%，切削速度、进给量可提高一倍左右，刀具寿命显著延长。

高速钢刀具表面涂层处理的目的是在刀具表面形成硬度高、耐磨性好的表面层，以减少刀具磨损，提高刀具的切削性能。高速钢刀具表面涂层的形成方法有蒸汽处理、低温气体氮碳共渗、辉光离子渗氮等。此外还可采用真空溅射的方法在刀具表面沉积一层 TiC 或 TiN（约 10μm），使刀具表面形成一层高硬度的薄膜，以延长刀具的寿命。这种工艺要求在高真空、500℃的环境下进行。

常用高速钢的牌号与物理力学性能请参见相关切削手册。

2. 硬质合金

（1）硬质合金的组成与性能 硬质合金是由高硬度、高熔点的金属碳化物和金属黏结剂经过粉末冶金工艺制成的。硬质合金刀具中常用的碳化物有 WC、TiC、TaC、NbC 等，黏结剂有 Co、Mo、Ni 等。

常用的硬质合金材料中含有大量的 WC、TiC，因此硬度、耐磨性、耐热性均高于高速钢，常温硬度可达 89~94HRA，热硬温度高达 800~1000℃，切削钢时，切削速度可达 220m/min 左右。在合金中加入了熔点更高的 TaC、NbC 后，可使热硬温度提高到 1000~1100℃，切削钢的切削速度可达到 300m/min。但是硬质合金的抗弯强度低、韧性差，怕冲击振动，工艺性能较差，不宜做成形状复杂的整体刀具。

硬质合金的物理力学性能取决于合金的成分、粉末颗粒的大小以及合金的烧结工艺。在硬质合金中，金属碳化物所占比例大，硬质合金的硬度就高，耐磨性也好；反之，若黏结剂的含量高，则硬质合金的硬度就会降低，但抗弯强度和冲击韧性有所提高。当黏结剂的含量一定时，金属碳化物的晶粒越小，则硬质合金的硬度越高。合金中加入 TaC、NbC 有利于细化晶粒，提高合金的耐热性。

（2）普通硬质合金的分类、牌号及其使用性能 普通硬质合金按其化学成分与使用性能分为四类：钨钴类、钨钴钛类、钨钴钛钽（铌）类和碳化钛基类。

1）钨钴类（YG 类）硬质合金。YG 类硬质合金相当于 ISO 标准的 K 类，主要由 WC 和 Co 组成，其常温硬度为 88~91HRA，切削温度可达 800~900℃，常用的牌号有 YG3、YG6、YG8 等。YG 类硬质合金的抗弯强度和冲击韧性较好，不易崩刃，适合切削脆性材料，如铸铁。YG 类硬质合金的刃磨性较好，刃口可以磨得较锋利，同时导热系数较大，可以用来加工不锈钢和高温合金钢等难加工材料、有色金属及纤维层压材料。但是，YG 类硬质合金的耐热性和耐磨性较差，因此一般不用于普通碳钢的切削加工。合金中含 Co 量越高，韧性越好，适于粗加工；含 Co 量少者适合精加工。

2）钨钴钛类（YT 类）硬质合金。YT 类硬质合金相当于 ISO 标准的 P 类，主要由 WC、TiC 和 Co 组成，其常温硬度为 89~93HRA，切削温度可达 800~1000℃，常用的牌号有 YT5、YT15、YT30 等。YT 类硬质合金中加入 TiC，使其硬度、耐热性、抗黏结性和抗氧化能力均有所提高，从而提高了刀具的切削速度，延长了刀具寿命。由于 YT 类硬质合金的抗弯强度和冲击韧性较差，故主要用于切削一般切屑呈带状的普通碳钢及合金钢等塑性材料。合金中含 TiC 量较多者，适合精加工；含 TiC 较少者则适合粗加工。

3）钨钴钛钽（铌）类（YW 类）硬质合金。YW 类硬质合金相当于 ISO 标准的 M 类，它是在普通硬质合金中加入了 TaC 或 NbC 等稀有难熔金属碳化物，从而提高了硬质合金的韧性和耐磨性，使其具有较好的综合切削性能。YW 类硬质合金主要用于不锈钢、耐热钢的加工，也适用于普通碳钢和铸铁的切削加工，因此被称为通用型硬质合金，常用的牌号有 YW1、YW2 等。

4）碳化钛基类（YN 类）硬质合金。YN 类硬质合金相当于 ISO 标准的 P 类，又称为金属陶瓷，它是以 TiC 为主要成分，以 Ni 和 Mo 为黏结剂的硬质合金，具有很高的硬度，与工件材料的亲和力较小，切削时不易粘刀，可采用较高的切削速度。因此，它适用于高速精加工普通钢、工具钢和淬火钢。但 YN 类硬质合金抗塑性变形能力差，抗崩刃性差，只适合连续切削。

（3）其他硬质合金及其使用性能

1）超细晶粒硬质合金。普通硬质合金中 WC 的粒度为几微米，细晶粒硬质合金中 WC 的粒度则在 1.5μm 左右，超细晶粒硬质合金中 WC 的粒度则为 0.2 ~ 1μm，其中大多数在 0.5μm 以下。

超细晶粒硬质合金是一种高硬度、高强度兼备的硬质合金，具有硬质合金的高硬度和高速钢的高强度。因此，这类合金可用于间断切削，特别是难加工材料的间断切削；加工难加工材料时，其刀具寿命可比普通硬质合金长 3 ~ 10 倍。这类合金适用于高速钢刀具寿命不够、一般硬质合金又易崩刃的场合，对于切断和端面车削这类切削速度变化范围很宽的加工也是很适合的。由于切削刃强度很高，这类合金适用于高速钢刀具的几何角度和切削用量（$v_c < 60\text{m/min}$）参数切削，适合制作小尺寸的钻头和铣刀等；由于可磨出非常锋利的切削刃并具有小的表面粗糙度值，可用极小的切削深度和进给量进行精细车削和制造精密刀具。由于其性能稳定可靠，是目前用于数控车床上较理想的刀具材料。

2）涂层硬质合金。涂层硬质合金采用韧性较好的基体和硬度、耐磨性极高的表层（TiC、TiN、Al_2O_3 等，厚度为 5 ~ 13μm），通过化学气相沉积（CVD）等方法制备表面涂层，是 20 世纪 60 年代的重大技术进步。它较好地解决了刀具的硬度、耐磨性与强度、韧性之间的矛盾，并具有良好的切削性能。在相同的刀具使用寿命下，涂层硬质合金允许采用较高的切削速度，在相同的切削速度下可大幅度地延长使用寿命，多用于普通钢材的精加工或半精加工。

涂层材料主要有 TiC、TiN、Al_2O_3 及其他复合材料。TiC 涂层具有很高的硬度与耐磨性，抗氧化性也好，切削时能产生氧化钛薄膜，降低摩擦系数，减少刀具磨损。TiN 涂层在高温时能形成氧化膜，与铁基材料摩擦系数较小，抗黏结性能好，能有效地降低切削温度。TiC – TiN 复合涂层：第一层涂 TiC，与基体黏结牢固不易脱落；第二层涂 TiN，减少表面层与工件的摩擦。TiC – Al_2O_3 复合涂层：第一层与基体粘牢不易脱落；第二层涂 Al_2O_3，使表面层具有良好的化学稳定性与抗氧化性能。这种复合涂层能像陶瓷刀具那样高速切削，寿命比 TiC、TiN 涂层刀片长，且能避免崩刃。

目前，单涂层刀片已很少使用，大多采用 TiC – TiN 复合涂层或 TiC – Al_2O_3 – TiN 三复合涂层。

3）钢结硬质合金。钢结硬质合金的代号为 YE。它以 WC、TiC 作为硬质相（占 30% ~ 40%），以高速钢（或合金钢）作为黏结相（占 60% ~ 70%）。其硬度、强度与韧性介于高速钢和硬质合金之间，可以进行锻造、切削、热处理与焊接，可用于制造模具、拉刀、铣刀等形状复杂的刀具。

3. 其他刀具材料

（1）陶瓷　陶瓷具有很好的高温硬度和耐磨性，在 1200℃ 高温时仍具有较好的切削性能，其化学稳定性好，在高温下不易氧化，与金属亲和力小，不易发生黏结和扩散。但陶瓷具有抗弯强度低、冲击韧性差、导热性能差、线膨胀系数大等缺点，因此主要用于冷硬铸铁、淬硬钢、有色金属等材料的精加工和半精加工。

根据化学成分，陶瓷可分为高纯氧化铝陶瓷、复合氧化铝陶瓷和复合氮化硅陶瓷等。

1）高纯氧化铝（Al_2O_3）陶瓷。这类陶瓷的主要成分是氧化铝（Al_2O_3），加入微量氧化镁

（MgO）（用于细化晶粒），经冷压烧结而成。其硬度为 92～94HRA，抗弯强度为 0.392～0.491GPa。由于其抗弯强度不及硬质合金的 1/3，韧性更低得多，因此目前较少使用。

2）复合氧化铝 Al_2O_3 - TiC 陶瓷。这类陶瓷是在 Al_2O_3 基体中添加 TiC、Ni、W 和 Co 等合金元素，经热压烧结而成，硬度为 93～94HRA，抗弯强度为 0.586～0.785GPa。这类陶瓷适合在中等切削速度下切削难加工材料，如冷硬铸铁、淬硬钢等。这类陶瓷还可用于加工高强度的调质钢、镍基或钴基合金以及非金属材料。由于 TiC 有效地提高了陶瓷的强度与韧性，改善了耐磨性及抗热振性，因此这类陶瓷也可用于断续切削条件下的铣削和刨削。

3）复合氮化硅 Si_3N_4 - TiC - Co 陶瓷。这类陶瓷是将硅粉氮化、球磨后，添加助烧剂，置于模腔内热压烧结而成。其性能特点是：

① 硬度高，可达到 1800～1900HV，耐磨性好；

② 耐热性、抗氧化性好，切削温度可达 1200～1300℃；

③ 氮化硅几乎不与碳和金属元素发生化学反应，摩擦系数较小，切削钢、铜、铝时均不粘屑，不易产生积屑瘤，从而提高了加工表面质量。

氮化硅陶瓷最大的特点是能进行高速切削，尤其是在车削灰铸铁、球墨铸铁、可锻铸铁等材料时效果更为明显。氮化硅陶瓷适合于精车、半精车、精铣和半精铣；还可用于精车铝合金，达到以车代磨的效果。

随着陶瓷材料制造工艺的改进，通过添加某些金属碳化物、氧化物，细化 Al_2O_3 晶粒，有利于提高抗弯强度和冲击韧性，陶瓷刀具的使用范围将进一步扩大。

（2）金刚石　金刚石是碳的同素异构体。它的硬度极高，接近 10000HV（硬质合金仅为 1300～1800HV），是目前已知的最硬材料。金刚石分天然和人造两种，天然金刚石的质量好，但价格昂贵，资源少，用得较少；人造金刚石是在高压高温条件下由石墨转化而成的。

1）天然单晶金刚石刀具。单晶金刚石结晶界面有一定的方向，不同的晶面上硬度与耐磨性有较大的差异，刃磨时需选定某一平面，否则会影响刃磨与使用质量。这类刀具主要用于有色金属及非金属的精密加工。

2）人造聚晶金刚石。聚晶金刚石是将人造金刚石微晶在高温高压下再烧结而成，可制成所需形状尺寸，镶嵌在刀杆上使用。由于其具有较高的抗冲击强度，可选用较大的切削用量。聚晶金刚石结晶界面无固定方向，可自由刃磨，主要用于刃磨硬质合金刀具、切割大理石等石材制品。

3）复合金刚石刀片。这类刀片是在硬质合金基体上烧结一层约 0.5mm 厚的聚晶金刚石。复合金刚石刀片强度较好，允许切削断面较大，也能间断切削，可多次重磨使用。

金刚石刀具的主要优点是：

① 有极高的硬度与耐磨性，可加工硬度为 65～70HRC 的材料；

② 有良好的导热性和较小的热膨胀系数，因此切削加工时不会产生大的热变形，有利于精密加工；

③ 刃面表面粗糙度值较小，刃口非常锋利，因此能胜任薄层切削，用于超精密加工。

金刚石刀具主要用于有色金属及其合金的精密加工、超精加工，还能切削高硬度非金属材料，如压缩木材、陶瓷、刚玉、玻璃等的精加工，以及工艺性能差的复合材料的加工。但金刚石与铁的亲和作用大，因此不宜加工钢铁等黑色金属材料。金刚石的热稳定性较差，当切削温度高于 800℃时，在空气中金刚石即发生炭化，刀具产生急剧磨损，丧失切削能力。

（3）立方氮化硼（CBN）　立方氮化硼是六方氮化硼的同素异构体，是人类已知的硬度仅次于金刚石的物质。

立方氮化硼刀片可用机械装夹或焊接的方法固定在刀杆上，也可以将立方氮化硼与硬质合金压制在一起形成复合刀片。

立方氮化硼刀具的主要优点是：

1）有很高的硬度与耐磨性，硬度可达到 8000～9000HV，仅次于金刚石；

2）有很高的热稳定性和良好的化学稳定性，1300℃时不发生氧化和相变，与大多数金属、铁系材料都不发生化学反应，因此能高速切削高硬度的黑色金属材料及耐热合金，刀具的黏结与扩散磨损较小；

3）有较好的导热性，与黑色金属材料的摩擦系数较小；

4）抗弯强度与断裂韧性介于陶瓷与硬质合金之间。

由于 CBN 材料的一系列优点，使它能对淬硬钢、冷硬铸铁进行粗加工与半精加工，同时还能高速切削高温合金、热喷涂材料等难加工材料。

第四节　刀具几何参数

知识要点一　刀具切削部分的结构要素

金属切削刀具的种类很多，但任何刀具都由切削部分和夹持部分组成，虽然刀具形态各异，但其切削部分（楔部）都有一定的共性，切削部分总是近似地以外圆车刀的切削部分为基本形态，其他各类刀具都可看成是它的演变和组合，故可以普通车刀为例，对刀具切削部分的结构要素做出定义，现以图 1-5 所示说明如下：

图 1-5　车刀切削部分的结构要素

（1）前刀面 A_γ　前刀面是切下的切屑流过的刀面。如果前刀面是由几个相互倾斜的表面组成的，则可从切削刃开始，依次把它们称为第一前刀面（有时称为倒棱）、第二前刀面等。

（2）后刀面 A_α　后刀面是与工件上新形成的过渡表面相对的刀面，也可以分为第一后刀面（有时称刃带）、第二后刀面等。

（3）副后刀面 A'_α　与副切削刃毗邻、与工件上已加工表面相对的刀面。同样，它也可以分为第一副后刀面、第二副后刀面等。

（4）主切削刃 S　前刀面与后刀面相交而得到的切削边锋。主切削刃在切削过程中承担主要的切削任务，完成金属切除工作。

（5）副切削刃 S′　前刀面与副后刀面相交而得到的切削边锋。它协同主切削刃完成金属切除工作，以最终形成工件的已加工表面。

（6）刀尖　刀尖是指主切削刃和副切削刃的连接处相当短的一部分切削刃。常用的刀尖有三种形式：交点（点状）刀尖、圆弧（修圆）刀尖和倒棱（倒角）刀尖，如图 1-6 所示。

图 1-6　刀尖的形状

a）交点刀尖（切削刃实际交点）

b）圆弧刀尖　c）倒棱刀尖

知识要点二　刀具角度的参考系

刀具要从工件上切下金属，就必须使刀具切削部分具有合理的几何形状。为了确定和测量刀具各表面和各切削刃在空间的相对位置，必须建立用以度量各切削刃、各刀面空间位置的参考系。

建立参考系，必须与切削运动相联系，应反映刀具角度对切削过程的影响。参考系平面与刀具安装平面应平行或垂直，以便于测量。

用来确定刀具几何角度的参考系有两类：一类称为刀具标注角度参考系，即静止参考系，在刀具设计图上所标注的角度，刀具在制造、测量和刃磨时，均以它为基准；另一类称为刀具工作角度参考系，它是确定刀具在切削运动中有效工作角度的参考系。它们的区别在于：前者由主运动方向确定，而后者则由合成切削运动方向确定。由于通常情况下进给速度远小于主运动速度，所以刀具工作角度近似地等于刀具标注角度。

为了方便理解，以车刀为例建立静止参考系。

1. 建立车刀静止参考系的假设

为了方便理解，对刀具和切削状态做出如下假设：

1）不考虑进给运动的影响；

2）车刀安装绝对正确，即刀尖与工件中心等高，刀杆轴线垂直于工件轴线；

3）切削刃平直，切削刃选定点的切削速度方向与切削刃各处平行。

2. 建立正交平面参考系

刀具设计、刃磨、测量角度，最常用的是正交平面参考系。建立一个如图1-7所示的正交平面参考系。

图 1-7　正交平面参考系与刀具角度

正交平面参考系由以下三个两两互相垂直的平面组成：

（1）切削平面 p_s　切削平面是指通过切削刃上选定点，包含该点假定主运动方向和切削刃所形成的平面，即切于工件过渡表面的平面。

（2）基面 p_r　基面是指通过切削刃上选定点，垂直于该点假定主运动速度方向的平面。由假设可知，它平行于安装底面和刀杆轴线。

（3）正交平面 p_o。 它是过主切削刃上选定点，同时垂直于基面和切削平面的平面。

在图 1-7 中，由 p_s、p_r、p_o 组成一个正交平面参考系，这是目前生产中最常用的刀具标注角度参考系。

知识要点三　刀具的标注角度

刀具在设计、制造、刃磨和测量时，都是用刀具标注角度参考系中的角度来标明切削刃和刀面的空间位置的，故这些角度称为刀具的标注角度。

由于刀具角度的参考系沿切削刃上各点可能是变化的，因此所定义的角度均应指切削刃选定点处的角度；凡未指明者，则一般是指切削刃上与刀尖毗邻的那一点的角度。

下面通过普通外圆车刀给各标注角度下定义，并加以说明，如图 1-7 所示。这些定义具有普遍性，也可以用于其他类型的刀具。

1. 在基面中测量的角度

1）主偏角 κ_r：主切削刃在基面上的投影与进给运动方向之间的夹角。

2）副偏角 κ_r'：副切削刃在基面上的投影与进给运动反方向之间的夹角。

3）刀尖角 ε_r：主切削刃、副切削刃在基面上投影的夹角。

由上可知：$\kappa_r + \kappa_r' + \varepsilon_r = 180°$

2. 在p_o-p_o截面中测量的角度

1）前角 γ_o：基面与前刀面之间的夹角。它有正、负之分，当前刀面低于基面时，前角为正，即 $\gamma_o > 0$；当前刀面高于基面时，前角为负，即 $\gamma_o < 0$，如图 1-7 所示。

2）后角 α_o：后刀面与切削平面之间的夹角。加工过程中，一般不允许 $\alpha_o < 0$。

3）楔角 β_o：后刀面与前刀面之间的夹角。

由上可知：$\beta_o = 90° - (\alpha_o + \gamma_o)$

3. 在切削平面中测量的角度

刃倾角 λ_s：主切削刃与基面之间的夹角。刃倾角有正、负之分，如图 1-7 所示，当刀尖处在切削刃上最高位置时，取正号；当刀尖处于切削刃上最低位置时，取负号；当主切削刃与基面平行时，刃倾角为零。

4. 在p_o'-p_o'截面中测量的角度

1）副前角 γ_o'：副基面与副前刀面之间的夹角。

2）副后角 α_o'：副后刀面与副切削平面之间的夹角。该角度影响切削零件表面粗糙度及振动情况。加工过程中，一般也不允许 $\alpha_o' < 0$。

5. 在副切削平面中测量的角度

副刃倾角 λ_s'：副切削刃与副基面之间的夹角。

知识要点四　刀具的工作角度

以上所讲的刀具标注角度，是在假定运动条件和假定安装条件下的标注角度。如果考虑合成运动和实际安装情况，则刀具的参考系将发生变化，刀具角度也会发生变化。按照刀具工作中的实际情况，在刀具工作角度参考系中确定的角度，称为刀具工作角度。

通常进给运动在合成切削运动中所起的作用很小，所以在一般安装条件下，可用标注角度代替工作角度。这样，在大多数场合下，不必进行工作角度的计算。只有在进给运动和刀具安装对工作角度产生较大影响时，才需要计算工作角度。

1. 进给运动对工作角度的影响

以横向进给切断工件为例，如图 1-8 所示。切削刃相对于工件的运动轨迹为阿基米德螺旋线，实际切削平面 p_{se} 为过切削刃而与螺旋线相切的平面，而实际基面 p_{re} 又恒与之垂直，因而就引起了实际切削时前、后角的变化，分别称为工作前角 γ_{oe} 和工作后角 α_{oe}，其大小为

$$\gamma_{oe} = \gamma_o + \eta \qquad (1\text{-}9)$$
$$\alpha_{oe} = \alpha_o - \eta \qquad (1\text{-}10)$$

由式（1-1）可以看出，工件直径减小或进给量增大都将使 η 值增大，工作后角减小。在一般情况下（如普通车削、镗削、端铣），η 增值很小，故可略去不计。但在车螺纹或丝杠、铲背时，η 增值很大，是不可忽略的。

同理，纵车时刀具角度也有类似的变化，

图 1-8 横向进给对工作角度的影响

不过一般车削外圆时可以忽略不计，但车螺纹时则必须考虑，如图 1-9 所示。

2. 刀具安装情况对工作角度的影响

（1）刀具安装高度对工作角度的影响 图 1-10 所示为车刀车外圆，当刀尖安装得高于工件中心线时，则切削平面变为 p_{se}，基面变为 p_{re}，刀具角度也随之变为工作前角 γ_{oe} 和工作后角 α_{oe}，在背平面内这两个角度的变化值 θ_p 为

$$\sin\theta_p = \frac{2h}{d_w} \qquad (1\text{-}11)$$

式中　h——刀尖高于工件中心线的数值；

　　　d_w——工件直径。

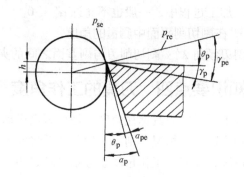

图 1-9　纵向进给对工作角度的影响　　　　图 1-10　刀具安装高低对工作角度的影响

则工作角度为

$$\gamma_{pe} = \gamma_p + \theta_p \tag{1-12}$$

$$\alpha_{pe} = \alpha_p - \theta_p \tag{1-13}$$

在正交平面内，前、后角的变化情况与背平面内相类似，即

$$\gamma_{oe} = \gamma_o + \theta_o \tag{1-14}$$

$$\alpha_{oe} = \alpha_o - \theta_o \tag{1-15}$$

式中，θ_o 为正交平面内前角增大和后角减小时的角度变化值，由下式计算

$$\tan\theta_o = \tan\theta_p \cos k_r \tag{1-16}$$

当刀尖低于工件中心线时，上述计算公式符号相反。

（2）刀杆中心线与进给方向不垂直时也会对工作角度产生影响 当车刀刀杆中心线与进给方向不垂直时，主偏角和副偏角将发生变化，其增大和减小的角度量为 G。工作主偏角和工作副偏角计算公式为

$$k_{re} = k_r \pm G \tag{1-17}$$

$$k'_{re} \pm G = k'_r \tag{1-18}$$

式中　G——刀杆中心线的垂线与进给运动方向之间的夹角。

思考与练习题

1-1　切削加工运动由哪些运动组成？它们各起什么作用？

1-2　外圆车削时，工件上出现哪些表面？如何定义这些表面？

1-3　切削用量三要素是指什么？如何定义？

1-4　试绘制简图表示内孔车削的切削深度、进给量、切削厚度与切削宽度。

1-5　刀具切削部分有哪些结构要素？如何定义？

1-6　试绘图说明正交平面标注角度参考系的构成。

1-7　刀具标注角度与工作角度有何区别？

1-8　已知外圆车刀切削部分的主要角度是：$\gamma_o = 30°$，$\alpha_o = \alpha'_o = 5°$，$\kappa_r = 75°$，$\kappa'_r = 12°$，$\lambda_s = +5°$，试绘制外圆车刀切削部分的工作图。

1-9　如何判定车刀前角 γ_o、后角 α_o、刃倾角 λ_s 的正负？

1-10　切断时，进给运动如何影响工作角度？

1-11　刀具切削部分材料必须具备哪些性能？为什么？

1-12　普通高速钢的常用牌号有哪几种？其性能特点是什么？

1-13　高性能高速钢有几种？它们的特点是什么？

1-14　常用的硬质合金有哪几种？它们的性能如何？

1-15　粗、精加工钢件和铸铁件时，应选用什么牌号的硬质合金？

1-16　陶瓷、立方氮化硼、金刚石等刀具材料各有什么特点？

1-17　涂层硬质合金刀具有什么特点？

1-18　粗加工铸铁应选用哪种牌号的硬质合金？为什么？精加工 45 钢工件应选用什么牌号的硬质合金？为什么？

实训项目一　见习参观

本章学习结束后，可安排金工实训"见习参观"。实训指导相关资料可从机械工业出版社教育服务网中本书的附件中下载。

第二章 CHAPTER 2 金属切削过程及其基本规律

教 学 导 航

【知识目标】

1. 熟悉金属切削过程；了解切削变形的各种现象；掌握切削变形规律。
2. 了解切削力和切削功率的概念及其计算方法；熟悉影响切削力的因素。
3. 了解切削热和切削温度的概念；熟悉切削温度的分布规律以及影响切削温度的因素。
4. 熟悉刀具磨损规律；了解影响刀具寿命的主要原因。

【能力目标】

1. 通过学习，能够计算切削力。
2. 通过学习，能够分析切削过程中出现的各种切削变形现象。

【学习重点】

1. 分析切削过程中的切削变形规律。
2. 切削力的来源及其分解；切削力的计算。

【学习难点】

切削过程中切削变形的规律。

金属切削过程是指通过切削运动，使刀具从工件表面切下多余金属层，形成切屑和已加工表面的过程。伴随着切屑和已加工表面的形成，会产生切削变形、积屑瘤、表面硬化、切削力、切削热和刀具磨损等现象。本章主要研究上述现象的成因、本质和变化规律。掌握这些规律，对提高加工质量、生产率和降低加工成本有重要意义。

第一节 金属切削的变形过程

知识要点一 切削变形

金属切削的变形过程也就是切屑的形成过程。研究金属切削过程中的变形规律，对于切削加工技术的发展和指导实际生产都非常重要。

在金属切削过程中，被切削金属层经受刀具的挤压作用，发生弹性变形、塑性变形，直至切离工件，形成切屑沿刀具前刀面排出。图 2-1 为金属切削过程中的滑移线和流线示意图。所谓滑移线即等剪应力曲线（图中的 OA、OM 线等），流线表示被切削金属的某一点在切削过程中流动的轨迹。由图所示，通常将这个过程大致分为三个变形区。

（1）第一变形区　由 OA 线和 OM 线围成的区域Ⅰ称为第一变形区，也称剪切滑移区。这是切削过程中产生变形的主要区域，在此区域内产生塑性变形并形成切屑。

图 2-1　金属切削过程中的滑移线和流线示意图

（2）第二变形区　它是指刀 – 屑接触区Ⅱ。切屑沿前刀面流出时进一步受到前刀面的挤压和摩擦，切屑卷曲，靠近前刀面处晶粒纤维化，其方向基本上和前刀面平行。

（3）第三变形区　它是指刀 – 工件接触区Ⅲ。已加工表面受到切削刃钝圆部分与后刀面的挤压和摩擦产生变形，促进晶粒纤维化与表面加工硬化。

这三个变形区的变形是互相牵连的，切削变形是一个整体，并且是在极短的时间内完成的。

知识要点二　切屑的形成及其形态

1. 切屑的形成

切屑形成过程可以这样描述：当刀具和工件开始接触时，材料内部产生应力和弹性变形；随着切削刃和前刀面对工件材料的挤压作用加强，工件材料内部的应力和变形逐渐增大，当剪应力达到材料的剪切屈服强度 τ_s 时，材料将沿着与走刀方向成45°的剪切面滑移，即产生塑性变形。剪应力随着滑移量增加而增加，如图 2-2 所示，当剪应力超过工件材料的强度极限时，切削层金属便与工件基体分离，从而形成切屑沿前刀面流出。由此可知：第一变形区变形的主要特征是沿滑移面的剪切变形，以及随之产生的加工硬化。

图 2-2　切屑的形成过程

实验证明，在一般切削速度下，第一变形区的宽度仅为 0.02 ~ 0.2mm，所以可用一个平面 OM 表示第一变形区。剪切面 OM 与切削速度方向的夹角称为剪切角 φ。

当切屑沿前刀面流出时，受到前刀面的挤压与摩擦，使得靠近前刀面的切屑底层金属再次产生剪切变形，晶粒再度伸长，沿着前刀面的方向纤维化。它的变形程度比切屑上层严重几倍到几十倍。

总之，切屑形成过程，就其本质来说，是切削层金属在刀具切削刃和前刀面作用下，经受挤压而产生剪切滑移变形的过程。

2. 切屑的形态

由于工件材料性质和切削条件不同，切削层变形程度也不同，因而产生的切屑也多种多样，归纳起来主要有以下四种类型，如图 2-3 所示。

（1）带状切屑　如图 2-3a 所示，切屑延续成较长的带状，这是一种最常见的切屑。一般切削钢材（塑性材料）时，如果切削速度较高、切削厚度较小、刀具前角较大，则切出内表面光滑、外表面呈毛茸状的切屑，其切削过程较平稳，切削力波动较小，已加工表面粗糙度值较小。

（2）挤裂切屑　如图 2-3b 所示，这类切屑的外形与带状切屑的不同之处在于其内表面有时

图 2-3 切屑的形态

a) 带状切屑 b) 挤裂切屑 c) 单元切屑 d) 崩碎切屑

有裂纹，外表面呈锯齿形。在加工塑性金属材料时，如果切削速度较低、切削厚度较大、刀具前角较小，容易得到这种切屑。它的切削过程中切削力波动大，易发生颤振，已加工表面粗糙度值较大，在使用硬质合金刀具时易发生崩刃。

（3）单元切屑 如图 2-3c 所示，切削塑性金属材料时，如果整个剪切平面上的剪应力超过了材料的断裂强度，挤裂切屑便被切离成单元切屑。采用小前角或负前角，以极低的切削速度和大的切削厚度切削时，会产生这种形态的切屑，此时切削过程更不稳定，工件表面质量也更差。

应当指出的是，对同一种材料，当采用不同的切削条件切削时，三种切屑形态会随切削条件的改变而相互转化。

（4）崩碎切屑 如图 2-3d 所示，这是属于脆性材料的切屑。这种切屑的形状是不规则的，加工表面是凹凸不平的。加工铸铁等脆性材料时，由于抗拉强度较低，刀具切入后，切削层金属只经受较小的塑性变形就被挤裂，或在拉应力状态下脆断，形成不规则的碎块状切屑。工件材料越脆、切削厚度越大、刀具前角越小，越容易产生这种切屑。

以上四种切屑中，带状切屑的切削过程最平稳，单元切屑和崩碎切屑的切削力波动最大。在生产中，最常见的是带状切屑，有时会得到挤裂切屑，单元切屑则很少见，崩碎切屑只出现在脆性材料切削过程中。

知识要点三 前刀面的摩擦与积屑瘤

当切屑从前刀面流出时，在前刀面上必然存在着刀 - 屑间的摩擦力。它影响切削变形、切削力、切削温度和刀具磨损；此外还影响积屑瘤和鳞刺的形成，从而影响已加工表面的质量。

1. 刀 - 屑接触面上的摩擦特性及摩擦系数

在塑性金属切削过程中，切屑在流经刀具的前刀面时，由于强烈的挤压作用和剧烈的变形，会产生几百摄氏度乃至上千摄氏度的高温和 2 ~ 3GPa 的高压，使切屑底部与前刀面黏结和发生剧烈的摩擦。这种摩擦与一般金属接触面间的摩擦不同。如图 2-4 所示，刀 - 屑接触区分为黏结区和滑动区两部分。在黏结区内的摩擦为内摩擦，该处所受的剪应力 τ_{γ} 等于材料的剪切屈服强度 τ_s，即 $\tau_{\gamma} = \tau_s$；在滑动区内的摩擦为外摩擦，该处的剪

图 2-4 刀 - 屑接触面上的摩擦特性

应力 τ_{γ} 由 τ_s 逐渐减小到零。图中也表示出了在整个接触区上的正应力 σ_{γ} 的分布情况，在切削刃处最大，离切削刃越远，前刀面上的正应力越小，并逐渐减小到零。由此可知切向力和正应力

在刀 - 屑接触面上是不相等的，所以前刀面上各点的摩擦是不同的，因而摩擦系数也是变化的。由于一般材料的内摩擦系数都远远大于外摩擦系数，所以在研究前刀面摩擦时应以内摩擦为主。

μ 代表前刀面上的平均摩擦系数，则按内摩擦的规律得

$$\mu = \frac{F_f}{F_n} = \frac{A_f \tau_s}{A_f \sigma_{av}} = \frac{\tau_s}{\sigma_{av}} \tag{2-1}$$

式中　F_f、F_n——摩擦力和正压力；

　　　A_f——内摩擦部分的接触面积；

　　　σ_{av}——前刀面上的平均正应力，它随材料硬度、切削层厚度、切削速度以及刀具前角而变化，其变化范围较大；

　　　τ_s——工件材料的剪切屈服强度，它随温度的升高而略有下降。

由于 τ_s 和 σ_{av} 都是变量，因此 μ 也是一个变量，切削钢材时，它的变化范围为 $0.2 \sim 1.2$，这同样说明了前刀面上内摩擦的摩擦系数 μ 的变化规律不同于一般的外摩擦情况。

2. 积屑瘤

（1）积屑瘤及其形成过程　用中等或较低的切削速度切削塑性较大的金属材料时，往往会在切削刃上黏附一个楔形硬块，称为积屑瘤。它是在第二变形区内，由于摩擦和变形形成的物理现象。积屑瘤的硬度为工件材料的 $2 \sim 3$ 倍，可以替代切削刃进行切削。在生产中对钢、铝合金、铜等塑性材料进行中速车、钻、铰、拉削和螺纹加工时常会出现积屑瘤。

积屑瘤的成因目前尚有不同的解释，通常认为是切屑底层材料在前刀面上黏结（亦称为冷焊）并不断层积的结果。在切削过程中，由于刀 - 屑间的摩擦，使刀具前刀面十分洁净，在一定的温度和压力下，切屑底层金属与前刀面接触处发生黏结，使与前刀面接触的切屑底层金属流动较慢，而上层金属流动较快，这流动较慢的切屑底层称为滞流层。滞流层金属产生的塑性变形大，晶粒纤维化程度高，纤维化的方向几乎与前刀面平行，并发生加工硬化。如果温度和压力适当，滞流层金属与前刀面黏结成一体，则形成积屑瘤，如图 2-5 所示。随后，新的滞流层在此基础上逐层积聚，使积屑瘤逐渐长大，直到该处的温度和压力不足以产生黏结为止。积屑瘤在形成过程中是一层层增高的，到一定高度会脱落，经历了一个生成、长大、脱落的周期性过程。

图 2-5　积屑瘤

（2）积屑瘤对切削过程的影响　积屑瘤对切削过程有积极的作用，也有消极的影响。

1）保护刀具。从图 2-5 可以看出，积屑瘤包围着切削刃，同时覆盖着一部分前刀面。积屑瘤一旦形成，便代替切削刃和前刀面进行切削，从而减少了刀具磨损，可起到保护刀具的作用。

2）增大前角。积屑瘤具有 $30°$ 左右的前角，因而减少了切削变形，降低了切削力。

3）增大切削厚度。积屑瘤前端伸出于切削刃之外，使切削厚度增加了 Δh_D。由于积屑瘤的产生、成长与脱落是一个带有一定的周期性的动态过程，Δh_D 值是变化的，因而影响了工件的尺寸精度。

4）增大已加工表面粗糙度。积屑瘤增大已加工表面粗糙度的原因在于：积屑瘤不规则的形状和非周期性的生成与脱落会引起积屑瘤高度的非周期性变化，使切削厚度无规则变化，并且积屑瘤高度的非周期性变化使得积屑瘤很不规则地黏附在切削刃上，有时还会引起振动，导致在已加工表面上刻划出深浅和宽窄不同的沟纹，严重影响已加工表面的表面粗糙度；此外，脱落的积屑瘤碎片还可能残留在已加工表面上，使已加工表面粗糙不平。

根据加工的种类和要求判断积屑瘤的优缺点。粗加工时，生成积屑瘤使切削力减小，从而降低能耗；还可加大切削用量，提高生产率；积屑瘤能保护刀具，减少磨损。从这方面看来，积屑瘤对粗加工是有利的。但对于精加工来说，积屑瘤会降低尺寸精度和增大表面粗糙度值，因而对精加工是不利的。

（3）影响积屑瘤形成的因素　在切削条件中影响积屑瘤形成的主要因素有工件材料、切削速度、刀具前角及切削液等。

塑性大的工件材料，刀－屑间的摩擦系数和接触面积较大，生成积屑瘤的可能性增大，而脆性材料一般不产生积屑瘤；切削速度对积屑瘤的影响最大，切削速度很低（$v_c < 1\text{m/min}$）或很高（$v_c > 80\text{m/min}$）都很少产生积屑瘤，切削速度对积屑瘤形成的影响主要是通过切削温度体现出来的。实验证明，当切削速度提高至使切削温度高于500℃时，则不会产生积屑瘤。刀具前角增大，则切削变形和切削力减小，降低了切削温度，从而抑制积屑瘤的产生或减小积屑瘤的高度，因此精加工时可以采用大前角切削；使用切削液，可以降低切削温度，减小摩擦，因此可抑制积屑瘤的产生或减小积屑瘤的高度。

知识要点四　已加工表面变形与加工硬化

加工硬化亦称冷作硬化，它是在第三变形区内产生的物理现象。任何刀具的切削刃口都很难磨得绝对锋利，在钝圆弧切削刃和其邻近的狭小后刀面的切削、挤压和摩擦作用下，已加工表面层的金属晶粒会产生扭曲、挤压和破碎，由图2-6中可看出在已加工表面层内晶粒的变化。这种经过严重塑性变形而使表面层硬度增高的现象称为加工硬化。金属材料经硬化后提高了屈服强度，并在已加工表面上出现显微裂纹和残余应力，降低了材料疲劳强度。许多金属材料，例如高锰钢、高温合金等由于冷作硬化严重，在切削时使刀具寿命显著下降。

图2-6　已加工表面层内晶粒的变化

材料的塑性越大，金属晶格滑移越容易，滑移面越多，冷作硬化越严重。

生产中通常采取以下措施来减轻冷作硬化程度：

（1）磨出锋利切削刃　在刃磨时切削刃钝圆弧半径 r_n 由 0.5mm 减小到 0.05mm，会使硬化程度降低约40%。

（2）增大前角或增大后角　前角 γ_o 或后角 α_o 增大，使切削刃钝圆弧半径 r_n 减小，切削变形随之减小。

（3）减小背吃刀量 a_p　适当减少切入深度，使切削力减小，切削变形小，故冷作硬化程度降低，例如背吃刀量 a_p 由 1.2mm 减小到 0.1mm，可使硬化程度降低约17%。

（4）合理选用切削液　浇注切削液能减小刀具后刀面与加工表面间的摩擦。例如采用35m/min的切削速度车削中碳钢，选用乳化油可使硬化深度 h_y 减小20%；若改用切削油，因为提高了润滑性，则硬化深度 h_y 可减小30%。

知识要点五　影响切削变形的主要因素

影响切削变形的主要因素有工件材料、刀具前角、切削速度和切削厚度。

1. 工件材料

工件材料的强度和硬度越大，则切削变形系数越小。这是由于材料的硬度和强度增大时，切削温度增加，τ_s 降低，使刀 – 屑接触面积减小，摩擦系数 μ 减小，使剪切角 φ 增大，因而切削变形系数 Λ_h 减小。

2. 刀具前角

刀具前角越大，切削刃越锋利，前刀面对切削层的挤压作用越小，会直接增大剪切角 φ，则切削变形就越小。但前角增大，则作用在前刀面上的平均法应力 σ_{av} 会随之减小，因此摩擦系数会增大。

3. 切削速度

在切削塑性金属材料时，切削速度对切削变形的影响比较复杂，需要分别讨论，如图 2-7 所示。在有积屑瘤的切削速度范围内（$v_c \leqslant 40\mathrm{m/min}$），切削速度通过积屑瘤来影响切削变形。在积屑瘤增长阶段，切削速度增加，积屑瘤高度增大，实际前角增大，从而使切削变形减少；在积屑瘤消退阶段，切削速度增加，积屑瘤高度减小，实际前角减小，切削变形随之增大。积屑瘤最大时切削变形达到最小值，积屑瘤消失时切削变形达到最大值。

图 2-7　切削速度对切削变形的影响

在无积屑瘤的切削速度范围内，切削速度越大，则切削变形越小。这有两方面的原因：一方面是由于切削速度越高，切削温度越高，摩擦系数降低，使剪切角增大，切削变形减小；另一方面，切削速度增高时，金属流动速度大于塑性变形速度，使切削层金属尚未充分变形，就已从刀具前刀面流出成为切屑，从而使第一变形区后移，剪切角增大，切削变形进一步减小。

切削铸铁等脆性材料时，一般不形成积屑瘤。当切削速度增大时，切削变形相应减小。

4. 切削厚度

切削厚度对切削变形的影响是通过摩擦系数实现的。切削厚度增加，作用在前刀面上的平均法向力 σ_{av} 增大，摩擦系数 μ 减小，即摩擦角减小，剪切角 φ 增大，因此切削变形减小。

第二节　切削力与切削功率

知识要点一　切削力

1. 切削力的来源

在刀具作用下，被切削层金属、切屑和已加工表面金属都发生弹性变形和塑性变形。如图 2-8 所示，有法向力分别作用于前、后刀面。由于切屑沿前刀面流出，故有摩擦力作用于前刀面；刀具和工件间有相对运动，又有摩擦力作用于后刀面。因此，切削力的来源有两个方面：一是切削层金属、切屑和工件表面层金属的弹性变形、塑性变形所产生的抗力；二是刀具与切屑、工件表面间的摩擦阻力。

2. 切削力的分解

作用在刀具上的各种力形成了作用在刀具上的合力 F_r。为了便于测量和应用，可以将合力

F_r 分解为三个相互垂直的分力 F_c、F_p、F_f。

（1）主切削力（切向力）F_c 它是主运动方向上的切削分力，切于过渡表面并与基面垂直，消耗功率最多，它是计算刀具强度、设计机床零件和确定机床功率的主要依据。

（2）进给力（轴向力）F_f 它是作用在进给方向上的切削分力，处于基面内并与工件轴线平行。它是设计走刀机构、计算刀具进给功率的依据。

（3）背向力（径向力）F_p 它是作用在吃刀方向上的切削分力，处于基面内并与工件轴线垂直。它是确定与工件加工精度有关的工件挠度、切削过程振动的力。

如图2-9所示，各力满足如下关系

$$F_r = \sqrt{F_c^2 + F_n^2} = \sqrt{F_c^2 + F_p^2 + F_f^2} \tag{2-2}$$

根据实验，当 $k_r = 45°$ 和 $\gamma_o = 15°$ 时，F_c、F_f、F_p 之间有以下近似关系：

$$F_p = (0.4 \sim 0.5)F_c; F_f = (0.3 \sim 0.4)F_c; F_r = (1.12 \sim 1.18)F_c$$

随着切削加工时的条件不同，F_c、F_f、F_p 之间的比例可在较大范围内变化。

图2-8 切削力的来源

图2-9 切削力的分解

3. 切削力的计算

利用测力仪测出切削力，再将实验数据加以适当处理，可以得到计算切削力的经验公式。实际应用中计算切削力的问题分为两类：一类是应用经验公式计算切削力，另一类是计算单位切削力。

（1）切削力的经验公式 常用的经验公式形式如下

$$F_c = C_{F_c} a_p^{x_{F_c}} f^{y_{F_c}} v_c^{n_{F_c}} K_{F_c}$$
$$F_p = C_{F_p} a_p^{x_{F_p}} f^{y_{F_p}} v_c^{n_{F_p}} K_{F_p} \tag{2-3}$$
$$F_f = C_{F_f} a_p^{x_{F_f}} f^{y_{F_f}} v_c^{n_{F_f}} K_{F_f}$$

式中　　　　　　　　　　　　F_c、F_p、F_f——分别为主切削力、背向力、进给力，单位为 N；

C_{F_c}、C_{F_p}、C_{F_f}——决定于被加工材料、切削条件的参数；

x_{F_c}、y_{F_c}、n_{F_c}、x_{F_p}、y_{F_p}、n_{F_p}、x_{F_f}、y_{F_f}、n_{F_f}——表明各参数对切削力的影响程度的指数值；

K_{F_c}、K_{F_p}、K_{F_f}——当实际加工条件与实验条件不符时，各因素对切削力的修正系数之积。

以上各系数和指数的具体数值可查阅有关手册。

（2）单位切削力的计算 单位切削力 k_c 是指单位切削层面积上的主切削力，单位为 N/mm²。

$$k_c = \frac{F_c}{A_D} = \frac{F_c}{a_p f} \tag{2-4}$$

式中　F_c——主切削力；

　　　A_D——切削层面积，单位为 mm^2；

　　　f——进给量，单位为 mm/s；

　　　a_p——背吃刀量，单位为 mm。

4. 影响切削力的因素

切削过程中，影响切削力的因素很多，凡影响切削变形和摩擦系数的因素，都会影响切削力。从切削条件方面分析，主要有工件材料、切削用量、刀具几何参数等。

（1）工件材料的影响　一般来说，材料的强度越高、硬度越大，切削力越大。这是因为强度、硬度高的材料，切削时产生的变形抗力大，虽然它们的切削变形系数 Λ_h 相对较小，但总体来说，切削力还是随材料强度、硬度的增大而增大。

在强度、硬度相近的材料中，塑性、韧性大的，或加工硬化严重的，切削力大。例如，不锈钢 06Cr18Ni11Ti 与正火处理的 45 钢强度和硬度基本相同，但不锈钢的塑性、韧性较大，其切削力比正火 45 钢约高 25%。加工铸铁等脆性材料时，切削层的塑性变形很小，加工硬化小，形成崩碎切屑，与前刀面的接触面积小，摩擦力也小，故切削力就比加工钢材小。

同一材料，热处理状态不同，金相组织不同，硬度就不同，也影响切削力的大小。

（2）切削用量的影响　切削用量中 a_p 和 f 对切削力的影响较明显。当 a_p 或 f 增大时，分别会使 b_D、h_D 增大，即切削面积 A_D 增大，从而使变形力、摩擦力增大，引起切削力增大，但两者对切削力的影响程度不同。背吃刀量 a_p 增加一倍时，切削厚度 h_D 不变，切削宽度 b_D 增加一倍，因此，刀具上的负荷也增加一倍，即切削力增加约一倍；但当进给量 f 增加一倍时，切削宽度 b_D 保持不变，而切削厚度 h_D 增加一倍，在切削刃钝圆弧半径的作用下，切削力只增加 68% ~ 86%，即实验公式中 f 的指数近似于 0.75。可见在同样切削面积下，采用大的 f 较采用大的 a_p 省力和节能。切削速度 v_c 对切削力的影响不大，当 $v_c > 50m/min$，切削塑性材料时，v_c 增大，μ 减小，切削温度升高，使材料硬度、强度降低，剪切角 φ 增大，切削变形系数 Λ_h 减小，使得切削力减小。

（3）刀具几何参数的影响　刀具几何参数中前角 γ_o 和主偏角 k_r 对切削力的影响比较明显，前角 γ_o 对切削力的影响最大。加工钢料时，γ_o 增大，切削变形系数 Λ_h 明显减小，切削力减小的多些。主偏角 k_r 适当增大，使切削厚度 h_D 增加，单位切削面积上的切削力 k_c 减小。在切削力不变的情况下，主偏角大小将影响背向力和进给力的分配比例，主偏角 k_r 增大，背向力 F_p 减小，进给力 F_f 增加；当主偏角 $k_r = 90°$ 时，背向力 $F_f = 0$，对车细长轴类零件时减少弯曲变形和振动十分有利。

（4）其他影响因素　刀具材料与被加工材料的摩擦系数直接影响摩擦力，进而影响切削力。在相同切削条件下，陶瓷刀具的切削力最小，硬质合金刀具次之，高速钢刀具的切削力最大。

此外，合理选择切削液可降低切削力；刀具后刀面磨损量增大，摩擦加剧，切削力也增大。

知识要点二　切削功率

1. 切削功率的概念

切削过程中消耗的功率称为切削功率。它是主切削力 F_c 与进给力 F_f 所消耗的功率之和。由于 F_f 消耗的功率所占的比例很小，为 1% ~ 5%，故常忽略不计。于是，当 F_c 及 v_c 已知时，切削功率 P_c 即可由下式求出

$$P_c = \frac{F_c v_c \times 10^{-3}}{60} \tag{2-5}$$

式中 P_c——切削功率，单位为 kW；

　　　F_c——主切削力，单位为 N；

　　　v_c——切削速度，单位为 m/min。

机床电动机所需的功率 P_E 应为

$$P_E = \frac{P_c}{\eta_m} \tag{2-6}$$

式中 η_m——机床的传动效率，一般取 $\eta_m = 0.80 \sim 0.85$。

2. 单位切削功率

单位时间内切下单位体积金属需要的功率称为单位切削功率，用 p_c 表示。

$$p_c = \frac{P_c}{Q} = \frac{P_c}{1000 v_c a_p f} \tag{2-7}$$

式中 Q——单位时间内的金属切除量，单位为 mm^3/s。

第三节　切削热与刀具磨损

知识要点一　切削热与切削温度

切削热与切削温度是切削过程中的又一重要物理现象。由于切削热引起切削温度的升高，使工件产生热变形，并影响积屑瘤的产生，直接影响工件的加工精度和表面质量。切削温度是影响刀具寿命的主要因素，因此，研究切削热与切削温度的产生和变化规律，有十分重要的实用意义。

1. 切削热的产生和传出

在刀具的切削力作用下，切削层金属发生弹性变形和塑性变形，这是切削热的一个来源。同时，在切屑与前刀面、工件与后刀面间消耗的摩擦功也将转化为热能，这是切削热的又一个来源，如图 2-10 所示。

切削热由切屑、工件、刀具以及周围的介质传导出去。

根据热力学平衡原理，产生的热量和传递的热量相等，即

$$Q_s + Q_r = Q_c + Q_t + Q_w + Q_m \tag{2-8}$$

图 2-10　切削热的来源

式中 Q_s——工件材料弹、塑性变形产生的热量；

　　　Q_r——切屑与前刀面、加工表面与后刀面摩擦产生的热量；

　　　Q_c——切屑带走的热量；

　　　Q_t——刀具传散的热量；

　　　Q_w——工件传散的热量；

　　　Q_m——周围介质带走的热量。

影响热传导的主要因素是工件和刀具材料的导热系数以及周围介质。如果工件材料的导热系数较大，由切屑和工件传导出去的热量就多，切削区温度就较低。如果刀具材料的导热系数较大，则切削区的热量容易从刀具传导出去，也能降低切削区的温度。采用冷却性能好的切削液能

有效地降低切削温度。

切削热是由切屑、工件、刀具和周围介质按一定比例传散的。据有关资料介绍，车削加工钢料时，这四种热传导形式所占的大致比例为：切削热被切屑带走50%～86%，传入刀具的占10%～40%，传入工件的为3%～9%，传入周围介质的约为1%。钻削时，切屑占28%，刀具占14.5%，工件占52.5%，周围介质占5%。

2. 切削温度及其测定方法

（1）切削温度的概念　在生产中，切削热对切削过程的影响是通过切削温度体现出来的。切削温度是指切削过程中切削区域的温度。

（2）切削温度的测定　切削温度以及切削温度在切屑－工件－刀具中的分布可利用热传导和温度场的理论计算确定，常用的是通过实验方法测定。

切削温度的测量方法很多，如自然热电偶法、人工热电偶法、热敏涂色法、热辐射法和远红外法等，生产实验中最方便、最简单、最常用的是采用自然热电偶法。

（3）切削温度的分布　应用人工热电偶法测温，并辅以传热学计算所得到的刀具、切屑和工件的切削温度分布情况如图2-11所示。

由图2-11可知，工件、切屑、刀具的切削温度分布组成一个温度场。温度场对刀具磨损的部位、工件材料性能的变化、已加工表面质量等都有影响。切削温度分布体现出如下规律：

1）剪切面上各点温度几乎相同。

2）前、后刀面上的最高温度不在切削刃上，而在离切削刃有一定距离的地方（摩擦热沿刀面不断增加之故）。

3）剪切区中，垂直剪切面方向的温度梯度很大。

图2-11　刀具、切屑和工件的切削温度分布

4）切屑底层上的温度梯度很大。

5）后刀面接触长度较小，加工表面受到的是一次热冲击。

6）工件材料塑性越大，切削温度分布越均匀；材料脆性越大，最高温度点离切削刃越近。

7）材料导热系数越小，刀具前、后刀面温度越高。

3. 影响切削温度的主要因素

工件材料、切削用量、刀具的几何参数、切削液、刀具的磨损等是影响切削温度的主要因素。

（1）工件材料　被加工工件材料不同，切削温度相差很大。例如，在相同的切削条件下，切削钛合金比切削45钢的切削温度要高得多。其原因是各种材料的强度、硬度、塑性和导热系数不同。工件材料的强度、硬度、塑性越大，切削力越大，产生的热量多，切削温度升高。导热系数大时则热量传散快，使切削温度降低。所以，切削温度是切削热产生与传出的综合结果。

（2）切削用量

1）背吃刀量 a_p。一方面，a_p 增加，变形和摩擦加剧，产生的热量增加；另一方面，a_p 增加，切削宽度按比例增大，实际参与切削的刃口长度按比例增加，散热条件同时得到改善。因此，a_p 对切削温度的影响较小。

2）进给量 f。f 增大，产生的热量增加。虽然 f 增大，切削厚度增大，切屑的热容量大，带走的热量多，但切削宽度不变，刀具的散热条件没有得到改善，因此切削温度有所上升。

3）切削速度 v_c。v_c 增大，单位时间内金属切除量按比例增加，产生的热量增多，而刀具的传热能力没有任何改变，切削温度将明显上升，因而切削速度对切削温度的影响最为显著。

切削温度是对刀具磨损和刀具使用寿命影响最大的因素。在金属切除率相同的条件下，为了有效地控制切削温度以延长刀具使用寿命，在机床条件允许时，选用较大的背吃刀量和进给量比选用高的切削速度更有利。

（3）刀具的几何参数　刀具几何参数中前角 γ_o 和主偏角 k_r 对切削温度的影响比较明显。

1）前角 γ_o。γ_o 增大，剪切角随之增大，切削变形、摩擦力均减小，产生的切削热减小，使切削温度降低。但是前角进一步增大，则楔角 β_o 减小，使刀具的传热能力降低，切削温度反而逐渐升高，且刀尖强度下降。

2）主偏角 k_r。在 a_p 相同的情况下，k_r 增大，刀具切削刃的实际工作长度缩短，刀尖角减小，传热能力下降，因而切削温度会上升；反之，若 k_r 减小，则切削温度下降。

3）刀尖圆弧半径 r_ε。r_ε 增大，刀具切削刃的平均主偏角 k_r 减小，切削宽度按比例增大，刀具的传热能力增大，切削温度下降。

（4）切削液　合理使用切削液对降低切削温度、减小刀具磨损、提高已加工表面质量有明显的效果。切削液的导热系数、比热容和流量越大，浇注方式越合理，则切削温度越低，冷却效果越好。

（5）刀具的磨损　刀具的磨损达到一定数值后，磨损对切削温度的影响会增大，随着切削速度的提高，影响越显著。实验表明，$VB \geq 0.4mm$ 时（图 2-13），切削温度会显著增高。

知识要点二　刀具磨损与刀具寿命

刀具在切削过程中，在高温、高压条件下，前、后刀面分别与切屑、工件产生强烈的摩擦，刀具材料会逐渐被磨损消耗或出现其他形式的损坏，如图 2-12 所示。刀具过早、过多的磨损将对切削过程和生产率带来很大的影响。

1. 刀具磨损方式

刀具磨损可分为正常磨损和非正常磨损两种形式。正常磨损是指刀具材料的微粒被工件或切屑带走的现象。非正常磨损是指由于冲击、振动、热效应等原因，致使刀具崩刃、碎裂而损坏，这一现象也称为破损。

（1）正常磨损　刀具的正常磨损方式一般有下列三种：

1）后刀面磨损。由于加工表面与后刀面之间存在着强烈的摩擦，在后刀面上的切削刃附近很快就磨出一段后角为零的小棱面，这种磨损形式称为后刀面磨损，如图 2-13a 所示。后刀面磨损一般发生在以较小的切削厚度、较低的切削速度切削脆性材料或塑性金属材料的情况下。在切削刃实际工作范围内，后刀面磨损是不均匀的，刀尖部分由于强度和散热条件差，磨损严重；切削刃靠近待加工表面部分，由于上道工序的加工硬化或毛坯表面的缺陷，磨损也比较严重。因为一般刀具的后刀面都会发生磨损，而且测量比较方便，因此常以后刀面的磨损量的平均值 VB 表示刀具的磨损程度。

2）前刀面磨损。在切削塑性材料时，若切削速度和切削厚度都较大时，因前刀面所受摩擦大、温度高，当刀具的耐热性和耐磨性稍有不足时，在前刀面上主切削刃附近就会磨出一段月牙洼形的凹坑，如图 2-13b 所示。在磨损过程中，月牙洼逐渐变深、变宽，使切削刃强度逐渐下降。前刀面磨损量一般用月牙洼磨损深度 KT 表示。

a)

图 2-12　刀具的磨损形式

图 2-13　刀具磨损的测量位置

a) 后刀面磨损　b) 月牙洼磨损　c) 前、后刀面同时磨损

3) 前、后刀面同时磨损。在切削塑性材料、切削厚度与前两者比较属居中时，经常会出现前刀面与后刀面同时发生磨损的形式，常在主切削刃靠近工件外皮处及副切削刃靠近刀尖处磨出较深的沟纹，如图 2-13c 所示。

(2) 非正常磨损　刀具的非正常磨损主要指刀具的脆性破损（如崩刃、碎断、剥落、裂纹破损等）和塑性破损（如塑性流动等）。它主要是由于刀具材料选择不合理，刀具结构、制造工艺不合理，刀具几何参数不合理，切削用量选择不当，刀具刃磨或使用时操作不当等原因所致。

2. 刀具磨损的原因

刀具在高温、高压下进行切削，正常磨损是不可避免的，经常是机械的、热力的、化学的三种磨损综合作用的结果。

正常磨损有磨料磨损、粘结磨损、扩散磨损及化学磨损等。

(1) 磨料磨损　磨料磨损又称为机械磨损。工件材料中含有一些硬度极高的硬质颗粒，如碳化物、积屑瘤碎片、已加工表面的硬化层等，工件或切屑上的硬质颗粒在刀具表面上划出沟纹而形成的磨损称为磨料磨损。它在各种切削速度下都存在，对于低速切削的刀具，磨料磨损是刀具磨损的主要原因。

因此，作为刀具材料，必须具有更高的硬度、较多较细而且分布均匀的碳化物硬质颗粒，才能提高其抗磨料磨损能力。

(2) 黏结磨损　黏结磨损又称为冷焊磨损。切削塑性材料时，切削区存在着很大的压力和强烈的摩擦，切削温度较高，在切屑、工件与前、后刀面之间的吸附膜被挤破，形成新的表面紧密接触而发生黏结（冷焊）现象，使刀具表面局部强度较低的微粒被切屑或工件带走，这样形成的磨损称为黏结磨损。黏结磨损一般在中等偏低的切削速度下较严重。黏结磨损的程度主要与刀具材料、刀具表面形状与组织、切削时的压力、温度、材料间的亲合程度，刀具、工件材料间的硬度比，切削条件及工艺系统刚度等有关。

(3) 扩散磨损　切削时，在高温下刀具与工件、切屑接触的摩擦面使其化学元素 C、Co、W、Ti、Fe 等互相扩散。当刀具中的一些元素扩散后，改变了原来刀具材料中化学成分的比值，使其性能下降，加快了刀具的磨损。

影响扩散磨损的主要因素，除刀具、工件材料的化学成分外，主要是切削温度。切削温度低，扩散磨损较轻，随着切削温度升高，扩散磨损加剧。

（4）化学磨损 化学磨损又称为氧化磨损。在一定温度下，刀具材料与周围介质发生化学反应，在刀具表面形成一层硬度较低的化合物而被切屑带走；也可能因刀具材料被某种介质腐蚀，造成刀具的化学磨损。

（5）相变磨损 用高速钢刀具切削时，当切削温度超过其相变温度（550~600℃）时，刀具材料的金相组织就会发生变化，由回火马氏体转变为奥氏体，使硬度降低，磨损加快。故相变磨损是高速钢磨损的主要原因之一。

此外，还有热电磨损，即在切削区高温作用下，刀具与工件材料形成热电偶，使刀具与切屑及工件间有热电流通过，可使刀具表面层的组织变得脆弱而使磨损加剧。实验表明，在刀具、工件的电路中加以绝缘，可明显减轻刀具磨损。

刀具磨损的原因是错综复杂的，且各类磨损因素是相互影响的。通过上述分析可知，对于一定的刀具、工件材料，切削温度和机械摩擦对刀具磨损具有决定性影响。

3．刀具的磨损过程和磨钝标准

（1）刀具的磨损过程 在一定的切削条件下，刀具磨损将随着切削时间的延长而增加。图2-14所示为典型的硬质合金车刀磨损曲线。由图可知，刀具的磨损分三个阶段。

图2-14 典型的硬质合金车刀磨损曲线

1）初期磨损阶段。因刀具新刃磨的表面粗糙不平，残留砂轮痕迹，开始切削时磨损较快，一般所耗时间比曲线表示的还要短些。初期磨损量的大小，与刀具刃磨质量直接相关。一般经研磨过的刀具，初期磨损量较小。

2）正常磨损阶段。经初期磨损后，刀面上的粗糙表面已被磨平，压强减小，磨损比较均匀缓慢。后刀面上的磨损量将随切削时间的延长而近似地成正比例增加。此阶段时间较长，它是刀具工作的有效阶段。

3）剧烈磨损阶段。当刀具磨损达到一定限度后，已加工表面粗糙度变差，摩擦加剧，切削力、切削温度迅速增加，磨损速度增加很快，往往产生振动、噪声等，致使刀具失去切削能力。

因此，刀具应避免达到剧烈磨损阶段，在这个阶段到来之前，就应更换新刀或刃磨。

（2）刀具的磨钝标准 刀具磨损到一定限度就不能继续使用，这个磨损限度称为磨钝标准。

国际标准 ISO 规定以 1/2 背吃刀量处后刀面上测定的磨损带宽度 VB 值作为刀具磨钝标准。

根据加工条件的不同，磨钝标准应有所变化。粗加工应取大值，工件刚性较好或加工大件时应取大值，反之则取小值。

自动化生产中的精加工刀具，常以沿工件径向的刀具磨损量作为刀具的磨钝标准，称为刀具径向磨损量 NB 值。

目前，在实际生产中，常根据切削时突然发生的现象，如振动产生、已加工表面质量变差、切屑颜色改变、切削噪声明显增加等来决定是否更换刀具或刃磨。

4. 刀具耐用度

（1）刀具耐用度的基本概念　刀具耐用度是指一把新刀从投入切削到报废为止的总的实际切削时间，其中包括多次重磨。

（2）切削用量对刀具寿命的影响　对于同一种材料的切削加工，当刀具材料、几何参数确定之后，则对刀具寿命的影响就是切削用量了。由于用理论分析法导出的它们之间的数量关系与实际情况不符，因此目前是以实验方法来建立它们之间的关系——经验公式。20 世纪初美国工程师泰勒（F. W. Taglor）花了 26 年时间，通过近万次根据不同的切削速度 v_c 进行刀具寿命 T 的实验，得出一组相应的磨损曲线，经过双对数坐标的处理，推出刀具寿命的三因素一般公式为

$$T = \frac{C_T}{v_c^{\frac{1}{m}} f^{\frac{1}{n}} a_p^{\frac{1}{p}}}$$ (2-9)

式中　C_T——与刀具、工件材料，切削条件有关的系数；

$\frac{1}{m}$、$\frac{1}{n}$、$\frac{1}{p}$——寿命指数。

当用硬质合金车刀切削碳素钢（$R_m = 0.736GPa$）时，车削用量三要素（v_c、f、a_p）与刀具寿命 T 之间存在以下的关系

$$T = \frac{7.17 \times 10^{11}}{v_c^5 f^{2.25} a_p^{0.75}}$$ (2-10)

式（2-10）也称为刀具寿命经验公式。分析式（2-10）可知：

1）当其他条件不变时，切削速度提高一倍，刀具耐用度 T 将降低到原来的 3.125%；

2）若进给量提高一倍，而其他条件不变时，刀具耐用度则降低到原来的 21%；

3）当其他切削条件不变时，若切削深度提高一倍，则刀具耐用度仅降低到原来的 78%。

由此可知，切削用量三要素对刀具寿命的影响相差悬殊，v_c 对 T 的影响最大，其次是 f，a_p 影响最小。因此，实际使用中，在使刀具寿命降低较少而又不影响生产率的前提下，应尽量选取较大的背吃刀量和较小的切削速度，使进给量大小适中。

（3）影响刀具寿命的主要因素　影响刀具寿命的因素主要有以下几方面：

1）刀具材料：刀具材料的抗弯强度和硬度越高，耐磨性和耐热性越好，则刀具抗磨损的能力就越强，刀具耐用度也越高。

2）刀具的几何参数：前角 γ_o 增大，可使切削时的摩擦、切削力减小，使切削温度降低，刀具寿命提高；但前角太大，刀具强度低，散热差，刀具寿命反而会降低。主偏角 κ_r 和副偏角 κ_r' 减小、刀尖圆弧半径 r_ε 增大，都会使切削刃工作长度增加，改善散热条件，切削温度降低，并使刀尖强度提高，因而使刀具寿命提高。

3）切削用量：切削用量对刀具寿命的影响较为明显，由式（2-9）和（2-10）可知，其中切削速度影响最大，进给量次之，而背吃刀量影响最小。

4）工件材料的强度、硬度越高，导热性越差，则切削力大，切削温度高，故刀具磨损越

快，刀具寿命就越低。同时工件材料材质的纯度和均匀性，会给刀具的非正常磨损带来很大的影响。

（4）合理选择刀具寿命　刀具寿命对切削加工的生产率和生产成本有较大的影响。如果刀具寿命定得过高，虽然可以减少换刀次数，但必须减小切削用量，从而使生产率降低、成本提高。反之，若将刀具耐用度定得过低，虽可采用较大的切削用量，但势必会增加换刀和磨刀的次数与时间，同样会降低生产率，增加成本。因此，应该根据具体的切削条件和生产技术条件制订合理的刀具寿命数值。

确定刀具合理耐用度的方法有两种：最高生产率耐用度 T_p 和最低生产成本耐用度 T_c。一般 T_p 略低于 T_c。

思考与练习题

2-1　怎样划分金属切削变形区？各变形区有何特点？

2-2　怎样衡量金属切削变形程度？

2-3　积屑瘤对切削过程有哪些影响？若要避免产生积屑瘤应采取哪些措施？

2-4　影响切削变形的主要因素有哪些？试说明它们的影响规律。

2-5　试概述刀–屑摩擦的特点。为什么刀–屑摩擦不服从古典摩擦法则？

2-6　试分析切削力的来源。车削时切削力如何分解？

2-7　影响切削力的主要因素有哪些？试说明它们的影响规律。

2-8　切削热是如何产生与传散的？

2-9　影响切削温度的主要因素有哪些？试说明它们是如何影响切削温度的。

2-10　试述刀具的正常磨损形式及刀具磨损的原因。高速钢刀具、硬质合金刀具在中速、高速切削时产生磨损是什么原因？

2-11　什么是刀具寿命？刀具寿命与磨钝标准有何关系？影响刀具寿命的主要因素有哪些？

第三章
CHAPTER 3
金属切削基本理论的应用

第一节　切　屑　控　制

在切削过程中，尤其是在自动化机床的切削过程中，切屑的失控，将会严重影响操作者的安全及机床的正常工作，并导致刀具损坏和划伤已加工表面。因此，切屑的控制是切削加工中一个十分重要的技术问题。

知识要点一　切屑形状的分类

生产中由于加工条件不同，形成的切屑形状多种多样。切屑的形状与名称分为八类，见表3-1。

表3-1　切屑形状的分类

切屑名称	切削形状		
1. 带状切屑	1－1 长	1－2 短	1－3 缠乱
2. 管状切屑	2－1 长	2－2 短	2－3 缠乱
3. 盘旋状切屑	3－1 平	3－2 锥	
4. 环形螺旋切屑	4－1 长	4－2 短	4－3 缠乱
5. 锥形螺旋切屑	5－1 长	5－2 短	5－3 缠乱
6. 弧形切屑	6－1 连接	6－2 松散	
7. 单元切屑			
8. 针形切屑			

比较理想的切屑形状是：短管状切屑（2－2）、平盘旋状切屑（3－1）、锥盘旋状切屑（3－2）、短环形螺旋切屑（4－2）和短锥形螺旋切屑（5－2），以及带防护罩的数控机床和自动机床上得到的单元切屑（7）和针形切屑（8）。其中最安全、散热效果较好的切屑形状是短屑中的"C"字形、"6"字形和100mm左右长度的螺旋切屑。

知识要点二 切屑的流向、 卷曲和折断

1. 切屑的流向

为了不损伤已加工表面和方便处理切屑，必须有效地控制切屑的流向。如图 3-1 所示，车刀除主切削刃起主要切削作用外，倒角刀尖和副切削刃处也有非常少的部分参加切削，由于切屑流向是垂直于各切削刃的方向，因此最终切屑的流向是垂直于主、副切削刃的终点连线方向，通常该流出方向与正交平面的夹角为 η_c，称为流屑角。刀具上影响流屑方向的主要参数是刃倾角 λ_s，这是因为 $+\lambda_s$ 与 $-\lambda_s$ 对切屑的作用力方向不同。如图 3-2a 所示，$-\lambda_s$ 使切屑流向已加工表面；在图 3-2b 中，$+\lambda_s$ 使切屑流向待加工表面。

图 3-1 流屑角

图 3-2 刃倾角对切屑流向的影响

a) $-\lambda_s$ b) $+\lambda_s$

2. 切屑的卷曲机理

切屑的卷曲是由于切屑内部变形或碰到断屑槽等障碍物造成的，如图 3-3 ~ 图 3-5 所示。

图 3-3 切屑未遇阻碍形成长的带状切屑

图 3-4 切屑在断屑槽内形成螺旋状切屑

图 3-5 切屑卷曲机理

a) 变形差引起卷曲 b) 力矩引起卷曲 c) 断屑器作用引起卷曲

当用平前刀面切削时，只要 v_c 不很高，切屑常会自行卷曲，其原因是切削时形成积屑瘤，积屑瘤有一定的高度，切屑沿积屑瘤顶面流出，离开积屑瘤后一段距离即与前刀面相切，便发生了弯曲。

生产上常用的是强迫卷屑法，即在前刀面上磨出适当的断屑槽或附加卷屑台，当切屑流过时，使它卷曲。

3. 切屑的折断机理

切屑经第一、第二变形区的严重变形后，硬度增加，塑性降低，性能变脆。当切屑经变形自然卷曲或经断屑槽等障碍物强制卷曲产生的拉应变超过切屑材料的极限应变值时，切屑会折断，如图 3-6 所示。

长环形螺旋切屑的折断则是因为长螺卷屑达到一定长度后，由于重力的作用而下垂，并在离断屑槽不远处弯曲，在弯曲的地方产生弯曲应力，当弯曲应力达到一定值后，加上切屑的甩动而促使它折断。

知识要点三　断屑措施

为了保护机床和人身安全、保护已加工表面和刀具不受损伤，在生产实际中除了有效地控制切屑流向外，常常要人为地采取断屑措施。常用的断屑措施有以下几种：

1. 磨制断屑槽

对于焊接硬质合金车刀，在前刀面上可磨制如图 3-7 所示的折线型、直线圆弧型和全圆弧型三种断屑槽。折线型断屑槽和直线圆弧型断屑槽适用于加工碳钢、合金钢、工具钢和不锈钢；全圆弧型断屑槽的槽底前角 γ_n 大，适用于加工塑性大的金属材料和重型刀具。

在使用断屑槽时，影响断屑效果的主要参数是：槽宽 L_{Bn}、槽深 h_{Bn}（r_{Dn}）。槽宽 L_{Bn} 的大小应确保一定厚度的切屑在流出时碰到断屑台。

断屑槽在前刀面上的位置有三种型式，如图 3-8 所示，即外倾式、平行式（适用于粗加工）

图 3-6 切屑折断时的受力及弯曲

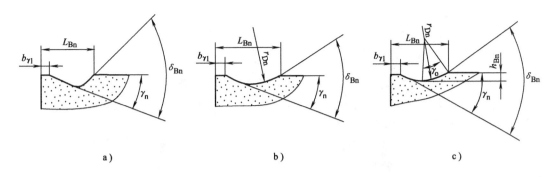

图 3-7　断屑槽的型式

a）折线型断屑槽　b）直线圆弧型断屑槽　c）全圆弧型断屑槽

和内斜式（适用于半精加工和精加工）。

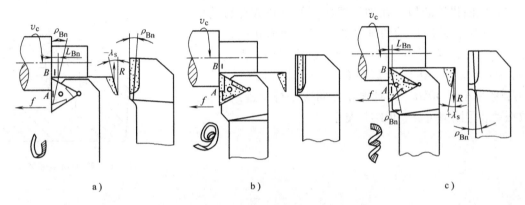

图 3-8　断屑槽的位置

a）外倾式　b）平行式　c）内斜式

2. 改变切削用量

在切削用量参数中，对断屑影响最大的是进给量 f，其次是背吃刀量 a_p，影响最小的是切削速度 v_c。进给量增大，使切屑厚度 h_{ch} 增大，当受到碰撞后切屑容易折断。背吃刀量增大时对断屑影响不明显，只有当同时增加进给量时，才能有效地断屑。

3. 改变刀具角度

主偏角 k_r 是影响断屑的主要因素。主偏角 k_r 增大，切屑厚度 h_{ch} 增大，容易断屑。所以生产中断屑良好的车刀，均选取较大的主偏角，通常取 $\kappa_r = 60° \sim 90°$。

刃倾角 λ_s 使切屑流向改变后，使切屑碰到加工表面上或刀具后刀面上造成断屑，如图 3-9 所示。$-\lambda_s$ 使切屑流出碰撞待加工表面形成 "C" 字形、"6" 字形切屑；$+\lambda_s$ 使切屑流出碰撞后刀面形成 "C" 字形或形成短螺旋切屑自行甩断。

4. 其他断屑方法

（1）附加断屑装置　为了使切屑流出时可靠断屑，可在前刀面上固定附加断屑挡块，使流出切屑碰撞挡块而折断，如图 3-10 所示。附加挡块利用螺钉固定在前刀面上，挡块的工作面可焊接耐磨的硬质合金等材料，工作面可调节成外倾式、平行式和内斜式。挡块对切削刃的位置应根据加工条件调整，以达到稳定断屑的目的。使用断屑挡块的主要缺点是占用空间较大、切屑易阻塞排屑空间。

图 3-9 刃倾角 λ_s 对断屑的影响

（2）间断进给断屑　在加工塑性高的材料或在自动生产线上加工时，采用振动切削装置，实现间断切削，使切屑厚度 h_{ch} 变化，获得不等截面切屑，造成狭小截面处应力集中、强度减小，达到断屑目的。一般振幅为（0.7～1.2) f，频率小于 40Hz，刀具振动方向应平行于进给方向。采取振动装置断屑可靠，但结构复杂。

图 3-10 附加断屑装置

第二节　工件材料的切削加工性

知识要点一　切削加工性的概念及评定指标

工件材料的切削加工性是指工件材料被切削加工的难易程度。目前，机械产品对工程材料的使用性能要求越来越高，而高性能材料的切削加工难度更大。研究材料切削加工性的目的是为了找出改善难加工材料的切削加工性的途径。

切削加工性是一个相对性概念。它的评价方法也很多，主要有以下几个方面：

（1）考虑生产率和刀具寿命的评价方法　在保证高生产率的条件下，加工某种材料时，刀具寿命越长，则表明该材料的切削加工性越好。在保证相同刀具寿命的条件下，加工某种材料所允许的最大切削速度越高，则表明该材料的切削加工性越好。在相同的切削条件下，达到刀具磨钝标准时所能切除的金属体积越大，则表明该材料的切削加工性越好。

（2）考虑已加工表面质量的评价方法　在一定的切削条件下，以加工某种材料是否容易达到所要求的加工表面质量的各项指标来衡量。切削加工中，表面质量主要是对工件表面所获得的表面粗糙度而言的。在合理选择加工方法的前提下，容易获得较小表面粗糙度值的材料，其切削加工性为好。

（3）考虑安全生产和工作稳定性的评价方法　在相同的切削条件下，单位切削力较小的材料，其切削加工性较好。在重型机床或刚性不足的机床上，考虑到人身和设备的安全，切削力的大小是衡量材料切削加工性的一个重要指标。在自动化生产或深孔加工中，工件材料在切削加工中越容易断屑，其切削加工性越好。

由此可知，某材料被切削时，刀具的寿命长，允许的切削速度高，表面质量易保证，切削力小，易断屑，则这种材料的切削加工性好；反之，其切削加工性差。但同一种材料很难在各项加工性的指标中同时获得良好评价，很难找到一个简单的物理量来精确地规定和测量它。因此，在实际生产中常常只取某一项指标来反映材料切削加工性的某一方面。

常用的衡量材料切削加工性的指标为 v_T，其含义是：当刀具寿命为 T 时，切削某种材料所允许的切削速度，单位是 min 或 s。v_T 越高，加工性越好。通常取 $T = 60\text{min}$，v_T 写作 v_{60}；对于一些难加工材料，可取 $T = 30\text{min}$ 或 15min，则 v_T 写作 v_{30} 或 v_{15}。

通常以抗拉强度 $R_m = 0.637\text{GPa}$ 的 45 钢的 v_{60} 作为基准，写作 $(v_{60})_j$；而把其他各种材料的 v_{60} 同它相比，这个比值 K_v 称为相对加工性，即

$$K_v = v_{60} / (v_{60})_j \tag{3-1}$$

当 $K_v > 1$ 时，表示该材料比 45 钢更易切削；

当 $K_v < 1$ 时，表示该材料比 45 钢更难切削。

各种材料的相对加工性 K_v 乘以 45 钢的切削速度，即可得出切削各种材料的可用速度。

常用的工件材料的切削加工性请查相应的金属切削加工手册。

知识要点二 影响材料切削加工性的因素

工件材料切削加工性的好坏，主要决定于工件材料的力学性能、化学成分、热处理状态和表层质量等，因此影响材料切削加工性的主要因素有：

1. 材料的硬度和强度

工件材料在常温和高温下的硬度和强度越高，则在加工中的切削力越大，切削温度越高，刀具寿命越短，故切削加工性差。有些材料的硬度和强度在常温时并不高，但随着切削温度增加，其硬度和强度提高，切削加工性变差，例如 20CrMo 钢。

2. 材料的塑性和韧性

工件材料的塑性越大，其切削变形越大；韧性越强，则切削所消耗的能量越多，这都使切削温度升高。塑性和韧性高的材料，刀具表面冷焊现象严重，刀具容易磨损，且切屑不易折断，因此切削加工性变差。而材料的塑性及韧性过低时，则使切屑与前刀面接触面积过小，切削力和切削热集中在切削刃附近，将导致刀具切削刃破损加剧和工件加工表面质量下降。因此，材料的塑性和韧性过大或过小，都将使其切削加工性变差。

3. 材料的导热性

工件材料的导热性越差，则切削热在切削区域内越难传散，刀具表面的温度越高，会使刀具磨损严重，刀具寿命缩短，故切削加工性差。

4. 材料的化学成分

工件材料中所含的各种合金元素会影响材料的性能，造成切削加工性的差异。例如，材料中碳、锰、硅、铬、钼的含量多，则会使材料的硬度提高，切削加工性变差。含镍量增加，韧性提高，导热性降低，故切削加工性变差。工件材料中含铅、磷、硫，会使材料的塑性降低，切屑易于折断，有利于改善切削加工性。在工件材料中含氧和氮，易形成氧化物、氮化物的硬质点，会加速刀具磨损，因而使切削加工性变差。

此外，金属材料的各种金相组织及采用不同的热处理方法，都会影响材料的性能，而形成不同的切削加工性。

知识要点三　改善难加工材料切削加工性的途径

目前，在高性能结构的机械设备中都需要使用许多难加工材料，其中以高强度合金结构钢、高锰钢、不锈钢、高温合金、钛合金、冷硬铸铁以及各种非金属材料（如陶瓷、玻璃钢等）最为普遍。为了改善这些材料的切削加工性，许多科技工作者进行了大量的实验研究，找到了一些改善材料切削加工性的基本途径。

1. 合理选择刀具材料

根据工件材料的性能和加工要求，选择与之相适应的刀具材料，如切削含钛元素的不锈钢、高温合金和钛合金，宜用 YG 类硬质合金刀具，选用其中的细颗粒牌号，能明显提高刀具寿命。加工工程塑料和石材等非金属材料，也应选择 YG 类刀具。切削钢和铸铁，尤其是冷硬铸铁，宜选用 Al_2O_3 基陶瓷刀具。高速切削淬硬钢和镍基合金，则可选用 Si_3N_4 基陶瓷刀具。铣削 60HRC 模具钢则可选用 CBN 刀具，其高速铣削的效率要比电加工高近 10 倍。

2. 适当选择热处理方法

材料的切削加工性并不是一成不变的。生产中通常采用热处理方法来改变材料的金相组织，以达到改善切削加工性的目的。例如对低碳钢进行正火处理，能适当地降低其塑性和韧性，使加工性能提高；对高碳钢或工具钢进行球化退火，使其金相组织中的片状和网状渗碳体转变为球状渗碳体，从而降低其硬度，改善切削加工性。

3. 适当添加化学元素

改变材料的化学成分也是改善其切削加工性的重要途径。例如在钢中加入少量硫、铅、钙、磷等元素，可略微降低其强度和韧性，提高其切削加工性；在铸铁中加入少量硅、铝等元素，可促进碳元素的石墨化，使其硬度降低，切削加工性得到改善；在不锈钢中加入硒元素，可改善其硬化程度，使其切削加工性得到改善。

4. 采用新的切削加工技术

随着切削加工的发展，一些新的切削加工方法也相继问世，例如加热切削、低温切削、振动切削、在真空中切削和绝缘切削等，都可有效地解决难加工材料的切削问题。

此外，还可通过选择加工性好的材料状态，以及选择合理的刀具几何参数、制订合理的切削用量、选用合适的切削液等措施来改善材料的切削加工性。

第三节　切削液及其选用

在切削过程中，合理使用切削液可以减小切削力和降低切削温度，改善刀具与工件、刀具与切屑之间的摩擦状况，从而改善已加工表面质量，延长刀具寿命，降低能量消耗。此外，选用高性能的切削液，也是改善某些难加工材料切削加工性的有效途径之一。

知识要点一　切削液的作用

1. 冷却作用

切削液浇注在切削区后，通过切削液的热传导、对流和汽化等方式，把切屑、工件和刀具上的热量带走，降低了切削温度，起到了冷却作用，从而有效地减小了工艺系统的热变形，减少了刀具磨损。

切削液冷却性能的好坏，取决于它的导热系数、比热容、汽化热、汽化速度、流量和流速等。一般来说，水基切削液冷却性能好，而油基切削液冷却性能差。

2. 润滑作用

切削液渗透到刀具、切屑与加工表面之间，其中带油脂的极性分子吸附在刀具的前、后刀面上，形成物理性吸附膜。有时刀具材料与添加在切削液中的化学物质发生化学反应，则形成化学吸附膜，从而在高温时减小切屑、工件与刀具之间的摩擦，减少黏结，减少刀具磨损，提高已加工表面质量。

3. 清洗作用

在金属切削中，为了防止碎屑、铁锈及磨料细粉黏附在工件、刀具和机床上，影响工件已加工表面质量和机床加工精度，要求切削液具有良好的清洗作用。清洗性能的好坏与切削液的渗透性、流动性和工作压力有关。为了改善切削液的渗透性、流动性，一般常加入剂量较大的表面活性剂和少量矿物油，配制成高水基合成液、半合成液或乳化液，可提高清洗能力。

4. 防锈作用

为了防止工件、机床受周围介质腐蚀，要求切削液具有一定的防锈作用。防锈作用的强弱取决于切削液本身的性能和加入的防锈添加剂的性质。防锈添加剂的加入可在金属表面吸附或化合形成保护膜，防止金属与腐蚀介质接触而起到防锈作用。

切削液对于改善切削条件、减少刀具磨损、提高切削速度、提高已加工表面质量、改善材料的切削加工性等，都有一定的积极意义。

切削液应具有抗泡性、抗霉菌变质能力，应达到排放时不污染环境、对人体无害的标准，并应考虑其使用经济性。

知识要点二　切削液的种类及应用

1. 切削液的种类

金属切削加工中，常用的切削液可分为三大类：水溶液、乳化液和切削油。

（1）水溶液　水溶液是以水为主要成分的切削液。天然水虽有很好的冷却作用，但其润滑性能太差，又易使金属材料生锈，因此不能直接作为切削液在切削加工中使用。为此，常在水中加入一定含量的油性、防锈添加剂制成水溶液，改善水的润滑、防锈性能，使水溶液在保持良好冷却性能的同时，还具有一定的润滑和防锈性能。水溶液是一种透明液体，便于操作者观察切削状况。

（2）乳化液　乳化液是将乳化油用水稀释而成。乳化油主要由矿物油、乳化剂、防锈剂、油性剂、极压剂和防腐剂等组成。稀释液不透明，呈乳白色。乳化液的冷却、润滑性能较好、成本较低，废液处理较容易，但其稳定性差，夏天易腐败变质，并且稀释液不透明，不便观察工作区情况。

（3）切削油　切削油的主要成分是矿物油，少数采用矿物油和动、植物油的复合油。切削油中也可以根据需要再加入一定量的油性、极压和防锈添加剂，以提高其润滑和防锈性能。纯矿物油不能在摩擦表面上形成坚固的润滑膜，在实际使用中常加入硫、氯等添加剂，制成极压切削油。在精加工和加工复杂形状工件（如成形面、齿轮、螺纹等）时，其润滑和防锈效果较好。

2. 切削液中的常用添加剂

为了改善切削液的性能所加入的化学物质，称为添加剂。常用的添加剂有以下几种：

（1）油性添加剂　油性添加剂含有极性分子，能降低油与金属表面的表面张力，使切削液快速渗透到切削区，形成物理吸附膜，减小刀具与切屑、工件表面间的摩擦。但这种吸附膜只能在较低温度（＜200℃）下起到较好的润滑作用，所以它主要用于低速精加工。常用的油性添加剂有动植物油、脂肪酸、胺类、醇类和脂类等。

（2）极压添加剂 极压添加剂是含硫、磷、氯、硼的化合物，这些化合物在高温下与金属表面发生化学反应生成化学保护膜，在切削中起极压润滑作用。因此，在高温、高压条件下使用的切削液中必须添加极压添加剂，能显著提高极压状态下切削液的润滑效果。常用的极压添加剂多为含硫、磷、氯、碘等的有机化合物，如氯化石蜡、二烷基二硫代磷酸锌等。

（3）乳化剂 乳化剂是使矿物油和水乳化形成稳定乳化液的物质，具有亲水、亲油的性质，能起乳化、增溶、润湿、洗涤、润滑等一系列作用。乳化剂的分子是由极性基团与非极性基团两部分组成的。极性基团是亲水的，称作亲水基团，可溶于水；非极性基团是亲油的，叫亲油基团，可溶于油。油水本来是互不相溶的，加入乳化剂后，它能定向地排列并吸附在油水两极界面上，极性端向水，非极性端向油，把油和水连接起来，降低油—水的界面张力，使油以微小的颗粒稳定地分散在水中，形成稳定的"水包油"型乳化液。乳化剂在水基切削液中还能吸附在金属表面上形成润滑膜，起油性剂的润滑作用。

目前生产上使用的乳化剂种类较多，在水基切削液中，应用最广泛的是阴离子乳化剂和非离子乳化剂。前者如石油磺酸钠、油酸钠皂等，它价格便宜，且有碱性，同时具有防锈和润滑性能。后者如聚氧乙烯脂肪醇醚、聚氧乙烯烷基酚醚等，它不怕硬水，也不受 pH 值的限制，清洗能力好，而且分子中的亲水、亲油基可以根据需要加以调节。

有时为了提高乳化液的稳定性，在乳化液中加入适量的乳化稳定剂，如乙醇、乙二醇等。

除上述添加剂外，还有防锈添加剂（如石油磺酸钡、亚硝酸钠）、消泡剂（如二甲基硅油等）和防霉剂（如苯酚等）。

在配制切削液时，根据具体情况，添加几种添加剂，可得到效果良好的切削液。

3. 切削液的合理使用

（1）切削液的合理选择 切削液应根据刀具材料、加工要求、工件材料和加工方法的具体情况选用，以便得到良好的效果。

粗加工时，切削量大，产生大量的切削热，为降低切削区的温度，应选用以冷却为主的切削液。高速钢刀具耐热性差，故高速钢刀具切削时必须使用切削液，如使用3%～5%的乳化液和水溶液。硬质合金、陶瓷刀具耐热性好，一般不用切削液。但在数控机床上进行高速切削时，也必须使用切削液，如选用水溶液或低浓度的乳化液，但应连续、充分地浇注，以免高温下刀片冷热不匀，产生热应力而导致裂纹产生。精加工时，切削液的主要作用是减小工件表面粗糙度值和提高加工精度，所以应选用润滑性能好的极压切削油或高浓度的水溶液及乳化液。

从加工材料角度考虑，切削钢料等塑性金属材料时，需使用切削液。切削铸铁、青铜等脆性材料，一般不用切削液。对于高强度钢、高温合金等难加工材料的切削加工，应选用极压切削液。加工铜及铜合金时不宜用含硫的切削液；切削铅合金时不能用含氯的切削液；加工镁及镁合金时不能用水溶液；加工铝及其合金时也不用水溶液，应选用中性或 pH 值不太高的切削液。

从加工方法考虑，磨削时的温度高，而且会产生大量的细屑和砂末等，影响加工质量。因而磨削液应有较好的冷却性能和清洗性能，并应有一定的润滑性和防锈性。一般磨削加工常用普通乳化液和水溶液。对于钻孔、攻螺纹、铰孔、拉削等，宜用极压切削液。齿轮刀具切削时，应采用极压切削油。对于数控机床、加工中心，应选用高浓度水溶液及乳化液，而且要求切削液应适用于多种材料和多种加工方式。

此外，值得注意的是，在精密机床上加工工件时不宜使用含硫的切削液。

（2）切削液的使用方法 切削液的普遍使用方法是浇注法。它使用方便，但流速慢，压力低，难以直接渗入切削区的高温处，影响切削液的使用效果。切削时，应尽量直接浇注到切削区。车削和铣削时，切削液流量为 10～20L/min，如图 3-11 所示。深孔加工时，应采用高压冷却法，把切削液直接喷射到切削区，并带出碎屑。其工作压力为 1～10MPa，流量为 50～150L/min。

图 3-11　切削液的浇注方法

a）车削时的浇注方法　　b）、c）、d）铣削时的浇注方法

　　喷雾冷却法是一种较好的使用切削液的方法。压缩空气以 0.3～0.6MPa 的压力通过喷雾装置，把切削液从 $\phi1.5～\phi3mm$ 的喷口中喷出，形成雾状，高速喷至切削区，如图 3-12 所示。由于雾状液滴的汽化和渗透作用，吸收了大量的热量，能取得良好的润滑效果。

图 3-12　喷雾浇注装置原理图

第四节　刀具几何参数的合理选择

刀具几何参数包括刀具的几何角度、前刀面型式和切削刃形状等参数。刀具的合理几何参数是指在保证加工质量的前提下，能够获得最长的刀具寿命，从而能够达到提高生产率、降低生产成本的刀具几何参数。

知识要点一　前角的选择

1. 前角的功用

前角是刀具的重要几何参数之一，其主要作用有：

（1）影响切削变形程度　前角增大，切削变形将减小，从而减小切削力、切削功率、切削热。

（2）影响已加工表面的质量　增大前角，能减少切削层的塑性变形和加工硬化程度，抑制积屑瘤和鳞刺的产生，减小切削时的振动，从而提高加工表面质量。

（3）影响切削刃强度及散热状况　增大前角，会使刀具楔角减小，使切削刃强度降低、散热体积减小。前角过大，可能导致切削刃处应力过大而造成崩刃。

（4）影响切屑形态与断屑效果　减小前角，可以使切削变形增大，从而使切屑容易卷曲和折断。

由此可见，前角的大小、正负不可随意而定，它对切削变形、切削力、切削功率和切削温度均有很大影响，同时也决定着切削刃的锋利程度和强度，影响着刀具寿命和生产率。

2. 前角的选择原则

（1）根据工件材料选择　加工塑性材料前角宜大些，而加工脆性材料前角宜小些；材料强度和硬度越高，前角越小，甚至取负值。

（2）根据刀具材料选择　高速钢强度、韧性好，可选较大的前角；硬质合金强度低、脆性大，应选用较小的前角；陶瓷刀具强度、韧性更低，脆性更大，故前角宜更小些。

（3）根据加工要求选择　粗加工和断续切削，切削力和冲击较大，应选用较小的前角；精加工时，为使刀具锋利，提高表面质量，应选用较大的前角；当机床功率不足或工艺系统刚性较差时，可取较大的前角，以减小切削力和切削功率，减轻振动。

3. 前刀面及其选用

常用的前刀面型式有四种，如图 3-13 所示。

（1）正前角平面型（图 3-13a）　这种型式的特点是结构简单、切削刃锋利，但刀尖强度低，传热能力差，多用于加工易切削材料的精加工用刀具、成形刀具或多刃刀具（如铣刀）。

（2）正前角平面带倒棱型（图 3-13b）　这种型式是在刃口上磨出很窄的负前角倒棱面，称为负倒棱。它对提高刀具刃口强度、改善散热条件、增加刀具寿命有很明显的效果。这种型式多用于粗加工铸锻件或断续切削的刀具。

（3）负前角单面型（图 3-13c）和负前角双面型（图 3-13d）　切削高强度、高硬度材料时，为使脆性较大的硬质合金刀片承受压应力，而采用负前角。当刀具磨损主要产生于后刀面时，可采用负前角单面型。当刀具前刀面有磨损，刃磨前刀面会使刀具材料损失过多时，应采用负前角双面型。这时负前角的棱面应具有足够的宽度，以确保切屑沿该面流出。

（4）正前角曲面带倒棱型（图3-13e）　这种型式是在平面带倒棱的基础上，前刀面上又磨出一个曲面，称为断屑槽或月牙槽。它可以增大前角，并能起到卷屑的作用。这种型式多用于粗加工和半精加工。

图3-13　前刀面的型式

a）正前角平面型　b）正前角平面带倒棱型　c）负前角单面型　d）负前角双面型　e）正前角曲面带倒棱型

知识要点二　后角的选择

1. 后角的功用

后角的主要功用是减小后刀面与加工表面间的摩擦，具体为：

1）增大后角，可减小加工表面上的弹性恢复层与后刀面的接触长度，从而减小后刀面的摩擦与磨损，提高刀具寿命。

2）增大后角，楔角则减小，使切削刃刃口钝圆弧半径减小，刃口锋利。

3）后刀面磨钝标准 VB 相同时，后角大的刀具达到磨钝标准，磨去的金属体积大，从而加大刀具的磨损值 NB，影响工件尺寸。

增大后角，刃口锋利，可提高加工表面质量。但后角过大，会降低刃口强度和散热能力，使刀具磨损加剧。

2. 后角的选择原则

（1）根据加工要求选择　精加工时，切削用量较小，为了减小摩擦，保证加工表面质量，宜选择较大的后角；粗加工、强力切削或断续切削时，为保证刀具刃口强度，应选较小的后角。

（2）根据工件材料选择　加工高强度、高硬度钢时，为保证刃口强度，应选择较小的后角；加工塑性材料时，宜选较大的后角；加工脆性材料时，则宜选较小的后角。

（3）根据加工条件选择　工艺系统刚性较差，容易发生振动时，应选较小的后角，以增加后刀面与工件的接触面积，增强刀具的阻尼作用；对尺寸精度要求较高的刀具，宜选较小的后角。

3. 副后角的选择

副后角的作用是减小副后刀面与已加工表面间的摩擦。副后角一般取得较小，通常为1°～3°。

知识要点三　主偏角和副偏角的选择

1. 主偏角和副偏角的功用

（1）影响已加工表面的残留面积高度　减小主偏角和副偏角，可以减小已加工表面的残留面积高度，从而减小已加工表面粗糙度值，副偏角对理论表面粗糙度影响更大。

（2）影响切削层尺寸和断屑效果　在背吃刀量和进给量一定时，增大主偏角，切削宽度减小，切削厚度增大，有利于断屑。

（3）影响刀尖强度 主偏角直接影响切削刃工作长度和单位长度切削刃上的切削负荷。在背吃刀量和进给量一定的情况下，增大主偏角和副偏角，刀尖强度降低，散热面积和容热体积减小，切削宽度减小，切削刃单位长度上的负荷随之增大，因而刀具的寿命会下降。

（4）影响切削分力的比例关系 增大主偏角可减小背向分力 F_p，但增大了进给分力 F_f。F_p 的减小，有利于减小工艺系统的弹性变形和振动。

2. 主偏角的选择

（1）根据加工工艺系统的刚性选择 粗加工、半精加工和工艺系统刚性较差时，为了减小振动，提高刀具寿命，宜选择较大的主偏角。

（2）根据工件材料选择 加工很硬的材料，为减轻单位长度切削刃上的负荷，改善刀尖散热条件，提高刀具寿命，宜选择较小的主偏角。

（3）根据工件已加工表面形状选择 加工阶梯轴时，选 $\kappa_r = 92°$；需用一把刀车外圆、端面和 45°倒角时，选 $\kappa_r = 45°$。

3. 副偏角的选择

副偏角是影响表面粗糙度的主要角度，它的大小还影响刀尖强度。副偏角的选择原则是：在不影响摩擦和振动的条件下，应尽可能选取较小的副偏角。

知识要点四　刃倾角的选择

1. 刃倾角的功用

（1）影响切屑流向 刃倾角 λ_s 的大小和正负，直接影响流屑角，即直接影响切屑的卷曲和流出方向，参见图3-2、图3-9。

（2）影响刀尖强度及断续切削时切削刃上受冲击的位置 当 $\lambda_s = 0$ 时，切削刃全长同时接触工件，因而冲击较大；当 $\lambda_s > 0$ 时，刀尖首先接触工件，容易崩刃；当 $\lambda_s < 0$ 时，远离刀尖的切削刃的其余部分首先接触工件，从而保护了刀尖，切削过程也比较平稳。

（3）影响切削刃的锋利程度 刃倾角只要不等于零，都将增大前角，具有斜角切削的特点，因此可以使切削刃变得锋利。

（4）影响切削刃的实际工作长度 刃倾角的绝对值越大，斜角切削时的切削刃工作长度越大，切削刃上单位长度的负荷越小，有利于提高刀具的寿命。

（5）影响切削分力的比例。λ_s 由 0°变化到 -45°时，F_p 约增大 1 倍，F_f 下降 1/3，F_c 基本不变。F_p 的增大，将导致工件变形甚至引起振动，从而影响加工精度和表面质量。

2. 刃倾角的选择

选择刃倾角时，应根据具体加工条件进行具体分析。

（1）根据加工要求选择 一般精加工时，为防止切屑划伤已加工表面，选择 $\lambda_s = 0° \sim 5°$；粗加工时，为提高刀具强度，通常取 $\lambda_s = -5° \sim 0°$；微量精车、精镗、精刨时，采用 $\lambda_s = 45° \sim 75°$的大刃倾角。

（2）根据工件材料选择 车削淬硬钢等高硬度、高强度材料时，常取较大的负刃倾角。车削铸铁件时，常取 $\lambda_s \geq 0°$。

（3）根据加工条件选择 加工断续表面、加工余量不均匀表面，或在其他产生冲击振动的切削条件下，通常取负刃倾角。

（4）根据刀具材料选择 金刚石和立方氮化硼车刀，通常取 $\lambda_s = -5° \sim 0°$。

刀具切削部分的各构造要素中，最关键的地方是切削刃，它完成切除余量与形成加工表面的任务，而刀尖则是工作条件最恶劣的部位。为提高刀具寿命，必须设法保护切削刃和刀尖。为此，可以采用负倒棱、过渡刃、修光刃等型式。

切削刀具的各角度间是互相联系、互相影响的，而任何一个合理的刀具几何参数，都应在多因素的相互联系中确定。

第五节　切削用量的合理选择

当确定了刀具几何参数之后，还需要选定切削用量参数才能进行切削加工。切削用量的合理确定，对加工质量、生产率、刀具寿命和加工成本都有重要影响。合理的切削用量是指充分发挥刀具和机床的性能，保证加工质量、高的生产率及低的加工成本下的切削用量。应根据具体条件和要求，考虑约束条件，正确选择切削用量。

知识要点一　切削用量的选择原则

选择切削用量必须遵循以下原则：

1）根据零件加工余量和粗、精加工要求，选定背吃刀量 a_p。

2）根据加工工艺系统允许的切削力，其中包括机床进给系统、工件刚度以及精加工时表面粗糙度要求，确定进给量 f。

3）根据刀具寿命，确定切削速度 v_c。

4）所选定的切削用量应该是机床功率允许的。

因此，一组切削用量必须考虑到加工余量、刀具寿命、机床功率、表面粗糙度和工艺系统刚性等因素。

知识要点二　切削用量的选择

1. 背吃刀量 a_p 的合理选择

背吃刀量 a_p 一般是根据加工余量来确定。

粗加工（表面粗糙度值为 $Ra12.5 \sim 50\mu m$）时，尽可能一次走刀即切除全部余量，在中等功率的机床上，取 $a_p = 8 \sim 10mm$；如果余量太大或不均匀、工艺系统刚性不足或者断续切削时，可分几次走刀。

半精加工（表面粗糙度值为 $Ra3.2 \sim 6.3\mu m$）时，取 $a_p = 0.5 \sim 2mm$。

精加工（表面粗糙度值为 $Ra0.8 \sim 1.6\mu m$）时，取 $a_p = 0.1 \sim 0.4mm$。

2. 进给量 f 的合理选择

粗加工时，对表面质量没有太高的要求，而切削力往往较大，合理的 f 应是工艺系统刚性（包括机床进给机构强度、刀杆强度和刚度、刀片的强度、工件装夹刚度等）所能承受的最大进给量。生产中 f 常根据工件材料材质、形状尺寸，刀杆截面尺寸，已确定的 a_p，从切削用量手册中查得。一般情况下，刀杆尺寸、工件直径增大，f 可较大；a_p 增大，因切削力增大，f 就选择较小的值；加工铸铁时的切削力较小，所以 f 可选大些。

精加工时，进给量主要受加工表面粗糙度限制，一般取较小值。但进给量过小，切削深度过薄，刀尖处应力集中，散热不良，使刀具磨损加快，反而使表面粗糙度值加大，所以进给量也不宜过小。

3. 切削速度v_c的合理选择

由已定的a_p、f及T，再结合查阅有关的切削用量手册，获得相关的切削用量系数和修正系数，即可计算v_c。

选择切削速度的一般原则是：

1）粗车时，a_p、f均较大，故v_c宜取较小值；精车时，a_p、f均较小，所以v_c宜取较大值。

2）工件材料强度、硬度较高时，应选较小的v_c值；反之，宜选较大的v_c值。材料切削加工性较差时，选较小的v_c值；反之，选较大的v_c值。在同等条件下，易切钢的v_c高于普通碳钢的v_c；加工灰铸铁的v_c低于碳钢的v_c；加工铝合金、铜合金的v_c高于加工钢的v_c。

3）刀具材料的性能越好，v_c也选得越高。

此外，在选择v_c时，还应注意以下几点：

1）精加工时，应尽量避开容易产生积屑瘤和鳞刺的速度值域；

2）断续切削时，为减小冲击和热应力，应适当降低v_c；

3）在易发生振动的工艺状况下，v_c应避开自激振动的临界速度；

4）加工大件、细长件、薄壁件及带硬皮的工件时，应选用较低的v_c；

5）v_c被确定之后，还应校验切削功率和机床功率。

总之，选择切削用量时，可参照有关手册的推荐数据，也可凭经验结合选择原则来确定。

知识要点三　切削用量的优化及切削数据库

1. 切削用量的优化

切削用量的优化，是指在一定的预定目标及约束条件下，选择最佳的切削用量。在切削用量三要素中，背吃刀量a_p主要取决于加工余量，没有多少选择余地，一般都可事先给定，而不参与优化。所以切削用量的优化主要是指切削速度v_c与进给量f的优化组合，因此作为常用的优化目标函数有：

1）利用单件生产时间表示的，最高生产率目标函数：$t_m = f(v_c, f)$；

2）利用单件生产所需成本表示的，最低生产成本目标函数：$C_t = f(v_c, f)$；

3）利用单位时间或单件生产获得利润表示的，最大利润目标函数：$P = f(v_c, f)$。

生产中v_c和f的数值是不能任意选择的，它们要受到机床、工件、刀具及切削条件等方面的限制：

（1）机床方面　机床功率、机床运动参数（n，f）和机床薄弱机构的强度和刚性等。

（2）刀具方面　刀具寿命、刀杆强度和刚性、刀片的强度等。

（3）工件方面　工件强度和刚性、加工表面粗糙度等。

根据这些约束条件，可建立一系列约束条件不等式。

对所建立的目标函数及约束方程求解，便可很快获得v_c和f的最优解。

一般来说，求解方法不止一种，计算工作量也相当大。目前，随着电子计算技术，特别是微型计算机技术的不断发展，计算机已经可以代替人工计算，可用科学的方法来寻求最佳切削用量。这种做法已逐步进入实用阶段。

2. 切削数据库简介

金属切削数据库，就是存储着像"切削用量手册"所搜集的许多切削加工数据的计算机管理系统，它具有对切削数据实现采集、查询、评定、优化、校验、维护、制表和输出等功能。它储存有经过优化的各种加工方法和加工各种工程材料的切削数据。使用它，可明显地提高产品的加工质量，降低成本，提高企业的经济效益。它还可为数控机床、加工中心以及 CAD、CAM、

FMS、CIMS 等提供所需的各种数据。

金属切削数据库的服务对象主要是机械制造工厂，只要接通电话或传真都可向数据库咨询或索取所需数据。如装有计算机终端，还可通过网络与数据库接通，用户可自行查找所需数据。这样，工厂不必做切削试验来获取切削数据，就可从数据库中获得新材料切削所需参数，从而使工厂获得更好的经济效益。

在科学技术飞速发展的今天，新的工程材料不断涌现，切削数据库所起的作用尤其显著。

第六节　超高速切削与超精密切削简介

知识要点一　超高速切削

1. 超高速切削的基本概念

超高速加工技术是指采用超硬刀具和磨具，利用能可靠地实现高速运动的高精度、高自动化和高柔性的制造设备，以提高切削速度来达到提高材料切除率、加工精度和加工质量的先进制造技术。

超高速切削的切削速度范围取决于工件材料、加工方法。

1）就加工材料而言，目前一般认为超高速切削的切削速度是：切削铜及铜金、铝及铝合金为 >3000m/min，切削钢和铸铁为 >1000m/min，切削高合金钢、镍基耐热合金为 300m/min，切削钛合金为 200m/min，切削纤维增强塑料为 2000～9000m/min。

2）就加工方法而言，超高速切削的速度为：车削 700～7000m/min，铣削 300～6000m/min，钻削 200～1100m/min，磨削 80～160m/s 等。

2. 超高速切削的特点

与常规切削加工相比，超高速切削有如下特点：

（1）切削力小　超高速切削时，由于切削温度使加工材料受到一定程度的软化，因此切削力减小。例如车削铸铝合金的切削速度达到800m/min后，切削力比常规切削至少降低50%。

（2）切削变形小　超高速切削时，剪切角随切削速度提高而迅速增大，因而使切削变形减小的幅度较大。

（3）切削温度低　超高速切削时，切削产生的热量大部分被切屑带走，因此工件上温度不高；此外，相关资料表明，当切削速度增加到一定值时，切削温度会随之下降。

（4）加工精度高　超高速切削时，刀具激振频率远离工艺系统固有频率，不易产生振动；又由于切削力小、热变形小、残余应力小，易于保证加工精度和表面质量；切削热传入工件的比例减小，加工表面可保持良好的物理力学性能。

（5）刀具寿命相对有所提高　常规切削时，切削速度 v_c 提高，刀具寿命急剧下降，但超高速切削时，指数 m 增大，使刀具寿命下降的速率较小。

（6）加工效率高　超高速切削时，主轴转速和进给的高速化，使得机动时间和辅助时间大幅度减少、加工自动化程度提高，加工效率得到大幅度提高。

（7）加工能耗低　超高速切削时，单位功率的金属切除率显著增加，从而降低了能耗，提高了能源和设备的利用率。

3. 超高速切削的关键技术

尽管超高速切削具有众多的优点，但由于技术复杂，且对于相关技术要求较高，使其应用受到了一定的限制。与超高速切削密切相关的关键技术主要有：

（1）超高速切削刀具　超高速切削用的刀具材料要求强度高、耐热性能好。常用的刀具材料有添加 TaC、NbC 的含 TiC 高的硬质合金、涂层硬质合金、金属陶瓷、立方氮化硼（CBN）或聚晶金刚石（PCD）刀具。选用刀具角度推荐值：加工铝合金，$\gamma_o = 12° \sim 15°$，$\alpha_o = 13° \sim 15°$；加工钢，$\gamma_o = 0° \sim 5°$，$\alpha_o = 12° \sim 15°$；加工铸铁，$\gamma_o = 0°$，$\alpha_o = 12°$。

（2）超高速主轴和进给机构　超高速主轴机构是超高速切削机床必备的条件。电磁主轴是超高速主轴单元的理想结构，以宽调速交流变频电动机来实现主轴的变速，变频电动机与主轴一体化，取消了中间传动环节，实现了驱动与执行元件间的"零传动"；轴承可采用高速陶瓷滚动轴承或磁浮轴承。进给机构则采用快速反应的数控伺服系统，采用多线螺纹行星滚珠丝杆代替目前的滚珠丝杆，或采用直线伺服电动机。

（3）其他装置　机床还必须配备超高速切削在线自动检测装置、高效的切屑处理装置、高压冷却喷射系统和安全防护装置。超高速切削还必须紧密结合控制技术、毛坯制造技术、干切技术等。

4. 超高速切削的应用

超高速切削的工业应用主要集中在以下几个领域：

（1）航空航天工业领域　在航空航天领域中，用于加工大型整体构件、薄壁类零件、微孔槽类零件和叶轮叶片、钛及钛合金零件等。

（2）汽车工业领域　在汽车工业中，用于加工伺服阀、各种泵和电机的壳体、电机转子、气缸体等。

（3）模具工具工业领域　在模具制造中，由淬硬材料加工模具，省去工序，节约工时。

（4）超精密微细切削加工领域　在超精密加工中用于加工 0.5mm 左右的小孔等，生产率和加工精度高。

知识要点二　精密加工和超精密加工

精密及超精密加工对尖端技术的发展起着十分重要的作用。如今各主要工业化国家都投入了巨大的人力物力来发展精密及超精密加工技术，它已经成为现代制造技术的重要发展方向之一。

1. 精密加工和超精密加工的概念

精密和超精密加工主要是根据加工精度和表面质量两项指标来划分的。精密加工是指精度在 $0.1 \sim 10\mu m$（IT5 或 IT5 以上），表面粗糙度值在 $Ra0.1\mu m$ 以下的加工方法，如金刚车、高精密磨削、研磨、珩磨、冷压加工等，用于精密机床、精密测量仪器等制造业中的关键零件，如精密丝杠、精密齿轮、精密导轨、微型精密轴承、宝石等的加工。超精密加工一般指工件尺寸公差为 $0.01 \sim 0.1\mu m$ 数量级，表面粗糙度值为 $Ra0.001\mu m$ 数量级的加工方法，如金刚石精密切削、超精密磨料加工、电子束加工、离子束加工等，用于精密组件、大规模和超大规模集成电路及计量标准组件制造等方面。这种划分只是相对的，随着生产技术的不断发展，其划分界限也将逐渐向前推移。

2. 实现精密和超精密加工的条件

精密和超精密加工形成了内容极为广泛的制造系统工程，它涉及超微量切除技术、高稳定性和高净化的工作环境、设备系统、工具条件、工件状况、计量技术、工况检测及质量控制技术等。其中的任一因素对精密和超精密加工的加工精度和表面质量都将产生直接或间接的影响。

（1）加工环境　精密加工和超精密加工必须在超稳定的加工环境中进行，因为加工环境的极微小变化都可能影响加工精度。超稳定的加工环境主要是指环境必须满足恒温、防振、超净三方面要求。

1）恒温。温度每增加 1℃，100mm 长的钢件会产生 1μm 的伸长，精密加工和超精密加工的加工精度一般都是微米级、亚微米级或更高，因此为了保证加工区极高的热稳定性，精密加工和超精密加工必须在严密的多层恒温条件下进行，要求不仅放置机床的房间应保持恒温，还要对机床采取特殊的恒温措施。

2）防振。机床振动对精密加工和超精密加工有很大的危害。为了提高加工系统的动态稳定性，除了在机床设计和制造上采取各种措施外，还必须用隔振系统来保证机床不受或少受外界振动的影响。例如，某精密刻线机安装在工字钢和混凝土防振床上，再用四个气垫支承约 7.5t 的机床和防振床，气垫由气泵供给恒定压力的氮气。

3）超净。在未经净化的一般环境下，尘埃数量极大，绝大部分尘埃的直径小于 1μm，也有不少直径在 1μm 以上甚至超过 10μm 的尘埃。这些尘埃如果落在加工表面上，可能将表面拉伤；如果落在量具测量表面上，就会造成测量误差。因此，精密加工和超精密加工必须有与加工相适应的超净工作环境。

（2）工具切（磨）削性能　精密加工和超精密加工必须能均匀地去除不大于工件加工精度要求的极薄的金属层。当精密切削（或磨削）的背吃刀量 a_p 在 1μm 以下时，背吃刀量可能小于工件材料晶粒的尺寸，切削在晶粒内进行，切削力要超过晶粒内部非常大的原子结合力才能切除切屑，因此作用在刀具上的剪应力非常大，刀具的切削刃必须能够承受这个巨大的剪应力和由此而产生的很大的热量。一般刀具或磨粒经受高应力、高温时，会快速磨损。这就需要对精密切削刀具的微切削性能进行认真的研究，找到满足加工精度要求的刀具材料及结构。此外，刀具、磨具等工具必须具有很高的硬度和耐磨性，以保持加工的一致性，一般采用金刚石、CBN 等超硬材料刀具。

（3）机床设备　精密加工和超精密加工必须依靠高精密加工设备。高精密加工机床应具备以下条件：

1）机床主轴有极高的回转精度及很高的刚性和热稳定性；

2）机床进给系统有超精确的匀速直线性，保证在超低速条件下进给均匀，不发生爬行现象；

3）为了在超精密加工时实现微量进给，机床必须配备位移精度极高的微量进给机构；

4）必须采用微机控制系统、自适应控制系统，避免手工操作引起的随机误差。

（4）工件材料　精密加工和超精密加工对工件的材质也有很高的要求。为了满足加工要求，工件材料本身必须均匀一致，不允许存在微观缺陷，有些零件甚至对材料组织的纤维化都有一定要求。

（5）测控技术　精密测量与控制是精密加工和超精密加工的必要条件，加工中常常采用在线检测、在位检测、在线补偿、预测预报及适应控制等手段，如果不具备与加工精度相适应的测量技术，就不能判断加工精度是否达到要求，也就无法为加工精度的进一步提高指明方向。目前超精密加工所用测量仪器多为激光干涉仪和高灵敏度的电气测量仪。

对于精密测量与控制来说，灵敏的误差补偿系统也是必不可少的。误差补偿系统一般由测量装置、控制装置及补偿装置三部分组成。测量装置向补偿装置发出脉冲信号，后者接收信号后进行脉冲补偿，每次补偿量的大小取决于加工精度及刀具磨损情况。每次补偿量越小，补偿精度越高，工件尺寸分散范围越小，对补偿机构的灵敏度要求也就越高。

3. 精密加工和超精密加工的特点

精密加工和超精密加工当前正处于不断发展之中，从加工条件可知，其特点主要体现在以下几个方面：

1）加工对象。精密加工和超精密加工都以精密元件、零件为加工对象。精密加工的方法、设备和对象是紧密联系的。

2）多学科综合技术。精密加工和超精密加工光凭孤立的加工方法是不可能得到满意的效果的，还必须考虑整个制造工艺系统和综合技术，在研究超精密切削理论和表面形成机理时，还要研究与其有关的其他技术。

3）加工检测一体化。超精密加工的在线检测和在位检测极为重要，因为加工精度很高，表面粗糙度值很小，如果工件加工完毕后卸下再检测，发现问题就难再进行加工。

4）生产自动化技术。采用计算机控制、误差补偿、自适应控制和工艺过程优化等生产自动化技术，可以进一步提高加工精度、表面质量及其稳定性，避免手工操作人为引起的误差。

4. 常用的精密、 超精密加工方法

精密加工和超精密加工方法主要可分为两类：一是采用金刚石刀具对工件进行超精密的微细切削和应用磨料磨具对工件进行珩磨、研磨、抛光、精密和超精密磨削等；二是采用电化学加工、三束加工、微波加工、超声波加工等特种加工方法及复合加工。

（1）金刚石刀具的超精密切削　金刚石刀具的超精密切削主要是应用天然单晶金刚石车刀对铜、铝等软质材料进行切削。金刚石刀具不仅具有很好的高温强度和高温硬度，而且其材料本身质地细密，经过仔细修研，切削刃的几何形状很好，切削刃钝圆弧半径极小。

（2）精密磨削及金刚石超精密磨削　精密磨削是指加工精度为 $0.1\sim1\mu m$，表面粗糙度值为 $Ra0.006\sim0.16\mu m$ 的磨削方法；而超精密磨削是指加工精度在 $0.1\mu m$ 以下，表面粗糙度值为 $Ra0.02\sim0.04\mu m$ 以下的磨削方法。

精密磨削主要是靠对普通磨料砂轮的精细修整，使磨粒具有较高的微刃性和等高性，等高的微刃在磨削时能切除极薄的金属，从而获得具有极细微磨痕、极小残留高度的加工表面，再加上无火花阶段微刃的滑擦、抛光作用，得到很高的加工精度。超精密磨削则是采用人造金刚石、立方氮化硼（CBN）等超硬磨料砂轮对工件进行磨削加工。

知识要点三　细微加工技术

微型机械是科技发展的重要方向，如未来的微型机器人可以进入到人体血管里去清除"垃圾"、排除"故障"等。而细微加工则是微型机械、微电子技术发展之根本，为此世界各国都投入巨资进行此项工作的研究与开发，例如目前正在蓬勃开展的"纳米加工技术"的研究。

细微加工技术是指制造微小尺寸零件、部件和装置的加工和装配技术，它属于精密、超精密加工的范畴，因而其工艺技术包括精密与超精密的切削及磨削方法、绝大多数的特种加工方法及与特种加工有机结合的复合加工方法等。

思考与练习题

3-1　切屑形状有哪些种类？各类切屑有什么特征？各类切屑是在什么情况下形成的？

3-2　为什么要研究卷屑与断屑？试述卷屑和断屑的机理。

3-3　什么是工件材料的切削加工性？影响材料切削加工性的主要因素有哪些？如何改善工件材料的切削加工性？

3-4　切削液有哪些作用？分为哪几类？加工中如何选用？

3-5　刀具的前角、后角、主偏角、副偏角、刃倾角有何作用？如何合理选用刀具的切削角度？

3-6　选择切削用量应遵循哪些原则？为什么？

3-7　何谓高速切削？超高速切削的特点是什么？

3-8　何谓超精密切削？超精密切削的难点是什么？实现超精密切削应具备哪些条件？

第四章 典型金属切削加工方法及刀具

CHAPTER 4

第一节　车削加工及车刀

知识要点一　车削加工

车削加工是指工件旋转做主运动、刀具移动做进给运动的切削加工方法。车削加工应用十分广泛，车床一般占机械加工车间机床总数的 25%～50%，甚至更多。车削加工可以在卧式车床、立式车床、转塔车床、仿形车床、自动车床、数控车床以及各种专用车床上进行，主要用来加工各种回转表面，如外圆、内圆、端面、锥面、螺纹、回转成形面、回转沟槽以及钻孔、扩孔、铰孔、滚花等，如图 4-1 所示。工件在车床上的装夹方法如图 4-2 所示。

根据所选用的车刀角度和切削用量的不同，车削可分为荒车、粗车、半精车、精车和精细车。各种车削所能达到的加工精度和表面粗糙度各不相同，必须按加工对象、生产类型、生产率和加工经济性等方面的要求合理选择。

（1）荒车　毛坯为自由锻件或大型铸件时，其加工余量很大且不均匀，荒车可切除其大部

图 4-1 车削工作范围

图 4-2 工件在车床上的装夹方法

a）自定心卡盘装夹 b）单动卡盘装夹 c）花盘装夹 d）花盘—弯板装夹
e）双顶尖装夹 f）中心架辅助支承 g）跟刀架辅助支承 h）心轴装夹

分余量，减少其形状和位置误差。荒车工件的尺寸公差等级为 IT18 ~ IT15，表面粗糙度值 $Ra > 80 \mu m$。

（2）粗车 中小型锻件和铸件可直接进行粗车。粗车后工件的尺寸公差等级为 IT13 ~ IT11，表面粗糙度值为 $Ra25 ~ 12.5 \mu m$。低精度表面可以粗车作为其最终加工工序。

（3）半精车 尺寸精度要求不高的工件或精加工工序之前可安排半精车。半精车后工件的尺寸公差等级为 IT10 ~ IT8，表面粗糙度值为 $Ra6.3 ~ 3.2 \mu m$。

（4）精车 一般指最终加工，也可作为光整加工的预加工工序。精车后工件的尺寸公差等级为 IT8 ~ IT7，表面粗糙度值为 $Ra1.6 ~ 0.8 \mu m$。对于精度较高的毛坯，可不经过粗车而直接进行半精车或精车。

（5）精细车 主要用于有色金属加工或要求很高的钢制工件的最终加工。精细车后工件的尺寸公差等级为 IT7 ~ IT6，表面粗糙度值为 $Ra0.4 ~ 0.025 \mu m$。

以下分别介绍车削所能从事的几项主要工作。

1. 车外圆

车外圆是最常见、最基本的车削方法。各种车刀车削中小型零件外圆（包括车外回转槽）的方法如图4-3所示。

图4-3 车外圆的方法

a）45°弯头刀车外圆 b）右偏刀车外圆 c）左偏刀车外圆 d）车外槽

2. 车床镗孔

车床镗孔是用车刀对工件上已经钻出、铸出或锻出的孔进一步进行加工，是扩大工件的内表面的常用加工方法之一。常见的车床镗孔的方法如图4-4所示。车盲孔和台阶孔时，车刀先纵向进给，当车到孔的根部时，再横向由外向中心进给车端面或台阶端面。车床镗孔时，由于刀杆细长，刚性差，加工过程中容易产生"让刀"现象，使孔出现"喇叭口"，必须注意采取措施弥补。

图4-4 车床镗孔的方法

a）镗通孔 b）车盲孔 c）镗台阶孔 d）车内槽

3. 车平面

车平面主要是车工件的端平面（包括台肩端面），常见的方法如图4-5所示。用车床加工平面，其平面度与车床的精度和切削用量的选择有关。

图4-5 车平面的方法

a）弯头刀车平面 b）右偏刀车平面（从外向中心进给）
c）右偏刀车平面（从中心向外进给） d）左偏刀车平面

4. 车锥面

锥面可以看作是内、外圆的一种特殊形式。锥面有内锥面和外锥面之分。锥面配合紧密，拆卸方便，多次拆卸后仍能保持准确的对中性，广泛应用于要求对中准确和需要经常拆卸的配合件上。常用的标准圆锥有莫氏圆锥、米制圆锥和专用圆锥三种。莫氏圆锥分成 0、1、2、…、6 共 7 个号，0 号尺寸最小（大端直径 9.045mm），6 号最大（大端直径 63.384mm）。其锥角 $\alpha/2$ 在 1°30′左右，且每个号均不相同。米制圆锥有 8 个号，即 4、6、80、100、120、140、160、200，其号数指大端直径尺寸（mm），各号锥度固定不变，均为 1:20。专用圆锥有 1:4、1:12、1:50、7:24 等，多用于机器零件或某些刀具的特殊部位。例如，1:50 圆锥用于圆锥定位销和锥铰刀；7:24 圆锥用于铣床主轴锥孔及铣刀杆的锥柄。

车锥面的方法有小刀架转位法、偏移尾座法、靠模法和宽刀法等。

5. 车回转成形面

机械设备上常常要应用一些具有回转成形面的零件，如球、手柄等。车削回转成形面常用的方法除双手控制法外，还有靠模法和用切削刃形状与成形面母线形状相吻合的成形刀进行车削的成形刀法。这些方法车削出来的成形面往往表面粗糙度值较大。

6. 车螺纹

螺纹种类很多，常见的有三角形螺纹、梯形螺纹、矩形螺纹和模数螺纹。各种螺纹按旋向可分为右旋螺纹和左旋螺纹；按螺旋线数目可分为单线螺纹和多线螺纹。车削螺纹通常在卧式车床上用螺纹车刀进行，不同种类的螺纹，车削方法略有不同，但有以下几个值得注意的共同点：

（1）保证牙型　为了获得正确的牙型，必须正确地刃磨和安装车刀。

（2）保证螺距 P 或导程 P_h　为了获得准确的螺距，必须保证工件每转 1 转，车刀准确地移动 1 个螺距（多线螺纹为 1 个导程），因此必须保证车床主轴和丝杆之间的传动比固定、准确。

（3）保证中径 D_2 (d_2)　为了获得准确的中径尺寸，必须控制车削过程中总背吃刀量 Σa_p。不同螺距的同种螺纹，其总背吃刀量 Σa_p 不同；螺距相同的不同种类螺纹，其总背吃刀量 Σa_p 也不同。

（4）保证线数　车削多线螺纹时，每条螺纹槽的车削方法与车削单线螺纹完全相同，唯一不同的是不按螺距 P 而按该螺纹的导程 P_h 计算和调整配换齿轮。车削多线螺纹必须进行分线，常用的分线方法有车完 1 条螺纹槽后将小刀架轴向移动 1 个螺距的移动小刀架法和每车完 1 条螺纹槽后将工件相对主轴转动 $360°/n$ 的旋转工件法。

（5）保证旋向　通过调整主轴与丝杠之间的换向机构，使得在主轴旋向不变的情况下，正确改变丝杠的转向。

知识要点二　车削加工的特点

车削加工的工艺范围很宽。归纳起来，车削加工有如下特点：

（1）适用范围广泛　车削是轴类、盘类、套类等回转体零件不可缺少的加工方法。

（2）容易保证零件加工表面的位置精度　因为通常各加工表面都具有同一回转轴线。

（3）适宜有色金属零件的精加工　当有色金属零件精度高、表面粗糙度值小时，若采用磨削，则容易堵塞砂轮气孔，这时可采用金刚石车刀精车完成。

（4）生产率较高　车削过程大多是连续的，切削过程比刨削和铣削平稳，同时可采用高速切削和强力切削，使生产率大幅度提高。

（5）生产成本较低　车削用的车刀是刀具中最简单的一种，制造、刃磨和安装都很方便；而且车床附件较多，可满足一般零件的装夹，生产准备时间较短。

知识要点三　车刀

车削加工使用的刀具主要是各种车刀，还可采用各类钻头、铰刀及车螺纹刀具等。

1. 车刀的种类

车刀是金属切削加工中最常用的刀具之一，也是研究铣刀、刨刀、钻头等其他切削刀具的基础。车刀通常是只有一条连续切削刃的单刃刀具，可以适应外圆、内孔、端面、螺纹以及其他成形回转表面等不同的车削要求。

（1）按加工表面的特征分类　车刀按加工表面的特征可分为外圆车刀、内孔车刀、端面车刀、切槽车刀、螺纹车刀、成形车刀等。图4-6所示为常用车刀的型式，图注括号内的数字表示型式的代号。

图4-6　车刀的型式与用途

1—45°端面车刀（02）　　2—90°外圆车刀（06）　　3—外螺纹车刀（16）

4—70°外圆车刀（14）　　5—成形车刀　6—90°左切外圆车刀（06L）

7—切断车刀（07）、车槽车刀（04）　8—内槽车刀（13）　9—内螺纹车刀（12）

10—95°内孔车刀（09）　11—75°内孔车刀（08）

（2）按车刀的结构分类　按车刀的结构可分为整体车刀、焊接车刀、焊接装配式车刀、机夹车刀、可转位车刀等，如图4-7所示。

2. 成形车刀

成形车刀又称样板刀，其刃形是根据工件的轴向截形设计的，是加工回转成形表面的专用高效刀具。它主要用于大批大量生产，在半自动车床或自动车床上加工内、外回转成形表面。成形车刀具有加工质量稳定、生产率高、刀具使用寿命长等特点。

成形车刀的分类方法很多，下面只介绍两种常用的分类方法：一是按结构和形状可以分为平体成形车刀、棱体成形车刀和圆体成形车刀，如图4-8所示；二是按进刀方式分为径向成形车刀（图4-8）和切向成形车刀（图4-9）。

图 4-7　车刀的结构类型

a）整体车刀　b）焊接车刀　c）机夹车刀　d）可转位车刀　e）焊接装配式车刀

图 4-8　径向成形车刀的种类

a）平体成形车刀　b）棱体成形车刀　c）圆体成形车刀

图 4-9　切向成形车刀

第二节　铣削加工及铣刀

知识要点一　铣削工艺

铣削加工是指铣刀旋转做主运动、工件移动做进给运动的切削加工方法。铣削加工可以在卧式铣床、立式铣床、龙门铣床、工具铣床以及各种专用铣床上进行。

铣削可加工平面（按加工时所处的位置又分为水平面、垂直面和斜面）、沟槽（包括直角槽、键槽、V 形槽、燕尾槽、T 形槽、圆弧槽、螺旋槽）和成形面等，还可进行孔加工（包括钻孔、扩孔、铰孔、铣孔）和分度工作。铣削加工的典型表面如图 4-10 所示。

图 4-10　铣削加工的典型表面

a)、b) 平面　c) 键槽　d) T 形槽　e) 燕尾槽　f) 齿轮　g) 牙嵌型面
h) 镗孔　i) 切断　j) 螺旋面　k) 曲柱面　l) 曲球面

铣削可分为粗铣、半精铣和精铣。粗铣后两平行平面之间的尺寸公差等级为 IT13～IT11，表面粗糙度值为 $Ra25～12.5\mu m$。半精铣的尺寸公差等级为 IT10～IT9，表面粗糙度值为 $Ra6.3～3.2\mu m$。精铣的尺寸公差等级为 IT8～IT7，表面粗糙度值为 $Ra3.2～1.6\mu m$，直线度可达 $0.08～0.12mm/m$。

工件在铣床上常用的装夹方法有机用平口钳装夹、压板螺栓装夹、V 形块装夹和分度头装夹等，如图 4-11 所示。

图 4-11 铣削常用的装夹方法

1. 铣平面

铣平面是平面加工的主要方法之一，有端铣、周铣和二者兼有三种方式，所用刀具有镶齿端铣刀、套式立铣刀、圆柱铣刀、三面刃铣刀和立铣刀等，如图 4-12 所示。

图 4-12 铣平面

2. 铣沟槽

铣沟槽通常采用立铣刀加工。一般直角槽可直接用立铣刀铣出；V形槽则用角度铣刀直接铣出；T形槽和燕尾槽则应先用立铣刀切出直角槽，然后再用角度铣刀铣出；铣螺旋槽时，则需要工件在做等速移动的同时还要做等速旋转，且应保证工件轴向移动 1 个导程时刚好自身转 1 转；铣弧形槽时，可采用立铣刀，并使用附件圆形工作台。

3. 铣花键轴

花键轴在机械传动中广泛使用。当花键轴加工批量小时，可在铣床上加工。

知识要点二　铣削方式

铣削可分为端铣和周铣，周铣时，根据铣刀旋转方向与工件进给方向是否相同又可分为顺铣和逆铣；端铣时，根据铣刀与工件之间相对位置的不同又可分为对称铣和不对称铣。铣削时，应根据工件的结构和具体的加工条件与要求，选择适当的铣削方式，以便保证加工质量和提高生产率。

1. 端铣和周铣

利用铣刀端部齿切削者称为端铣；利用铣刀圆周齿切削者称为周铣。

端铣加工的工件表面粗糙度值比周铣的小，端铣的生产率也高于周铣。但周铣的适应性比端铣好，周铣能用多种铣刀，能铣削平面、沟槽、齿形和成形面等，而端铣只适宜用面铣刀或立铣刀加工平面。

2. 逆铣和顺铣

当铣刀和工件接触部分的旋转方向与工件的进给方向相反时称为逆铣，这时每齿切削厚度由零至最大；当铣刀和工件接触部分的旋转方向与工件的进给方向相同时称为顺铣，这时每齿切削厚度由最大至零，如图 4-13 所示。

a)　　　　　　　　　　　　　　　b)

图 4-13　逆铣和顺铣

a）逆铣　b）顺铣

顺铣有利于提高刀具寿命和工件夹持的稳定性，但容易引起振动，只能对表面无硬皮的工件进行加工，且要求铣床装有调整丝杠和螺母间隙的装置；而使用没有调整间隙装置的铣床以及加工具有硬皮的铸件、锻件毛坯时，一般都采用逆铣。

3. 对称铣和不对称铣

当工件铣削宽度偏于面铣刀回转中心一侧时，称为不对称铣削（图 4-14a、b）。图 4-14a所示为不对称逆铣，切削厚度由小至大，刀齿作用在工件上的纵向分力方向与进给方向相反，可防止工作台窜动；图 4-14b 所示为不对称顺铣，一般不采用。

当工件与铣刀处于对称位置时，称为对称铣（图 4-14c），两个刀齿作用在工件上的纵向力有一部分抵消，一般不会出现纵向工作台窜动现象。对称铣适用于工件宽度接近面铣刀直径且刀齿较多的情况。

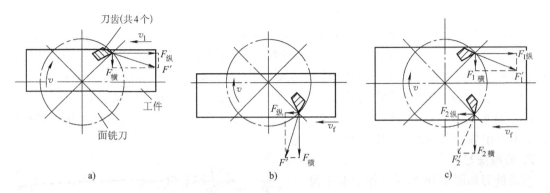

图 4-14　对称铣和不对称铣

知识要点三　铣刀

1. 铣刀的类型

铣刀是一种多齿、多刃刀具。根据用途，铣刀可分为以下几类，如图 4-15 所示。

图 4-15　铣刀的类型

a）圆柱平面铣刀　b）面铣刀　c）槽铣刀　d）两面刃铣刀　e）三面刃铣刀　f）错齿刃铣刀
g）立铣刀　h）键槽铣刀　i）单面角度铣刀　j）双面角度铣刀　k）成形铣刀

（1）圆柱平面铣刀　如图 4-15a 所示，该铣刀切削刃为螺旋形，其材料有整体高速钢和镶焊硬质合金两种，用于在卧式铣床上加工平面。

（2）面铣刀　又称为端铣刀，如图 4-15b 所示，该铣刀主切削刃分布在铣刀端面上，主要采用硬质合金可转位刀片，多用于在立式铣床上加工平面，生产率高。

（3）槽铣刀　分为单面刃、两面刃、三面刃和错齿三面刃四种，如图 4-15c、d、e、f 所示，该铣刀主要用于加工沟槽和台阶。

(4) 锯片铣刀 实际上是薄片槽铣刀，齿数少，容屑空间大，主要用于切断和切窄槽。

(5) 立铣刀 如图4-15g所示，其圆柱面上的螺旋刃为主切削刃，端面刃为副切削刃，它不能沿轴向进给。该铣刀有锥柄和直柄两种，装夹在立铣头的主轴上，主要加工槽和台阶面。

(6) 键槽铣刀 如图4-15h所示，它是铣键槽的专用刀具，其端刃和圆周刃都可作为主切削刃，只重磨端刃。铣键槽时，先轴向进给切入工件，然后沿键槽方向进给铣出键槽。

(7) 角度铣刀 如图4-15i、j所示分为单面和双面角度铣刀，用于铣削斜面、燕尾槽等。

(8) 成形铣刀 图4-15k所示为成形铣刀之一。成形铣刀用于在普通铣床上加工各种成形表面，其廓形要根据被加工工件的廓形来确定。

2. 模具铣刀

模具铣刀如图4-16所示，用于加工模具型腔或凸模成形表面，在模具制造中广泛应用，是数控机床等机械化加工模具的重要刀具。它是由立铣刀演变而来的，主要分为圆锥形立铣刀（直径 $d = 6 \sim 20\text{mm}$，半锥角 $\alpha/2 = 3°$、$5°$、$7°$和$10°$）、圆柱形球头立铣刀（直径 $d = 4 \sim 63\text{mm}$）和圆锥形球头立铣刀（直径 $d = 6 \sim 20\text{mm}$，半锥角 $\alpha/2 = 3°$、$5°$、$7°$和$10°$）。模具铣刀类型和尺寸按工件形状和尺寸来选择。

硬质合金模具铣刀可取代金刚石锉刀和砂轮来加工淬火后硬度小于65HRC的各种模具，它的切削效率可提高几十倍。

图4-16 模具铣刀

a) 圆锥形立铣刀 b) 圆柱形球头立铣刀 c) 圆锥形球头立铣刀

第三节 钻镗加工及钻头、镗刀

知识要点一 钻削工艺

用钻头或铰刀、锪钻在工件上加工孔的加工方法统称为钻削加工，如图4-17所示。它可以在台式钻床、立式钻床、摇臂钻床上进行，也可以在车床、铣床、铣镗床等机床上进行。在钻床上加工时，工件不动，刀具做旋转主运动，同时沿轴向移动做进给运动。

图4-17 钻削加工

a) 钻孔 b) 扩孔 c) 铰孔 d) 攻螺纹 e)、f) 锪沉头孔 g) 锪端面

1. 钻孔

用钻头在实体材料上加工孔的方法称为钻孔。钻孔通常属于粗加工，其尺寸公差等级为IT13~IT11，表面粗糙度值为 $Ra50~12.5\mu m$。

钻孔最常用的刀具是麻花钻。由于麻花钻的结构和钻削条件存在"三差一大"（即刚度差、导向性差、切削条件差和轴向力大）的问题，再加上钻头的横刃较长，而且两条主切削刃手工刃磨难以保证其对称，从而致使钻孔具有钻头易引偏、孔径易扩大和孔壁质量差等工艺问题。因此，钻孔通常作为实体工件上精度要求较高的孔的预加工，也可以作为实体工件上精度要求不高的孔的终加工。

2. 扩孔

扩孔是用扩孔刀具对工件上已经钻出、铸出或锻出的孔做进一步加工的方法。扩孔所用机床与钻孔相同，钻床扩孔可用扩孔钻，也可用直径较大的麻花钻。扩孔钻的直径规格为 10~100mm，直径小于15mm的一般不扩孔。扩孔的加工精度比钻孔高，属于半精加工，其尺寸公差等级为IT10~IT9，表面粗糙度值为 $Ra6.3~3.2\mu m$。

3. 铰孔

用铰刀在工件孔壁上切除微量金属层，以提高尺寸精度和减小表面粗糙度值的方法称为铰孔。铰孔所用机床与钻孔相同。铰孔可加工圆柱孔和圆锥孔，既可以在机床上进行（机铰），也可以手工进行（手铰）。铰孔余量一般为 0.05~0.25mm。

铰孔是在半精加工（扩孔或半精镗）基础上进行的一种精加工。它又分为粗铰和精铰。粗铰的尺寸公差等级为IT8~IT7，表面粗糙度值为 $Ra1.6~0.8\mu m$；精铰的尺寸公差等级为IT7~IT6，表面粗糙度值为 $Ra0.8~0.4\mu m$。

铰孔的精度和表面粗糙度不取决于机床的精度，而主要取决于铰刀的精度、安装方式以及加工余量、切削用量和切削液等条件。因此，铰孔时，应采用较低的切削速度，精铰 $v_c \leq 0.083m/s$（即5m/min），避免产生振动、积屑瘤和过多的切削热；宜选用较大的进给量，要使用合适的切削液。机铰时，铰刀与机床最好用浮动连接方式，以避免因铰刀轴线与被铰孔轴线偏移而使铰出的孔不圆，或使孔径扩大。另外，铰孔之前最好用同类材料试铰一下，以确保铰孔质量。

4. 锪孔和锪凸台

用锪钻或代用刀具加工平底和锥面沉孔的方法称为锪孔，加工孔端凸台的方法称为锪凸台。锪孔一般在钻床上进行，它虽不如钻、扩、铰应用那么广泛，但也是一种不可缺少的加工方法。

知识要点二　钻削刀具

1. 麻花钻

麻花钻是钻孔的主要刀具，它可在实心材料上钻孔，也可用来扩孔。

标准的麻花钻由柄部、颈部及工作部分组成，如图4-18a所示。工作部分又分为切削部分和导向部分，为增强钻头的刚度，工作部分的钻芯直径 d_c 朝柄部方向递增，如图4-18c所示；柄部是

图4-18　标准高速钢麻花钻
a）麻花钻结构　b）麻花钻切削部分
c）麻花钻工作部分的剖视图

钻头的夹持部分，有直柄和锥柄两种，前者用于小直径钻头，后者用于大直径钻头；颈部用于磨锥柄时砂轮的退刀槽。如图4-18b所示，麻花钻有两个前刀面、两个主后刀面、两个副后刀面、两条主切削刃、两条副切削刃和一条横刃。

麻花钻的主要结构参数为外径d_0，它按标准尺寸系列设计；钻芯直径d_c，它决定钻头的强度及刚度，并影响容屑空间；顶角2φ，通常$2\varphi = 116° \sim 120°$；螺旋角$\beta$，它是圆柱螺旋形刃带与钻头轴线的夹角，加工钢、铸铁等材料，钻头直径$d_0 > 10mm$时，$\beta = 25° \sim 33°$。

2. 铰刀

铰刀分为圆柱铰刀和锥度铰刀，两者又有机用铰刀和手动铰刀之分。圆柱铰刀多为锥柄，其工作部分较短，直径规格为$10 \sim 100mm$，其中常用的为$10 \sim 40mm$。圆柱手动铰刀为柱柄，直径规格为$1 \sim 40mm$。锥度铰刀常见的有1:50锥度铰刀和莫氏锥度铰刀两种。

铰刀也属于定径刀具，适宜加工中批或大批量生产中不宜拉削的孔；适宜加工单件小批生产中的小孔（$d_0 < 10mm$）、细长孔（$L/D > 5$）和定位销孔。

3. 深孔钻

深孔加工时，由于孔的深径比较大，钻杆细而长，刚性差，切削时很容易走偏和产生振动，加工精度和表面粗糙度难以保证，加之刀具在近似封闭的状态下工作，因此必须特别注意导向、断屑和排屑、冷却和润滑等问题。图4-19所示为单刃外排屑深孔钻，又称枪钻，主要用来加工小孔（直径$3 \sim 20mm$），孔的深径比可大于100。其工作原理

图4-19 单刃外排屑深孔钻

是：高压切削液从钻杆和切削部分的油孔进入切削区，以冷却和润滑钻头，并把切屑沿钻杆与切削部分的V形槽冲出孔外。图4-20所示为高效、高质量加工的内排屑深孔钻，又称喷吸钻，用于加工深径比小于100，直径为$16 \sim 65mm$的孔。它由钻头、内钻管和外钻管三部分组成；2/3的切削液以一定的压力经内、外钻管之间输至钻头，并通过钻头上的小孔喷向切削区，对钻头进行冷却和润滑，此外1/3的切削液通过内钻管上6个月牙形的喷嘴向后喷入内钻管，由于喷速高，在内钻管中形成低压区而将前端的切屑向后吸，在前推后吸的作用下，排屑顺畅。

图4-20 内排屑深孔钻

1—工件 2—小孔 3—钻套 4—外钻管 5—喷嘴 6—内钻管 7—钻头

知识要点三 镗削工艺

1. 镗削加工

镗刀旋转做主运动、工件或镗刀做进给运动的切削加工方法称为镗削加工。镗削加工主要在铣镗床、镗床上进行，是加工孔常用的方法之一。

在铣镗床上镗孔的方法如图4-21所示。单刃镗刀是把镗刀头安装在镗刀杆上，其孔径大小

依靠调整刀头的悬伸长度来保证，多用于单件小批生产中。在普通铣镗床上镗孔，与车孔基本类似，粗镗的尺寸公差等级为 IT12～IT11，表面粗糙度值为 $Ra25～12.5\mu m$；半精镗的尺寸公差等级为 IT10～IT9，表面粗糙度值为 $Ra6.3～3.2\mu m$；精镗尺寸公差等级为 IT8～IT7，表面粗糙度值为 $Ra1.6～0.8\mu m$。

图 4-21　镗床镗孔的方式

a）悬臂式（主轴进给）　b）悬臂式（工作台进给）　c）支承式（工作台进给）　d）平旋盘镗大孔（工作台进给）

值得指出的是，铣镗床镗孔主要用于机座、箱体、支架等大型零件上孔和孔系的加工。此外，铣镗床还可以加工外圆和平面，主要加工箱体和其他大型零件上与孔有位置精度要求的平面，需要与孔在一次安装中加工出来的短而大的外圆和端平面等。

镗床除了加工孔之外，还可进行铣削和车削加工。在生产中，某些工件因为安装、定位方面的原因，要求在一次安装中加工出有关的表面，这些工作在镗床上完成较为方便。

2. 镗削方式

在镗床上镗孔，按其进给形式可分为主轴进给和工作台进给两种方式。在主轴进给方式的工作过程中，随着主轴的进给，主轴悬伸长度是变化的，主轴刚度也是随之变化的。刚度的变化易使孔产生锥度误差；另外，随着主轴悬伸长度的增加，其自重所引起的弯曲变形也随之增大，因而镗出的孔轴线是弯曲的。因此这种方式只适宜镗削长度较短的孔。以工作台进给方式镗削较短的孔时，主轴是悬臂的（图 4-21b）；镗削箱体两壁相距较远的同轴孔系时，需用多支承式（图 4-21c）；镗削大孔时可用平旋盘镗削（图 4-21d）。

镗削加工经常用于镗削箱体的孔系。孔系分为同轴孔系、平行孔系和垂直孔系。箱体加工的技术关键也就在于如何保证孔系的加工精度。镗削箱体孔系通常采用坐标法和镗模法两种方法。

（1）坐标法　它是将被加工各孔间的孔距尺寸先换算成两个相互垂直的坐标尺寸，然后按坐标尺寸调整机床主轴与工件在水平方向和铅直方向的相互位置来保证孔间距的。其尺寸精度随获得坐标的方法而异：采用游标尺装置的，精度一般为 ±0.1mm，适用于孔间距精度要求较低的情形；采用百分表装置的，精度一般为 ±0.04mm，适用于孔间距精度要求较高的情形；对于孔间距精度要求更高，或者兼有角度精度要求的情形，通常需要使用配备有光学测量读数装置的坐标镗床。

（2）镗模法　它是利用一种称为镗模的专用夹具来镗孔的。镗模上有两块模板，将工件上需要加工的孔系位置按图样要求的精度提高 1 级复制在两块模板上，再将这两块模板通过底板装配成镗模，并安装在镗床的工作台上。工件在镗模内定位夹紧，镗刀杆支承在模板的导套里，这样既增加了镗刀杆的刚性，又能保证同轴孔系的同轴度和平行孔系的平行度要求，如图 4-22 所示。镗孔时，镗刀杆与镗床主轴应浮动连接，镗刀杆浮动接头如图 4-23 所示。这样，孔系的位置精度主要取决于镗模的精度而不是机床的精度。

图 4-22 镗模法镗孔

图 4-23 镗刀杆浮动接头

知识要点四 镗刀

镗刀种类很多，一般分为单刃镗刀与多刃镗刀两大类。单刃镗刀如图 4-24 所示，其结构简单，通用性好，大多有尺寸调节装置。在精密镗床上常采用如图 4-25 所示的微调镗刀，以提高调整精度。双刃镗刀如图 4-26 所示，它两边都有切削刃，工作时可以消除径向力对镗杆的影响。镗刀上的两块刀片可以径向调整，工件的孔径尺寸和精度由镗刀径向尺寸保证。双刃镗刀多采用浮动连接结构，刀体 2 以动配合状态浮动地安装在镗杆的径向孔中，工作时刀块在切削刀的作用下保持平衡对中，以消除镗刀片的安装误差所引起的不良影响。双刃浮动镗的实质是铰孔，只能提高尺寸精度和减小表面粗糙度值，不能提高位置精度，因此必须在单刃精镗之后进行，适宜加工成批生产中孔径较大（$D = 40 \sim 330\text{mm}$）的孔。

图 4-24 单刃镗刀

图 4-25 微调镗刀

1—紧固螺钉 2—微调螺母 3、6—刀块
4—刀片 5—导向键

图 4-26 双刃镗刀

1—刀片 2—刀体 3—尺寸调节螺钉 4—斜面垫板 5—刀片夹紧螺钉

第四节 刨削、插削和拉削加工及其刀具

知识要点一 刨削加工及刨刀

1. 刨削加工

刨削加工是指用刨刀对工件做水平相对直线往复运动的切削加工方法。刨削是平面加工方法之一，可以在牛头刨床和龙门刨床上进行。牛头刨床适宜加工中小型工件；龙门刨床适宜加工大型工件或同时加工多个中小型工件。

刨削可以加工平面（按加工时所处的位置又分为水平面、垂直面、斜面）、沟槽（包括直角槽、V 形槽、燕尾槽、T 形槽）和直线型成形面等。普通刨削一般分为粗刨、半精刨和精刨。粗刨后两平面之间的尺寸公差等级为 IT13 ~ IT11，表面粗糙度值为 $Ra25 ~ 12.5\mu m$；半精刨的尺寸公差等级为 IT10 ~ IT9，表面粗糙度值为 $Ra6.3 ~ 3.2\mu m$；精刨的尺寸公差等级为 IT8 ~ IT7，表面粗糙度值为 $Ra3.2 ~ 1.6\mu m$；直线度可达 $0.04 ~ 0.08mm/m$。

刨平面和沟槽的方法如图 4-27 所示。

2. 刨刀

刨削所用的刀具是刨刀，常用的刨刀如图 4-28 所示，有平面刨刀、偏刀、角度刀以及成形刀等。刨刀切入和切出工件时，冲击很大，容易发生"崩刃"和"扎刀"现象，因而刨刀刀杆截面比较粗大，以增加刀杆的刚性，而且往往做成弯头，使刨刀在碰到硬点时可适当产生弯曲变形而缓和冲击，以保护切削刃。

3. 刨削与铣削加工的比较

虽然刨削和铣削均以加工平面和沟槽为主，但由于所用机床、刀具和切削方式不同，致使它们在工艺特点和应用方面存在较大的差异。现将刨削与铣削加工分析比较如下：

（1）加工质量大致相当 经粗、精加工之后均可达到中等精度。但二者又略有区别，加工大平面时，刨削因无明显接刀痕而优于铣削；但刨削只能采用中、低速切削，加工钢件时常有积屑瘤产生，会影响工件表面质量，而镶齿面铣刀切削时则可采用较高的切削速度。

图 4-27　刨平面和沟槽的方法

a）刨水平面　b）刨垂直面　c）刨斜面　d）刨直槽　e）刨 V 形槽　f）刨 T 形槽　g）刨燕尾槽　h）刨成形面

图 4-28　常用刨刀及其应用

a）平面刨刀　b）、d）台阶偏刀　c）普通偏刀　e）角度刀　f）切刀　g）弯切刀　h）割槽刀

（2）刨削生产率一般低于铣削　因为铣刀是多刃刀具，同一时刻有若干刀齿参加切削，且无空行程损失，硬质合金铣刀还可采用高速切削，因此铣削生产率高；但加工窄长平面（如导轨面）时，刨削可因工件变窄而减少横向走刀次数，使刨削的生产率高于铣削。

（3）刨削加工范围不如铣削广泛　铣削可加工内凹平面、圆弧沟槽、具有分度要求的小平面等，而刨削则难以完成这类工作。

（4）刨削工时成本低于铣削　这是因为牛头刨床的结构比铣床简单，刨刀的制造和刃磨比铣刀容易，刨削加工的夹具也比铣削加工的简单得多，因此刨削加工的机床、刀具和工艺装备的

费用低于铣削加工。

（5）刨削不如铣削应用广泛　铣削适用于各种生产批量，而刨削通常更适用于单件小批生产及修配工作中。

知识要点二　插削加工及插刀

插削加工是指用插刀对工件做铅直相对直线往复运动的切削加工方法。插削与刨削基本相同，只是插削是在插床上沿铅直方向进行的，可视为"立式刨床"加工。插削主要用于在单件小批量生产中加工零件上的某些内表面，如孔内键槽、方孔、多边形孔和花键孔等，也可加工某些零件上的外表面。插削由于刀杆刚性弱，如果前角 γ_o 过大，则容易产生"扎刀"现象；如果 γ_o 过小，又容易产生"让刀"现象。因此，插削的加工精度比刨削差，插削加工的表面粗糙度值一般为 $Ra6.3 \sim 1.6\mu m$。

图 4-29 所示为常用插刀的形状，为了避免插刀的刀杆与工件相碰，插刀切削刃应该突出于刀杆。

图 4-29　常用插刀的形状

a）尖刀　b）切刀　c）装在插刀柄中的刀头　d）插刀柄　e）套式插刀

知识要点三　拉削加工及拉刀

1. 拉削加工

拉削加工是指用拉刀加工工件内、外表面的加工方法。拉削在拉床上进行。拉刀的直线运动为主运动，拉削无进给运动，其进给是靠拉刀的每齿升高量来实现的，因此拉削可以看作是按高低顺序排列成队的多把刨刀进行的刨削，它是刨削的进一步发展。拉削一般在低速下工作，常取 $v_c = 2 \sim 8m/min$，以避免产生积屑瘤。

拉削可以加工内表面（如各种型孔）和外表面（如平面、半圆弧面和组合表面等），图4-30所示为拉削加工的典型表面。

拉削可分为粗拉和精拉。粗拉的尺寸公差等级为 IT8 ~ IT7，表面粗糙度值为 $Ra1.6 \sim 0.8\mu m$；精拉的尺寸公差等级为 IT7 ~ IT6，表面粗糙度值为 $Ra0.8 \sim 0.4\mu m$。

（1）拉圆孔　拉削圆孔的孔径一般为 8 ~ 125mm，孔的深径比 $L/D \leqslant 5$。拉削圆孔时工件不需要夹紧，只以已加工过的一个端面为支承面，当工件端面与拉削孔的轴线不垂直时，可依靠球面浮动支承装置自动调节，始终使受力方向与端面垂直，以防止拉刀崩刃和折断，装置中一般采用弹簧使球面保持贴合，避免从装置体上脱落下来，如图 4-31 所示。

图 4-30　拉削加工的典型表面

图 4-31　拉圆孔的方法

（2）拉孔内单键槽　拉键槽的方法如图 4-32 所示，拉削时导向心轴 3 的 A 端安装工件，B 端插入拉床的"支撑"中，拉刀 1 穿过工件 4 圆柱孔及心轴上的导向槽做直线移动，拉刀底部的垫片 2 用以调节工件键槽的深度以及补偿拉刀重磨后齿高的减少量。

图 4-32　拉键槽的方法

1—拉刀　2—垫片　3—导向心轴　4—工件

（3）拉平面　拉平面的方法是采用平面拉刀进行一次性加工。拉削可加工单一的敞开平面，也可加工组合平面。

拉削不论是加工内表面还是加工外表面，一般在一次行程中完成粗、精加工，生产率很高。由于拉刀属于定形刀具，拉床又是液压传动，因此切削平稳，加工质量好；但拉刀制造复杂，工时费用较高；拉圆孔与精车孔和精镗孔相比，适应性较差。因此，拉削加工广泛用于大批大量生产中。

2. 拉刀

拉削是一种高生产率、高精度的加工方法，拉削质量和拉削精度主要依靠拉刀的结构和制造精度来保证。

普通圆孔拉刀的结构如图4-33所示，由头部、颈部、过渡锥部、前导部、切削部、校准部和后导部组成，如果拉刀太长，还可在后导部后面加一个尾部，以便支承拉刀。

图4-33　普通圆孔拉刀的结构

平面拉刀可制成整体式的（加工较小平面），但更多的是制成镶齿式的（加工大平面），镶嵌硬质合金刀片，以提高拉削速度，且便于刃磨和调整。

第五节　齿轮加工及切齿刀具

知识要点一　齿轮加工方法

齿轮是机械传动系统中传递运动和动力的重要零件，齿轮的结构形式多样，应用十分广泛。常见的齿轮传动类型如图4-34所示。

目前，工业生产中所使用的大部分齿轮都是经过切削加工获得的。齿轮的切削加工方法按其成形原理可分为成形法和展成法两大类。

成形法加工齿轮，要求所用刀具的切削刃形状与被切齿轮的齿槽形状相吻合，例如在铣床上用盘形铣刀或指形铣刀铣削齿轮，在刨床、拉床或插床上用成形刀具刨削、拉削或插削齿轮。模数 $m \leqslant 16mm$ 的齿轮，一般用盘形齿轮铣刀在卧式铣床上加工；$m > 16mm$ 的齿轮，通常用指形齿轮铣刀在专用铣床或立式铣床上加工。

展成法加工齿轮是利用齿轮的啮合原理进行的，即把齿轮啮合副（齿条—齿轮、齿轮—齿轮）中的一个转化为刀具，另一个为工件，并强制刀具和工件做严格的啮合运动而范成切出齿廓。根据齿轮齿廓以及加工精度的不同，展成法加工齿轮最常用的方法主要有滚齿、插齿，精加工齿形的方法有剃齿、磨齿、珩齿、研齿等。

知识要点二　齿轮的加工刀具

为适应各种类型齿轮加工的需要，齿轮加工刀具的种类繁多，切齿原理也不尽相同。

直齿圆柱齿轮传动　　斜齿圆柱齿轮传动　　人字齿圆柱齿轮传动　　螺旋齿轮传动

蜗杆传动　　　　内啮合齿轮传动　　　　齿轮齿条传动　　　　直齿锥齿轮传动

图4-34　常见的齿轮传动类型

1. 成形法加工齿轮刀具

（1）盘形齿轮铣刀　盘形齿轮铣刀是一种铲齿成形铣刀。当盘形齿轮铣刀前角为零度时，其刃口形状就是被加工齿轮的渐开线齿形。齿轮齿形的渐开线形状由基圆大小决定，基圆越小，渐开线越弯曲；基圆越大，渐开线越平直；基圆无穷大时，渐开线变为直线，即为齿条齿形。而基圆直径又与齿轮的模数、齿数、压力角有关，如图4-35所示。当被加工齿轮的模数和压力角都相同，只有齿数不同时，其渐开线形状显然不同，出于经济性的考虑，不可能对每一种齿数的

a)　　　　　　　　b)　　　　　　　　c)

图4-35　齿轮铣刀刀号的选择

齿轮对应设计一把铣刀，而是将齿数接近的几个齿轮用相同的一把铣刀去加工，这样虽然使被加工齿轮产生了一些齿形误差，但大大减少了铣刀数量。加工压力角为20°的直齿渐开线圆柱齿轮用的盘形齿轮铣刀已经标准化，根据 JB/T 7970.1—1995，当模数为 0.3～8mm 时，每种模数的铣刀由 8 把组成一套；当模数为 9～16mm 时，每种模数的铣刀由 15 把组成一套。一套铣刀中的每一把都有一个号码，称为刀号，使用时可以根据齿轮的齿数予以选择。

（2）指形齿轮铣刀　指形齿轮铣刀如图 4-36 所示，它实质上是一种成形立铣刀，有铲齿和尖齿结构，主要用于加工 m = 10～100mm 的大模数直齿、斜齿以及无空刀槽的人字齿齿轮等。指形齿轮铣刀工作时相当于一个悬臂梁，几乎整个刀长都参加切削，因此切削力大，刀齿负荷重，宜采用小进给量切削。指形齿轮铣刀还没有标准化，需根据需要进行专门设计和制造。

图 4-36　指形齿轮铣刀

2. 范成法加工齿轮刀具

这里只介绍几种渐开线展成法加工齿轮刀具。

（1）齿轮滚刀　齿轮滚刀是一种展成法加工齿轮的刀具，它相当于一个螺旋齿轮，其齿数很少（或称头数，通常是一头或二头），螺旋角很大，实际上就是一个蜗杆，如图 4-37 所示。渐开线蜗杆的齿面是渐开线螺旋面。根据形成原理，渐开线螺旋面的发生母线是在与基圆柱相切的平面中的一条斜线，这条斜线与端面的夹角就是螺旋面的基圆螺旋升角 λ_b，用此原理可车削渐开线蜗杆。如图 4-38 所示，车削时车刀的前刀面与直径为 d_b 的基圆柱相切，车蜗杆右齿面时，车刀低于蜗杆轴线，车左齿面时，车刀高于蜗杆轴线，车刀取前角 γ_o = 0°，齿形角为 λ_b。

图 4-37　齿轮滚刀的基本蜗杆
1—蜗杆表面　2—前刀面　3—侧刃　4—侧铲面　5—后刀面

图 4-38　渐开线蜗杆齿面的形成

用滚刀加工齿轮的过程类似于交错轴螺旋齿轮的啮合过程，如图 4-39 所示，滚齿的主运动是滚刀的旋转运动，滚刀转一圈，被加工齿轮转过的齿数等于滚刀的头数，以形成范成运动；为了在整个齿宽上都加工出齿轮齿形，滚刀还要沿齿轮轴线方向进给；为了得到规定的齿高，滚刀还要相对于齿轮做径向进给运动；加工斜齿轮时，除上述运动外，齿轮还有一个附加转动，附加转动的转速大小与斜齿轮螺旋角大小有关。

（2）蜗轮滚刀　用蜗轮滚刀加工蜗轮的过程是模拟蜗杆与蜗轮啮合的过程，如图 4-40 所示，蜗轮滚刀相当于原蜗杆，只是上面制作出切削刃，这些切削刃都在原蜗杆的螺旋面上。蜗轮

图 4-39 滚齿过程

滚刀的外形很像齿轮滚刀，但设计原理各不相同，蜗轮滚刀的基本蜗杆的类型和基本参数都必须与原蜗杆相同，加工每一规格的蜗轮需用专用的滚刀。用滚刀加工蜗轮可采用径向进给或切向进给，如图 4-41 所示。用径向进给方式加工蜗轮时，滚刀每转一转，蜗轮转动的齿数等于滚刀的头数，形成范成运动；滚刀在转动的同时，沿着蜗轮半径方向进给，达到规定的中心距后停止进给，而范成运动继续，直到包络好蜗轮齿形。用切向进给方式加工蜗轮时，首先将滚刀和蜗轮的中心距调整到等于原蜗杆与蜗轮的中心距；滚刀和蜗轮除了做范成运动外，滚

图 4-40 蜗轮的滚切

刀还沿本身的轴线方向进给切入蜗轮，因此滚刀每转一转，蜗轮除需转过与滚刀头数相等的齿数外，由于滚刀有切向运动，蜗轮还需要有附加的转动。

a)   b)

图 4-41 蜗轮滚刀的进给方式
a）径向进给   b）切向进给

（3）插齿刀　插齿刀是利用范成原理加工齿轮的一种刀具，它可用来加工直齿、斜齿、内圆柱齿轮和人字齿轮等，而且是加工内齿轮、双联齿轮和台肩齿轮最常用的刀具。插齿刀的形状很像一个圆柱齿轮，其模数、压力角与被加工齿轮对应相等，只是插齿刀有前角、后角和切削刃。常用的直齿插齿刀已标准化，按照 GB/T 6081—2001 规定，直齿插齿刀有盘形、碗形和锥柄插齿刀，如图 4-42 所示。在齿轮加工过程中，插齿刀的上下往复运动是主运动，向下为切削运动，向上为空行程；此外还有插齿刀的回转运动与工件的回转运动相配合的范成运动；开始切削时，在机床凸轮的控制下，插齿刀还有径向的进给运动，沿半径方向切入工件至预定深度后径向进给停止，而范成运动仍继续进行，直至齿轮的牙齿全部切完为止；为避免插齿刀回程时与工件摩擦，还有被加工齿轮随工作台的让刀运动，如图 4-43 所示。

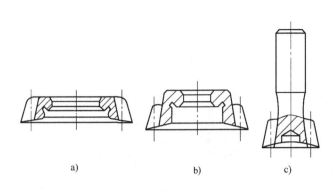

图 4-42　插齿刀的类型

a) 盘形插齿刀　b) 碗形直齿插齿刀　c) 锥柄插齿刀

图 4-43　插齿刀的切削运动

（4）剃齿刀　剃齿刀常用于未淬火的软齿面圆柱齿轮的精加工，其精度可达 6 级以上，且生产率很高，因此应用十分广泛。如图 4-44 所示，由于剃齿在原理上属于一对交错轴斜齿轮啮合传动过程，所以剃齿刀实质上是一个高精度的螺旋齿轮，并且在齿面上沿齿向开了很多切削刃槽，其加工过程就是剃齿刀带动工件做双面无侧隙的对滚，并对剃齿刀和工件施加一定压力，在对滚过程中二者沿齿向和齿形面均产生相对滑移，利用剃齿刀沿齿向开出的锯齿刀槽沿工件齿向切去一层很薄的金属，在工件的齿面方向因剃齿刀无刃槽，虽有相对滑动，但不起切削作用。

（5）磨齿及磨具　磨齿多用于淬硬齿轮的齿面精加工，有的还可直接用来在齿坯上磨制小模数齿轮。磨齿能消除淬火后的变形，加工精度最低为 6 级，有的可磨出 3、4 级

图 4-44　剃齿工作原理

精度的齿轮。磨齿有成形法和展成法两大类，多数为展成法磨齿。展成法磨齿又分为连续磨齿和分度磨齿两类，如图 4-45 所示，其中蜗杆形砂轮磨齿的效率最高，而大平面砂轮磨齿的精度最高。磨齿加工精度高，修正误差能力强，而且能加工表面硬度很高的齿轮，但磨齿加工效率低，机床复杂，调整困难，因此加工成本高，适用于齿轮精度要求很高的场合。

图 4-45　展成法磨齿及磨齿砂轮

a) 蜗杆形　b) 双碟形

c)   d)

图 4-45　展成法磨齿及磨齿砂轮（续）

c）大平面砂轮型　d）锥形砂轮型

第六节　磨削加工与砂轮

　　磨削加工是指用砂轮或涂覆磨具作为切削工具、以较高的线速度对工件表面进行加工的方法。它大多在磨床上进行。磨削加工可分为普通磨削、高效磨削、砂带磨削和高精度小表面粗糙度值磨削等。

知识要点一　普通磨削

　　普通磨削多在通用磨床上进行，是一种应用十分广泛的精加工方法，可以加工外圆、内圆、锥面、平面等。随着砂轮粒度号和切削用量的不同，普通磨削可分为粗磨和精磨。粗磨的尺寸公差等级为 IT8 ~ IT7，表面粗糙度值为 $Ra0.8 ~ 0.4\mu m$；精磨尺寸公差等级可达 IT6 ~ IT5（磨内圆为IT7 ~ IT6），表面粗糙度值为 $Ra0.4 ~ 0.2\mu m$。

1. 磨外圆（包括外锥面）

　　磨外圆在普通外圆磨床和万能外圆磨床上进行，具体方法有纵磨法和横磨法两种，如图4-46所示。这两种方法相比，纵磨法加工精度较高，表面粗糙度值较小，但生产率较低；横磨法生产率较高，但加工精度较低，表面粗糙度值较大。因此，纵磨法广泛用于各种类型的生产中，而横磨法只适用于大批大量生产中磨削刚度较好、精度要求较低、长度较短的轴类零件的外圆表面和成形面。

a)   b)

图 4-46　外圆磨削方法

a）纵磨法　b）横磨法

此外，还有无心磨削，如图4-47所示。无心磨削通常是指在无心磨床上磨削外圆，其方法也有纵磨法（图4-47a）和横磨法（图4-47b）两种。无心磨削纵磨时，工件放在两砂轮之间，下方有一托板。大砂轮为工作砂轮，旋转时起切削作用。小砂轮为导轮，是磨粒极细的橡胶结合剂砂轮，且$v_导$很低，无切削能力。两砂轮与托板构成V形定位面托住工件。由于导轮的轴线与砂轮轴线倾斜β角（$\beta = 1° \sim 6°$），$v_导$分解成$v_工$和$v_进$。$v_工$带动工件旋转，即工件的圆周进给速度；$v_进$带动工件轴向移动，即工件的纵向进给速度。为使导轮与工件直线接触，应把导轮圆周表面的母线修整成双曲线。无心纵磨法主要用于大批大量生产中磨削细长光滑轴及销、小套等零件的外圆。无心磨削横磨时，导轮的轴线与砂轮轴线平行，工件不做轴向移动。无心磨削横磨法主要用于磨削带台肩而又较短的外圆、锥面和成形表面等。

图4-47 无心磨削方法
a）纵磨法 b）横磨法

2. 磨内圆 （包括内锥面）

磨内圆在内圆磨床和万能外圆磨床上进行。与磨外圆相比，由于磨内圆的砂轮受孔径限制，切削速度难以达到磨外圆的速度；砂轮轴直径小，悬伸长，刚度差，易弯曲变形和振动，且只能采用很小的背吃刀量；砂轮与工件成内切圆接触，接触面积大，磨削热多，散热条件差，表面容易烧伤。因此，磨内圆比磨外圆生产率低得多，加工精度和表面质量也较难控制。

磨削内圆时，需根据磨削表面的有关结构和孔径大小，采用不同形式的砂轮和不同的紧固方法，如图4-48所示，砂轮与砂轮轴之间用黏结剂紧固。

图4-48 内圆磨削的砂轮及砂轮紧固方法
a）磨削通孔 b）磨削孔及其台阶面 c）磨削ϕ15mm以下的小孔

3. 磨平面

磨平面在平面磨床上进行，其方法有周磨法和端磨法两种，如图4-49所示。周磨法砂轮与工件的接触面积小，磨削力小，磨削热少，冷却与排屑条件好，砂轮磨损均匀，所以磨削精度高，表面粗糙度Ra值小，磨削平面的尺寸公差等级可达IT6 ~ IT5，表面粗糙度值为$Ra0.8 \sim$

$0.2\mu m$，直线度可达 $0.02\sim 0.03mm/m$，但生产率较低，多用于单件小批生产中，大批大量生产中亦可采用。端磨法生产率较高，但加工质量略差于周磨法，多用于大批大量生产中磨削精度要求不太高的平面。

图 4-49　平面磨削方法
a）矩台周磨　b）圆台周磨　c）矩台端磨　d）圆台端磨

磨平面常作为铣平面或刨平面后的精加工，特别适宜磨削具有相互平行平面的零件。此外，还可磨削导轨平面。机床导轨多是几个平面的组合，在成批或大量生产中，常在专用的导轨磨床上对导轨面做最后的精加工。

知识要点二　高效磨削

随着科学技术的发展，作为传统精加工方法的普通磨削也在逐步向高效率和高精度的方向发展。常见的高效磨削有高速磨削、缓进给深切磨削、宽砂轮与多砂轮磨削、恒压力磨削等。

1. 高速磨削

普通磨削砂轮线速度通常在 $30\sim 35m/s$，当砂轮线速度提高到 $50m/s$ 以上时即称为高速磨削。目前国内砂轮线速度普遍采用 $50\sim 60m/s$，有的高达 $120m/s$，某些发达国家已达 $230m/s$。高速磨削可获得明显的技术经济效果，生产率一般可提高 $30\%\sim 100\%$，砂轮寿命可提高 $0.7\sim 1$ 倍，工件表面粗糙度值可稳定地达到 $Ra0.8\sim 0.4\mu m$。高速磨削目前已应用于各种磨削工艺，不论是粗磨还是精磨、单件小批还是大批大量生产，均可采用。但高速磨削对磨床、砂轮、切削液供应都有相应的要求。

2. 缓进给深切磨削

缓进给深切磨削的深度为普通磨削的 $100\sim 1000$ 倍，可达 $3\sim 30mm$，是一种强力磨削方法，大多经一次行程磨削即可完成。缓进给深切磨削生产率高，砂轮损耗小，磨削质量好；其缺点是设备费用高。将高速快进给磨削与深切磨削相结合，其效果更佳，可使生产率大幅度提高。例如，利用高速快进给深切磨削法，用 CBN 砂轮以 $150m/s$ 的速度一次磨出宽 $10mm$、深 $30mm$ 的精密转子槽时，磨削长 $50mm$ 仅需零点几秒。这种方法现已成功用于丝杠、齿轮、转子槽等沟槽、齿槽的以磨代铣。

3. 宽砂轮与多砂轮磨削

宽砂轮磨削是用增大磨削宽度来提高磨削效率的磨削方法。普通外圆磨削的砂轮宽度为 $50mm$ 左右，而宽砂轮外圆磨削的砂轮宽度可达 $300mm$，平面磨削可达 $400mm$，无心磨削可达 $1000mm$。宽砂轮外圆磨削一般采用横磨法。它主要用于大批大量生产中，例如磨削花键轴、电机轴以及成形轧辊等。其尺寸公差等级可达 IT6，表面粗糙度值可达 $Ra0.4\mu m$。

多砂轮磨削实际上是宽砂轮磨削的另一种形式，其尺寸公差等级和表面粗糙度值与宽砂轮磨削相同。多砂轮磨削适用于大批大量生产，目前多用于外圆和平面磨削。近年来内圆磨床也开始采用这种方法，用来磨削零件上的同轴孔系。

4. 恒压力磨削

恒压力磨削实际上是横磨法的一种特殊形式，其原理如图 4-50 所示。磨削时，无论外界因素，如磨削余量、工件材料硬度、砂轮钝化程度等，如何变化，砂轮始终以预定的压力压向工件，直到磨削结束为止。推进砂轮的液压系统压力由减压阀调节，预先可通过试验确定最佳磨削压力，以便获得最佳效果。恒压力磨削加工质量稳定可靠，生产率高，可避免砂轮超负荷工作，操作安全。恒压力磨削目前已在生产中得到应用，并收到良好的技术经济效果。

图 4-50　恒压力磨削原理图

知识要点三　砂带磨削

根据加工要求，利用砂带以相应的接触方式对工件进行加工的方法称为砂带磨削，如图4-51所示。它是近年来发展起来的一种新型高效工艺方法。

砂带所用磨料大多是精选出来的针状磨粒，应用静电植砂工艺，使磨粒均直立于砂带基体且锋刃向上、定向整齐均匀排列，因而磨粒具有良好的等高性，磨粒间容屑空间大，磨粒与工件接触面积小，且可使全部磨粒参加切削。因此，砂带磨削效率高，磨削热少，散热条件好。砂带磨削的工件，其表面变形强化程度和残余应力均大大低于砂轮磨削。砂带磨削多在砂带磨床上进行，也可在卧式车床、立式车床上利用砂带磨头或砂带轮磨头进行，适宜加工大、中型尺寸的外圆、内圆和平面。

图 4-51　砂带磨削

a）中心磨　b）无心磨　c）自由磨

1—工件　2—砂带　3—张紧轮　4—接触轮　5—导轮

知识要点四　高精度、小表面粗糙度值磨削

工件表面粗糙度 Ra 值低于 $0.2\mu m$ 的磨削工艺，统称为小表面粗糙度值磨削。小表面粗糙度值磨削不仅可获得极小的 Ra 值，而且能获得很高的加工精度。

高精度、小表面粗糙度值磨削包括精密磨削、超精密磨削和镜面磨削。其加工精度很高，表面粗糙度值极小，加工质量可达到光整加工水平。

提高精度和减小表面粗糙度值是相互联系的。为了提高精度，需要采用高精度磨床，其砂轮主轴旋转精度要求高、砂轮架相对工件振动的振幅应极小、工作台应无爬行现象、横向进给机构的重复精度应达到 $1\sim 2\mu m$；为了减小表面粗糙度值，还要合理选择砂轮，并对砂轮进行精细的平衡和修整；此外，还应提高工件定位基准的精度；尽量减少工件的受力变形和受热变形。

高精度、小表面粗糙度值磨削的背吃刀量一般为 $0.0025\sim 0.005mm$。为了减小磨床振动，磨削速度一般为 $15\sim 30m/s$。

知识要点五　磨削加工的工艺特点

综上所述，不论是普通磨削还是高效磨削和砂带磨削，与普通刀具切削加工相比，均具有如下工艺特点。

（1）加工精度高　这是因为磨削属于高速多刃切削，其切削刃刀尖圆弧半径比一般车刀、铣刀、刨刀要小得多，能在工件表面上切下一层很薄的材料；磨削过程是磨粒挤压、刻划和滑擦综合作用的过程，有一定的研磨抛光作用；磨床比一般金属切削机床的加工精度高，刚度和稳定性好，且具有微量进给机构。

（2）可加工高硬度材料　磨削不仅可以加工铸铁、碳钢、合金钢等一般结构材料，还可以加工一般刀具难于切削的高硬度淬硬钢、硬质合金、陶瓷、玻璃等难加工材料。但对于塑性很大、硬度很低的有色金属及其合金，因其切屑容易堵塞砂轮气孔而使砂轮丧失切削能力，一般不宜磨削，而多采用刀具切削进行精加工。

（3）应用越来越广泛　磨削可加工外圆、内圆、锥面、平面、成形面、螺纹、齿形等多种表面，还可刃磨各种刀具。随着精密铸造、模锻、精密冷轧等先进毛坯制造工艺的日益广泛应用，毛坯的加工余量较小，可不必经过车、铣、刨等粗加工和半精加工，直接用磨削便可达到较高的尺寸精度和较小的表面粗糙度值的要求。因此，磨削加工获得了越来越广泛的应用和日益迅速的发展。目前在工业发达国家，磨床已占到机床总数的 $30\%\sim 40\%$，而且还有不断增加的趋势。

知识要点六　磨削砂轮

1. 砂轮的特性及选择

磨具一般分为六大类，即砂轮、砂瓦、砂带、磨头、油石、研磨膏。砂轮是磨削加工中最常用的磨具，它由结合剂将磨料颗粒黏结，经压坯、干燥、焙烧而成，结合剂并未填满磨料间的全部空间，因而有气孔存在。磨料、结合剂、气孔三者构成了砂轮的三要素。

砂轮的特性由磨料的种类、磨料的颗粒大小、结合剂的种类、砂轮的硬度和砂轮的组织这五个基本参数决定。砂轮的特性及其选择请查阅相关手册。

（1）磨料　磨料是构成砂轮的主要成分，它担负着磨削工作，必须具备很高的硬度、耐磨性、耐热性和韧性，才能承受磨削时的热和切削力。常用的磨料有氧化物系、碳化物系、超硬磨料系。其中立方氮化硼是我国近年发展起来的新型磨料，其硬度比金刚石略低，但其耐热性可达

1400℃，比金刚石的耐热性（800℃）几乎高一倍，而且对铁元素的亲和力低，所以适合于磨削既硬又韧的钢材，在加工高速钢、模具钢、耐热钢时，其工作能力超过金刚石 5～10 倍，且立方碳化硼的磨粒切削刃锋利，可减少加工表面的塑性变形，磨出的表面粗糙度比一般砂轮小 1～2级。立方氮化硼是一种很有前途的磨料。

（2）粒度　粒度是指磨料颗粒的大小，通常用筛分法确定粒度号，例如可通过每英寸长度上有 80 个孔眼的筛网的磨粒，其粒度号即为 F80。磨粒粒度对生产率和表面粗糙度有很大影响，一般粗加工要求磨粒粒度号小，加工软材料时，为避免堵塞砂轮，也应采用小粒度号，精加工要求磨粒粒度号大。磨料根据其颗粒大小又分为粗磨粒和微粉两类，磨料颗粒粒度大于 40μm 时，称为粗磨粒，小于 40μm 时，称为微粉。

（3）结合剂　结合剂的作用是将磨粒黏合在一起，使砂轮具有必要的形状和强度，它的性能决定砂轮的强度、耐冲击性、耐蚀性、耐热性和砂轮寿命。常用的结合剂有陶瓷结合剂、树脂结合剂、橡胶结合剂和金属结合剂。陶瓷结合剂由黏土、长石、滑石、硼玻璃和硅石等陶瓷材料配制而成，其化学性质稳定，耐水、耐酸、耐热、成本低，但较脆，所以除切断砂轮外，大多数砂轮都用陶瓷结合剂；树脂结合剂的主要成分是酚醛树脂，也可采用环氧树脂，其强度高、弹性好，所以多用于高速磨削、切断、开槽等；橡胶结合剂多数采用人造橡胶，它比树脂结合剂更富有弹性，可使砂轮具有良好的抛光作用；金属结合剂常见的是青铜结合剂，主要用于制作金刚石砂轮，其特点是型面成形性好，强度高，有一定韧性，但自砺性差，主要用于粗磨、半精磨硬质合金以及切断光学玻璃、陶瓷、半导体等。

（4）硬度　砂轮的硬度是反映磨粒在磨削力作用下，从砂轮表面上脱落的难易程度。砂轮硬，即表示磨粒难以脱落；砂轮软，表示磨粒容易脱落。砂轮的软、硬主要由结合剂的黏结强度决定，与磨粒本身的硬度无关。砂轮硬度对磨削质量和生产率有很大影响，砂轮硬度的选择主要根据加工工件材料的性质和具体的磨削条件来考虑。

（5）组织　砂轮的组织表示磨粒、结合剂和气孔三者体积的比例关系。磨粒在砂轮体积中所占比例越大，砂轮的组织越紧密，气孔越小；反之，组织越疏松。砂轮组织分为紧密、中等、疏松三大类，细分为 0～14 组织号，其中 0～3 号属紧密型，4～7 号为中等，8～14 号为疏松。

2. 砂轮的形状和代号

（1）砂轮的形状　根据不同的用途、磨削方式和磨床类型，可将砂轮制成不同的形状和尺寸，并已标准化。常用砂轮形状、代号及用途请查阅相关手册。

（2）砂轮的标记　在生产中，为了便于对砂轮进行管理和选用，通常将砂轮的形状、尺寸和特性标注在砂轮端面上，其顺序为：形状、尺寸、磨料、粒度号、硬度、组织号、结合剂、线速度，其中尺寸一般指外径×厚度×内径。例如，P350×10×75WA60K5B40 即代表该砂轮为双面，外径为 350mm，厚度为 10mm，内径为 75mm，白刚玉磨料，60 粒度，中软硬度，中等 5 号组织，树脂结合剂，最高线速度为 40m/s。

第七节　自动化生产及其刀具

知识要点一　金属切削加工自动化

分析一下车削加工过程，人们不难发现，即使是最简单的加工，也需要进行一系列的操作：

除了直接进行切削加工的操作外，还有如工件装夹、刀具安装调整、开车床、刀具移向工件、确定进给量、接通自动进给、切断自动进给、退刀、停车、测量、卸工件等操作，都是必不可少的。自动化的加工过程，实际上是一种严格的程序控制过程，是根据加工过程的全部内容设定一个严格的程序，使上述各种动作和运动在这个程序的控制下有序地进行。20世纪40年代后，人们通过设计各种高效的自动化机床，并用物料自动输送装置将单机连接起来，形成了以单一品种、大批量生产为特征的成熟的刚性自动化生产方式。

当以大量生产方式制造的产品使市场趋于饱和时，人们提出了产品多样化的要求。对于产品制造者来说，既要保证高的生产质量和效率，又要能迅速更新、调整产品的灵活性，变单一品种、大批量生产为多品种的中、小批量生产，由此开始了使刚性自动化向柔性自动化发展的历程。

人们做过许多探索和尝试，找到了一种组合机床的形式，其中液压式组合机床比较容易实现控制程序的改变，组合机床自动线得到了成功的应用。但是，由于一个工件的加工过程需要依次在多台机床上装卸，制约了表面间相互位置精度的提高。

20世纪50年代，集成电路、计算机技术的发展，使数控技术应运而生，并开发了能执行多种加工的、复杂的机床控制器，它彻底改变了过去的各种模式，以数字信息为指令，控制能够接收数字信息的执行装置的动作和运动。随着计算机性能的提高，人们积极地开发了各种计算机辅助编程软件，使车床、线切割和铣床等机床都能方便地进行二维甚至三维的数控加工，实现了单机柔性自动化加工。

软件方面，CAD/CAM技术的发展，已经可以方便地在计算机上建立零件模型，通过后置处理确定加工工艺，自动编制加工程序，并将相关指令直接输入数控机床进行自动加工。硬件方面，突破了传统机床受刀具数量和运动自由度限制的有限加工能力，设计制造了带有可以存放多达数十把刀具的刀库和自动换刀装置以及多达五轴联动的各种加工中心，大大扩大了工件在一次装夹中可以加工的范围，从而可以采用"工序集中"方式的自动加工；由于高性能的刀具和精确控制的刀具位置，可以使诸多表面的加工能在一次安装中进行，工件各表面能得到很高的尺寸精度和相互位置精度。所有这些进展，很好地实现了柔性加工。

单机柔性加工发展的必然结果是向自动化的更高的阶段——以柔性生产线和柔性制造系统（FMS）的方式组织生产。1968年诞生了世界第一条柔性生产线，后来进一步出现了柔性制造系统。作为柔性制造系统，除了生产线上各种设备对工件进行自动加工外，还包括了材料、工件、刀具、工艺装备等物料的自动存放、自动传输和自动更换，生产线的自动管理和控制，工况的自动监测和自动排除故障，各种信息的收集、处理和传递等。

1974年，美国人哈林顿又进一步提出了计算机集成制造系统（CIMS）的概念，其中包含两个基本观点：其一是企业生产的各个环节，即从市场分析、产品设计、加工制造、经营管理到售后服务的全部生产活动是一个不可分割的整体，要统一考虑；其二是整个生产过程实质上是一个数据的采集、传递和加工处理的过程，最终形成的产品可以看作是数据的物质表现。CIMS作为制造业的新一代生产方式，是技术发展的可能和市场竞争的需要共同推动的结果。集成度的提高，使各种生产要素的配置可以更好地优化，潜力可以更大地发挥；实际存在的各种资源的明显的或潜在的浪费可以得到最大限度地减少甚至消除，从而可以获得更好的整体效益。

机械加工自动化生产可分为以自动化生产线为代表的刚性专门化自动化生产和以数控机床、加工中心为主体的柔性通用化自动化生产。就刀具而言，在刚性专门化自动化生产中，是以提高刀具专用化程度来获得最佳总体效益的；在柔性自动化生产中，是以尽可能提高刀具标准化、通用化程度来取得最佳总体效益的。

知识要点二　自动化生产对刀具的特殊要求

机械加工自动化生产要求刀具除具备普通机床用刀具应有的性能外，还应满足自动化加工所必需的下列要求。

1）刀具应有高的可靠性和寿命。刀具的可靠性是指刀具在规定的切削条件和时间内，完成额定工作的能力。为了提高刀具的可靠性，必须严格控制刀具材料的质量，严格贯彻刀具制造工艺，特别是热处理和刃磨工序，严格检查刀具质量。自动化生产的刀具寿命是指在保持加工尺寸精度的条件下，一次调刀后使用的基本时间。该寿命也称为尺寸寿命。实践表明，刀具尺寸寿命与刀具磨损量、工艺系统的变形和刀具调整误差等因素有关。为了保证刀具寿命，又要在规定时间内完成切削工作，应采用切削性能好、耐磨性高的刀具材料或者选用较大的 a_p、f 和较低的 v_c。

2）采取各种措施，保证可靠地断屑、卷屑和排屑。

3）能快速地换刀或自动换刀。

4）能迅速、精确地调整刀具尺寸。

5）刀具应有很高的切削效率。

6）应具有可靠的刀具工作状态监控系统。切削加工过程中，刀具的磨损和破损是引起停机的重要因素。因此，对切削过程中刀具状态的实时监控与控制，已成为机械加工自动化生产系统中必不可少的措施。

数控机床和加工中心的切削加工应适应小批量多品种加工，并按预先编好的程序指令自动地进行加工。对数控机床和加工中心用的刀具还有下列要求。

1）必须从数控加工的特点出发来制订数控刀具的标准化、系列化和通用化结构体系。数控刀具系统应是一种模块式、层次化，可分级更换、组合的体系。

2）对于刀具及其工具系统的信息，应建立完整的数据库及其管理系统。

3）应有完善的刀具组装、预调、编码标识与识别系统。

4）应建立切削数据库，以便合理地利用机床与刀具。

第八节　光整加工方法综述

光整加工是指在精车、精镗、精铰、精磨的基础上，旨在获得比普通磨削更高精度（IT6 ~ IT5 或更高）和更小的表面粗糙度值（$Ra0.1 ~ 0.01\mu m$）的研磨、珩磨、超精加工和抛光等加工，从广义上讲，它还包括刮削、宽刀细刨和金刚石刀具切削等。

知识要点一　宽刀细刨

宽刀细刨是在普通精刨的基础上，通过改善切削条件，使工件获得较高的形状精度和较小的表面粗糙度值的一种平面精密加工方法，如图 4-52 所示。加工时，把工件安装在龙门刨床上，利用宽刀细刨刀以很低的切削速度（$v_c < 5m/min$）和很大的进给量在工件表面上切去一层极薄的金属。它要求机床精度高，刚度好，刀具刃口平直光洁，使用合适的切削液。宽刀细刨的直线度可达 $0.01 ~ 0.02mm/m$，表面粗糙度值为 $Ra1.6 ~ 0.8\mu m$，常用于成批和大量生产中加工大型工件上精度较高的平面（如导轨面），以代替刮削和导轨磨削。

知识要点二 刮削

刮削是用刮刀刮除工件表面薄层的加工方法。它一般在普通精刨和精铣基础上，由钳工手工操作进行，如图4-53所示。刮削余量为0.05～0.4mm。刮削前，在精密的平板、平尺、专用检具或与工件相配的偶件表面上涂一层红丹油（也可涂在工件上），然后工件与其贴紧推磨对研。对研后工件上显示出高点，再用刮刀将显出的高点逐一刮除。经过反复对研和刮削，可使工件表面的显示点数逐渐增多并越来越均匀，这表明工件表面形状误差在逐渐减小。平面刮削的质量常用25mm×25mm方框内均布的点数来衡量，框内的点数越多，说明平面的平面

图4-52 宽刀细刨

度精度越高。平面刮削的直线度可达0.01mm/m，目前最高可达0.0025～0.005mm/m。刮削多用于单件小批生产中加工各种设备的导轨面、要求高的固定接合面、滑动轴承轴瓦以及平板、平尺等检具。刮削可使两个平面之间达到紧密吻合，并形成具有润滑油膜的滑动面。刮削还用于某些外露表面的修饰加工，刮出各种漂亮整齐的花纹，以增加其美观程度。

| a) | b) |

图4-53 平面刮削
a）平面刮研 b）刮研研点

知识要点三 研磨

研磨是指利用研磨工具和研磨剂，从工件表面磨去一层极薄的工件材料的光整加工方法。研磨是在良好的预加工基础上对工件进行$0.01～0.1\mu m$微量切削，可使尺寸公差等级达到IT6～IT3、形状精度如圆度可达0.001mm、表面粗糙度值可达$Ra0.1～0.018\mu m$。

研磨剂由磨料、研磨液及辅料调配而成。磨料一般只用微粉。研磨液用煤油、植物油或煤油加机油，起润滑、冷却以及使磨料能均匀地分布在研具表面的作用。辅料指油酸、硬脂酸或工业用甘油等强氧化剂，使工件表面生成一层极薄的疏松的氧化膜，以提高研磨效率。

研磨工具简称研具，它是研磨剂的载体，用以涂敷和镶嵌磨料，发挥切削作用。研具的材料应比待研的工件软，并具有一定的耐磨性，组织均匀。常用铸铁做研具。

研磨余量一般为0.005～0.02mm，必要时可分为粗研和精研。粗研的磨料粒度为F280#～W14，精研为W7～W14。

手工研磨外圆、内圆的方法如图4-54所示。手工研磨平面则是将研磨剂涂在研具（即研磨平板）上，手持工件做直线往复运动或其他轨迹的运动。

研磨可加工钢、铸铁、铜及铜合金、铝及铝合金、硬质合金、半导体、陶瓷、玻璃、塑料等材料，也可加工常见的各种表面，且不需要复杂和高精度设备，方法简便可靠，容易保证质量。但研磨一般不能提高表面位置精度，且生产率低。研磨作为一种传统的精密加工方法，仍广泛用于现代工业中各种精密零件的加工，例如精密量具、精密刀具、光学玻璃镜片以及精密配合表面等。单件小批生产用手工研磨；大批大量生产可在研磨机上进行。

图4-54　外圆和内圆的研磨方法
a）研磨外圆　b）研磨内圆

知识要点四　珩磨

珩磨是指利用珩磨工具对工件表面施加一定压力，珩磨工具同时做相对旋转和直线往复运动，磨除工件表面极小余量的一种精密加工方法，如图4-55所示。珩磨多在精磨或精镗的基础上在珩磨机上进行，单件小批量生产也可在立式钻床上进行，多用于加工圆柱孔。

珩磨孔用的工具称为珩磨头，其结构多种多样，图4-55a所示的是一种较为简单的机械式珩磨头。在成批大量生产中，广泛采用气动、液压珩磨头，自动调节工作压力。

珩磨余量一般为0.02~0.15mm。为获得较小的表面粗糙度值，磨削轨迹应成均匀而不重复的交叉网纹（图4-55b），粗珩时$2\theta=40°~60°$，精珩时$2\theta=15°~45°$。珩磨头与主轴浮动连接，使其沿孔壁自行导向，使油石与孔壁均匀接触。珩磨时应施加切削液以冲走破碎脱落的磨粒和屑末，并起冷却润滑作用。珩磨的孔径范围为15~500mm，孔的深径比可达10以上。珩磨生产率较高，其尺寸公差等级可达IT6~IT4，表面粗糙度值可达$Ra0.2~0.04\mu m$，孔的形状精度较高。珩磨广泛用于大批大量生产中加工发动机气缸孔、连杆大头孔、各种液压装置的铸铁套和钢套等。珩磨与磨削一样，也不宜加工韧性较大的有色金属。

知识要点五　超精加工

这里所说的超精加工是指用极细磨粒的油石，以恒定压力（5~20MPa）和复杂相对运动对工件进行微量磨削，以减小表面粗糙度值为主要目的的光整加工方法。

图 4-55 珩磨方法

　　外圆超精加工如图 4-56 所示，工件以较低的速度（$v_c = 10 \sim 50\text{m/min}$）旋转，油石一方面以 $12 \sim 25\text{Hz}$ 的频率、$1 \sim 3\text{mm}$ 的振幅做往复振动，另一方面以 $0.1 \sim 0.15\text{mm/r}$ 的进给量纵向进给；油石对工件表面的压力，靠调节上面的压力弹簧来实现。在油石与工件之间注入具有一定黏度的切削液，以清除屑末和形成油膜。加工时，油石上每一磨粒均在工件上刻划出极细微且纵横交错而不重复的痕迹，切除工件表面上的微观凸峰。随着凸峰逐渐降低，油石与工件的接触面积逐渐加大，压强随之减小，切削作用相应减弱。当压力小于油膜表面张力时，油石与工件即被油膜分开，切削作用自行停止。

图 4-56 外圆超精加工示意图

　　超精加工平面与超精加工外圆类似。

　　超精加工只能切除微观凸峰，一般不留加工余量或只留很小的加工余量（$0.003 \sim 0.01\text{mm}$）。超精加工主要用于减小表面粗糙度值，加工后表面粗糙度值可达 $Ra0.1 \sim 0.01\mu\text{m}$，可使零件配合表面间的实际接触面积大为增加，但超精加工一般不能提高尺寸精度、形状精度和位置精度，工件在这方面的精度要求应由前面的工序保证。超精加工生产率很高，常用于大批大量生产中加工曲轴、凸轮轴的轴颈外圆、飞轮、离合器盘的端平面以及滚动轴承的滚道等。

知识要点六 抛光

抛光是用涂有抛光膏的软轮（即抛光轮）高速旋转对工件进行微弱切削，从而减小工件表面粗糙度值，提高光亮度的一种光整加工方法。

软轮用皮革、毛毡、帆布等材料叠制而成，具有一定的弹性，以便工作时能按工件表面形状变形，增大抛光面积或加工曲面。抛光膏由较软的磨料（氧化铁、氧化铬等）和油脂（油酸、硬脂酸、石蜡、煤油等）调制而成。磨料的选用取决于工件材料，抛光钢件可用氧化铁及刚玉，抛光铸铁件可用氧化铁及碳化硅，抛光铜铝件可用氧化铬。

抛光时，软轮转速很高，其线速度一般为 30~50m/s。软轮与工件之间应有一定压力。油酸、硬脂酸一类强氧化剂物质在金属工件表面形成氧化膜以加大抛光时的切削作用。抛光时产生大量的摩擦热，使工件表层出现极薄的金属熔流层，对原有微观沟痕起填平作用，从而获得光亮的表面。

抛光一般在磨削、精车、精铣或精刨的基础上进行，不留加工余量。经过抛光后，表面粗糙度值可达 $Ra0.1~0.012\mu m$，并可明显地增加光亮度。抛光不能提高尺寸精度、形状精度和位置精度。因此，抛光主要用于表面的修饰加工及电镀前的预加工。

思考与练习题

4-1 简述车削加工的工艺范围及其特点。试说明工件在车床上装夹的方法。

4-2 简述各车削阶段所能达到的加工精度和加工质量。

4-3 常用的标准圆锥有哪些？各有哪些规格型号？

4-4 车削螺纹应注意哪些方面？

4-5 常用车刀有哪些类型？

4-6 简要说明铣削加工的工艺范围。

4-7 常见的铣削方式有哪些？各有什么特点？常用的铣刀有哪些类型？模具铣刀有何特点？

4-8 试说明钻孔、扩孔、铰孔所要求预留的加工余量。它们所能达到的精度如何？

4-9 简述镗削加工的工艺范围。镗削加工有哪几种方式？其加工精度如何？

4-10 简要说明浮动镗刀的结构特点及工作原理，并阐述其对加工精度的影响。

4-11 试比较在加工平面方面刨削与铣削的特点。

4-12 简要说明齿轮加工的方法及其所使用的机床和刀具。

4-13 试说明磨削加工的工艺特点。常见的普通磨削加工有哪些？试说明无心磨削加工的原理及其加工方法。

4-14 常见的高效磨削有哪些？各有何工艺特点？

4-15 常用的磨具有哪些？磨削砂轮的结构要素是什么？选择砂轮的基本参数有哪些？这些基本参数的具体含义是什么？

4-16 自动化生产对刀具有哪些特殊要求？

4-17 常见的光整加工方法有哪些？试分别说明其工艺特点。

第五章 金属切削机床

CHAPTER 5

教 学 导 航

【知识目标】

1. 了解金属切削机床的分类及型号编制方法；熟悉机床的传动原理及运动分析。
2. 熟悉各类金属切削机床的结构特点、工作原理及工艺性能。

【能力目标】

1. 通过学习，能够根据零件的工艺要求选择合适的金属切削机床。
2. 通过学习，能够对各类金属切削机床进行运动分析。

【学习重点】

掌握各类金属切削机床的结构特点、工作原理及工艺性能。

【学习难点】

机床的传动原理及运动分析。

第一节　金属切削机床概述

金属切削机床是用切削方法将金属毛坯加工成具有一定形状、尺寸和表面质量的机械零件的机器。它是机械制造业的主要加工设备，所担负的加工工作量占机械制造总工作量的 40% ~ 60%。由于它是制造机器的机器，通常又称为工作母机或工具机，习惯上称为机床。

知识要点一　机床的分类及型号编制方法

机床的品种和规格繁多，为了便于区别和管理，必须对机床加以分类和编制型号。

1. 机床的分类

机床主要是按加工性质和所用刀具进行分类的。目前我国将机床分为 12 大类，即车床、钻床、镗床、磨床、齿轮加工机床、螺纹加工机床、铣床、刨插床、拉床、超声波及电加工机床、切断机床、其他机床。每一大类中的机床，按结构、性能和工艺特点还可细分为若干组，每一组又细分为若干系（系列）。除上述基本分类方法外，机床还可按照通用性程度分为通用机床、专门化机床、专用机床；按照加工精度不同分为普通机床、精密机床、高精度机床；按照自动化程度分为手动、机动、半自动、自动机床；按照重量和尺寸不同分为仪表机床、中型机床、大型机床、重型机床、超重型机床；按照机床主要部件的数目分为单轴、多轴或单刀、多刀机床等。

随着机床的发展，其分类方法也将不断发展。机床数控化引起了机床传统分类方法的变化，这种变化主要表现在机床品种不是越分越细，而是趋向综合。金属切削机床类、组的划分请查阅相关手册。

2. 机床型号的编制方法

机床的型号必须简明地反映出机床的类型、通用特性、结构特性及主要技术参数等。我国的机床型号现在是按照 2008 年颁布的标准 GB/T 15375 - 2008《金属切削机床 型号编制方法》编制而成的。

GB/T 15375 - 2008 规定，采用汉语拼音字母和阿拉伯数字相结合的方式、按照一定规律排列来表示机床型号。现将通用机床的型号表示方法说明如下：

（1）机床类别代号 它用大写的汉语拼音字母表示。如"车床"的汉语拼音是"Chechuang"，所以用"C"表示。当需要分成若干分类时，分类代号用阿拉伯数字表示，位于类别代号之前，但第一分类号不予表示，如磨床类分为 M、2M、3M 三个分类。

（2）机床的特性代号 它包括通用特性和结构特性，也用大写的汉语拼音字母表示。

1）通用特性代号。当机床除具有普通性能外，还具有各种通用特性时，则应在类别代号之后加上相应的特性代号，也用大写的汉语拼音字母表示。如数控车床用"CK"表示，精密卧式车床用"CM"表示。

2）结构特性代号。为了区别主参数相同而结构不同的机床，在型号中用大写的汉语拼音字母表示结构特性代号。如 CA6140 型是结构上区别于 C6140 型的卧式车床。结构特性代号由生产厂家自行确定，不同型号中意义可不一样。当机床已有通用特性代号时，结构特性代号应排在其后。为避免混淆，通用特性代号已用过的字母以及字母"I"和"O"都不能作为结构特性代号。

（3）机床的组别和系列代号 它用两位数字表示。每类机床按用途、性能、结构分为 10 组（即 0 ~ 9 组）；每组又分为 10 个系列（即 0 ~ 9 系列）。有关机床类、组、系列的划分及其代号可参阅有关资料。

（4）机床主参数、设计序号、第二主参数的代号 机床主参数、设计序号、第二主参数都是用两位数字表示的。主参数表示机床的规格大小，反映机床的加工能力；第二主参数是为了更完整地表示机床的加工能力和加工范围。第一、二主参数均用折算值表示。机床主参数及其折算方法可参阅有关资料。当某些机床无法用主参数表示时，则在其型号中主参数的位置用设计序号表示，设计序号不足二位数者，可在其前加"0"。

（5）机床重大改进序号 当机床的性能和结构有重大改进时，按其设计改进的次序分别用汉语拼音字母"A、B、C、…"表示，附在机床型号的末尾，以示区别。如 C6140A 即为 C6140 型卧式车床的第一次重大改进。

重大改进设计不同于完全的新设计，它是在原有机床的基础上进行的改进设计，因此重大改进后的新产品与原型号的新产品是一种取代关系。

凡属局部的小改进，或增、减某些附件、测量装置及改变装夹工件的方法等，因对原机床的结构、性能没有做重大的改变，故不属重大改进，其型号不变。

（6）其他特性代号 其他特性代号主要用以反映各类机床的特性。例如，对于数控机床可用来反映不同的控制系统等；对于加工中心可用来反映控制系统、联动轴数、自动交换轴头、自动交换工作台等；对于柔性加工单元可用来反映自动交换主轴箱；对于一机多用机床可用以补充表示某些功能；对于一般机床，可以反映同一型号机床的变型等。

其他特性代号可用汉语拼音字母（"I""O"两个字母除外）表示，其中 L 表示联动轴数，F 表示复合。当字母不够用时，可将两个字母组合起来使用，如 AB、AC、AD 等，或 BA、CA、DA 等。其他特性代号也可用阿拉伯数字表示，还可用阿拉伯数字和汉语拼音字母表示。

其他特性代号置于辅助部分之首。其中同一型号机床的变型代号，一般应放在其他特性代号之首位。

3. 专用机床型号和机床自动线型号的编制方法

（1）专用机床的型号编制方法　专用机床的型号一般由设计单位代号和设计顺序号组成，构成如下：

设计单位代号包括机床生产厂和机床研究单位代号，位于型号之首。

设计顺序号按单位的设计顺序号排列，由 001 起始，位于设计单位代号之后，并用"—"隔开。

例如，某单位设计制造的第 15 种专用机床为专用磨床，其型号为：×××—015。

（2）机床自动线型号的编制方法　由通用机床或专用机床组成的机床自动线，其代号为"ZX"（读作"自线"），位于设计单位代号之后，并用"—"分开。

机床自动线设计顺序号的排列与专用机床的设计顺序号相同，位于机床自动线代号之后，表示如下：

例如，某单位以通用机床或专用机床为某厂设计的第一条机床自动线，其型号为×××—ZX001。

新颁标准之前的机床仍使用 JB1838—85 标准（如 CA6140）或 JB1838—76 标准（如 C650）。

知识要点二　机床的传动原理及运动分析

1. 机床的传动原理

为了实现加工过程中的各种运动，机床必须具备以下三个基本部分。

1）执行件。执行机床运动的部件。如主轴、刀架、工作台等，其任务是装夹刀具和工件，直接带动它们完成一定形式的运动并保持准确的运动轨迹。

2）运动源。为执行件提供运动和动力的装置。如交流异步电动机、直流电动机、步进电动机等。

3）传动装置。传递运动和动力的装置。通过它把运动源的运动和动力传给执行件，使之获得一定速度和方向的运动；也可将两个执行件联系起来，使二者之间保持某种确定的运动关系。

（1）机床传动链的概念　机床的传动装置有机械、液压、电气、电液、气动等多种形式，本书主要讲述机械传动装置。机械传动装置依靠传动带、齿轮、齿条、丝杠螺母等传动件实现运动联系。使执行件和运动源以及两个有关的执行件保持一定运动关系的一系列顺序排列的传动件，称为传动链。联系运动源和执行件的传动链，称为外联系传动链；联系两个有关的执行件的传动链，称为内联系传动链。

通常传动链中包括两类传动机构：一类是传动比和传动方向固定不变的定比传动机构，如定比齿轮副、蜗杆副、丝杠副等；另一类是可根据加工要求变换传动比和传动方向的换置机构，如交换齿轮变速机构、滑移齿轮变速机构、离合器换向机构等。

（2）机床传动原理图　为了便于分析和研究机床的传动联系，常用一些简明的符号把机床的传动原理和传动路线表示出来，这就是机床的传动原理图。

传动原理图如图 5-1 所示，其中双点画线代表传动链所有的定比传动机构，菱形块代表所有的换置机构。图 5-1a 所示为铣平面的传动原理图。用圆柱铣刀铣平面需要铣刀旋转和工件直线移动两个独立的简单运动，有两条外联系传动链：传动链"1—2—u_v—3—4"将运动源（电动

a)   b)

c)

图 5-1　传动原理图

a）铣平面　b）车圆柱螺纹　c）车圆锥螺纹

机）和主轴联系起来，使铣刀获得一定转速和转向的旋转运动 B_1；传动链"5—6—u_f—7—8"将运动源和工作台联系起来，使工件获得一定进给速度和方向的直线运动 A_2。铣刀的转速、转向以及工件的进给速度、方向可通过换置机构 u_v 和 u_f 改变。图 5-1b 所示为车圆柱螺纹的传动原理图。车圆柱螺纹需要工件旋转和车刀移动的复合运动，有两条传动链：外联系传动链"1—2—u_v—3—4"将运动源和主轴联系起来，使工件获得旋转运动；内联系传动链"4—5—u_x—6—7"将主轴和刀架联系起来，使工件和车刀保持严格的运动关系，即工件每转 1 转，车刀准确地移动工件螺纹一个导程的距离，利用换置机构 u_x 实现不同导程的要求。图 5-1c 所示为车圆锥螺纹的传动原理图。车圆锥螺纹需要三个单元运动组成的复合运动：工件的旋转运动 B_{11}、车刀的纵向直线移动 A_{12} 和横向直线移动 A_{13}。这三个单元运动之间必须保持严格的运动关系：工件转 1 转的同时，车刀纵向移动一个工件螺纹导程 P_h 的距离，横向移动 $P_h \tan\alpha$ 的距离（α 为圆锥螺纹的斜角）。为保证上述运动关系，需在主轴与刀架纵向溜板之间用传动链"4—5—u_x—6—7"联系，在刀架纵向溜板与横向溜板之间用传动链"7—8—u_y—9"联系，这两条传动链显然都是内联系传动链。外联系传动链"1—2—u_v—3—4"使主轴和刀架获得一定速度和方向的运动。

由此可知，为实现一个复合运动，必须有一条外联系传动链和一条或几条内联系传动链。由于内联系传动链联系的是复合运动内部必须保持严格运动关系的两个单元运动，因此内联系传动链中不能有传动比不确定或瞬时传动比变化的传动机构（如带传动、摩擦传动）。

2. 机床的传动系统及运动分析

实现机床加工过程中全部成形运动和辅助运动的各传动链，组成机床的传动系统。根据执行件所完成动作的作用的不同，传动系统中各传动链又分为主运动传动链、进给运动传动链、范成运动传动链、分度运动传动链等。

图 5-2 为万能升降台铣床的传动系统图。它是表示机床全部运动传动关系的示意图，图中各传动元件用简单的规定符号表示（符号含义见国家标准 GB/T 4460—2013），并标明齿轮和蜗轮的齿数、蜗杆头数、丝杠导程、带轮直径、电动机功率和转速等；传动链中的传动元件按照运动传递的顺序，以展开图的形式画在能反映主要部件相互位置关系的机床外形轮廓中。

分析图 5-2 所示的传动系统图可知，其中有 5 条传动链：

（1）主运动传动链 主运动传动链的两端件是主电动机（7.5kW，1450r/min）和主轴 V。运动由电动机经弹性联轴器、定比齿轮副以及三个滑移齿轮变速机构，驱动主轴 V 旋转，可使其获得 $3 \times 3 \times 2 = 18$ 级不同的转速。主轴旋转运动的启停以及转向的改变由电动机的启停和正反转实现。轴 I 右端有多片式电磁制动器 M_1，用于主轴停车时进行制动，使主轴迅速而平稳地停止转动。主运动传动链的传动路线表达式如下：

$$\text{电动机} \atop \text{7.5kW, 1450r/min} - \text{I} - \frac{26}{54} - \text{II} - \begin{bmatrix} \frac{16}{39} \\ \frac{19}{36} \\ \frac{22}{33} \end{bmatrix} - \text{III} - \begin{bmatrix} \frac{18}{47} \\ \frac{28}{37} \\ \frac{39}{26} \end{bmatrix} - \text{IV} - \begin{bmatrix} \frac{19}{71} \\ \frac{82}{38} \end{bmatrix} - \text{V（主轴）}$$

（2）进给传动链 进给传动链有 3 条，即纵向进给传动链、横向进给传动链、垂直进给传动链。3 条传动链都有一个端件是进给电动机（1.5kW，1410 r/min），而另一个端件分别为工作台、床鞍和升降台。进给传动链的传动路线表达式如下：

图5-2 万能升降台铣床的传动系统图

$$\text{电动机} \atop 1.5\text{kW},1410\text{r/min}\ \frac{26}{44}\ \text{VI}\ \frac{24}{64}\ \text{VII} \begin{bmatrix} \dfrac{18}{36} \\[4pt] \dfrac{27}{27} \\[4pt] \dfrac{36}{18} \end{bmatrix} \text{VIII} \begin{bmatrix} \dfrac{18}{40} \\[4pt] \dfrac{21}{37} \\[4pt] \dfrac{24}{34} \end{bmatrix} \text{IX} \longrightarrow$$

$$\longrightarrow \begin{bmatrix} M_2 - \dfrac{40}{40} \\[6pt] \dfrac{13}{45}\ \text{VIII}\ \dfrac{18}{40}\ \dfrac{40}{40} \end{bmatrix} - M_3 - \text{X}\ \frac{28}{35}\ \text{XI}\ \frac{18}{33}\ \text{XII} \longrightarrow$$

$$\frac{33}{37}\ \text{XIV} \begin{bmatrix} \dfrac{18}{16}\ \text{XVI}\ \dfrac{18}{18}\ M_7 - \text{XVII(纵向进给丝杠)} - \begin{bmatrix} \text{工} \\ \text{作} \\ \text{台} \end{bmatrix} \\[8pt] \dfrac{37}{33}\ M_6 - \text{XV(横向进给丝杠)} - [\text{床鞍}] - \end{bmatrix}$$

$$M_5 - \text{XII}\ \frac{22}{33}\ \text{XIII}\ \frac{22}{44}\ \text{XVIII(垂直进给丝杠)} - \boxed{\text{升降台}}$$

利用轴Ⅶ–Ⅷ、Ⅷ–Ⅸ之间的两个滑移齿轮变速机构和轴Ⅸ–Ⅷ–Ⅹ之间的回曲变速机构，可使工作台变换3×3×2＝18级不同的进给速度。工作台进给运动的换向，由改变电动机旋转方向实现。

（3）快速空行程传动链 这是辅助运动传动链，它的两个端件与进给传动链相同。由图 5-2 可知，接通电磁离合器 M_4 而脱开 M_3 时，进给电动机的运动便由定比齿轮副 $\frac{26}{44} - \frac{44}{57} - \frac{57}{43}$ 和 M_4 传给轴 X，以后再沿着与进给运动相同的传动路线传至工作台、床鞍和升降台。由于这一传动路线的传动比大于进给路线的传动比，因而获得了快速运动。快速运动方向的变换（左右、前后、上下）同样也由电动机改变旋转方向实现。

3. 机床的运动计算

机床的运动计算通常有两种情况：一是根据传动系统图提供的有关数据，确定某些执行件的运动速度或位移量；二是根据执行件所需的运动速度、位移量，或有关执行件之间所需保持的运动关系，确定相应传动链中换置机构（通常为交换齿轮变速机构）的传动比，以便进行必要的调整。

以下举例说明机床运动计算的步骤。

例 5-1 根据图 5-2 所示传动系统，计算工作台纵向进给速度。

1）确定传动链的两端件：进给电动机—工作台。

2）根据两端件的运动关系，确定它们的计算位移：电动机 1410r/min — 工作台纵向移动 $v_{f纵}$（单位为 mm/min）。

3）根据计算位移以及传动路线中各传动副的传动比，列出运动平衡式：

$$v_{f纵} = 1410 \times \frac{26}{44} \times \frac{24}{64} u_{VII-VIII} u_{VIII-IX} u_{IX-X} \times \frac{28}{35} \times \frac{18}{33} \times \frac{33}{37} \times \frac{18}{16} \times \frac{18}{18} \times 6$$

式中，$u_{VII-VIII}$、$u_{VIII-IX}$、u_{IX-X} 分别为 VII – VIII、VIII – IX、IX – X 之间齿轮变速机构的传动比。

4）根据平衡式，计算出执行件的运动速度或位移量（本例为工作台的纵向进给速度）：

$$v_{f纵max} = 1410 \times \frac{26}{44} \times \frac{24}{64} \times \frac{36}{18} \times \frac{24}{34} \times \frac{40}{40} \times \frac{28}{35} \times \frac{18}{33} \times \frac{33}{37} \times \frac{18}{16} \times \frac{18}{18} \times 6 \, \text{mm/min} = 1159 \, \text{mm/min}$$

$$v_{f纵min} = 1410 \times \frac{26}{44} \times \frac{24}{64} \times \frac{18}{36} \times \frac{18}{40} \times \frac{13}{45} \times \frac{18}{40} \times \frac{40}{40} \times \frac{28}{35} \times \frac{18}{33} \times \frac{33}{37} \times \frac{18}{16} \times \frac{18}{18} \times 6 \, \text{mm/min} = 24 \, \text{mm/min}$$

例 5-2 根据图 5-3 所示螺纹进给传动链，确定交换齿轮变速机构的换置公式。

1）传动链两端件：主轴—刀架。

2）计算位移：主轴旋转 1 转—刀架移动 P_h（P_h 为工件螺纹导程，单位为 mm）。

3）运动平衡式：$1 \times \frac{60}{60} \times \frac{30}{45} \times \frac{a}{b} \times \frac{c}{d} = \frac{P_h}{P}$（图 5-3 中，$P = 12$mm）。

图 5-3 螺纹进给传动链

4）整理出换置机构的换置公式，然后按加工条件确定交换齿轮变速机构所需采用的配换齿轮齿数：

设工件螺纹导程 $P_h = 6$mm，代入运动平衡式，得出换置公式

$$u_x = \frac{a}{b} \times \frac{c}{d} = \frac{P_h}{8} = \frac{6}{8} = \frac{2}{2} \times \frac{3}{4} = \frac{35}{35} \times \frac{45}{60}$$

即配换齿轮的齿数为

$$a = b = 35, \quad c = 45, \quad d = 60.$$

第二节 车 床

车床的用途极为广泛，在金属切削机床中所占比重最大。车床的种类很多，按其结构和用途可分为：卧式车床、立式车床、转塔车床、回轮车床、落地车床、液压仿形多刀自动和半自动车床以及各种专门化车床（如曲轴车床、凸轮车床、铲齿车床、高精度丝杠车床等）。

知识要点一 CA6140 型卧式车床

1. 机床的主参数

CA6140 型卧式车床的外形如图 5-4 所示。

图 5-4 CA6140 型卧式车床外形

1—主轴箱 2—刀架 3—尾座 4—床身 5—右底座 6—光杠 7—丝杠
8—溜板箱 9—左底座 10—进给箱 11—交换齿轮变速机构

卧式车床的主参数是床身上工件的最大回转直径，第二主参数是最大工件长度。CA6140 型卧式车床的主参数为 400 mm，第二主参数有 750mm、1000mm、1500mm、2000 mm 四种。

2. 机床的传动系统分析

卧式车床的传动系统可以分解为主运动传动链和进给运动传动链。进给运动传动链又可分解为纵向、横向、螺纹进给传动链，还有刀架快速移动传动链。

（1）主运动传动链 卧式车床的主运动传动链可使主轴获得多级正转转速及多级反转转速。主运动传动链的两端件为主电动机和主轴。运动由电动机经 V 带传至主轴箱中的一根轴，该轴上装有双向摩擦片式离合器，其作用是控制主轴的启动、停止、正转和反转。

（2）螺纹进给传动链 卧式车床的螺纹进给传动链使机床实现车削米制、寸制、模数制和径节制四种标准螺纹；此外还可车削大导程、非标准和较精密的螺纹。这些螺纹可以是右旋的也可以是左旋的。

车削螺纹时，必须保证主轴每转一转，刀具准确地移动被加工螺纹一个导程的距离，由此可列出螺纹进给传动链的运动平衡式为

$$1(主轴) \times u_0 \times u_x \times P_{h丝} = P_{h工} \tag{5-1}$$

式中　　u_0——主轴至丝杠之间全部定比传动机构的固定传动比；

　　　　u_x——主轴至丝杠之间换置机构的可变传动比；

　　　　$P_{h丝}$——机床丝杠的导程，CA6140 型卧式车床的 $P_{h丝} = 12mm$；

　　　　$P_{h工}$——被加工螺纹的导程，单位为 mm。

不同标准的螺纹用不同的参数表示其螺距，表 5-1 列出了米制、寸制、模数制和径节制四种螺纹的螺距参数及其与螺距、导程之间的换算关系。

表 5-1　各种螺纹的螺距参数及其与螺距、导程的换算关系

螺纹种类	螺距参数	螺距/mm	导程/mm
米　制 模数制	螺距 P/mm 模数 m/mm	$P = P$ $P_m = \pi m$	$P_h = KP$ $P_{hm} = KP_m = K\pi m$
寸　制 径节制	每英寸牙数 $a/(牙/in)$ 径节 $DP/(牙/in)$	$P_a = 25.4/a$ $P_{DP} = 25.4\pi/DP$	$P_{ha} = KP_a = 25.4K/a$ $P_{hDP} = KP_{DP} = 25.4\pi K/DP$

（3）纵向和横向进给传动链　当进行非螺纹工序车削加工时，可使用纵向和横向进给运动链。该传动链由主轴经过米制或寸制螺纹传动路线传至进给箱轴，其后运动经齿轮副传至光杠，再由光杠经溜板箱中的传动机构，分别传至齿轮齿条机构和横向进给丝杠，使刀架做纵向或横向机动进给。

溜板箱中有双向牙嵌式离合器和齿轮副组成两个换向机构，分别用于变换纵向和横向进给运动的方向。利用进给箱中的基本螺距机构和倍增机构，以及进给传动链的不同传动路线，可获得多种纵向和横向进给量。

（4）刀架快速移动传动链　为了减轻工人的劳动强度和缩短辅助时间，刀架快速移动传动机构可使刀架实现机动快速移动。按下快速移动按钮，快速电动机经齿轮副使传动轴高速转动，再经蜗杆副、溜板箱内的转换机构，使刀架实现纵向和横向的快速移动，方向仍由双向牙嵌式离合器控制。

知识要点二　其他类型车床简介

1. 转塔/回轮车床

转塔/回轮车床是在卧式车床的基础上发展起来的，它们与卧式车床在结构上的主要区别是：没有尾座和丝杠，在床身尾部装有一个能纵向移动的多工位刀架，其上可安装多把刀具。加工过程中，多工位刀架周期性地转位，将不同刀具依次旋转到加工位置，对工件顺序加工，因此适应于成批生产。但由于这类机床没有丝杠，所以加工螺纹只能用丝锥和板牙。

（1）转塔车床　图 5-5 所示为滑鞍转塔车床的外形。它除了有一个前刀架 2 外，还有一个可绕垂直轴线转位的转塔刀架 3。前刀架与卧式车床的刀架类似，既可纵向进给，切削大外圆柱面，又可横向进给，加工端面和内外沟槽，转塔刀架则只能做纵向进给。它可在六个不同面上各安装一把或一组刀具，用于车削内外圆柱面，钻、扩、铰、镗孔和攻螺纹、套螺纹等。转塔刀架设有定程机构，加工过程中，当刀架到达预先调定的位置时，可自动停止进给或快速返回原位。在转塔车床上加工工件时，需根据工件的加工工艺过程，预先将所用的全部刀具装在刀架上，每

把（组）刀具只用于完成某一特定工步，并根据工件的加工尺寸调整好位置；同时，还需相应调整好定程装置，以控制每把刀具的行程终点位置；调整妥当后，只需接通刀架的进给运动以及在加工终了时将工件取出即可。

图 5-5　滑鞍转塔车床的外形
1—主轴箱　2—前刀架　3—转塔刀架　4—床身　5—溜板箱　6—进给箱

（2）回轮车床　图 5-6 所示为回轮车床的外形。回轮车床没有前刀架，只有一个可绕水平轴线转位的圆盘形回轮刀架，其回转轴线与主轴轴线平行，刀架上沿圆周均匀分布着许多轴向孔（一般为 12～16 个），供安装刀具使用。当刀具孔转到最高位置时，其轴线与主轴轴线在同一直线上。回轮刀架随纵向溜板一起，可沿着床身导轨做纵向进给运动，进行车内外圆、钻孔、扩孔、铰孔和加工螺纹等；还可绕自身轴线缓慢旋转，实现横向进给，以进行车削成形面、沟槽、端面和切断等。回轮车床加工工件时，除采用复合刀夹进行多刀切削外，还常常利用装在相邻刀孔中的几个单刀刀夹同时进行切削。

2. 立式车床

立式车床主要用于加工径向尺寸大而轴向尺寸相对较小且形状比较复杂的大型或重型工件。立式车床的结构特点主要是主轴垂直布置，并有一个直径很大的圆形工作台，工作台台面水平布置，方便安装笨重工件。

立式车床分为单柱式和双柱式两种，如图 5-7 所示。

（1）单柱式立式车床　单柱式立式车床的外形如图 5-7a 所示，它具有一个箱形立柱，与底座固定地连成一个整体，构成机床的支承骨架。在立柱的垂直导轨上装有横梁和侧刀架，在横梁的水平导轨上装有一个垂直刀架，刀架滑座可左右扳转一定角度。工作台装在底座的环形导轨上，工件安装在台面上，由工作台带动绕垂直轴线旋转。

（2）双柱式立式车床　双柱式立式车床的外形如图 5-7b 所示，它具有两个立柱，两个立柱通过底座和上面的顶梁连成一个封闭式框架。横梁上通常装有两个垂直刀架，右立柱的垂直导轨上有的装有一个侧刀架，大尺寸的立式车床一般不带侧刀架。

a)

b)

图 5-6　回轮车床的外形

1—进给箱　2—主轴箱　3—夹头　4—回轮刀架　5—挡块轴　6—床身　7—底座

a)　　　　　　　　　　　　　　　　　b)

图 5-7　立式车床

1—底座　2—工作台　3—立柱　4—垂直刀架　5、9—横梁　6—垂直刀架进给箱　7—侧刀架

8—侧刀架进给箱

第三节　磨　床

以砂轮、砂带、油石和研磨剂等磨料、磨具为工具进行切削加工的机床，统称为磨床。

磨床工艺范围十分广泛，可以用来加工内外圆柱面和圆锥面、平面、渐开线齿廓面、螺旋面以及各种成形表面，还可以刃磨刀具和进行切断等。

磨床主要用于零件的精加工，尤其是淬硬钢和高强度特殊材料零件的精加工。目前也有少数高效磨床用于粗加工。随着各种高硬度材料应用的增多以及精密毛坯制造工艺的发展，很多零件甚至不经其他切削加工工序而直接由磨削加工成成品。因此，磨床在金属切削机床中的比重正在不断上升。

磨床的种类很多，主要有外圆磨床、内圆磨床、平面磨床、工具磨床和专门用来磨削特定表面和工件的专门化磨床（如花键轴磨床、凸轮轴磨床、曲轴磨床、导轨磨床等）。以上均为使用砂轮作为磨削工具的磨床，此外还有以柔性砂带为磨削工具的砂带磨床和以油石及研磨剂为切削工具的精磨磨床等。

知识要点一　M1432A 型万能外圆磨床

万能外圆磨床是应用最普遍的一种外圆磨床，其工艺范围较宽，除了能磨削外圆柱面和圆锥面外，还可磨削内孔和台阶面等。M1432A 型万能外圆磨床则是一种最具典型性的外圆磨床，主要用于磨削 IT7～IT6 级精度的圆柱形或圆锥形的外圆和内孔，表面粗糙度 Ra 值可达 $1.25\sim0.08\mu m$。

万能外圆磨床的外形如图 5-8 所示，由床身、砂轮架、内磨装置、头架、尾座、工作台、横向进给机构、液压传动装置和冷却装置等组成。

图 5-8　万能外圆磨床

1—床身　2—头架　3—工作台　4—内磨装置　5—砂轮架　6—尾座

1. 机床的运动与传动系统

（1）机床的运动　为了实现磨削加工，M1432A 型万能外圆磨床具有以下运动：

1）外磨和内磨砂轮的旋转主运动，用转速 $n_{砂}$ 或线速度 $v_{砂}$ 表示；

2）工件的旋转进给运动，用转速 $n_\text{工}$ 或线速度 $v_\text{工}$ 表示；

3）工件的纵向往复进给运动，用 $f_\text{纵}$ 表示；

4）砂轮的横向进给运动，用 $f_\text{横}$ 表示。

（2）机床的机械传动系统

1）砂轮主轴的传动链。外圆磨削时砂轮主轴旋转的主运动 $n_\text{砂}$ 是由电动机（1440r/min、4kW）通过 4 根 V 带和带轮 $\frac{\phi126\text{mm}}{\phi112\text{mm}}$ 直接传动的。通常外圆磨削时 $v_\text{砂} \approx 35\text{m/s}$。内圆磨削时砂轮主轴旋转的主运动 $n_\text{砂}$ 是 由 电 动 机 （2840r/min、1.1kW） 通 过 平 带 和 带 轮 $\left(\frac{\phi170\text{mm}}{\phi50\text{mm}}\text{或}\frac{\phi170\text{mm}}{\phi32\text{mm}}\right)$ 直接传动，更换平带轮，内圆砂轮主轴可获得约 10000r/min 和 15000r/min 的两种高转速。内圆磨具装在支架上，为了保证安全生产，内圆砂轮电动机的起动与内圆磨具支架的位置有联锁作用，只有支架翻到工作位置时，内圆砂轮电动机才能起动，这时外圆砂轮架快速进退手柄在原位上自动锁住，不能快速移动。

2）头架拨盘的传动链。这一传动用于实现工件的圆周进给运动。工件由双速电动机经 V 带塔轮及两级 V 带传动，使头架的拨盘或卡盘驱动工件，可获得 6 种转速。

3）滑鞍及砂轮架的横向进给传动链　滑鞍及砂轮架的横向进给可用手摇手轮实现，也可由进给液压缸的活塞驱动，实现周期自动进给。

手轮刻度盘的圆周分度为 200 格，采用粗进给时每格进给量为 0.01mm，采用细进给时每格进给量为 0.0025mm。

4）工作台的驱动。工作台的驱动通常采用液压传动，以保证运动的平稳性，并可实现无级调速和往复运动循环自动化；调整机床及磨削阶梯轴的台阶面和倒角时，工作台也可由手轮驱动。手轮转 1 转，工作台纵向进给量约为 6mm。工作台的液压传动和手动驱动之间有互锁装置，以避免因工作台移动时带动手轮转动而引起伤人事故。

2. 机床的主要结构

（1）砂轮架　砂轮架的组成如图 5-9 所示，砂轮架中的砂轮主轴及其支承部分结构直接影响零件的加工质量，应具有较高的回转精度、刚度、抗振性及耐磨性，是砂轮架中的关键部分。砂轮主轴的前、后径向支承均采用"短三瓦动压型液体滑动轴承"，每一副滑动轴承由三块扇形轴瓦组成，每块轴瓦都支承在球面支承螺钉的球头上，调节球面支承螺钉的位置即可调整轴承的间隙，通常轴承间隙为 0.015~0.025mm。砂轮主轴运转的平稳性对磨削表面质量影响很大，所以对于装在砂轮主轴上的零件都要经过仔细平衡，特别是砂轮，安装到机床上之前必须进行静平衡，电动机还需经过动平衡。

（2）内圆磨具及其支架　在砂轮架前方以铰链连接方式安装着一个支架，内圆磨具就装在支架孔中，使用时将其翻下，如图 5-10 所示，不用时翻向上方。磨削内孔时，砂轮直径较小，要达到足够的磨削线速度，就要求砂轮主轴具有很高的转速（10000r/min 和 15000r/min），内圆磨具要在高转速下运转平稳，主轴轴承应具有足够的刚度和使用寿命，并且由重量轻、厚度小的平带传动，主轴前、后各用两个 D 级精度的角接触球轴承支承，且用弹簧预紧。

（3）头架　图 5-11 所示为头架装配图。根据不同的加工需要，头架主轴和前顶尖可以转动或固定不动。

1）若工件支承在前后顶尖上，当拧动螺钉 2，将固装在主轴后端的螺套 1 顶紧时，主轴及前顶尖则固定不转，固装在拨盘 9 上的拨杆 7 拨动夹紧在工件上的鸡心夹头，使工件转动。

2）若用自定心卡盘或单动卡盘夹持工件时，则应松开螺钉 2，使卡盘随主轴一起旋转。

图 5-9 M1432A 砂轮架

1—主轴 2—轴肩 3—滑动轴承 4—滑柱 5—弹簧 6—球头销 7—法兰
8—砂轮 9—平衡块 10—钢球 11—螺钉

3）松开螺钉 2，拨盘 9 通过拨块 19 带动主轴旋转，机床可自行修磨顶尖，以提高工件的定位精度。头架主轴直接支承工件，主轴及其轴承应具有高的旋转精度、刚度和抗振性。M1432A 的头架主轴轴承采用 4 个 D 级精度的角接触球轴承，并进行预紧。头架还可绕底座旋转一定角度。

知识要点二 其他磨床简介

1. 普通外圆磨床

普通外圆磨床的结构与万能外圆磨床基本相同，所不同的是：

1）头架和砂轮架不能绕垂直轴线在水平面内调整角度；

2）头架主轴不能转动，工件只能用顶尖支承进行磨削；

图 5-10 M1432A 内圆磨具支架

1—挡块 2—内圆磨具支架 3—内圆磨具

图 5-11 M1432A 头架

1—螺套 2—螺钉 3—后轴承盖 4、5、8—隔套 6—双速电动机 7—拨杆 9—拨盘 10—主轴
11—前轴承盖 12—带轮 13—偏心套 14—壳体 15—底座 16—轴销 17、18—定位销
19—拨块 20—拉杆 21—拨销 22—卡盘

3）没有配置内圆磨具。

因此普通外圆磨床工艺范围较窄，只能磨削外圆柱面，或依靠调整工作台的角度磨削较小的外圆锥面。但由于其主要部件结构层次减少，系统刚性提高，因而可采用较大的磨削用量，提高生产率，同时也易于保证磨削质量。

2. 无心磨床

无心磨床通常是指无心外圆磨床，它适用于大批量磨削细长轴以及不带孔的轴、套、销等零件。进行无心外圆磨削时，工件不是支承在顶尖上或夹持在卡盘中，而是直接放在砂轮和导轮之间，由托板和导轮支承，工件被磨削的表面本身就是定位基准面。无心外圆磨削的工作原理如图5-12所示。无心磨削有纵磨法（又称贯穿磨法）和横磨法（又称切入磨法）两种。纵磨法如图5-12b 所示，导轮轴线相对于工件轴线倾斜 $\alpha = 1° \sim 6°$，粗磨时取大值，精磨时取小值。横磨法如图5-12c 所示，工件无轴向运动，导轮做横向进给，为使工件在磨削时紧靠挡块，一般取 $\alpha = 0.5° \sim 1°$。无心磨削时，工件中心必须高于导轮和砂轮中心连线，高出的距离一般等于 0.15 ~ 0.25 的工件直径，使工件与砂轮、导轮间的接触点不在工件的同一直径线上，从而使工件在多次转动中逐渐被磨圆。

3. 内圆磨床

内圆磨床的主要类型有普通内圆磨床、无心内圆磨床和行星内圆磨床。普通内圆磨床是生产中应用最广的一种，其外形如图5-13所示。

图 5-12　无心外圆磨削的工作原理
1—砂轮　2—托板　3—导轮　4—工件　5—挡板

图 5-13　普通内圆磨床
1—床身　2—工作台　3—头架　4—砂轮架　5—滑鞍

内圆磨床可以磨削圆柱形或圆锥形的通孔、盲孔和阶梯孔。内圆磨削大多采用纵磨法，也可用切入法。

磨削内圆还可采用无心磨削。如图 5-14 所示，无心内圆磨削时，工件支承在滚轮和导轮上，压紧轮使工件紧靠导轮，工件即由导轮带动旋转，实现圆周进给运动。砂轮除了完成主运动外，还做纵向进给运动和周期横向进给运动。加工结束时，压紧轮沿箭头 A 方向摆开，以便卸下工件。

4. 平面磨床

平面磨床用于磨削各种零件的平面。根据砂轮的工作面不同，平面磨床可分为用砂轮周边和用砂轮端面磨削两种。用砂轮周边进行磨削的平面磨床，其砂轮主轴常处于水平位置即卧式；用砂轮端面进行磨削的平面磨床，其砂轮主轴常为立式。根据工作台形状的不同，平面磨床又可分为矩形工作台和圆形工作台平面磨床。所以，根据砂轮工作面和工作台形状的不同，平面磨床主要有以下四种类型：卧轴矩台平面磨床、卧轴圆台平面磨床、立轴矩台平面磨床和立轴圆台平面磨床，其中卧轴矩台平面磨床和立轴圆台平面磨床最为常见，其外形及结构如图 5-15 和图 5-16 所示。

图 5-14　无心内圆磨削方式
1—滚轮　2—压紧轮　3—导轮　4—工件

a)　　　　　　　　　　　　b)

图 5-15　卧轴矩台平面磨床
1—砂轮架　2—滑鞍　3—立柱　4—工作台　5—床身　6—床鞍

图 5-16　立轴圆台平面磨床
1—砂轮架　2—立柱　3—床身　4—工作台　5—床鞍

第四节　齿轮加工机床

齿轮的种类较多，不同应用场合对其精度要求不同。为了满足各种齿轮的加工需要，产生了齿轮加工机床。

知识要点一　滚齿机

滚齿机主要用于滚切外啮合直齿和斜齿圆柱齿轮及蜗轮，多数为立式。加工齿轮轴、花键轴和仪表中的小模数齿轮的滚齿机通常为卧式的。

1. 滚齿机运动分析

滚齿加工是按包络法加工齿轮的一种方法。滚刀在滚齿机上滚切齿轮的过程与一对螺旋齿轮的啮合过程相似。滚齿机的滚切过程应包括两种运动：一种是强迫啮合运动（包络运动），另一种是切削运动（主运动和进给运动）。这两种运动分别由齿坯、滚刀和刀架来完成。

（1）加工直齿圆柱齿轮时滚齿机的运动分析

1）范成运动。范成运动是滚刀与工件之间的包络运动，是一个复合表面成形运动，如图5-17所示，它可分解为滚刀的旋转运动 B_{11} 和齿坯的旋转运动 B_{12}。由于是强迫啮合运动，所以 B_{11} 和 B_{12} 之间需要一个内传动链，以保持其正确的相对运动关系。若滚刀头数为 K，工件齿数为 z，则滚刀每转 $1/K$ 转，工件应转 $1/z$ 转，该传动链为：滚刀—4—5—i_x—6—7—工件，如图5-18所示。

图5-17　滚切直齿圆柱齿轮时所需的运动

图5-18　滚切直齿圆柱齿轮的传动链

2）主运动。范成运动还应有一条外联系传动链与动力源联系起来，这条传动链在图5-18中为：电动机—1—2—i_v—3—4—滚刀，它使滚刀获得一定速度和方向的运动，故称为主运动链。

3）垂直进给运动。为了形成直齿，如图5-17所示，滚刀还需做轴向的直线运动 A_2，该运动使切削得以连续进行，是进给运动。垂直进给运动链在图5-18中为：工件—7—8—i_f—9—10—刀架升降丝杠，这是一条外联系传动链，工件可视为间接动力源，轴向进给量是以工件每转一转时刀架的位移量（mm）来表示的。通过改变传动链中换置机构的传动比 i_f，可调整轴向进给量的大小，以适应表面粗糙度的不同要求。

4）滚刀的安装。因为滚刀实质上是一个大螺旋角齿轮，其螺旋升角为 λ_o，加工直齿齿轮时，为了使滚刀的齿向与被切齿轮的齿槽方向一致，滚刀轴线应与被切齿轮端面倾斜 δ 角，这个角称为安装角，在数值上等于滚刀的螺旋升角 λ_0。用右旋滚刀滚切直齿齿轮时，滚刀的安装如图5-17所示；如用左旋滚刀滚切，则倾斜方向相反。图中虚线表示滚刀与齿坯接触一侧的滚刀螺旋线方向。

（2）加工斜齿圆柱齿轮时滚齿机的运动分析

1）运动分析。斜齿圆柱齿轮与直齿圆柱齿轮的端面齿廓都为渐开线，不同之处在齿线，前者为螺旋线，后者为直线。因此，在滚切斜齿圆柱齿轮时，除了同滚切直齿时一样，需要范成运动、主运动、垂直进给运动之外，还要形成螺旋齿线，在滚刀做垂直进给运动的同时，工件还必须在参与范成运动的基础上，再做一个附加旋转运动，而且垂直进给运动与附加运动之间必须保持严格的运动匹配关系，即滚刀沿工件轴向移动一个工件的螺旋线导程时，工件应准确地附加转动 ±1 转。滚切斜齿轮所需的运动如图5-19所示，其实际传动原理图如图5-20所示。滚切斜齿轮的附加运动传动链为：刀架（滚刀移动）—12—13—i_y—14—15—合成—6—7—i_x—8—9—工作台（工件附加转动）。由此可知，滚切斜齿圆柱齿轮需要两个复合运动，而每个复合运动必需一条外联系传动链和一条或几条内联系传动链，这里则需要四条传动链：两条内联系传动链及与之配合的两条外联系传动链。

图5-19　滚切斜齿圆柱齿轮所需的运动

图5-20　滚切斜齿圆柱齿轮的传动原理图

2）滚刀的安装。滚切斜齿圆柱齿轮时，滚刀的安装角 δ 不仅与滚刀的螺旋线方向和螺旋升角 λ_0 有关，而且还与被加工齿轮的螺旋线方向及螺旋角 β 有关。当滚刀与齿轮的螺旋线方向相同时，滚刀的安装角 $\delta = \beta - \lambda_0$；当滚刀与齿轮的螺旋线方向相反时，滚刀的安装角 $\delta = \beta + \lambda_0$，如图5-21所示。

a)　　　　　　　　　　　　b)

图5-21　滚切斜齿圆柱齿轮时滚刀的安装角

a）右旋滚刀加工右旋齿轮　b）右旋滚刀加工左旋齿轮

3）工件附加转动的方向。工件附加转动 B_{22} 的方向如图 5-22 所示，图中 ac' 是斜齿圆柱齿轮的齿线。滚刀在位置 I 时，切削点在 a 点；滚刀下降 Δf 到达位置 II 时，需要切削的是 b' 点而不是 b 点。如果用右旋滚刀滚切右旋齿轮，则工件应比滚切直齿时多转一些，如图 5-22a 所示；滚切左旋齿轮，则工件应比滚切直齿时少转一些，如图 5-22b 所示。滚切斜齿圆柱齿轮时，刀架向下移动一个螺旋线导程，工件应多转或少转 1 转。

图 5-22　用右旋滚刀滚切斜齿轮时工件的附加转动方向

a）右旋滚刀加工右旋齿轮　b）右旋滚刀加工左旋齿轮

2. 滚齿机的结构

滚齿机有立柱移动式和工作台移动式两种，图 5-23 所示为 Y3150E 型滚齿机，是一种中型通用工作台移动式滚齿机。该机床主要用于加工直齿和斜齿圆柱齿轮，也可用径向切入法加工蜗轮，但径向进给只能手动，可加工工件最大直径为 500mm，最大模数为 8mm。Y3150E 型滚齿机的传动系统只有主运动、范成运动、垂直进给和附加运动传动链，另外还有一条刀架空行程传动链，用于快速调整机床部件。

图 5-23　Y3150E 型滚齿机

1—床身　2—立柱　3—刀架溜板　4—刀杆　5—刀架体　6—支架

7—心轴　8—后立柱　9—工作台　10—床鞍

在 Y3150E 型滚齿机上加工斜齿圆柱齿轮时，需要通过运动合成机构将范成运动和附加运动合成为工件的运动，其原理如图 5-24 所示。该机构由模数 $m = 3\text{mm}$，齿数 $z = 30$，螺旋角 $\beta = 0°$ 的四个弧齿锥齿轮组成。当加工斜齿圆柱齿轮时，合成机构应做如图 5-24a 所示的调整，在IX轴上先装上套筒 G，并用键连接，再将离合器 M_2 空套在套筒 G 上，使 M_2 的端面齿与空套齿轮 z_1 的端面齿及转臂 H 端面齿同时啮合，此时可通过齿轮 z_1 将运动传递给转臂 H，根据行星传动原理对合成机构进行分析得出，IX轴与齿轮套XI的传动式为

$$u_{合1} = n_{IX}/n_{XI} = -1 \tag{5-2}$$

IX轴与转臂的传动比为

$$u_{合2} = n_{IX}/n_{H} = 2 \tag{5-3}$$

因此，加工斜齿圆柱齿轮时，展成运动和附加运动分别由XI轴与齿轮 z_f 输入合成机构，其传动比分别为 $u_{合1} = -1$ 及 $u_{合2} = 2$，经合成后由IX轴上的齿轮 E 传出。当加工直齿圆柱齿轮时，工件不需要附加运动，合成机构应做如图 5-24b 所示的调整，卸下离合器 M_2 及套筒 G，在IX轴上装上离合器 M_1，通过端面齿和键连接，将转臂 H 与IX轴连接成一体，此时 4 个锥齿轮之间无相对运动，齿轮 z_c 的转动经XI轴直接传至IX轴和齿轮 E，这时 $u_{合} = n_{IX}/n_{XI} = 1$，即IX轴与XI轴同速同向转动。

图 5-24　Y3150E 型滚齿机运动合成机构工作原理

a）加工斜齿圆柱齿轮时　b）加工直齿圆柱齿轮时

E、z—齿轮　G—套筒　H—转臂　M—离合器

知识要点二　插齿机

插齿机可以用来加工外啮合和内啮合的直齿圆柱齿轮，如果采用专用的螺旋导轨和斜齿轮插齿刀，还可以加工外啮合的斜齿圆柱齿轮，特别适合于加工多联齿轮。

插齿加工时，机床必须具备切削加工的主运动、范成运动、径向进给运动、圆周进给运动和让刀运动。图 5-25 所示为插齿机的传动原理图，其中电动机 M—1—2—u_v—3—5—曲柄偏心盘 A—插齿刀为主运动传动链，u_v 为换置机构，用于改变插齿刀每分钟往复行程数；曲柄偏心盘 A—5—4—6—u_s—7—8—9—插齿刀主轴套上的蜗杆副 B—插齿刀为圆周进给运动传动链，u_s 为调节插齿刀圆周进给量的换置机构；插齿刀—蜗杆副 B—9—8—10—u_c—11—12—蜗杆副 C—工件为范成运动传动链，u_c 为调节插齿刀与工件之间传动比的换置机构，当刀具转 $1/z_{刀}$ 转时，工件转 $1/z_c$ 转。由于让刀运动及径向切入运动不直接参加工件表面成形运动，因此图中未表示

出来。

知识要点三　磨齿机

磨齿机多用于淬硬齿轮的齿面精加工，有的还可直接用来在齿坯上磨制小模数齿轮。磨齿能消除淬火后的变形，加工精度最低为 6 级，有的可磨出 3、4 级精度的齿轮。

磨齿方法有成形法和展成法两大类，多数磨齿机为展成法磨齿。展成法磨齿又分为连续磨齿和分度磨齿两类（参见图 4-45），其中蜗杆形砂轮磨齿机的效率最高，而大平面砂轮磨齿机的精度最高。磨齿加工精度高，修正误差能力强，而且能加工表面硬度很高的齿轮，但磨齿加工效率低，机床复杂，调整困难，因此加工成本高，适用于齿轮精度要求很高的场合。

图 5-25　插齿机的传动原理图

第五节　其他机床

知识要点一　钻床、镗床

钻床和镗床都是孔加工用机床，主要加工外形复杂、没有对称放置轴线的工件，如杠杆、盖板、箱体、机架等零件上的单孔或孔系。

1. 钻床

钻床一般用于加工直径不大、精度要求较低的孔，可以完成钻孔、扩孔、铰孔、刮平面以及攻螺纹等工作（参见图 4-17）。钻床的主参数是最大钻孔直径。根据用途和结构的不同，钻床可分为台式钻床、立式钻床、摇臂钻床、深孔钻床以及专门化钻床（如中心孔钻床）等。

（1）立式钻床　立式钻床的外形及结构如图 5-26 所示，主要由底座、工作台、立柱、电动机、传动装置、主轴箱、进给箱、主轴和操纵手柄组成。进给箱右侧的手柄用于使主轴升降；工件安放在工作台上，工作台和进给箱都可沿立柱调整其上下位置，以适应不同高度的工件加工。立式钻床是用移动工件的办法使主轴轴线对准孔中心的，因而操作不便，常用于中、小型工件的孔加工，工件上的孔径一般大于13mm。

（2）摇臂钻床　在大型工件上钻孔，通常希望工件不动，而让钻床主轴能任意调整其位置，以适应加工需要，这就需要用摇臂钻床。摇臂钻床的外形及结构如图 5-27 所示，主要由底座、工作台、立柱、摇臂、电动机、传动装置、主轴箱、进给箱、主轴和操纵手柄组成。摇臂能绕立柱旋转，主轴箱可在摇臂上横向移动，同时还可松开摇臂锁紧装置，根据工件高度，使摇臂沿立柱升降。摇臂钻床可以方便地调整刀具的位置以对准被加工孔的中心，而不需要移动工件，因此适用于大直径、笨重的或多孔的大、中型工件上孔的加工。

图 5-26 立式钻床
1—主轴箱 2—进给箱 3—主轴
4—工作台 5—底座 6—立柱

图 5-27 摇臂钻床
1—底座 2—立柱 3—摇臂 4—丝杠
5、6—电动机 7—主轴箱 8—主轴

（3）其他钻床 台式钻床是一种主轴垂直布置、钻孔直径小于 15mm 的小型钻床，由于加工孔径较小，主轴转速可以很高，适用于加工小型零件上的各种孔。深孔钻床是使用特制的深孔钻头，专门加工深孔的钻床，如加工炮筒、枪管和机床主轴等零件上的深孔。为避免机床过高和便于排屑，深孔钻床一般采用卧式布置；为减少孔中心线的偏斜，通常是由工件转动作为主运动，钻头只做直线进给运动而不旋转。

2. 镗床

镗床用于加工尺寸较大、精度要求较高的孔、内成形表面或孔内环槽，特别是分布在不同位置、轴线间距离精度和相互位置精度要求很严格的孔系，其加工方法如图 5-28 所示。通常，镗刀旋转为主运动，镗刀或工件的移动为进给运动。根据用途，镗床可分为卧式镗铣床、坐标镗床、金刚镗床、落地镗床和数控镗铣床等。

（1）卧式镗铣床 卧式镗铣床的外形结构如图 5-29 所示，其主轴水平布置，可沿轴向进给；主轴箱可沿前立柱导轨垂直移动，主轴箱前端有一个大转盘，转盘上装有刀架，可在转盘导轨上做径向进给；工件装在工作台上，工作台可旋转并可实现纵向或横向进给；镗刀装在主轴或镗杆上，较长镗杆的尾部由后立柱上能做上下调整的后支承来支持。

（2）坐标镗床 坐标镗床用于孔本身精度及位置精度要求都很高的孔系加工，如钻模、镗模和量具等零件上的精密孔加工，也能钻孔、扩孔、铰孔、锪端面、切槽等。坐标镗床主要零部件的制造和装配精度都很高，具有良好的刚性和抗振性，并配备有坐标位置的精密测量装置，除进行孔系的精密加工外，还能进行精密刻度、样板的精密划线、孔间距及直线尺寸的精密测量等。坐标镗床按其布局形式不同，可分为立式单柱、立式双柱、卧式坐标镗床，分别如图 5-30、图 5-31、图 5-32 所示。

图 5-28　卧式镗铣床的主要加工方法

a）镗小孔　b）镗大孔　c）车端面　d）钻孔　e）铣端面　f）铣成形面

图 5-29　卧式镗铣床

1—主轴箱　2—前立柱　3—镗轴　4—平旋盘　5—工作台　6—上滑座

7—下滑座　8—床身　9—后支承　10—后立柱

（3）金刚镗床　金刚镗床因采用金刚石镗刀而得名。它是一种高速精密镗床，其特点是切削速度高，而切削深度和进给量极小，因此可以获得质量很高的表面和精度很高的尺寸。金刚镗床主要用于成批、大量生产中，如汽车厂、拖拉机厂、柴油机厂加工连杆轴瓦、活塞、油泵壳体等零件上的精密孔。金刚镗床种类很多，按其布局形式分为单面、双面和多面金刚镗床；按其主轴的位置分为立式、卧式和倾斜式金刚镗床；按其主轴数量分为单轴、双轴和多轴金刚镗床。

图 5-30 立式单柱坐标镗床
1—床身 2—床鞍 3—工作台
4—立柱 5—主轴箱

图 5-31 立式双柱坐标镗床
1—横梁 2—主轴箱 3—立柱
4—工作台 5—床身

图 5-32 卧式坐标镗床
1—横向滑座 2—纵向滑座 3—回转工作台 4—立柱 5—主轴箱 6—床身

知识要点二 铣床

铣床是一种用多齿、多刃旋转刀具加工工件、生产率高、表面质量好、工艺范围十分广泛的金属切削机床，是机械制造业的重要设备。

铣床的种类很多，主要类型有卧式升降台铣床、立式升降台铣床、圆工作台铣床、龙门铣床、工具铣床、仿形铣床以及各种专门化铣床等。

（1）卧式铣床 卧式铣床的主要特征是机床主轴轴线与工作台台面平行，铣刀安装在与主轴相连接的刀轴上，由主轴带动做旋转主运动，工件装夹在工作台上，由工作台带动工件做进给运动，从而完成铣削工作。卧式铣床又分为卧式升降台铣床和万能升降台铣床，其外形结构分别如图 5-33 和图 5-34 所示。万能升降台铣床与卧式升降台铣床的结构基本相同，只是在工作台和床鞍之间增加了一副转盘，使工作台可以在水平面内调整角度，以便于加工螺旋槽。

（2）立式铣床 立式铣床与卧式铣床的主要区别在于其主轴是垂直安装的。图 5-35 所示为常见的一种立式升降台铣床，其工作台、床鞍及升降台与卧式铣床相同，铣头可根据加工需要在垂直平面内调整角度，主轴可沿轴线方向进给或调整位置。

（3）圆工作台铣床 图 5-36 所示为一种双柱圆工作台铣床，它有两根主轴，在两根主轴上可分别安装粗铣和半精铣用的面铣刀；圆工作台上可装夹多个工件。加工时，圆工作台缓慢转动，完成进给运动，从铣刀下通过的工件便可完成铣削。这种铣床装卸工件的同时可切削其他工件，因而生产率高，适用于大批、大量生产中，也可通过设计专用夹具，铣削中、小型零件。

图 5-33　卧式升降台铣床

1—床身　2—悬臂　3—铣刀心轴　4—挂架
5—工作台　6—床鞍　7—升降台　8—底座

图 5-34　万能升降台铣床

图 5-35　立式升降台铣床

图 5-36　双柱圆工作台铣床

1—主轴箱　2—立柱　3—圆工作台
4—滑座　5—底座

（4）龙门铣床　龙门铣床是一种大型高效能的铣床，主要用于加工各类大型、重型工件上的平面和沟槽，借助附件还可以完成斜面、内孔等的加工。龙门铣床的主体结构呈龙门式框架，如图 5-37 所示，其横梁上装有两个铣削主轴箱（立铣头），可在横梁上水平移动，横梁可在立柱上升降，以适应不同高度的工件的加工；两个立柱上又各装一个卧铣头，卧铣头也可在立柱上升降；每个铣头都是一个独立部件，内装主运动变速机构、主轴及操纵机构，各铣头的水平或垂直运动都可以是进给运动，也可以是调整铣头与工件间相对位置的快速调位运动；铣刀的旋转为主运动。龙门铣床的刚度大，可多刀同时加工多个工件或多个表面，生产率高，适用于成批大量生产。

图 5-37　龙门铣床的外形结构
1—床身　2、8—卧铣头　3、6—立铣头　4—立柱　5—横梁　7—控制器　9—工作台

知识要点三　刨床、插床、拉床

刨床、插床、拉床均属于直线运动机床，主要用于加工各种平面、沟槽、通孔以及其他成形表面。

1. 牛头刨床

牛头刨床的外形结构如图 5-38 所示，因其滑枕和刀架形似牛头而得名。牛头刨床工作时，装有刀架的滑枕由床身内部的摆杆带动，沿床身顶部的导轨做直线往复运动，使刀具实现切削过程的主运动，滑枕的运动速度和行程长度均可调节；工件安装在工作台上，并可沿横梁上的导轨做间歇的横向移动，实现切削过程的进给运动；横梁可沿床身的竖直导轨上、下移动，以调整工件与刨刀的相对位置。

2. 龙门刨床

龙门刨床的外形如图 5-39 所示，其结构呈龙门式布局，以保证机床有较高的刚度。龙门刨床主要适用于加工大平面，尤其是长而窄的平面，如导轨面和沟槽。工件安装在工作台上，工作台沿床身导轨做纵向往复主切削运动；装在横梁上的两个立刀架可沿横梁导轨做横向运动，立柱上的两个侧刀架可沿立柱做升降运动，这两个运动可以是间歇进给运动，也可以是快速调位运动；两个立刀架上的滑板还可旋转一定的角度，以便做斜向进给运动；横梁可沿立柱的垂直导轨

图 5-38　牛头刨床的外形结构

1—工作台　2—刀架　3—滑枕　4—床身　5—变速手柄　6—滑枕行程调节柄　7—横向进给手柄　8—横梁

做调整运动，以适应不同高度工件的加工。

图 5-39　龙门刨床的外形结构

1—床身　2—工作台　3—横梁　4—立刀架　5—上横梁　6—立柱　7—进给箱　8—变速箱　9—侧刀架

3. 插床

插床实质上就是立式刨床，其外形如图 5-40 所示，滑枕带动刀具沿立柱导轨做直线往复主运动；工件安装在工作台上，工作台可做纵向、横向和圆周方向的间歇进给运动；工作台的旋转运动还可进行圆周分度，加工按一定角度分布的键槽；滑枕还可以在垂直平面内相对立柱倾斜 $0° \sim 8°$，以便加工斜槽和斜面。

4. 拉床

拉床是用拉刀加工各种内、外成形表面的机床。拉床按加工表面种类不同可分为内拉床和外拉床，按机床的布局又可分为立式和卧式拉床。卧式内拉床最为常用。拉床的主要类型如图5-41

图5-40 插床的外形

1—底座 2—托板 3—滑台 4—工作台 5—滑枕 6—立柱

所示。拉削时，拉刀使被加工表面一次拉削成形，因此拉床只有主运动，无进给运动，进给量是由拉刀的齿升量来实现的。

图5-41 拉床的主要类型

a) 卧式内拉床 b) 立式内拉床 c) 立式外拉床 d) 连续式拉床

知识要点四 组合机床

组合机床是以系列化、标准化的通用部件为基础，配以少量的专用部件组成的高效自动化专用机床。它既具有一般专用机床结构简单、生产率高、加工精度高的特点，又能通过重新调整和重新组合来适应工件的变化，也可对工件采用多刀、多面及多工位加工，特别适用于大批、大量生产中对一种或几种类似零件的一道或几道工序进行加工。组合机床可以完成钻、扩、铰、镗孔、攻螺纹、滚压以及车、铣、磨削等工序，最适合箱体类零件的加工。图 5-42 所示为立卧复合式三面钻孔组合机床。

图 5-42 立卧复合式三面钻孔组合机床
1—侧底座 2—立柱底座 3—立柱 4—主轴箱 5—动力箱 6—滑台 7—中间底座 8—夹具

组合机床与一般专用机床相比，具有以下特点。

1）设计组合机床只需选用通用零部件和设计少量专用零部件，缩短了设计与制造周期，经济性好。

2）组合机床选用的通用零部件一般由专门厂家成批生产，是经过了长期生产考验的，其结构稳定、工作可靠、易于保证质量，而且制造成本低、使用维修方便。

3）当加工对象改变时，组合机床的通用零部件可以重复使用，有利于产品更新和提高设备利用率。

4）组合机床易于联合成组合机床自动生产线，以适应大规模生产的需要。

组合机床的基础部件是通用部件。通用部件是具有特定功能，按标准化、系列化和通用化原则设计制造的，按功能分为动力部件、支承部件、控制部件和辅助部件。

动力部件——传递动力并实现主运动和进给运动。实现主运动的动力部件有动力箱和完成各种专门工艺的切削头；实现进给运动的动力部件为动力滑台。

支承部件——用来安装动力部件、输送部件等，输送部件用来安装工件并将工件输送到预定的工位。

控制部件——用来控制组合机床按规定程序实现工作循环。

辅助部件——主要包括冷却、润滑、排屑等辅助装置以及各种实现自动夹紧的机械扳手。

知识要点五　数控机床

随着科学技术的飞速发展，机械制造技术发生了深刻的变化。现代机械产品的一些关键零部件往往都精密复杂，加工批量小，改型频繁，显然不能在专用机床或组合机床上加工。而借助靠模和仿形机床，或者借助划线和样板用手工操作的方法来加工，加工精度和生产率会受到很大程度的限制。特别对空间的复杂曲线曲面，在普通机床上根本无法实现。

为了解决上述问题，一种新型的数字程序控制机床，即数控机床应运而生，它有效地解决了上述矛盾，为单件、小批量生产，特别是复杂型面零件提供了自动化加工手段。

数控机床是一种以数字量作为指令信息，通过电子计算机或专用电子逻辑计算装置控制的机床。它综合应用了电子计算机、自动控制、伺服驱动、精密测量和新型机械结构等多方面的技术成果，是今后机床控制的发展方向。数控机床采用微处理器及大规模或超大规模集成电路组成的现代数控系统，具有很强的程序存储能力和控制功能，是新一代生产技术——柔性制造系统（FMS）、计算机集成制造系统（CIMS）等的技术基础。

1. 数控机床的工作原理

数控机床加工工件时，应预先将加工过程所需要的全部信息利用数字或代码化的数字量表示出来，编制出控制程序作为数控机床的工作指令，输入专用的或通用的数控装置，再由数控装置控制机床主运动的变速、起停，进给运动的方向、速度和位移量，以及其他如刀具的选择交换、工件的夹紧松开和冷却润滑的开、关等动作，使刀具与工件及其他辅助装置严格地按照加工程序规定的顺序、轨迹和参数进行工作，从而加工出符合技术要求的零件。

2. 数控机床的组成

根据上述原理，数控机床主要由信息载体、数控装置、伺服系统和机床本体四部分组成，其组成框图如图5-43所示。

图5-43　数控机床的组成

（1）信息载体与信息输入装置　用数控机床加工工件，必须事先根据图样上规定的形状、尺寸、材料和技术要求，进行工艺设计和有关计算，即确定加工工艺过程、刀具相对工件的运动轨迹和位移量，确定刀具运动方向、主轴转速和进给速度以及其他各种辅助动作（如变速、变向、换刀、夹紧和松开、开关切削液等），然后将这些内容转换为数控装置能够接受的代码，并按一定格式编写成程序单。加工程序单上的内容即为数控系统的指令信息。常用的指令信息载体有标准纸带、磁带和磁盘等。常用的信息输入装置有光电纸带输入机、磁带录音机和磁盘驱动器；对于用微机或PLC控制的数控机床，也可通过操作面板上的键盘直接将加工指令逐条输入。

（2）数控装置　数控装置是数控机床的核心，它的功能是接收输入装置输入的加工信息，经过数控装置的系统软件或逻辑电路进行译码、运算和逻辑处理后，发出相应的脉冲给伺服系统，通过伺服系统控制机床各个运动部件按规定要求动作。数控装置通常由输入装置、控制器、运算器、输出装置四大部分组成。

（3）伺服系统及位置检测装置　伺服系统由伺服驱动电动机和伺服驱动装置组成，它是数控机床的执行机构，其作用是把来自数控装置的脉冲信号转换为机床相应部件的机械运动，控制执行部件的进给速度、方向和位移量。伺服系统有开环、闭环和半闭环之分，在闭环和半闭环伺服系统中，还需配置位置测量装置，直接或间接测量执行部件的实际位移量。

（4）机床本体及机械部件　数控机床本体及机械部件包括主运动部件、进给运动执行部件（如工作台）、刀架及其传动部件和床身立柱等支承部件，此外还有冷却、润滑、转位和夹紧等辅助装置。数控机床本体和机械部件的结构设计方法与普通机床基本相同，只是在精度、刚度、抗振性等方面要求更高，尤其是要求相对运动表面的摩擦系数要小，传动部件间的间隙要小，而且其传动和变速系统要便于实现自动化控制。

3. 数控机床的特点

（1）数控机床的性能特点

数控机床与普通机床相比，在性能上大致有以下几个特点。

1）具有较强的适应性和通用性。数控机床随生产对象变化而变化的适应能力强。加工对象改变时，只需重新编制相应程序并输入计算机，不需重新设计工装，就可以自动加工出新的工件；同类工件系列中不同尺寸、不同精度的工件，只需局部修改或增删零件程序的相应部分即可完成加工。

2）能获得更高的加工精度和稳定的加工质量。数控机床本身精度高，还可利用软件进行精度校正和补偿，加工零件按数控程序自动进行，可以避免人为误差。数控机床是以数字形式给出的脉冲进行加工的，机床移动部件的位移量目前已普遍达到 0.001mm；进给传动链的反向间隙和丝杠的导程误差等均可由数控装置进行补偿；加工轨迹是曲线时，数控机床可使进给量保持恒定，因此加工精度和表面质量可以不受零件复杂程度的影响，并且重复精度高，加工质量稳定。数控机床加工精度已由原来的 ±0.01mm 提高到了 ±0.005mm，甚至更高；定位精度已达到 ±0.002 ~ ±0.005mm，甚至更高。

3）具有较高的生产率，能获得良好的经济效益。数控机床不需人工操作，可以自动换刀，自动变换切削用量，快速进退等，大大缩短了辅助时间；主轴和进给采用无级变速，机床功率和刚度都较高，允许强力切削，可以采用较大的切削用量，有效地缩短了切削时间；自动测量和控制工件的加工尺寸和精度的检测系统可以减少停机检测的时间。

4）能实现复杂的运动。数控机床可实现几乎任何轨迹的运动和加工任何形状的空间曲面，适应于各种复杂异形零件和复杂型面的加工。

5）改善劳动条件，提高劳动生产率。工人无需直接操纵机床，免除了繁重的手工操作，减轻了劳动强度；一人能管理几台机床，大大地提高了劳动生产率。

6）便于实现现代化的生产管理。数控机床的切削条件、切削时间等都由预先编制的程序决定，能准确计算工时和费用，有效地简化检验、工夹具和模具的管理工作，便于准确地编制生产计划，为计算机控制和管理生产创造条件；数控机床适宜与计算机联机，目前已成为 CAD/CAM、FMS、CIMS 的基础。

（2）数控机床的使用特点

1）数控机床对操作维修人员的要求。数控机床采用计算机控制，驱动系统具有较高的技术复杂性，机械部分的精度要求也比较高。因此，要求数控机床的操作、维修及管理人员有较高的文化水平和综合技术素质。

数控机床的加工是根据程序进行的，零件形状简单时可采用手工编制程序。当零件形状比较复杂时，编程工作量大，手工编程较困难且往往易出错，因此必须采用计算机自动编程。所以，数控机床的操作人员除了应具有一定的工艺知识和普通机床的操作经验之外，还应对数控机床的结构特点、工作原理非常了解，具有熟练操作计算机的能力，必须在程序编制方面进行专门的培训，考核合格才能上机操作。

正确的维护和有效的维修也是使用数控机床中的一个重要问题。数控机床的维修人员应有较高的理论知识和维修技术，要了解数控机床的机械结构，懂得数控机床的电气原理及电子电路，还应有比较宽的机、电、气、液方面的专业知识，这样才能综合分析、判断故障的根源，正确地进行维修，保证数控机床的良好运行。因此，数控机床维修人员和操作人员一样，必须进行专门的培训。

2）数控机床对夹具和刀具的要求。数控机床对夹具的要求比较简单，单件生产时一般采用通用夹具。而批量生产时，为了节省加工工时，应使用专用夹具。数控机床的夹具应定位可靠，可自动夹紧或松开工件。夹具还应具有良好的排屑、冷却性能。

由于数控机床的加工过程是自动进行的，因此要求刀具切削性能稳定可靠、卷屑和断屑可靠、具有高的精度、能精确而迅速地调整、能快速或自动更换、能实现"三化"；同时为了方便刀具的存储、安装和自动换刀，应具有一套刀具柄部标准系统。

在数控加工中，产品质量和劳动生产率在相当大的程度上受刀具的制约。由于数控加工特殊性的要求，在刀具的选择上，特别是对切削刃的几何参数必须进行专门的设计，才能满足数控加工的要求，充分发挥数控机床的效益。

4. 数控机床的分类

数控机床种类很多，按其工艺用途分类如下：

（1）普通数控机床　普通数控机床是在加工工艺过程中的一个工序上实现数字控制的自动化机床，有数控车、铣、钻、镗、磨床等。

（2）数控加工中心　数控加工中心是带有刀库和自动换刀装置的数控机床。

5. 数控机床举例

（1）数控车床

1）数控车床的功能与分类。数控车床能对轴类或盘类零件自动地完成内、外圆柱面，圆锥面，圆弧面和直、锥螺纹等工序的切削加工，并能进行切槽、钻、扩和铰等工作。与普通车床相比，数控车床的加工精度高、精度稳定性好、适应性强、操作劳动强度低，特别适合于复杂形状的零件或对精度保持性要求较高的中、小批量零件的加工。

数控车床的分类方法较多，基本与普通车床的分类方法相似。

① 按车床主轴位置分类：立式数控车床；卧式车床，又分为水平导轨卧式数控车床和倾斜式导轨卧式数控车床。

② 按加工零件的基本类型分类：卡盘式数控车床；顶尖式数控车床。

③ 按刀架数量分类：单刀架数控车床；双刀架数控车床。

④ 其他分类方法：按数控系统的控制方式分为直线控制数控车床、轮廓控制数控车床等；按特殊的或专门的工艺性能分为螺纹数控车床、活塞数控车床、曲轴数控车床等。

2）数控车床的典型结构。数控车床品种很多，结构也有所不同，但在很多地方是有共同之处的。下面以 CK7815 型数控车床为例介绍数控车床的典型结构。

① 机床的工艺范围。CK7815 型数控车床是长城机床厂的产品，配有 FANUC－6T CNC 系统。用于加工圆柱形、圆锥形和特种成形回转表面，可车削各种螺纹，以及对盘形零件进行钻、扩、铰和镗孔加工。其外形如图 5-44 所示。

② 机床的布局。机床为两坐标联动半闭环控制。床体的导轨为 60°的倾斜布置，以利于排屑。导轨截面为矩形，刚性很好。床体左端是主轴箱，主轴由直流或交流调速电动机驱动，故箱

图 5-44　CK7815 型数控车床

1—底座　2—光电读带机　3—机床操纵台　4—数控系统操纵面板
5—导轨　6—刀架　7—防护门　8—尾座

体内部结构十分简单。机床可以实现无级调速和进行恒线速切削，这样有利于减小端面加工时的表面粗糙度值，也便于选取最能发挥刀具切削性能的切削速度。为了快速装夹工件，主轴尾端带有液压夹紧缸。

床身右边是尾座 8，机床上的床鞍溜板导轨与床身导轨横向平行，上面装有横向进给驱动装置和转塔刀架。转塔刀架见图 5-44 中右上角放大部分。刀架有三种：8 位、12 位小刀盘和 12 位大刀盘，可选样定货。

纵向驱动装置安装在纵向床身导轨之间，纵横向进给系统采用直流伺服电动机带动滚珠丝杠，使刀架做进给运动；2 为光电读带机，3 和 4 是机床操纵台和数控系统操作面板。防护门 7 可以手动或液压开闭。液压泵及操纵板位于机床后面的油箱上。

（2）数控铣床

1）数控铣床的功能与分类。数控铣床一般能对板类、盘类、壳具类、模具类等复杂零件进行加工。数控铣床除 X、Y、Z 三轴外，还可配有旋转工作台，可安装在机床工作台的不同位置，这给凸轮和箱体类零件的加工带来了方便。与普通铣床相比，数控铣床的加工精度高，精度稳定性好，适应性强，操作劳动强度低，特别适用于复杂形状的零件或对精度保持性要求较高的中、小批量零件的加工。

数控铣床按其主轴位置的不同，可分为以下三类。

① 立式数控铣床。其主轴垂直于水平面，是数控铣床中数量最多的一种，应用范围也最为广泛。

② 卧式数控铣床。其主轴平行于水平面。为了扩大加工范围和扩充功能，卧式数控铣床通常采用增加数控转盘或万能数控转盘来实现 4～5 坐标加工。

③ 立、卧两用数控铣床。这类机床的应用目前正在增加，它的主轴位置可以更换，能达到在一台机床上既可以进行立式加工也可以进行卧式加工。其使用范围更广，功能更齐全，选择的

加工对象和余地更大。

立、卧两用数控铣床主轴位置的更换有手动和自动两种。采用数控万能主轴头的立、卧两用数控铣床的主轴头可任意转换方向，可以加工出与水平面成各种不同角度的工件表面。

2）数控铣床的典型结构。以 XK5040A 型多功能数控铣床为例介绍数控铣床的典型结构，如图 5-45 所示。

图 5-45　JZK7532 −1 型数控铣床

1—底座　2—强电柜　3—变压器箱　4—伺服电动机　5—主轴变速手柄和按钮板
6—床身　7—数控柜　8、11—保护开关　9—挡铁　10—操纵台　12—横向溜板
13—纵向进给伺服电动机　14—横向进给伺服电动机　15—升降台　16—纵向工作台

① 机床的使用范围。JZK7532 −1 型多功能数控铣床是一种三轴经济型铣床，可使钻削、铣削、扩孔、铰孔和镗孔等多工序实现自动循环，既可进行坐标镗孔，又可精确高效地完成复杂曲线，如凸轮、样板、冲模、压模、弧形槽等零件的自动加工，尤其适合模具、异形零件的加工。

② 机床的主要结构。机床主要由工作台、主轴箱、立柱、电气柜、CNC 系统等组成。

一般采用三坐标数控铣床加工，常用的加上方法主要有下列两种。一种是采用两轴半坐标行切法加工。行切法是在加工时只有两个坐标联动，另一个坐标按一定行距周期性进给。这种方法常用于不太复杂的空间曲面的加工。另一种是采用三轴联动方法加工，所用的铣床必须具有 X、Y、Z 三坐标联动加工功能，可进行空间直线插补。这种方法常用于发动机及模具等较复杂空间曲面的加工。

③ 数控铣床的刀具。数控铣床，特别是加工中心，其主轴转速较普通机床的主轴转速高 1 ～ 2 倍，某些特殊用途的数控铣床、加工中心，其主轴转速高达数万转，因此数控刀具的强度与寿命至关重要。目前硬质合金、涂镀刀具已广泛用于加工中心，陶瓷刀具与立方氮化硼等刀具也开始在加工中心上应用。一般说来，数控机床所用刀具应具有较高的寿命和刚度，刀具材料抗脆性好，有良好的断屑性能和可调、易更换等特点。

平面铣削应选用不重磨硬质合金面铣刀或立铣刀。一般采用2次走刀，第一次走刀最好用面铣刀粗铣，沿工件表面连续走刀，注意选好每次的走刀宽度和铣刀直径，使接刀刀痕不影响精切走刀精度。因此加工余量大又不均匀时，铣刀直径要选小些；精加工时铣刀直径要选大些，最好能包容加工面的整个宽度。

立铣刀和镶硬质合金刀片的面铣刀主要用于加工凸台、凹槽和箱口面。为了提高槽宽的加工精度，减少铣刀的种类，加工时可采用直径比槽宽小的铣刀，先铣槽的中间部分，然后用刀具半径补偿功能铣槽的两边。

铣削平面零件的周边轮廓一般采用立铣刀。加工型面零件和变斜角轮廓外形时常采用球头刀、环形刀、鼓形刀和锥形刀。另外，对于一些成形面还常使用各种成形铣刀。

（3）加工中心

1）数控加工中心机床的功能与分类。带有容量较大的刀库和自动换刀装置的数控机床称为加工中心。它是集钻床、铣床和镗床三种机床的功能为一体，由计算机来控制的高效、高自动化程度的机床。加工中心的刀库中存有不同数量的各种刀具，在加工过程中由程序自动进行选用和更换，这是它与数控铣床和数控镗床的主要区别。加工中心一般有三根数控轴，工件装夹完成后可自动进行铣、钻、铰、攻螺纹等多种工序的加工。它可以实现五轴、六轴联动，从而保证产品的加工精度和进行复杂加工。在机械零件中，箱体类零件所占比重相当大，这类零件重量大、形状复杂、加工工序多，如果在加工中心上加工，就能在一次装夹后自动完成大部分工序，主要是铣端面、钻孔、攻螺纹、镗孔等。

数控加工中心的分类方法主要有以下几种。

① 按主轴在空间所处的状态分类，分为立式和卧式加工中心。图5-46所示为JCS-018型立式加工中心，图5-47所示为XH-754型卧式加工中心。

图5-46　JCS-018型立式加工中心

图 5-47　XH -754 型卧式加工中心

② 按运动坐标轴数和同时控制的坐标轴数分类，可分为三轴二联动、三轴三联动、四轴三联动、五轴四联动、六轴五联动等。

③ 按工作台数量和功能分类，可分为单工作台加工中心、双工作台加工中心、多工作台加工中心。

2）自动换刀装置。数控机床为了能在工件一次安装中完成多个甚至所有加工工序，以缩短辅助时间和减少多次安装工件所引起的误差，必须带有自动换刀装置。数控车床上的转塔刀架就是一种最简单的自动换刀装置，所不同的是在加工中心出现之后，逐步发展和完善了各类刀具的自动换刀装置，分为转塔式（回转刀架、转塔头）、刀库式（刀库与主轴之间直接换刀、用机械手配合刀库进行换刀、用机械手以及运输装置配合刀库进行换刀）两种。有刀库的转塔头式换刀装置增加了换刀数量，从而能实现更为复杂的换刀操作。

自动换刀装置应具备换刀时间短、刀具重复定位精度高、足够的刀具储备量、刀具占用面积小以及安全可靠等基本要求。

6. 数控机床的发展趋势

数控机床是综合应用了当代最新科技成果而发展起来的新型机械加工机床。近 40 年来，数控机床在品种、数量、加工范围与加工精度等方面有了飞速的发展。大规模集成电路和微型计算机技术的不断发展和完善，使数控系统的价格逐年下降，而精度和可靠性却大大提高。

数控机床不仅表现为数量迅速增长，而且在质量、性能和控制方式上也有明显改善。目前，数控机床的发展主要体现在以下几个方面。

（1）数控机床结构的发展　数控机床加工工件时，完全根据计算机发出的指令自动进行加工，不需要频繁测量和进行手动补偿，这就要求机床结构具有较高的静刚度与动刚度，同时要提高结构的热稳定性，提高机械进给系统的刚度并消除其中的间隙，消除爬行现象。这样可以避免振动、热变形、爬行和间隙影响被加工工件的精度。

同时，数控机床由一般数控机床向数控加工中心发展。加工中心可使工序集中在一台机床上完成，减少了机床数量，压缩了半成品库存量，减少了工序的辅助时间，提高了生产率和加工质量。

继数控加工中心出现之后，又出现了由数控机床、工业机器人（或工件交换机）和工作台架组成的加工单元，工件的装卸、加工实现了全自动化控制。

（2）计算机控制性能的发展　目前，数控系统大都采用多个微处理器（CPU）组成的微型计算机作为数控装置（CNC）的核心，因而使数控机床的控制功能更加强大。但随着人们对数控机床的精度和进给速度要求的进一步提高，就要求计算机的运算速度更高，现在计算机控制系统使用的 16 位 CPU 不能满足这种要求，所以国外各大公司竞相开发有 32 位微机处理器的计算机数控系统。这种控制系统更像通用的计算机，可以使用硬盘作为外存储器，并且允许使用高级语言（如 PASCAL、C 语言）进行编程。

计算机数控系统还可含有可编程控制器（PLC），可完全代替传统的继电器逻辑控制，取消了庞大的电气控制箱。

（3）伺服驱动系统的发展　最早的数控机床采用步进电动机和液压转矩放大器（又称电液脉冲马达）作为驱动电动机。功率型步进电动机出现后，因其功率较大，可直接驱动机床，使用方便，而逐渐取代了电脉冲马达。

20 世纪 60 年代中后期，数控机床上普遍采用小惯量直流伺服电动机。小惯量直流伺服电动机最大的特点是转速高，用于机床进给驱动时，必须使用变速箱。为了省去变速箱，在 20 世纪 70 年代，美国盖梯茨公司首先研制成功了大惯量直流伺服电动机（又称宽调速直流伺服电动机）。该电动机可以直接与机床的丝杠相连。目前，许多数控机床都使用大惯量直流伺服电动机。

直流伺服电动机结构复杂，经常需要维修。20 世纪 80 年代初期，美国通用电气公司成功研制笼型异步交流伺服电动机。交流伺服电动机的优点是没有电刷，避免了滑动摩擦，运转时无火花，进一步提高了可靠性。交流伺服电动机也可以直接与滚珠丝杠相互连接，调速范围与大惯量直流伺服电动机相近。根据统计，欧、美、日等国家和地区近年来生产的数控机床，采用交流伺服电动机进行调速的占 80% 以上，采用直流伺服电动机所占比例不足 20%。由此可以看出，采用交流伺服电动机的调速系统已经成为数控机床的主要调速方法。

（4）自适应控制　闭环控制的数控机床主要监控机床和刀具的相对位置或移动轨迹的精度。数控机床严格按照加工前编制的程序自动进行加工，但是有一些因素，例如，工件加工余量不一致、工件的材料质量不均匀、刀具磨损等引起的切削的变化以及加工时温度的变化等，在编制程序时无法准确考虑，往往根据可能出现的最坏情况估算，这样就没有充分发挥数控机床的能力。在加工过程中根据实际参数的变化值自动改变机床切削进给量，使数控机床能适应任一瞬时的变化，始终保持在最佳加工状态，这种控制方法叫自适应控制方法。

计算机装置为自适应控制提供了物质条件，只要在传感器检测技术方面有所突破，数控机床的自适应能力必将大大提高。

（5）计算机群控　计算机群控可以简单地理解为用一台大型通用计算机直接控制一群机床，简称 DNC 系统。根据机床群与计算机连接的方式不同，可以分为间接型 DNC、直接型 DNC 和计算机网络 DNC 三种。

间接型 DNC 是使用主计算机控制每台数控机床，加工程序全部存放在主计算机内，加工工件时，由主计算机将加工程序分送到每台数控机床的数控装置中，每台数控机床还保留插补运算等控制功能。

在直接型 DNC 中，机床群中每台机床不再安装数控装置，只有一台由伺服驱动电路和操作面板组成的机床控制器。加工过程所需要的插补运算等功能全部集中由主计算机完成。这种系统内的任何一台数控机床都不能脱离主计算机单独工作。

计算机网络 DNC 系统使用计算机网络协调各台数控机床工作，最终可以将该系统与整个工厂的计算机联成网络，形成一个较大的、较完整的制造系统。

（6）柔性制造系统（FMS） 柔性制造系统是一种把自动化加工设备、物流自动化加工处理和信息流自动处理融为一体的智能化加工系统。进入 20 世纪 80 年代之后，柔性制造系统得到了迅速发展。

柔性制造系统由三个基本部分组成。

1）加工子系统。根据工件的工艺要求，加工子系统差别很大，它由各类数控机床等设备组成。

2）物流子系统。该系统由自动输送小车、各种输送机构、机器人、工件装卸站、工件存储工位、刀具输入输出站、刀库等构成。物流子系统在计算机的控制下自动完成刀具和工件的输送工作。

3）信息流子系统。信息流子系统由主计算机、分级计算机及其接口、外围设备和各种控制装置的硬件和软件组成，主要功能是实现各子系统之间的信息联系，对系统进行管理，确保系统的正常工作。

思考与练习题

5-1 金属切削机床是如何分类的？常用的分类方法有哪些？

5-2 金属切削机床为什么要进行型号编制？最近一次型号编制方法的要点是什么？

5-3 分析 CA6140 型卧式车床的传动路线，回答下列问题。

（1）列出计算主轴最高转速 n_{mix} 和最低转速 n_{min} 的运动平衡式；

（2）分析车削模数螺纹的传动路线，列出运动平衡式并说明为什么能车削出标准模数螺纹。

（3）当主轴转速分别为 20r/min、40r/min、160r/min 及 400r/min 时，能否实现螺距扩大 4 倍及 16 倍，为什么？

5-4 欲在 CA6140 型卧式车床上车削 $P_h = 10mm$ 的米制螺纹，能加工这一螺纹的传动路线有哪几条？

5-5 按图 5-48a 所示传动系统做下列各题。

（1）写出传动路线表达式；

（2）分析主轴的转速级数；

（3）计算主轴的最高、最低转速（图中 M_1 为齿轮式离合器）。

按题图 5-48b 所示传动系统做下列各题。

（4）计算轴 A 的转速（r/min）；

（5）计算轴 A 转 1 转时，轴 B 转过的转数；

（6）计算轴 B 转 1 转时，螺母 C 移动的距离。

5-6 M1432A 型万能外圆磨床需要哪些运动？能进行哪些加工？

5-7 无心磨床与普通外圆磨床在加工原理及加工性能上有何区别？

5-8 如果外圆磨床头架和尾座锥孔中心线在垂直平面内不等高，磨削的工件将产生什么误差？如何解决？如果两者在水平面内不同轴，磨削的工件又将产生什么误差？如何解决？

5-9 试分别指出滚齿机和插齿机能完成下列零件中哪些齿面的加工。

（1）蜗轮；

（2）内啮合直齿圆柱齿轮；

（3）外啮合直齿圆柱齿轮；

（4）外啮合斜齿圆柱齿轮；

（5）锥齿轮；

（6）人字齿轮；

图 5-48　题 5-5 图

（7）齿条；

（8）扇形齿轮；

（9）花键轴。

5-10　用滚齿机加工斜齿圆柱齿轮时，工件的范成运动和附加运动的方向应如何确定？

5-11　用滚齿机加工直齿、斜齿圆柱齿轮时，如何确定滚刀架的扳转角度和方向？当扳转角度有误差时将会产生什么后果？

5-12　钻床和镗床可完成哪些工作？各应用于什么场合？

5-13　铣床主要有哪些类型？主要加工哪些零件？

5-14　各类机床中，可用来加工外圆表面、内孔、平面和沟槽的各有哪些机床？它们的适用范围有何区别？

5-15　何谓数控机床？何谓组合机床？何谓加工中心？它们各有哪些特点？

实训项目二　金工实训

　　本章学习结束后，可安排金工实训。实训指导相关资料可从机械工业出版社教育服务网中本书的附件中下载。

第二篇

机械制造工艺

第六章 机械加工工艺规程

CHAPTER 6

机械加工工艺规程

【知识目标】

1. 熟悉机械加工的生产过程和工艺过程；了解生产纲领和生产类型的基本概念。

2. 理解工艺规程的基本概念；掌握制订工艺规程的原则、依据、步骤和需要解决的问题。

3. 熟悉零件的工艺分析、毛坯的选择方法；掌握定位基准的概念及其选择方法；掌握工艺路线的拟订和工序内容的设计方法；熟悉机械加工生产率和技术经济分析方法；熟悉装配工艺规程基础知识。

4. 熟悉成组技术及其在工艺中的应用；了解计算机辅助工艺过程设计的基本知识。

【能力目标】

1. 通过学习，初步具备制订机械加工工艺规程的能力。

2. 通过学习，初步具备拟订机械零件加工工艺路线的能力。

【学习重点】

1. 工艺路线的拟订。

2. 工序尺寸及其公差的确定和工艺尺寸链的解算。

【学习难点】

机械零件加工工艺规程的制订。

第一节 机械加工过程与工艺规程的基本概念

制订机械加工工艺是机械制造企业工艺技术人员的一项主要工作内容。机械加工工艺规程的制订与生产实际有着密切的联系，它要求工艺规程制订者具有一定的生产实践知识和专业基础知识。

知识要点一 生产过程与工艺过程

1. 生产过程和工艺过程的概念

机械产品的生产过程是指将原材料转变为成品的所有劳动过程。这里所指的成品可以是一台机器、一个部件，也可以是某种零件。对于机器制造而言，生产过程包括：

1）原材料、半成品和成品的运输和保存；

2）生产和技术准备工作，如产品的开发和设计、工艺及工艺装备的设计与制造、各种生产资料的准备以及生产组织；

3）毛坯制造和处理；

4）零件的机械加工、热处理及其他表面处理；

5）部件或产品的装配、检验、调试、油漆和包装等。

由上可知，机械产品的生产过程是相当复杂的。它通过的整个路线称为工艺路线。

工艺过程是指改变生产对象的形状、尺寸、相对位置和性质等，使其成为半成品或成品的过程。它是生产过程的一部分。工艺过程可分为毛坯制造、机械加工、热处理和装配等工艺过程。

机械加工工艺过程是指用机械加工的方法直接改变毛坯的形状、尺寸和表面质量，使之成为零件或部件的那部分生产过程，它包括机械加工工艺过程和机器装配工艺过程。本书所称工艺过程均指机械加工工艺过程，以下简称为工艺过程。

2. 工艺过程的组成

在工艺过程中，针对零件的结构特点和技术要求，要采用不同的加工方法和装备，按照一定的顺序集中进行加工，才能完成由毛坯到零件的转变。组成工艺过程的基本单元是工序。工序又由安装、工位、工步和走刀等组成。

（1）工序 一个或一组工人，在一个工作地点对同一个或同时对几个工件进行加工所连续完成的那部分工艺过程，称为工序。由定义可知，判别是否为同一工序的主要依据是工作地点是否变动和加工是否连续。

生产规模不同，加工条件不同，其工艺过程及工序的划分也不同。图6-1所示的阶梯轴，根据加工是否连续和变换机床的情况，小批量生产时，可划分为表6-1中的三道工序；大批大量生产时，则可划分为表6-2中的五道工序；单件生产时，甚至可以划分为表6-3中的两道工序。

图6-1 阶梯轴

表6-1 小批量生产的工艺过程

工序号	工序内容	设 备
1	车一端面，钻中心孔；调头车另一端面，钻中心孔	车床
2	车大端外圆及倒角，车小端外圆及倒角	车床
3	铣键槽，去毛刺	铣床

表6-2 大批大量生产的工艺过程

工序号	工序内容	设 备
1	铣端面,钻中心孔	中心孔加工机床
2	车大端外圆及倒角	车床
3	车小端外圆及倒角	车床
4	铣键槽	立式铣床
5	去毛刺	钳工

表 6-3　单件生产的工艺过程

工序号	工 序 内 容	设　备
1	车一端面,钻中心孔;车另一端面,钻中心孔;车大端外圆及倒角;车小端外圆及倒角	车床
2	铣键槽,去毛刺	铣床

（2）安装　在加工前,应先使工件在机床上或夹具中占有正确的位置,这一过程称为定位;工件定位后,将其固定,使其在加工过程中保持定位位置不变的操作称为夹紧;将工件在机床或夹具中每定位、夹紧一次所完成的那一部分工序内容称为安装。一道工序中,工件可能被安装一次或多次。

（3）工位　为了完成一定的工序内容,一次安装工件后,工件与夹具或设备的可动部分一起相对刀具或设备的固定部分所占据的每一个位置称为工位。为了减少由于多次安装带来的误差和时间损失,加工中常采用回转工作台、回转夹具或移动夹具,使工件在一次安装中,先后处于几个不同的位置进行加工,称为多工位加工。图 6-2 所示为利用回转工作台在一次安装中依次完成装卸工件、钻孔、扩孔、铰孔四个工位加工的例子。采用多工位加工方法,既可以减少安装次数,提高加工精度,减轻工人的劳动强度,又可以使各工位的加工与工件的装卸同时进行,提高劳动生产率。

图 6-2　多工位加工

（4）工步　工序又可分成若干工步。加工表面不变、切削刀具不变、切削用量中的进给量和切削速度基本保持不变的情况下所连续完成的那部分工序内容,称为工步。以上三个不变因素中只要有一个因素改变,即成为新的工步。一道工序包括一个或几个工步。

为简化工艺文件,对于那些连续进行的几个相同的工步,通常可看作一个工步。为了提高生产率,常将几个待加工表面用几把刀具同时加工,这种由刀具合并起来的工步,称为复合工步,如图 6-3 所示。图 6-4 所示为立轴转塔车床回转刀架一次转位完成的工位内容,应属于一个工步。复合工步在工艺规程中也写作一个工步。

图 6-3　复合工步

图 6-4　立轴转塔车床回转刀架

（5）走刀　在一个工步中,若需切去的金属层很厚,可分为几次切削,则每进行一次切削就是一次走刀。一个工步可以包括一次或几次走刀。

3. 生产纲领和生产类型

（1）生产纲领 生产纲领是指企业在计划期内应当生产的产品产量和进度计划。计划期通常为 1 年，所以生产纲领也称为年产量。

对于零件而言，产品的产量除了制造机器所需要的数量之外，还要包括一定的备品和废品，因此零件的生产纲领应按下式计算

$$N = Qn(1 + a\%)(1 + b\%) \tag{6-1}$$

式中 N——零件的年产量单位为件/年；

Q——产品的年产量单位为台/年；

n——每台产品中该零件的数量单位为件/台；

$a\%$——该零件的备品率；

$b\%$——该零件的废品率。

（2）生产类型 生产类型是指企业生产专业化程度的分类。人们按照产品的生产纲领、投入生产的批量，可将生产分为单件生产、大量生产和批量生产三种类型。

1）单件生产。单个生产不同结构和尺寸的产品，很少重复甚至不重复，这种生产称为单件生产。如新产品试制、维修车间的配件制造和重型机械制造等都属此种生产类型。其特点是生产的产品种类较多，而同一产品的产量很小，工作地点的加工对象经常改变。

2）大量生产。同一产品的生产数量很大，大多数工作地点不变并经常按一定节奏重复进行某一零件的某一工序的加工，这种生产称为大量生产。如自行车制造和一些链条厂、轴承厂等专业化生产即属此种生产类型。其特点是同一产品的产量大，工作地点较少改变，加工过程重复。

3）批量生产。一年中分批轮流制造几种不同的产品，每种产品均有一定的数量，工作地点的加工对象周期性地重复，这种生产称为批量生产。如一些通用机械厂、某些农业机械厂、陶瓷机械厂、造纸机械厂、烟草机械厂等的生产即属这种生产类型。其特点是产品的种类较少，有一定的生产数量，加工对象周期性地改变，加工过程周期性地重复。

同一产品（或零件）每批投入生产的数量称为批量。根据批量的大小又可分为大批量生产、中批量生产和小批量生产。小批量生产的工艺特征接近单件生产，大批量生产的工艺特征接近大量生产。

根据式（6-1）计算的零件生产纲领，参考表 6-4 即可确定生产类型。不同生产类型的制造工艺有不同特征，各种生产类型的工艺特点见表 6-5。

表 6-4　生产类型和生产纲领的关系

生产类型		生产纲领（件/年或台/年）		
		重型（30kg 以上）	中型（4~30kg）	轻型（4kg 以下）
单件生产		5 以下	10 以下	100 以下
批量生产	小批量生产	5~100	10~200	100~500
	中批量生产	100~300	200~500	500~5000
	大批量生产	300~1000	500~5000	5000~50000
大量生产		1000 以上	5000 以上	50000 以上

表 6-5 各种生产类型的工艺特点

工艺特点	单件生产	批量生产	大量生产
毛坯的制造方法	铸件用木模手工造型，锻件用自由锻	铸件用金属模造型，部分锻件用模锻	铸件广泛用金属模机器造型，锻件用模锻
零件互换性	无需互换、互配零件可成对制造，广泛用修配法装配	大部分零件有互换性，少数用修配法装配	全部零件有互换性，某些要求精度高的配合，采用分组装配
机床设备及其布置	采用通用机床，按机床类别和规格采用"机群式"排列	部分采用通用机床，部分采用专用机床；按零件加工分"工段"排列	广泛采用生产率高的专用机床和自动机床，按流水线形式排列
夹具	很少用专用夹具，由划线和试切法达到设计要求	广泛采用专用夹具，部分用划线法进行加工	广泛用专用夹具，用调整法达到精度要求
刀具和量具	采用通用刀具和万能量具	较多采用专用刀具和专用量具	广泛采用高生产率的刀具和量具
对技术工人的要求	需要技术熟练的工人	各工种需要一定熟练程度的技术工人	对机床调整工人技术要求高，对机床操作工人技术要求低
对工艺文件的要求	只有简单的工艺过程卡	有详细的工艺过程卡或工艺卡，零件的关键工序有详细的工序卡	有工艺过程卡、工艺卡和工序卡等详细的工艺文件

知识要点二 机械加工工艺规程及其制订

1. 机械加工工艺规程的概念

机械加工工艺规程是将产品或零部件的制造工艺过程和操作方法按一定格式固定下来的技术文件。它是在具体生产条件下，以最合理、最经济为原则编制而成的，是经审批后用于指导生产的法规性文件。

机械加工工艺规程包括零件加工工艺流程、加工工序内容、切削用量、采用设备及工艺装备、工时定额等。

2. 机械加工工艺规程的作用

机械加工工艺规程是机械制造工厂最主要的技术文件，是工厂规章制度的重要组成部分，其作用主要如下：

（1）它是组织和管理生产的基本依据 工厂进行新产品试制或产品投产时，必须按照工艺规程提供的数据进行技术准备和生产准备，以便合理编制生产计划，合理调度原材料、毛坯和设备，及时设计制造工艺装备，科学地进行经济核算和技术考核。

（2）它是指导生产的主要技术文件 工艺规程是在结合本厂具体情况，总结实践经验的基础上，依据科学的理论和必要的工艺实验后制订的，它反映了加工过程中的客观规律，工人必须按照工艺规程进行生产，才能保证产品质量，提高生产率。

（3）它是新建和扩建工厂的原始资料 根据工艺规程，可以确定生产所需的机械设备、技术工人、基建面积以及生产资源等。

（4）它是进行技术交流，开展技术革新的基本资料 典型和标准的工艺规程能缩短生产的准备时间，提高经济效益。先进的工艺规程必须广泛吸取合理化建议，不断交流工作经验，才能适应科学技术的不断发展。工艺规程是开展技术革新和技术交流必不可少的技术语言和基本资料。

3. 机械加工工艺规程的类型

根据 GB/T 24737.5—2009《工艺管理导则 第 5 部分：工艺规程设计》中的规定，工艺规程的类型有：

1）专用工艺规程——针对每一个产品和零件所设计的工艺规程。

2）通用工艺规程，它包括：

① 典型工艺规程——为一组结构相似的零部件所设计的通用工艺规程；

② 成组工艺规程——按成组技术原理将零件分类成组，针对每一组零件所设计的通用工艺规程；

③ 标准工艺规程——已纳入国家标准或工厂标准的工艺规程。

为了适应工业发展的需要，加强科学管理和便于交流，JB/T 9165.2—1998《工艺规程格式》中规定，属于机械加工工艺规程的有：

① 机械加工工艺过程卡片：主要列出零件加工所经过的整个工艺路线、工装设备和工时等内容，多作为生产管理使用；

② 机械加工工序卡片：用来具体指导工人操作的一种最详细的工艺文件，卡片上要画出工序简图，注明该工序的加工表面及应达到的尺寸精度和表面粗糙度要求、工件的安装方式、切削用量、工装设备等内容；

③ 标准零件或典型零件工艺过程卡片；

④ 单轴自动车床调整卡片；

⑤ 多轴自动车床调整卡片；

⑥ 机械加工工序操作指导卡片；

⑦ 检验卡片等。

属于装配工艺规程的有：

① 工艺过程卡片；

② 工序卡片。

最常用的机械加工工艺过程卡片和机械加工工序卡片的格式请查阅相关手册。

4. 制订工艺规程的原则和依据

（1）制订工艺规程的原则 制订工艺规程时，必须遵循以下原则。

1）必须充分利用本企业现有的生产条件；

2）必须可靠地加工出符合图样要求的零件，保证产品质量；

3）保证良好的劳动条件，提高劳动生产率；

4）在保证产品质量的前提下，尽可能降低消耗、降低成本；

5）应尽可能采用国内外先进的工艺技术。

由于工艺规程是直接指导生产和操作的技术文件，因此工艺规程还应做到清晰、正确、完整和统一，所用术语、符号、编码、计量单位等都必须符合相关标准。

（2）制订工艺规程的主要依据 制订工艺规程时，必须依据如下原始资料。

1）产品的装配图和零件的工作图；

2）产品的生产纲领；

3）本企业现有的生产条件，包括毛坯的生产条件或协作关系、工艺装备和专用设备及其制造能力、工人的技术水平以及各种工艺资料和标准等；

4）产品验收的质量标准；

5）国内外同类产品的新技术、新工艺及其发展前景等相关信息。

5. 制订工艺规程的步骤

制订机械加工工艺规程的步骤大致如下：

1）熟悉和分析制订工艺规程的主要依据，确定零件的生产纲领和生产类型；

2）分析零件工作图和产品装配图，进行零件结构工艺性分析；

3）确定毛坯，包括选择毛坯类型及其制造方法；

4）选择定位基准或定位基面；

5）拟订工艺路线；

6）确定各工序所需的设备及工艺装备；

7）确定工序余量、工序尺寸及其公差；

8）确定各主要工序的技术要求及检验方法；

9）确定各工序的切削用量和时间定额，并进行技术经济分析，选择最佳工艺方案；

10）填写工艺文件。

6. 制订工艺规程时要解决的主要问题

制订工艺规程时，主要解决以下几个问题。

1）零件图的研究和工艺分析；

2）毛坯的选择；

3）定位基准的选择；

4）工艺路线的拟订；

5）工序内容的设计，包括机床设备及工艺装备的选择、加工余量和工序尺寸的确定、切削用量的确定、热处理工序的安排、工时定额的确定等。

第二节 工艺规程的制订

知识要点一 零件图的研究和工艺分析

制订零件的机械加工工艺规程前，必须认真研究零件图，对零件进行工艺分析。

1. 零件图的研究

零件图是制订工艺规程最主要的原始资料。只有通过对零件图和装配图的分析，才能了解产品的性能、用途和工作条件，明确各零件的相互装配位置和作用，了解零件的主要技术要求，找出生产合格产品的关键技术问题。零件图的研究包括三项内容：

（1）检查零件图的完整性和正确性 主要检查零件视图是否表达直观、清晰、准确、充分；尺寸、公差、技术要求是否合理、齐全。如有错误或遗漏，应提出修改意见。

（2）分析零件材料选择是否恰当 零件材料的选择应立足于国内，尽量采用我国资源丰富的材料，尽量避免采用贵重金属；同时，所选材料必须具有良好的加工性。

（3）分析零件的技术要求 包括零件加工表面的尺寸精度、形状精度、位置精度、表面粗糙度、表面微观质量以及热处理等要求。分析零件的这些技术要求在保证使用性能的前提下是否经济合理，在本企业现有生产条件下是否能够实现。

2. 零件的结构工艺性分析

零件的结构工艺性是指所设计的零件在不同类型的具体生产条件下，零件毛坯的制造、零件的加工和产品的装配所具备的可行性和经济性。零件结构工艺性涉及面很广，具有综合性，必须全面综合地分析。零件的结构对机械加工工艺过程的影响很大，不同结构的两个零件尽管都能满足使用要求，但它们的加工方法和制造成本却可能有很大的差别。所谓具有良好的结构工艺性，应是在不同生产类型的具体生产条件下，对零件毛坯的制造、零件的加工和产品的装配，都能以较高的生产率和最低的成本、采用较经济的方法进行并能满足使用性能的结构。在制订机械加工工艺规程时，主要对零件切削加工工艺性进行分析。

两个使用性能完全相同的零件，因结构稍有不同，其制造成本可能有很大的差别。零件机械加工结构工艺性的对比请参见《机械制造工艺与机床夹具课程设计指导》第 3 版（吴拓编．机械工业出版社出版）的表 1-1。

3. 零件工艺分析应重点研究的几个问题

对于较复杂的零件，在进行工艺分析时还必须重点研究以下三个方面的问题。

（1）主次表面的区分和主要表面的保证 零件的主要表面是指零件与其他零件相配合的表面，或是直接参与机器工作过程的表面。除主要表面以外的其他表面称为次要表面。根据主要表面的质量要求，便可确定所应采用的加工方法以及采用哪些最终加工方法来保证实现其要求。

（2）重要技术条件分析 零件的技术条件一般是指零件的表面形状精度和位置精度，静平衡、动平衡要求，热处理、表面处理，探伤要求和气密性试验等。重要技术条件是影响工艺规程制订的重要因素，通常会影响基准的选择和加工顺序，还会影响工序的集中与分散。

（3）零件图上表面位置尺寸的标注 零件上各表面之间的位置精度是通过一系列工序加工后获得的，这些工序的顺序与工序尺寸、相互位置关系的标注方式直接相关。这些尺寸的标注必须做到尽量使定位基准、测量基准与设计基准重合，以减少基准不重合带来的误差。

知识要点二　毛坯的选择

选择毛坯，主要是确定毛坯的种类、制造方法及其制造精度。毛坯的形状、尺寸越接近成品，切削加工余量就越少，从而可以提高材料的利用率和生产率，然而这样往往会使毛坯制造困难，需要采用昂贵的毛坯制造设备，从而增加毛坯的制造成本。所以选择毛坯时应从机械加工和毛坯制造两方面出发，综合考虑以求最佳效果。

1. 毛坯的种类

毛坯的种类很多，同一种毛坯又有多种制造方法。

（1）铸件 铸件适用于形状复杂的零件毛坯。根据铸造方法的不同，铸件又分为以下类型。

1）砂型铸造的铸件。这是应用最为广泛的一种铸件。它又有木模手工造型和金属模机器造型之分。木模手工造型铸件精度低，加工表面需留较大的加工余量；木模手工造型生产率低，适用于单件小批生产或大型零件的铸造。金属模机器造型生产率高，铸件精度也高，但设备费用高，铸件的重量也受限制，适用于大批量生产的中小型铸件。

2）金属型铸造铸件。将熔融的金属浇注到金属模具中，依靠金属自重充满金属型腔而获得的铸件。这种铸件比砂型铸造铸件精度高、表面质量和力学性能好，生产率较高，但需专用的金属型腔模，适用于大批量生产中的尺寸不大的有色金属铸件。

3）离心铸造铸件。将熔融金属注入高速旋转的铸型内，在离心力的作用下，金属液充满型腔而形成的铸件。这种铸件晶粒细，金属组织致密，零件的力学性能好，外圆精度及表面质量高，但内孔精度差，且需要专门的离心浇注机，适用于批量较大的黑色金属和有色金属的旋转体铸件。

4）压力铸造铸件。将熔融的金属在一定的压力作用下，以较高的速度注入金属型腔内而获得的铸件。这种铸件精度高，可达 IT11 ~ IT13；表面粗糙度值小，可达 $Ra3.2 ~ 0.4\mu m$；铸件力学性能好，可铸造各种结构较复杂的零件，铸件上各种孔眼、螺纹、文字及花纹图案均可铸出，但需要一套昂贵的设备和型腔模，适用于批量较大的形状复杂、尺寸较小的有色金属铸件。

5）精密铸造铸件。将石蜡通过型腔模压制成与工件一样的蜡制件，再在蜡制工件周围粘上特殊型砂，凝固后将其烘干焙烧，石蜡融化，留下工件形状的模壳，用来浇注。精密铸造铸件精度高，表面质量好，一般用来铸造形状复杂的铸钢件，可节省材料，降低成本。

（2）锻件　锻件适用于强度要求高、形状比较简单的零件毛坯，锻造方法有自由锻和模锻两种。

自由锻锻件是在锻锤或压力机上用手工操作成形的锻件。它的精度低，加工余量大，生产率也低，适用于单件小批生产及大型锻件生产。

模锻件是在锻锤或压力机上，通过专用锻模锻制成形的锻件。它的精度和表面质量均比自由锻好，可以使毛坯形状更接近工件形状，加工余量小。同时，由于模锻件的材料纤维组织分布好，锻制件的机械强度高。模锻的生产率高，但需要专用的模具，且锻锤的吨位也要比自由锻大，主要适用于批量较大的中小型零件的制造。

（3）焊接件　焊接件是根据需要将型材或钢板焊接而成毛坯件。它制作方便、简单，但需要经过热处理才能进行机械加工，适用于单件小批生产中制造大型毛坯，其优点是制造简便，加工周期短，毛坯重量轻；缺点是焊接件抗振动性差，机械加工前需经过时效处理以消除焊接内应力。

（4）冲压件　冲压件是通过冲压设备对薄钢板进行冲压加工而得到的零件。它可以非常接近成品要求，可以作为毛坯，有时还可以直接加工为成品。冲压件的尺寸精度高，适用于批量较大而零件厚度较小的中小型零件加工。

（5）型材　型材主要通过热轧或冷拉而成。热轧件的精度低，价格较冷拉低，用于一般零件的毛坯。冷拉件的尺寸小，精度高，易于实现自动送料，但价格贵，多用于批量较大且在自动机床上进行加工的情形。按截面形状，型材可分为圆钢、方钢、六角钢、扁钢、角钢、槽钢以及其他特殊截面的型材。

（6）冷挤压件　冷挤压件是在压力机上通过挤压模挤压而成的，其生产率高。冷挤压毛坯精度高，表面粗糙度值小，可以不再进行机械加工，但要求材料塑性好，主要为有色金属和塑性好的钢材，适用于大批量生产中制造形状简单的小型零件。

（7）粉末冶金件　粉末冶金件是以金属粉末为原料，在压力机上通过模具压制成形后经高温烧结而成。其生产率高，零件的精度高，表面粗糙度值小，一般可不再进行精加工。但金属粉末成本较高，适用于大批大量生产中压制形状较简单的小型零件。

2. 确定毛坯时应考虑的因素

（1）零件的材料及其力学性能　当零件的材料选定以后，毛坯的类型就大体确定了。例如，材料为铸铁的零件，自然应选择铸造毛坯；而对于重要的钢质零件，力学性能要求高时，可选择锻造毛坯。

（2）零件的结构和尺寸　形状复杂的毛坯常采用铸件，但对于形状复杂的薄壁件，一般不能采用砂型铸造；对于一般用途的阶梯轴，如果各段直径相差不大、力学性能要求不高时，可选择棒料做毛坯；如果各段直径相差较大，为了节省材料，应选择锻件毛坯。

（3）生产类型　当零件的生产批量较大时，应采用精度和生产率都比较高的毛坯制造方法，这时毛坯制造增加的费用可由材料耗费减少的费用以及机械加工减少的费用来补偿。

（4）现有生产条件　选择毛坯类型时，要结合本企业的具体生产条件，如现场毛坯制造的实际水平和能力、外协的可能性等。

（5）充分考虑利用新技术、新工艺和新材料的可能性　为了节约材料和能源，减少机械加工余量，提高经济效益，只要条件允许，就应尽量采用精密铸造、精密锻造、冷挤压、粉末冶金和工程塑料等新工艺、新技术和新材料。

3. 确定毛坯时的几项工艺措施

实现少切屑、无切屑加工，是现代机械制造技术的发展趋势。但是，由于受毛坯制造技术的限制，加之现代机器对零件精度和表面质量的要求越来越高，为了保证机械加工能达到质量要求，毛坯的某些表面仍需留有加工余量。加工毛坯时，由于一些零件形状特殊，安装和加工不太方便，必须采取一定的工艺措施才能进行机械加工。以下列举几种常见的工艺措施。

1）为了便于安装，有些铸件毛坯需铸出工艺搭子，如图6-5所示。工艺搭子在零件加工完毕后一般应切除，如果对使用和外观没有影响，也可保留在零件上。

2）对装配后需要形成同一工作表面的两个相关偶件，为了保证加工质量并使加工方便，常常将分离零件先制作成一个整体毛坯，加工到一定阶段后再切割分离。如图6-6所示的车床走刀系统中的开合螺母外壳，其毛坯就是两件合制的；柴油机连杆大端也是合制的。

图6-5　工艺搭子的实例　　　　　　图6-6　车床开合螺母外壳简图
A—加工面　*B*—工艺搭子　*C*—定位面

3）对于形状比较规则的小型零件，为了便于安装和提高机械加工的生产率，可将多件合成一个毛坯，加工到一定阶段后，再分离成单件。如图6-7所示的滑键，对毛坯的各平面加工好后再切离成单件，然后对单件进行加工。

a)　　　　　　　　　　　　b)

图6-7　滑键零件图与毛坯图
a）零件图　b）毛坯图

知识要点三 定位基准的选择

定位基准的选择对于保证零件的尺寸精度、位置精度以及合理安排加工顺序都有很大影响，当使用夹具安装工件时，定位基准的选择还会影响夹具结构的复杂程度。因此，定位基准的选择是制订工艺规程时必须认真考虑的一个重要工艺问题。

1. 基准的概念及其分类

基准是指确定零件上某些点、线、面位置时所依据的那些点、线、面，或者说是用来确定生产对象上几何要素间的几何关系所依据的那些点、线、面。

按其作用的不同，基准可分为设计基准和工艺基准两大类。

（1）设计基准 设计基准是指零件设计图上用来确定其他点、线、面位置关系所采用的基准。如图 6-8 所示，该轴的中心线即设计基准。

图 6-8 设计基准的实例

（2）工艺基准 工艺基准是指在加工或装配过程中所使用的基准。工艺基准根据其使用场合的不同，又可分为工序基准、定位基准、测量基准和装配基准四种。

1）工序基准。在工序图上，用来确定本工序所加工表面加工后的尺寸、形状、位置的基准，即工序图上的基准，如图 6-9 所示。

2）定位基准。在加工时用作定位的基准，它是工件上与夹具定位元件直接接触的点、线、面。如图 6-10 所示，C、D 即定位基准。

图 6-9 工序基准的实例   图 6-10 定位基准的实例

3）测量基准。在测量零件已加工表面的尺寸和位置时所采用的基准，如图 6-11 所示。

4）装配基准。装配时用来确定零件或部件在产品中的相对位置所采用的基准，如图 6-12 所示。

2. 基准问题的分析

分析基准时，必须注意以下几点。

1）基准是制订工艺的依据，必然是客观存在的。当作为基准的是轮廓要素，如平面、圆柱面等时，容易直接接触到，也比较直观。但是有些作为基准的是中心要素，如圆心、球心、对称中心线等时，则无法触及，然而它们却也是客观存在的。

2）当作为基准的要素无法触及时，通常由某些具体的表面来体现，这些表面称为基面。如轴的定位可以外圆柱面为定位基面，这类定位基准的选择则转化为恰当地选择定位基面的问题。

图 6-11　测量基准的实例　　　　　图 6-12　装配基准的实例

3）作为基准，可以是没有面积的点、线以及面积极小的面。但是工件上代表这种基准的基面总是有一定接触面积的。

4）不仅表示尺寸关系的基准问题如上所述，表示位置精度的基准关系也是如此。

3. 定位基准的选择

选择定位基准时应符合两点要求：

1）各加工表面应有足够的加工余量，非加工表面的尺寸、位置符合设计要求。

2）定位基面应有足够大的接触面积和分布面积，以保证能承受大的切削力，保证定位稳定可靠。

定位基准可分为粗基准和精基准。若选择未经加工的表面作为定位基准，这种基准称为粗基准。若选择已加工的表面作为定位基准，则这种定位基准称为精基准。粗基准考虑的重点是如何保证各加工表面有足够的加工余量，而精基准考虑的重点是如何减少误差。在选择定位基准时，通常是从保证加工精度要求出发的，因而分析定位基准选择的顺序应从精基准到粗基准。

（1）精基准的选择　　选择精基准应考虑如何保证加工精度和装夹可靠方便，一般应遵循以下原则。

1）基准重合原则：即应尽可能选择设计基准作为定位基准，这样可以避免基准不重合引起的误差。如图 6-13 所示为采用调整法加工 C 面，则尺寸 c 的加工误差 T_c 不仅包含本工序的加工误差 Δ_j，还包括基准不重合带来的设计基准与定位基准之间的尺寸误差 T_a。如果采用如图 6-14 所示的方式安装工件，则可消除基准不重合误差。

2）基准统一原则：即应尽可能采用同一个定位基准加工工件上的各个表面。采用基准统一原则可以简化工艺规程的制订，减少夹具数量，节约夹具设计和制造费用；同时由于减少了基准的转换，更有利于保证各表面间的相互位置精度。利用两中心孔加工轴类零件的各外圆表面即符合基准统一原则。

3）互为基准原则：即对工件上两个相互位置精度要求比较高的表面进行加工时，可以利用两个表面互相作为基准，反复进行加工，以保证位置精度要求。例如，为保证套类零件内外圆柱面有较高的同轴度要求，可先以孔为定位基准加工外圆，再以外圆为定位基准加工内孔，这样反复多次，就可使两者的同轴度达到要求。

图6-13 基准不重合误差示例   图6-14 基准重合工件安装示意图

4）自为基准原则：即某些加工表面加工余量小而均匀时，可选择加工表面本身作为定位基准。如图6-15所示，在导轨磨床上磨削床身导轨面时，就是以导轨面本身为基准，用百分表来找正定位的。

图6-15 自为基准实例

5）准确可靠原则：即所选基准应保证工件定位准确、安装可靠；夹具设计简单、操作方便。

（2）粗基准的选择 粗基准选择应遵循以下原则。

1）为了保证重要加工表面加工余量均匀，应选择重要加工表面作为粗基准。

2）为了保证非加工表面与加工表面之间的相对位置精度要求，应选择非加工表面作为粗基准；当零件上同时具有多个非加工面时，应选择与加工面位置精度要求最高的非加工表面作为粗基准。

3）有多个表面需要一次加工时，应选择精度要求最高或者加工余量最小的表面作为粗基准。

4）粗基准在同一尺寸方向上通常只允许使用一次。

5）选作粗基准的表面应平整光滑，有一定面积，无飞边、浇口、冒口，以保证定位稳定、夹紧可靠。

无论是粗基准还是精基准的选择，上述原则都不可能同时满足，有时甚至互相矛盾，因此选择基准时，必须具体情况具体分析，权衡利弊，保证零件的主要设计要求。

知识要点四 工艺路线的拟订

拟订工艺路线是制订工艺规程的关键一步，它不仅影响零件的加工质量和效率，而且影响设备投资、生产成本甚至工人的劳动强度。拟订工艺路线时，在选择好定位基准后，紧接着需要考虑如下几方面的问题。

1. 表面加工方法的选择

表面加工方法的选择就是为零件上每一个有质量要求的表面选择一套合理的加工方法。在选择时，一般先根据表面精度和表面粗糙度要求选择最终加工方法，然后确定精加工前前期工序的加工方法。选择的加工方法既要保证零件的表面质量，又要争取高生产率，同时还应考虑以下因素。

1）首先应根据每个加工表面的技术要求，确定加工方法和分几次加工。

2）应选择相应的能获得经济精度和经济表面粗糙度的加工方法。加工时，不要盲目采用高加工精度和小的表面粗糙度值的加工方法，以免增加生产成本，浪费设备资源。

3）应考虑工件材料的性质。例如，淬火钢精加工应采用磨床，但有色金属的精加工为避免磨削时堵塞砂轮，则应采用金刚镗或高速精细车削等。

4）要考虑工件的结构和尺寸。例如，对于IT7精度的孔，采用镗、铰、拉和磨削等都可达到要求，但箱体上的孔一般不宜采用拉或磨削，大孔宜选择镗削，小孔则宜选择铰孔。

5）要根据生产类型选择加工方法。大批量生产时，应采用生产率高、质量稳定的专用设备和专用工艺装备加工。单件小批生产时，则只能采用通用设备和工艺装备以及一般的加工方法。

6）还应考虑本企业的现有设备情况和技术条件以及充分利用新工艺、新技术的可能性。应充分利用企业的现有设备和工艺手段，节约资源，发挥群众的创造性，挖掘企业潜力；同时应重视新技术、新工艺，设法提高企业的生产工艺水平。

7）其他特殊要求。例如工件表面纹路要求、表面力学性能要求等。

2. 加工阶段的划分

为了保证零件的加工质量和合理地使用设备、人力，零件往往不可能在一个工序内完成全部加工工作，而是通常将整个加工过程划分为粗加工、半精加工和精加工三大阶段。

粗加工阶段的任务是高效地切除各加工表面的大部分余量，使毛坯在形状和尺寸上接近成品；半精加工阶段的任务是消除粗加工留下的误差，为主要表面的精加工做准备，并完成一些次要表面的加工；精加工阶段的任务是从工件上切除少量余量，保证各主要表面达到图样规定的质量要求。另外，对零件上精度和表面质量要求特别高的表面，还应在精加工后增加光整加工，称为光整加工阶段。

划分加工阶段的主要原因有：

（1）保证零件加工质量 粗加工时切除的金属层较厚，会产生较大的切削力和切削热，所需的夹紧力也较大，因而工件会产生较大的弹性变形和热变形；另外，粗加工后由于内应力重新分布，也会使工件产生较大的变形。划分加工阶段后，粗加工造成的误差将通过半精加工和精加工予以纠正。

（2）有利于合理使用设备 粗加工时可使用功率大、刚度好而精度较低的高效率机床，以提高生产率，而精加工则可使用高精度机床，以保证加工精度要求。这样既充分发挥了机床的性能特点，又避免了以粗干精，同时延长了高精度机床的使用寿命。

（3）便于及时发现毛坯缺陷 由于粗加工切除了各表面的大部分余量，毛坯的缺陷如气孔、砂眼、余量不足等可及早被发现，以及时修补或报废，从而避免继续加工而造成的浪费。

（4）避免损伤已加工表面 将精加工安排在最后，可以保护精加工表面在加工过程中少受损伤或不受损伤。

（5）便于安排必要的热处理工序 划分加工阶段后，在机械加工过程中适当的时机插入热处理工序，可使冷、热工序配合得更好，避免因热处理带来的变形。

值得指出的是，加工阶段的划分不是绝对的。例如，对那些加工质量要求不高、刚性较好、毛坯精度较高、加工余量小的工件，也可不划分或少划分加工阶段；对于一些刚性好的重型零件，由于装夹、运输费时，也常在一次装夹中完成粗、精加工。此时为了弥补不划分加工阶段引起的缺陷，可在粗加工之后松开工件，让工件的变形得到恢复后，用较小的夹紧力重新夹紧工件再进行精加工。

3. 加工顺序的安排

复杂零件的机械加工要经过切削加工、热处理和辅助工序，在拟订工艺路线时必须将三者统筹考虑，合理安排顺序。

（1）切削加工工序顺序的安排原则 切削工序安排的总原则是：前期工序必须为后续工序创造条件，做好基准准备，具体原则如下：

1）基准先行。零件加工一开始，总是先加工精基准，然后再用精基准定位加工其他表面。例如，对于箱体零件，一般是以主要孔为粗基准加工平面，再以平面为精基准加工孔系；对于轴类零件，一般是以外圆为粗基准加工中心孔，再以中心孔为精基准加工外圆、端面等其他表面。如果有几个精基准，则应该按照基准转换的顺序和逐步提高加工精度的原则来安排基面和主要表面的加工。

2）先主后次。零件的主要表面一般都是加工精度或表面质量要求比较高的表面，它们的加工质量好坏对整个零件的质量影响很大，其加工工序往往也比较多，因此应先安排主要表面的加工，再将其他表面加工适当安排在它们中间穿插进行。通常将装配基准面、工作表面等视为主要表面，而将键槽、紧固用的光孔和螺孔等视为次要表面。

3）先粗后精。一个零件通常由多个表面组成，各表面的加工一般都需要分阶段进行。在安排加工顺序时，应先集中安排各表面的粗加工，中间根据需要依次安排半精加工，最后安排精加工和光整加工。对于精度要求较高的工件，为了减小因粗加工引起的变形对精加工的影响，通常粗、精加工不应连续进行，而应分阶段、间隔适当时间进行。

4）先面后孔。对于箱体、支架和连杆等工件，应先加工平面后加工孔。因为平面的轮廓平整、面积大，先加工平面再以平面定位加工孔，既能保证加工孔时有稳定可靠的定位基准，又有利于保证孔与平面间的位置精度。

（2）热处理工序的安排 热处理工序在工艺路线中的安排，主要取决于零件的材料和热处理的目的。根据热处理的目的，热处理工序一般可分为以下几种。

1）预备热处理。预备热处理的目的是消除毛坯制造过程中产生的内应力，改善金属材料的切削加工性能，为最终热处理做准备。属于预备热处理的有调质、退火、正火等，一般安排在粗加工前、后。预备热处理安排在粗加工前，可改善材料的切削加工性能；安排在粗加工后，有利于消除残余应力。

2）最终热处理。最终热处理的目的是提高金属材料的力学性能，如提高零件的硬度和耐磨性等。属于最终热处理的有淬火 - 回火、渗碳淬火 - 回火、渗氮等，对于仅仅要求改善力学性能的工件，有时正火、调质等也作为最终热处理。最终热处理一般应安排在粗加工、半精加工之后，精加工的前后。变形较大的热处理，如渗碳淬火、调质等，应安排在精加工前进行，以便在精加工时纠正热处理的变形；变形较小的热处理，如渗氮等，则可安排在精加工之后进行。

3）时效处理。时效处理的目的是消除内应力、减少工件变形。时效处理分自然时效、人工时效和冰冷处理三大类。自然时效是指将铸件在露天放置几个月或几年；人工时效是指将铸件以 $50 \sim 100 ℃/h$ 的速度加热到 $500 \sim 550 ℃$，保温数小时或更久，然后以 $20 \sim 50 ℃/h$ 的速度随炉冷却；冰冷处理是指将零件置于 $-80 \sim 0 ℃$ 的某种气体中停留 $1 \sim 2h$。时效处理一般安排在粗加工之后、精加工之前；对于精度要求较高的零件可在半精加工之后再安排一次时效处理。冰冷处理一般安排在回火处理之后、精加工之后或工艺过程的最后。

4）表面处理。为了表面防腐或表面装饰，有时需要对表面进行涂镀或发蓝等处理。涂镀是指在金属、非金属基体上沉积一层所需的金属或合金的过程。发蓝处理是一种钢铁的氰化处理，是指将钢件放入一定温度的碱性溶液中，使零件表面生成 $0.6 \sim 0.8\,\mu m$ 致密而牢固的 Fe_3O_4 氧化膜的过程。依处理条件的不同，该氧化膜的颜色由亮蓝色过渡到亮黑色，所以又称为煮黑处理。这种表面处理通常安排在工艺过程的最后。

（3）辅助工序的安排　辅助工序包括工件的检验、去毛刺、清洗、去磁和防锈等。辅助工序也是机械加工的必要工序，安排不当或遗漏，会给后续工序和装配带来困难，影响产品质量甚至机器的使用性能。例如，未去毛刺的零件装配到产品中会影响装配精度或危及工人安全，机器运行一段时间后，毛刺变成碎屑后混入润滑油中，将影响机器的使用寿命；用磁力夹紧过的零件如果不安排去磁，则可能将微细切屑带入产品中，也必然会严重影响机器的使用寿命，甚至还可能造成不必要的事故。因此，必须十分重视辅助工序的安排。

检验是最主要的辅助工序，它对保证产品质量有重要的作用。检验工序应安排在：

1）粗加工阶段结束后；

2）转换车间的前后，特别是进入热处理工序的前后；

3）重要工序之前或加工工时较长的工序前后；

4）特种性能检验，如磁力探伤、密封性检验等之前；

5）全部加工工序结束之后。

4．工序的集中与分散

拟订工艺路线时，选定了各表面的加工工序和划分加工阶段之后，就可以将同一阶段中的各加工表面组合成若干工序。确定工序数目或工序内容的多少有工序集中和工序分散两种原则，它和设备类型的选择密切相关。

（1）工序集中与工序分散的概念　工序集中就是将工件的加工集中在少数几道工序内完成，每道工序的加工内容较多。工序集中又可分为：采用技术措施集中的机械集中，如采用多刀、多刃、多轴或数控机床加工等；采用人为组织措施集中的组织集中，如卧式车床的顺序加工。

工序分散则是将工件的加工分散在较多的工序内完成，每道工序的加工内容很少，有时甚至每道工序只有一个工步。

（2）工序集中与工序分散的特点

1）工序集中的特点：

① 采用高效率的专用设备和工艺装备，生产率高；

② 减少了装夹次数，易于保证各表面间的相互位置精度，缩短辅助时间；

③ 工序数目少，机床数量、操作工人数量和生产面积都可减少，节省人力、物力，还可简化生产计划和组织工作；

④ 工序集中通常需要采用专用设备和工艺装备，使得投资大，设备和工艺装备的调整、维修较为困难，生产准备工作量大，转换新产品较麻烦。

2）工艺分散的特点：

① 设备和工艺装备简单、调整方便，工人便于掌握，容易适应产品的变换；

② 可以采用最合理的切削用量，减少基本生产时间；

③ 对操作工人的技术水平要求较低；

④ 设备和工艺装备数量多、操作工人多、生产占地面积大。

工序集中与分散各有特点，应根据生产类型、零件的结构和技术要求、现有生产条件等综合分析后选用。如批量小时，为简化生产计划，多将工序适当集中，使各通用机床完成更多表面的加工，以减少工序数目；而批量较大时就可采用多刀、多轴等高效机床将工序集中。由于工序集中的优点较多，现代生产的发展多趋向于工序集中。

（3）工序集中与工序分散的选择　工序集中与工序分散各有利弊，应根据企业的生产规模、产品的生产类型、现有的生产条件、零件的结构特点和技术要求、各工序的生产节拍，进行综合分析后选定。

一般说来，单件小批生产可采用组织集中，以便简化生产组织工作；大批大量生产可采用较复杂的机械集中；对于结构简单的产品，可采用工序分散的原则；批量生产应尽可能采用高效机床，使工序适当集中。对于重型零件，为了减少装卸运输工作量，工序应适当集中；而对于刚性较差且精度高的精密工件，则工序应适当分散。随着科学技术的进步和先进制造技术的发展，目前的发展趋势是倾向于采用工序集中原则。

知识要点五　工序内容的设计

1. 设备及工艺装备的选择

（1）设备的选择　确定了工序集中或工序分散的原则后，基本上也就确定了设备的类型。如采用工序集中，则宜选用高效自动加工设备；若采用工序分散，则加工设备可较简单。此外，选择设备时还应考虑：

1）机床精度与工件精度相适应；

2）机床规格与工件的外形尺寸相适应；

3）选择的机床应与现有加工条件相适应，如设备负荷的平衡状况等；

4）如果没有现成设备供选用，经过方案的技术经济分析后，也可提出专用设备的设计任务书或改装旧设备。

（2）工艺装备的选择　工艺装备选择得合理与否，将直接影响工件的加工精度、生产率和经济效益。应根据生产类型、具体加工条件、工件结构特点和技术要求等选择工艺装备。

1）夹具的选择。单件、小批生产应首先采用各种通用夹具和机床附件，如卡盘、机用平口钳、分度头等；对于大批和大量生产，为提高生产率，应采用专用高效夹具；多品种中、小批量生产可采用可调夹具或成组夹具。

2）刀具的选择。一般优先采用标准刀具。若采用机械集中，可选用各种高效的专用刀具、复合刀具和多刃刀具等。刀具的类型、规格和精度等级应符合加工要求。

3）量具的选择。单件、小批生产应广泛采用通用量具，如游标卡尺、百分尺和千分表等；大批、大量生产应采用极限量块和高效的专用检验夹具和量仪等。量具的精度必须与加工精度相适应。

2. 加工余量的确定

（1）加工余量的基本概念　加工余量是指在加工中被切除的金属层厚度。加工余量有工序余量和总余量之分。

1）工序余量：相邻两工序的工序尺寸之差，如图 6-16 所示。

计算工序余量 Z 时，平面类非对称表面，应取单边余量：

对于外表面：

$$Z = a - b \tag{6-2}$$

对于内表面：

$$Z = b - a \tag{6-3}$$

式中　　Z——本工序的工序余量；

　　　　a——前道工序的工序尺寸；

　　　　b——本工序的工序尺寸。

旋转表面的工序余量则是对称的双边余量：

对于被包容面：

$$Z = d_a - d_b \qquad (6\text{-}4)$$

对于包容面：

$$Z = d_b - d_a \qquad (6\text{-}5)$$

式中　　Z——直径上的加工余量；

　　　　d_a——前道工序的加工直径；

　　　　d_b——本工序的加工直径。

图6-16　加工余量

由于工序尺寸有公差，故实际切除的余量大小不等。因此，工序余量也是一个变动量。

当工序尺寸用尺寸计算时，所得的加工余量称为基本余量或者公称余量。

保证该工序加工表面的精度和质量所需切除的最小金属层厚度称为最小余量 Z_{min}，该工序余量的最大值则称为最大余量 Z_{max}。

图6-17表示了工序余量与工序尺寸及其公差的关系。

图6-17　工序余量与工序尺寸及其公差的关系

工序余量和工序尺寸及公差的关系式为

$$Z = Z_{min} + T_a \qquad (6\text{-}6)$$

$$Z_{max} = Z + T_b = Z_{min} + T_a + T_b \qquad (6\text{-}7)$$

由此可知，

$$T_z = Z_{max} - Z_{min} = (Z_{min} + T_a + T_b) - Z_{min} = T_a + T_b \qquad (6\text{-}8)$$

即：余量公差等于前道工序与本工序的尺寸公差之和。

式中　　T_a——前道工序尺寸的公差；

　　　　T_b——本工序尺寸的公差；

　　　　T_z——本工序的余量公差。

为了便于加工，工序尺寸公差都按"入体原则"标注，即被包容面的工序尺寸公差取上极限偏差为零；包容面的工序尺寸公差取下极限偏差为零；而毛坯尺寸公差按双向布置上、下极限偏差。

2）总余量：工件在由毛坯到成品的整个加工过程中某一表面被切除金属层的总厚度，即

$$Z_总 = Z_1 + Z_2 + \cdots + Z_n \qquad (6\text{-}9)$$

式中　　　　　　　$Z_总$——加工总余量；

　　　　Z_1、Z_2、$\cdots$、Z_n——各道工序余量。

（2）影响加工余量的因素　影响加工余量的因素是多方面的，主要有：

1）前道工序的表面粗糙度值 Ra 和表面层缺陷层厚度 D_a；

2）前道工序的尺寸公差 T_a；

3）前道工序的几何误差 ρ_a，如工件表面的弯曲、工件的空间位置误差等；

4）本工序的安装误差 ε_b。

因此，本工序的加工余量必须满足：

对称余量：

$$Z \geqslant 2(R_a + D_a) + T_a + 2\,|\rho_a + \varepsilon_b| \tag{6-10}$$

单边余量：

$$Z \geqslant R_a + D_a + T_a + |\rho_a + \varepsilon_b| \tag{6-11}$$

（3）加工余量的确定　加工余量的大小对工件的加工质量、生产率和生产成本均有较大影响。加工余量过大，不仅增加机械加工的劳动量、降低生产率，而且增加了材料、刀具和电力的消耗，提高了加工成本；加工余量过小，则既不能消除前道工序的各种表面缺陷和误差，又不能补偿本工序加工时工件的安装误差，造成废品。因此，应合理地确定加工余量。

确定加工余量的基本原则是在保证加工质量的前提下，加工余量越小越好。

实际工作中，确定加工余量的方法有以下三种。

1）查表法。根据有关手册提供的加工余量数据，再结合本厂生产实际情况加以修正后确定加工余量。这是各工厂广泛采用的方法。

2）经验估计法。根据工艺人员本身积累的经验确定加工余量。一般为了防止余量过小而产生废品，所估计的余量总是偏大，常用于单件、小批量生产。

3）分析计算法。根据理论公式和一定的试验资料，对影响加工余量的各因素进行分析、计算来确定加工余量。这种方法较合理，但需要全面可靠的试验资料，计算也较复杂，一般只在材料十分贵重或少数大批、大量生产的工厂中采用。

3. 工序尺寸及其公差的确定

工件上的设计尺寸一般都要经过几道工序的加工才能得到，每道工序应保证的尺寸称为工序尺寸。编制工艺规程的一个重要工作就是要确定每道工序的工序尺寸及公差。在确定工序尺寸及公差时，存在工序基准与设计基准重合和不重合两种情况。

（1）基准重合时工序尺寸及其公差的计算　当工序基准、定位基准或测量基准与设计基准重合，表面经多次加工时，工序尺寸及其公差的计算相对来说比较简单。其计算顺序是：先确定各工序的加工方法，然后确定该加工方法所要求的加工余量及其所能达到的精度，再由最后一道工序逐个向前推算，即由零件图上的设计尺寸开始，一直推算到毛坯图上的尺寸。工序尺寸的公差都按各工序的经济精度确定，并按"入体原则"确定上、下极限偏差。

例 6-1　某主轴箱体主轴孔的设计要求为 $\phi100H7$，表面粗糙度值为 $Ra0.8\mu m$。其加工工艺路线为：毛坯—粗镗—半精镗—精镗—浮动镗。试确定各工序尺寸及其公差。

解　从机械工艺手册查得各工序的加工余量和所能达到的精度，具体数值见表6-6中的第二、三列，计算结果见表6-6中的第四、五列。

（2）基准不重合时工序尺寸及其公差的计算　加工过程中，工件的尺寸是不断变化的，由毛坯尺寸到工序尺寸，最后达到满足零件性能要求的设计尺寸。一方面，由于加工的需要，在工序图以及工艺卡上要标注一些专供加工用的工艺尺寸，工艺尺寸往往不是直接采用零件图上的尺寸，而是需要另行计算；另一方面，在进行零件加工时，有时需要多次转换基准，因而引起工序基准、定位基准或测量基准与设计基准不重合，这时需要利用工艺尺寸链原理来进行工序尺寸及其公差的计算。

表6-6 主轴孔工序尺寸及公差的计算

工序名称	工序余量	工序的经济精度	工序公称尺寸	工序尺寸及公差
浮动镗	0.1mm	H7($^{+0.035}_{0}$)	100mm	$\phi 100^{+0.035}_{0}$mm,$Ra0.8\mu m$
精镗	0.5mm	H9($^{+0.087}_{0}$)	100mm−0.1mm=99.9mm	$\phi 99.9^{+0.087}_{0}$mm,$Ra1.6\mu m$
半精镗	2.4mm	H11($^{+0.22}_{0}$)	99.9mm−0.5mm=99.4mm	$\phi 99.4^{+0.22}_{0}$mm,$Ra6.3\mu m$
粗镗	5mm	H13($^{+0.54}_{0}$)	99.4mm−2.4mm=97mm	$\phi 97^{+0.54}_{0}$mm,$Ra12.5\mu m$
毛坯孔	8mm	±1.2mm	97mm−5mm=92mm	$\phi 92$mm±1.2mm

1）工艺尺寸链的基本概念。下面介绍工艺尺寸链的定义及组成。

① 工艺尺寸链的定义。加工图6-18所示零件，零件图上标注的设计尺寸为A_1和A_0。当用零件的面A来定加工面B时，得尺寸A_1，仍以面A定位加工面C，保证尺寸A_2，于是A_1、A_2和A_0就形成了一个封闭的图形。这种由相互联系的尺寸按一定顺序首尾相接排列成的尺寸封闭图形就称为尺寸链。由单个零件在工艺过程中的有关工艺尺寸所组成的尺寸链，称为工艺尺寸链。

② 工艺尺寸链的组成。组成工艺尺寸链的各个尺寸称为尺寸链的环。这些环可分为封闭环和组成环。

A. 封闭环：尺寸链中最终间接获得或间接保证精度的那个环。每个尺寸链中必有且只有一个封闭环。

图6-18 加工过程中的尺寸链

B. 组成环：除封闭环以外的其他环都称为组成环。组成环又分为增环和减环。

a. 增环（A_i）：若其他组成环不变，某组成环的变动引起封闭环随之同向变动，则该环为增环。

b. 减环（A_j）：若其他组成环不变，某组成环的变动引起封闭环随之异向变动，则该环为减环。

工艺尺寸链一般都用工艺尺寸链图表示。建立工艺尺寸链时，应首先对工艺过程和工艺尺寸进行分析，确定间接保证精度的尺寸，并将其定为封闭环，然后再从封闭环出发，按照零件表面尺寸间的联系，用首尾相接的单向箭头顺序表示各组成环，这种尺寸图就是尺寸链图。根据上述定义，利用尺寸链图即可迅速判断组成环的性质，凡与封闭环箭头方向相同的环即为减环，而与封闭环箭头方向相反的环即为增环。

③ 工艺尺寸链的特性。通过上述分析可知，工艺尺寸链的主要特性是封闭性和关联性。所谓封闭性，是指尺寸链中各尺寸的排列呈封闭形式，没有封闭不能成为尺寸链。所谓关联性，是指尺寸链中任何一个直接获得的尺寸及其变化，都将影响间接获得或间接保证的那个尺寸及其精度的变化。

2）工艺尺寸链计算的基本公式。工艺尺寸链的计算方法有两种，即极值法和概率法，这里仅介绍生产中常用的极值法。

① 封闭环的公称尺寸：封闭环的公称尺寸等于组成环尺寸的代数和，即

$$A_\Sigma = \sum_{i=1}^{m} \overrightarrow{A_i} - \sum_{j=m+1}^{n-1} \overleftarrow{A_j} \tag{6-12}$$

式中 A_Σ——封闭环的尺寸；

$\overrightarrow{A_i}$——增环的公称尺寸；

$\overleftarrow{A_j}$——减环的公称尺寸；

m ——增环的环数；

n ——包括封闭环在内的尺寸链的总环数。

② 封闭环的极限尺寸：封闭环的上极限尺寸等于所有增环的上极限尺寸之和减去所有减环的下极限尺寸之和；封闭环的下极限尺寸等于所有增环的下极限尺寸之和减去所有减环的上极限尺寸之和。故极值法也称为极大极小法，即

$$A_{\Sigma\max} = \sum_{i=1}^{m} \overrightarrow{A_{i\max}} - \sum_{j=m+1}^{n-1} \overleftarrow{A_{j\min}} \tag{6-13}$$

$$A_{\Sigma\min} = \sum_{i=1}^{m} \overrightarrow{A_{i\min}} - \sum_{j=m+1}^{n-1} \overleftarrow{A_{j\max}} \tag{6-14}$$

③ 封闭环的上极限偏差 $B_s(A_\Sigma)$ 与下极限偏差 $B_x(A_\Sigma)$：封闭环的上极限偏差等于所有增环的上极限偏差之和减去所有减环的下极限偏差之和，即

$$B_s(A_\Sigma) = \sum_{i=1}^{m} B_s(\overrightarrow{A_i}) - \sum_{j=m+1}^{n-i} B_x(\overleftarrow{A_j}) \tag{6-15}$$

封闭环的下极限偏差等于所有增环的下极限偏差之和减去所有减环的上极限偏差之和，即

$$B_x(A_\Sigma) = \sum_{i=1}^{m} B_x(\overrightarrow{A_i}) - \sum_{j=m+1}^{n-i} B_s(\overleftarrow{A_j}) \tag{6-16}$$

④ 封闭环的公差 $T(A_\Sigma)$：封闭环的公差等于所有组成环公差之和，即

$$T(A_\Sigma) = \sum_{i=1}^{n-i} T(A_i) \tag{6-17}$$

⑤ 计算封闭环的竖式：计算封闭环时还可列竖式进行解算。解算时应用口诀：增环上、下极限偏差照抄；减环上、下极限偏差对调、反号。即：

环的类型		公称尺寸	上极限偏差 ES	下极限偏差 EI
增 环	$\overrightarrow{A_1}$	$+ A_1$	ES_{A1}	EI_{A1}
	$\overrightarrow{A_2}$	$+ A_2$	ES_{A2}	EI_{A2}
减 环	$\overleftarrow{A_3}$	$- A_3$	$- EI_{A3}$	$- ES_{A3}$
	$\overleftarrow{A_4}$	$- A_4$	$- EI_{A4}$	$- ES_{A4}$
封闭环	A_Σ	A_Σ	$ES_{A\Sigma}$	$EI_{A\Sigma}$

3）工艺尺寸链的计算形式。工艺尺寸链的计算形式有正计算、反计算和中间计算三种形式。

① 正计算形式：已知各组成环尺寸求封闭环尺寸。其计算结果是唯一的。产品设计的校验常用这种形式。

② 反计算形式：已知封闭环尺寸求各组成环尺寸。由于组成环通常有若干个，所以反计算形式需将封闭环的公差值按照尺寸大小和精度要求合理地分配给各组成环。产品设计常用此形式。

③ 中间计算形式：已知封闭环尺寸和部分组成环尺寸求某一组成环尺寸。该方法应用最广，常用于加工过程中基准不重合时计算工序尺寸。尺寸链多属这种计算形式。

4）工艺尺寸链的分析与解算。常用的工艺尺寸链的分析与计算有以下几种形式。

① 测量基准与设计基准不重合时的工艺尺寸及其公差的确定。在工件加工过程中，有时会遇到一些表面加工之后，按设计尺寸不便直接测量的情况，因此需要在零件上另选一个容易测量

的表面作为测量基准进行测量，以间接保证设计尺寸的要求。这时就需要进行工艺尺寸的解算。

例6-2 加工图6-19所示轴承座，设计尺寸为 $50_{-0.10}^{0}$ mm 和 $10_{-0.05}^{0}$ mm。由于设计尺寸 $50_{-0.10}^{0}$ mm 在加工时无法直接测量，只好通过测量尺寸 x 来间接保证它。尺寸 $50_{-0.10}^{0}$ mm、$10_{-0.05}^{0}$ mm 和 x 就形成了一组工艺尺寸链。分析该尺寸链可知，尺寸 $50_{-0.10}^{0}$ mm 为封闭环，尺寸 $10_{-0.05}^{0}$ mm 为减环，x 为增环。

解 利用尺寸链的解算公式可知，

尺寸链图如下：

$x = 50\text{mm} + 10\text{mm} = 60\text{mm}$

$ES_x = 0\text{mm} + (-0.05)\text{mm} = -0.05\text{mm}$

$EI_x = -0.10\text{mm} - 0\text{mm} = -0.10\text{mm}$

因此，$x = 60_{-0.10}^{-0.05}$ mm。

计算上面的尺寸链，由于环数少，利用尺寸链解算公式比较简便。不过，公式记忆起来有时会让人感到有些困难，甚至容易弄混；如果尺寸链环数很多，利用尺寸链解算公式计算起来还会比较麻烦，并且容易出错。下面介绍一种用竖式解算尺寸链的方法。

利用竖式解算尺寸链时，必须用一句口诀对增环、减环的上、下极限偏差进行处理。这句口诀是："增环上、下极限偏差照抄，减环上、下极限偏差对调并反号"。仍以例6-2为例，由尺寸链图可知，尺寸 $50_{-0.10}^{0}$ mm 为封闭环，尺寸 $10_{-0.05}^{0}$ mm 为减环，x 为增环。将该尺寸链列竖式则为：

公称尺寸	上极限偏差 ES	下极限偏差 EI
$x = 60$	-0.05	-0.10
-10	+0.05	0
$A_{\Sigma} = 50$	0	-0.10

同样解得：$x = 60_{-0.10}^{-0.05}$ mm。

② 定位基准与设计基准不重合时的工艺尺寸及其公差的确定。采用调整法加工零件时，若所选的定位基准与设计基准不重合，那么该加工表面的设计尺寸就不能由加工直接得到，这时就需要进行工艺尺寸的换算，以保证设计尺寸的精度要求，并将计算的工序尺寸标注在工序图上。

例6-3 加工图6-20所示零件，A、B、C 面在镗孔前已经过加工，镗孔时，为方便工件装夹，选择 A 面为定位基准来进行加工，而孔的设计基准为 C 面，显然，这属于定位基准与设计基准不重合。加工时镗刀需按定位 A 面来进行调整，故应先计算出工序尺寸 A_3。

图6-19 测量基准与设计基准不重合

解 据题意作出工艺尺寸链简图（图6-20b）。由于 A、B、C 面在镗孔前已加工，故 A_1、A_2 在本工序前就已被保证精度，A_3 为本道工序直接保证精度的尺寸，故三者均为组成环，而 A_0 为本工序加工后才得到的尺寸，A_0 为封闭环。由工艺尺寸链简图可知，组成环 A_2 和 A_3 是增环，A_1 是减环。为使计算方便，现将各尺寸都换算成平均尺寸。由此列竖式：

图 6-20 定位基准与设计基准不重合

公称尺寸	ES	EI
A_3 300.08	+0.07	-0.07
A_2 79.97	+0.03	-0.03
A_1 -280.05	+0.05	-0.05
A_0 100	+0.15	-0.15

解得：$A_3 = 300.08 \pm 0.07 \text{mm} = 300^{+0.15}_{+0.01} \text{mm}$。

③ 工序基准是尚需加工的设计基准时的工序尺寸及其公差的计算。从待加工的设计基准（一般为基面）标注工序尺寸，因为待加工的设计基准与设计基准两者差一个加工余量，所以这仍然可以作为设计基准与定位基准不重合的问题进行解算。

例 6-4 某零件的外圆 $\phi 108^{0}_{-0.013}\text{mm}$ 要渗碳，渗碳深度为 $0.8 \sim 1.0\text{mm}$。外圆加工顺序安排是：先按 $\phi 108.6^{0}_{-0.03}\text{mm}$ 车外圆，然后渗碳并淬火，其后再按 $\phi 108^{0}_{-0.013}\text{mm}$ 磨此外圆，所留渗碳层深度要在 $0.8 \sim 1.0\text{mm}$ 范围内。试求渗碳工序的渗入深度应控制在多大的范围。

解 根据题意作尺寸链图，由尺寸链图可知，$1.6^{+0.4}_{0}\text{mm}$ 为封闭环。列竖式求解为：

公称尺寸	ES	EI
增环 108	0	-0.013
$F = 2.2$	+0.37	+0.013
减环 -108.6	+0.03	0
封闭环 1.6	+0.4	0

由此解得：$F = 2.2^{+0.370}_{+0.013}\text{mm}$。

因此，渗碳工序的渗入深度应控制在 $1.107 \sim 1.285\text{mm}$ 范围内。

第三节 机械加工生产率和技术经济分析

制订工艺规程的根本任务在于在保证产品质量的前提下，提高劳动生产率和降低成本，即做到高产、优质、低消耗。要达到这一目的，制订工艺规程时还必须对工艺过程认真开展技术经济分析，有效地采取提高机械加工生产率的工艺措施。

知识要点一 时间定额

机械加工生产率是指工人在单位时间内生产的合格产品的数量，或者指制造单件产品所消耗的劳动时间。它是劳动生产率的指标。机械加工生产率通常通过时间定额来衡量。

时间定额是指在一定的生产条件下，规定每个工人完成单件合格产品或某项工作所必需的时间。

时间定额是安排生产计划、核算生产成本的重要依据，也是设计、扩建工厂或车间时计算设备和工人数量的依据。

完成零件一道工序的时间定额称为单件时间。它由下列部分组成：

（1）基本时间（T_b） 基本时间指直接改变生产对象的尺寸、形状、相对位置与表面质量或材料性质等工艺过程所消耗的时间。对机械加工而言，基本时间就是切除金属所耗费的时间（包括刀具切入、切出的时间）。时间定额中的基本时间可以根据切削用量和行程长度来计算。

（2）辅助时间（T_a） 辅助时间指为实现工艺过程所必须进行的各种辅助动作消耗的时间。它包括装卸工件，开、停机床，改变切削用量，试切和测量工件，进刀和退刀等所需的时间。

基本时间与辅助时间之和称为操作时间 T_B。它是直接用于制造产品或零、部件所消耗的时间。

（3）布置工作场地时间（T_{sw}） 布置工作场地时间指为使加工正常进行，工人管理工作场地和调整机床等（如更换、调整刀具，润滑机床，清理切屑，收拾工具等）所需时间，一般按操作时间的 2%~7%（以百分率 α 表示）计算。

（4）生理和自然需要时间（T_r） 生理和自然需要时间指工人在工作班内为恢复体力和满足生理需要等消耗的时间，一般按操作时间的 2%~4%（以百分率 β 表示）计算。

以上四部分时间的总和称为单件时间 T_p，即

$$T_p = T_b + T_a + T_{sw} + T_r = T_B + T_{sw} + T_r = (1 + \alpha + \beta) T_B \tag{6-18}$$

（5）准备与结束时间（T_e） 准备与结束时间简称准终时间，指工人在加工一批产品、零件时进行准备和结束工作所消耗的时间。加工开始前，通常都要熟悉工艺文件，领取毛坯、材料、工艺装备，调整机床，安装工具、刀具和夹具，选定切削用量等；加工结束后，需移交产品，卸下、归还工艺装备等。准终时间对一批工件来说只消耗一次，零件批量越大，分摊到每个工件上的准终时间 T_e/n 就越小，其中 n 为批量。因此，单件或成批生产的单件计算时间 T_c 应为

$$T_c = T_p + T_e/n = T_b + T_a + T_{sw} + T_r + T_e/n \tag{6-19}$$

大批、大量生产中，由于 n 的数值很大，$T_e/n \approx 0$，即可忽略不计，所以大批、大量生产的单件计算时间 T_c 应为

$$T_c = T_p = T_b + T_a + T_{sw} + T_r \tag{6-20}$$

目前技术的发展趋势是倾向于工序集中。

知识要点二 提高机械加工生产率的工艺措施

劳动生产率是一个综合技术经济指标，它与产品设计、生产组织、生产管理和工艺设计都有密切关系。这里讨论提高机械加工生产率的问题，主要从工艺技术的角度，研究如何通过减少时间定额来寻求提高生产率的工艺途径。

1. 缩短基本时间

（1）提高切削用量 增大切削速度、进给量和背吃刀量都可以缩短基本时间，这是机械加工中广泛采用的提高生产率的有效方法。近年来国外出现了聚晶金刚石和聚晶立方氮化硼等新型

刀具材料，切削普通钢材的速度可达 900m/min；加工 60HRC 以上的淬火钢、高镍合金钢，在 980℃时仍能保持其红硬性，切削速度可达 900m/min 以上。高速滚齿机的切削速度可达 65 ~ 75m/min，目前最高滚切速度已超过 300m/min。磨削方面，近年的发展趋势是在不影响加工精度的条件下，尽量采用强力磨削，提高金属切除率，磨削速度已超过 60m/s；而高速磨削速度已达 180m/s 以上。

（2）减少或重合切削行程长度 利用几把刀具或复合刀具对工件的同一表面或几个表面同时进行加工，或者利用宽刃刀具、成形刀具做横向进给同时加工多个表面，实现复合工步，都能减少每把刀的切削行程长度或使切削行程长度部分或全部重合，减少基本时间。

（3）采用多件加工 多件加工可分为顺序多件加工、平行多件加工和平行顺序多件加工三种形式。

顺序多件加工是指工件按进给方向一个接一个地顺序装夹，减少了刀具的切入、切出时间，即减少了基本时间。这种形式的加工常见于滚齿、插齿、龙门刨、平面磨和铣削加工中。

平行多件加工是指工件平行排列，一次进给可同时加工 n 个工件，加工所需基本时间和加工一个工件相同，所以分摊到每个工件的基本时间就减少到原来的 $1/n$，其中 n 为同时加工的工件数。这种方式常见于铣削和平面磨削中。

平行顺序多件加工是上述两种形式的综合，常用于工件较小、批量较大的情况，如立轴平面磨削和立轴铣削加工中。

2. 缩短辅助时间

缩短辅助时间的方法通常是使辅助操作实现机械化和自动化，或使辅助时间与基本时间重合，具体措施有：

（1）采用先进高效的机床夹具 这不仅可以保证加工质量，而且大大减少了装卸和找正工件的时间。

（2）采用多工位连续加工 即在批量和大量生产中，采用回转工作台和转位夹具，在不影响切削加工的情况下装卸工件，使辅助时间与基本时间重合。该方法在铣削平面和磨削平面中得到了广泛的应用，可显著地提高生产率。

（3）采用主动测量或数字显示自动测量装置 零件在加工中需多次停机测量，尤其是精密零件或重型零件更是如此，这样不仅降低了生产率，不易保证加工精度，还增加了工人的劳动强度，而主动测量的自动测量装置能在加工中测量工件的实际尺寸，并能用测量的结果控制机床进行自动补偿调整。该方法在内、外圆磨床上采用，已取得了显著的效果。

（4）采用两个相同夹具交替工作的方法 当一个夹具安装好工件进行加工时，另一个夹具同时进行工件装卸，这样也可以使辅助时间与基本时间重合。该方法常用于批量生产中。

3. 缩短布置工作场地时间

布置工作场地时间主要消耗在更换刀具和调整刀具的工作上。因此，缩短布置工作场地时间主要是减少换刀次数、换刀时间和调整刀具的时间。减少换刀次数就是要延长刀具或砂轮的寿命，而减少换刀和调刀时间是通过改进刀具的装夹和调整方法，采用对刀辅具来实现的，如采用各种机外对刀的快换刀夹具、专用对刀样板或样件以及自动换刀装置等。目前，在车削和铣削中已广泛采用机械夹固的可转位硬质合金刀片，既能减少换刀次数，又减少了刀具的装卸、对刀和刃磨时间，从而大大提高了生产率。

4. 缩短准备与结束时间

缩短准备与结束时间的主要方法是扩大零件的批量和减少调整机床、刀具和夹具的时间。

知识要点三　工艺过程的技术经济分析

制订机械加工工艺规程时，通常应提出几种方案。这些方案应都能满足零件的设计要求，但成本则会有所不同。为了选取最佳方案，需要进行技术经济分析。

1. 生产成本和工艺成本

制造一个零件或一件产品所必需的一切费用的总和，称为该零件或产品的生产成本。生产成本实际上包括与工艺过程有关的费用和与工艺过程无关的费用两类。因此，对不同的工艺方案进行经济分析和评价时，只需分析、评价与工艺过程直接相关的生产费用，即所谓工艺成本。

在进行经济分析时，应首先统计出每一方案的工艺成本，再对各方案的工艺成本进行比较，以其中成本最低、见效最快的为最佳方案。

工艺成本由两部分构成，即可变成本（V）和不变成本（S）。

可变成本（V）是指与生产纲领 N 直接有关，并随生产纲领成正比变化的费用。它包括工件材料（或毛坯）费用、操作工人工资、机床电费、通用机床的折旧费和维修费、通用工艺装备的折旧费和维修费等。

不变成本（S）是指与生产纲领 N 无直接关系，不随生产纲领的变化而变化的费用。它包括调整工人的工资、专用机床的折旧费和维修费、专用工艺装备的折旧费和维修费等。

零件加工的全年工艺成本（E）为

$$E = VN + S \tag{6-21}$$

此式为直线方程，其坐标关系如图 6-21 所示，可以看出，E 与 N 是线性关系，即全年工艺成本与生产纲领成正比，直线的斜率为工件的可变费用，直线的起点为工件的不变费用，当生产纲领产生 ΔN 的变化时，则年工艺成本的变化为 ΔE。

单件工艺成本 E_d 可由式（6-21）变换得到，即

$$E_d = V + S/N \tag{6-22}$$

由图 6-22 可知，E_d 与 N 成双曲线关系，当 N 增大时，E_d 逐渐减小，极限值接近可变费用。

图 6-21　全年工艺成本与生产纲领的关系

图 6-22　单件工艺成本与生产纲领的关系

2. 不同工艺方案的经济性比较

在进行不同工艺方案的经济分析时，常对零件或产品的全年工艺成本进行比较，这是因为全年工艺成本与生产纲领成线性关系，容易比较。设两种不同方案分别为Ⅰ和Ⅱ，它们的全年工艺成本分别为

$$E_1 = V_1 N + S_1$$
$$E_2 = V_2 N + S_2$$

比较两种方案时，往往一种方案的可变费用较大时，另一种方案的不变费用就会较大。如果某方案的可变费用和不变费用均较大，那么该方案在经济上是不可取的。

现在同一坐标图上分别画出方案I和II全年的工艺成本与年产量的关系，如图6-23所示。由图可知，两条直线相交于 $N = N_K$ 处，N_K 称为临界产量，在此年产量时，两种工艺路线的全年工艺成本相等。由 $V_1 N_K + S_1 = V_2 N_K + S_2$ 可得：

$$N_K = (S_1 - S_2) / (V_2 - V_1)$$

当 $N < N_K$ 时，宜采用方案 II，即年产量小时，宜采用不变费用较少的方案；当 $N > N_K$ 时，则宜采用方案 I，即年产量大时，宜采用可变费用较少的方案。

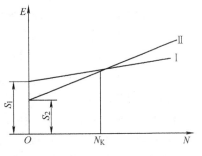

图6-23　两种方案全年工艺成本的比较

如果需要比较的工艺方案中基本投资差额较大，还应考虑不同方案的基本投资差额的回收期。投资回收期必须满足以下要求：

1）小于采用设备和工艺装备的使用年限；

2）小于该产品由于结构性能或市场需求等因素所决定的生产年限；

3）小于国家规定的标准回收期，即新设备的回收期应小于 4 年，新夹具的回收期应小于 2 年。

第四节　计算机辅助工艺设计

知识要点一　成组技术及其在工艺中的应用

1. 成组技术的基本概念

在机械工业中，中小批量生产历来占较大的比重。随着国内外市场竞争日益激烈和现代科学技术的发展，更加速了产品更新换代的周期，多品种、中小批量生产的企业将日益增多。在我国，属于中小批量生产的企业超过 80%。这些企业的生产状况对整个机械工业，甚至对整个国民经济都有巨大的影响。这些企业过去往往采用常规的工艺方法，通用的工艺装备和机床，机群式的生产布局，即所谓"批量法则"。按这种法则组织生产，存在下列问题：

1）生产的组织管理复杂，生产过程控制较难；

2）零件的生产周期较长，在制品数量大；

3）生产准备有很多是重复性劳动，浪费大量时间和精力，生产准备工作量大；

4）限制了先进生产技术的推广使用。

由于存在上述问题，中小批量生产企业的生产水平与经济效益较大批量生产企业要低很多。

成组技术就是在这种形势下，为提高多品种、中小批量生产企业的经济效益而发展起来的一种卓有成效的技术。

成组技术（Group Technology，GT），从广义上讲，就是根据事物之间的相似性，将许多具有相似信息的问题归类成组（族），寻求解决这一组问题的相对统一的最佳方法，以达到节省时间、提高效率的目的。从机械制造角度来讲，成组技术就是将多种零件按其几何形状、尺寸、材料和工艺等方面的相似性分类成零件组（族），并根据各组零件的工艺要求配备相应的机床与工艺装备，采用适当的布置形式，组织成组加工。这样，成组技术就巧妙地把零件品种"多"转化为"少"，把生产批量"小"转化为"大"，从而使中小批量生产可以采用大批量生产中采用的先进技术，获得近于大批量生产的经济效益。

大量统计资料表明，各种机械产品的组成零件大致可分为复杂件（或称特殊件）、相似件和简单件三大类。而其中相似件（如轴、箱体、套、齿轮等）约占零件总数的70%。这些相似件在结构形状、加工工艺方面存在着大量的相似特征。如图6-24a所示的相似件，从结构上看同为回转体而且有孔（属轴套类），加工时都可采用车削、磨削和螺纹加工方法；图6-24b所示的相似件属于平面上有孔的零件，可采用车、铣、钻、磨的加工方法。

因此，成组技术的本质就是将各个产品中工艺上相似的零件集中在一起，以扩大零件的批量，使大批量生产中行之有效的高效率工艺方法和设备，可以用到中、小批量生产中去，以提高经济效益。

图6-24 相似件

2. 成组技术在机械工业中的重要作用

国内外的实践表明，在中小批量生产中将设计、制造和管理看作一个整体系统，全面实施成组技术，可以取得最佳的综合经济效益。综合来看，实施成组技术有以下优点。

（1）提高设计工作的标准化与合理化，减少设计工作量　实施成组工艺后，建立了零件的分类编码系统。在设计新产品图样时，先把要设计零件的结构形状和尺寸大小的构思转化为相应的分类代码，然后按照这些代码去查阅成组零件图册，结合新产品结构设计的需要，或直接使用已有的产品零件图，或对相似产品零件图进行局部修改后加以使用。若以上两种情况均不合适，可重新进行设计，从而大大减少设计工作量。

（2）减少生产准备时间　采用成组技术后，由于新产品的很多零件可沿用原有的图样，则这部分零件的工艺规程和工艺装备就不必重新设计、制造。即使还有小部分零件需重新设计，其中仍有一些可通过分类归并到相应的组中，只需稍加调整即可沿用所属组的工艺规程和工艺装备。

（3）有利于生产管理科学化　采用成组工艺后改变了企业工艺分散、杂乱的状况，减少了不必要的重复设计和工艺上的多样化生产单元，给生产管理带来了方便，并为实现生产组织管理的计算机化创造了条件。

（4）成组技术是计算机辅助设计与制造的基础　成组技术的实施将大量的信息分类成组并使之规格化、标准化，使得信息的储存和交流大为简化，便于施行计算机管理，所以成组技术又是计算机辅助设计（CAD）、计算机辅助工艺规程设计（CAPP）、计算机辅助制造（CAM）和柔性制造系统（FMS）等方面的重要技术基础。

实践表明，采用成组技术可以从根本上解决中小批量生产存在的问题。在机械制造工业中推行成组技术不仅是必要的，而且是可行的，是一项长期而重要的工作。

3. 零件分类成组的方法

目前将零件分类成组常用的方法有视检法、生产流程分析法和编码分类法三种。

视检法是由有生产经验的技术人员通过对零件图样的仔细阅读和判断，把具有某些相同特性的零件划归为一类。

生产流程分析法是以零件生产流程为依据，通过对零件生产流程的分析，将工艺规程相近似的零件划归为一类。采用此法编码的效果与所用的分析方法以及所依据的工厂技术资料有关。

按编码将零件分类成组有助于计算机辅助成组技术的实施。常用的编码分类法有两种。

1）特征码位法。特征码位法是从零件代码中选择反映零件工艺特征的部分代码作为分组的依据，从而得到一系列具有相似工艺特征的零件组（族），这几个码位就称为特征码位。如图6-25所示。

件号	简　图	奥匹兹代码								
		I	II	III	IV	V	VI	VII	VIII	IX
1		2	4	0	2	3	1	3	7	1
2		2	4	0	3	0	1	3	7	1
3		2	4	0	3	3	1	3	7	1
4		2	6	0	0	0	1	3	0	1

a)

b)

图6-25　用特征码位法分组

a) 零件简图和代码　b) 特征码位的含义

2）码域法。如果对零件代码各码位的特征规定几种允许的数据，用它作为分组的依据，就将相应码位的相似特征放宽了范围，但具有相似性的零件仍可划归为同一零件组，这种分类法就称为码域法，如图6-26所示。

	1	2	3	4	5	6	7	8	9
0	×	×	×	×	×	×		×	×
1	×	×		×		×		×	×
2	×	×		×		×	×		
3				×			×		
4							×		
5							×		
6							×		
7							×		
8									
9									

a)

零　件	代　码
	10030 0401
	11030 1301
	22020 1200

b)

图6-26　码域法分组

a) 零件族特征矩阵　b) 零件及其代码

4. 成组技术中的零件编码

（1）零件分类和编码的原理　零件分类编码系统就是用数字、字母或符号将机械产品零件的各种特征进行标识的一套特定的法则和规定。这些特征包括零件的几何形状、尺寸、精度、材料和热处理等；也可描述零件的有关功能以及生产管理方面的信息，例如零件名称、功能要素、加工设备、工装、工时和生产批量等。零件分类编码系统的结构形式一般是：零件各种特征的标识按一定规则排成若干"列"，每"列"就称为码位；在每列（码位）内又安排若干"行"（通常为10、16、26行），每"行"称为"项"，用来描述同一类型各种零件的特征要素，见表6-7。

表 6-7　分类编码系统的一般构成形式

项（行）＼码位（列）	一位	二位	三位	……
0				
1	特	特	特	
2				……
⋮	征	征	征	

零件分类编码系统主要有三大类：无编码零件分类法、穿孔带与穿孔卡分类法和多位数字编码分类法。目前使用广泛的是多位数字编码分类法。它把所需的零件图样的信息（名称、形状特征、材料、精度、热处理等），用以一定顺序排列的数字表示出来，常见的有奥匹兹（Opitz）分类系统和我国的 JLBM－1 等。

（2）Opitz 零件分类编码系统　Opitz 系统是由原西德阿亨工业大学的 H·奥匹兹（H. Opitz）教授领导的机床和生产工程实验室所开发的。它是以零件的结构形状及工艺过程相似的原则进行分类的。Opitz 系统是一个十进制 9 位数码的分类编码系统，其基础结构示意如图 6-27 所示。Opitz 系统一共由 9 位代码组成，前面 5 位数码表示零件的形状特征，称为主码。第 1 位数码主要用来区分回转体类与非回转体类的零件。对于回转体零件，用 L/D 来区分盘状、短轴和长轴类零件，接着提出了回转体类零件中的变异零件和特殊零件。对于非回转体零件，则用 A/B 与 A/C（$A > B > C$）来区分杆状、板状和块状类零件，同样也考虑了特殊形状零件。第 2 ~ 5 位数码则是对第 1 位码所确定的零件类别的形状细节做进一步的描述和细分。对于正常的回转体类零件，按外表面形状→内部形状→平面加工→辅助孔及齿形加工的顺序细分。对于有变异的回转体零件，则按主要形状→内外表面形状→平面加工→辅助孔及齿形加工的顺序细分。对于非回转体零件，则按主要形状→主要孔→平面加工→辅助孔及齿形加工的顺序细分。至于回转体类和非回转体类中的特殊零件，其第 2 ~ 5 位数码的分类标志内容都留给使用企业按各自产品中的特殊零件的结构与工艺特征来自行确定。

系统后 4 位数码称为辅助代码，这是一个公用部分，即不论回转体还是非回转体零件都要使用。其中第 6 位数码表示零件的主要尺寸，回转体零件为最大直径 D，非回转体零件为最大长度 L。第 7 位数码表示零件材料，也附带部分热处理信息。第 8 位数码表示毛坯的形式（棒料、锻件、铸件或焊接件等）。第 9 位数码表示零件表面的加工精度要求。

Opitz 系统用法举例如图 6-28 所示。即为某个法兰盘零件的具体结构形状分类编码的结果。利用一个 9 位数码来描述一个零件的形状、尺寸和材料。本来需要用冗长而复杂的文字或语言才能说清楚的，现在只要用简单的几个数码就能大体上表达清楚了。因而，在成组技术条件下，除

图 6-27 Opitz 系统结构示意图

图 6-28 Opitz 系统分类编码示例

了传统的工程图是一种通行的工程技术语言外，分类编码是另一种"以数代形"的通行语言。只要技术人员对零件分类编码系统的知识有所了解，知道系统中每位代码的含义，当看到上例所示的代码 013124279 时，就能很快想象出这大体上是一个盘类零件（第 1 位数码为 0），且是法兰类零件（第 2 位数码为 1），内部形状为光滑孔或带单向功能槽（第 3 位数码为 3），端面需要加工（第 4 位数码为 1），有几个均布的轴向孔（第 5 位数码为 2），其最大直径为 160mm < D < 250mm（第 6 位数码为 4），材料为中碳钢（第 7 位数码为 2），毛坯形式为锻件（第 8 位数码为 7），内外圆、平面及辅助孔都有精度要求（第 9 位数码为 9）。

（3）JLBM - 1 零件分类编码系统 JLBM - 1 零件分类编码系统是为我国机械制造行业制定的一套通用零件分类编码系统。该系统经过几次修改作为原机械工业部标准，即机械工业成组技术零件分类编码系统，编号为 JB/Z251 - 85，自 1986 年 3 月 1 日起实施。

JLBM - 1 系统是一个十进制 15 位数码的分类编码系统，采用主码和辅码分段的混合式结构，如图 6-29 所示。

图 6-29　JLBM - 1 系统基本结构

该系统的第 1、2 码位表示零件的名称类别，采用零件的功能和名称作为标志，以便于设计部门检索。但由于零件的名称极不统一，同名的零件可能结构形状截然不同，不同名的零件却可能有相似的结构形状，因此为防止混乱，在分类前必须先对企业的零件名称进行标准化和统一。

为了增加分类标志的容量，第 1、2 码位的特征码采用矩阵表的形式，这样用两个横向码位便可提供若干个纵向分类环节，见表 6-8。

表 6-8　JLBM - 1 分类系统的名称类别矩阵表（第 1、2 码位）

第 1 码位		第 2 码位									
		0	1	2	3	4	5	6	7	8	9
0	轮盘类	盘盖	防护盖	法兰盘	带轮	手轮把手	离合器体	分度盘刻度盘环	滚轮	活塞	其他	0
1	环套类	垫圈片	环套	螺母	轴套衬套	外螺纹套直管接头	法兰套	半联轴器	液压缸气缸		其他	1
2	回转体零件	销、杆、轴类	销、堵短圆柱	圆杆圆管	螺栓螺钉	阀芯、活塞杆	短轴	长轴	蜗杆丝杠	手柄操纵杆		其他	2
3		齿轮类	圆柱外齿轮	圆柱内齿轮	锥齿轮	蜗轮	链轮棘轮	弧齿锥齿轮	复合齿轮	圆柱齿条		其他	3
4		异形件	异形盘套	弯头	偏心件	扇形、弓形件	叉形件	凸轮	阀体		其他	4
5		专用件									其他	5

（续）

第1码位			第2码位										
			0	1	2	3	4	5	6	7	8	9	
6	非回转体零件	杆条类	杆、条	杠杆摆杆	连杆	拉杆撑杆	扳手	键、镶条	梁	齿条	拨叉	其他	6
7		板块类	板、块	防护板、盖板	支撑板、垫板	压板连接板	定位块	导向板、滑板	阀块	凸轮板		其他	7
8		座架类	轴承座	支座	弯板	底座	支架					其他	
9		箱壳体类	罩、盖	容器	壳体	箱体	立柱	机身	工作台			其他	9

第3～9码位是形状及加工码，分别表示回转体零件和非回转体零件的外部形状、内部形状、平面、孔及其加工与辅助加工的种类，见表6-9。第10～15码位是辅助码，表示单件的材料、毛坯、热处理、主要尺寸精度特征，见表6-10和表6-11。尺寸码规定了大型、中型和小型三个尺寸组，分别供仪表、机械、一般通用机械和重型机械等类型的企业参照使用。精度码规定了低精度、中等精度、高精度和超高精度四个档次。在中等精度和高精度两个档次中，再按有精度要求的不同加工面细分为几个类型，以不同的特征码来表示。

表6-9 JLBM-1分类系统回转体零件分类表（第3～9码位）

码位	3	4	5	6	7	8	9
特征项号	外部形状及加工		内部形状及加工		平面、曲面加工		辅助加工（非同轴线孔、成形、刻线）
	基本形状	功能要素	基本形状	功能要素	外（端）面	内面	
0	光滑	0 无	0 无轴线孔	0 无	0 无	0 无	0 无
1	单向台阶（单一轴线）	1 环槽	1 非加工孔	1 环槽	1 单一平面	1 单一平面	1 均布孔 轴向
2	双向台阶	2 螺纹	2 通孔 单向台阶	2 螺纹	2 平行平面	2 平行平面	2 均布孔 径向
3	球、曲面	3 1+2	3 通孔 双向台阶	3 1+2	3 槽、键槽	3 槽、键槽	3 非均布孔 轴向
4	正多边形	4 锥面	4 不通孔 单侧	4 锥面	4 花键	4 花键	4 非均布孔 径向
5	非圆对称截面	5 1+4	5 不通孔 双侧	5 1+4	5 齿形	5 齿形	5 倾斜孔
6	弓、扁形	6 2+4	6 球、曲面	6 2+4	6 2+5	6 3+5	6 孔的组合
7	平行轴线（多轴线）	7 1+2+4	7 深孔	7 1+2+4	7 3+5 或 4+5	7 4+5	7 成形
8	相交轴线	8 传动螺纹	8 相交孔 平行孔	8 传动螺纹	8 曲面	8 曲面	8 刻线
9	其他	9 其他	9 其他	9 其他	9 其他	9 其他	9 其他

JLBM-1系统用法举例如图6-30所示，即为某个法兰盘零件的具体结构形状。

图6-30　JLBM-1实例

表6-10　JLBM-1分类系统材料、毛坯、热处理分类表（第10～12码位）

码　　位	10	11	12
项　　目	材　料	毛坯原始形状	热处理
0	灰铸铁	棒　材	无
1	特殊铸铁	冷拉材	发蓝处理
2	普通碳钢	管材（异形管）	退火、正火及时效
3	优质碳钢	型　材	调　质
4	合　金　钢	板　材	淬　火
5	铜及铜合金	铸　件	高、中、工频淬火
6	铝及铝合金	锻　件	渗碳+4或5
7	其他非铁金属及合金	铆焊件	氮化处理
8	非金属	铸塑成形件	电　镀
9	其　他	其　他	其　他

表6-11　JLBM-1分类系统主要尺寸、精度分类表（第13～15码位）

码位	13			14			15	
项目	主　　要　　尺　　寸						精　　度	
	直径或宽度（D或B）/mm			长度（L或A）/mm				
	大型	中型	小型	大型	中型	小型		
0	≤14	≤8	≤3	≤50	≤18	≤10		低精度
1	>14～20	>8～14	>3～6	>50～120	>18～30	>10～16	中等精度	内、外回转面加工
2	>20～58	>14～20	>6～10	>120～250	>30～50	>16～25		平面加工
3	>58～90	>20～30	>10～18	>250～500	>50～120	>25～40		1+2
4	>90～160	>30～58	>18～30	>500～800	>120～250	>40～60	高精度	外回转面加工
5	>160～400	>58～90	>30～45	>800～1 250	>250～500	>60～85		内回转面加工
6	>400～630	>90～160	>45～65	>1 250～2 000	>500～800	>85～120		4+5
7	>630～1 000	>160～440	>65～90	>2 000～3 150	>800～1 250	>120～160		平面加工
8	>1 000～1 600	>440～630	>90～120	>3 150～5 000	>1 250～2 000	>160～200		4或5或6加7
9	>1 600	>630	>120	>5 000	>2 000	>200	超高精度	

第 1～2 码位：该零件为回转体类、轮盘类法兰盘，由表 6-8 查得，第 1 码位为 0，第 2 码位为 2。

第 3～9 码位：该零件"外部基本形状"：单向台阶；"外部功能要素"：无；"内部基本形状"：双向台阶通孔；"内部功能要素"：有环槽；"外平面与端面"：单一平面；"内平面"：无；"辅助加工"：均布轴向孔。由表 6-9 查得，第 3～9 码位分别为 1、0、3、1、1、0、1。

第 10～12 码位：该零件材料为普通碳钢，毛坯原始形状为锻件，不进行热处理，由表 6-10 查得第 10～12 码位分别为 2、6、0。

第 13～15 码位：该零件主要尺寸（直径）$D > 160～400mm$；主要尺寸（长度）$L > 50～120mm$；内、外圆与平面中等精度。由表 6-11 查得，第 13～15 码位分别为 5、1、3。

所以，按 JLBM-1 系统分类，该零件的分类编码为：021031101260513。

5. 成组工艺规程的制订

（1）工艺规程设计的标准化　传统的工艺规程设计是以人工方式对企业制造的零件逐个进行的，这种单件工艺忽视了与同类型零件之间在工艺上应有的继承性和一致性，工艺人员不断重复设计大同小异或全新的工艺过程，浪费了人力、物力和时间，以致严重影响了多品种小批量生产工艺水平和经济效益的提高。成组工艺是解决这一问题的有效手段，可使得工艺规程设计标准化。

（2）成组工艺的设计方法　成组工艺的设计方法有复合零件法和复合路线法。

1）复合零件法（样件法）。复合零件法是指利用复合零件来设计成组工艺的方法。所谓复合零件，是指具有同类零件族的全部几何要素的零件。由于它包含了组内其他零件所具有的所有待加工表面要素，所以按复合零件设计的成组工艺，只要从中删除一些不为某一零件所用的工序或工步内容，便能为组内其他零件使用，形成各个零件的加工工艺。

按复合零件法设计的成组工艺实例如图 6-31 所示。这一零件组（族）由四个零件组成。在图 6-31b 所示的工艺过程中第一行为其复合零件，是按组内各实际零件所具有的加工表面要素复合而成的，它包含了四个零件所具有的五种加工表面要素。根据这个复合零件设计了成组工艺，在成组工艺的基础上删除了各个零件所不需要的工序内容，就得到了组内各零件的具体工艺。

零件序号	工艺过程
复合零件	C1—C2—XJ—X—Z
I	C1—C2—XJ
II	C1—C2—XJ
III	C1—C2—XJ—X
IV	C1—C2—Z

图 6-31　按复合零件法设计的成组工艺实例
a）零件组（族）结构　b）零件组（族）工艺过程
C1—车　C2—调头车　XJ—铣键槽　X—铣方头　Z—钻

2）复合路线法。对于非回转体零件，由于其形状不规则，为某一零件组找出其复合零件来常常十分困难，所以上述复合零件法一般仅适用于回转体零件，而非回转体零件常采用复合路线法。

复合路线法是在零件分类成组的基础上，把同组零件的工艺路线做一比较，以组内最复杂的工艺路线为基础，然后将此路线与其他零件的工艺路线相比较，凡组内其他零件需要而作为代表的工艺路线中没有的工序，一一添上，最终形成一个能满足全组零件要求的成组工艺。按复合路线法设计的成组工艺实例见表 6-12。

表 6-12　按复合路线法设计的成组工艺实例

本组零件图	工艺路线
	X1—X2—Z—X
	X1—C—Z—X 选作代表路线
	X1—C—Z
	X1—X2—Z
本组零件的复合工艺路线	X1—X2—C—Z—X 在代表路线中补入 X2 工序

注：X1—铣平面，X2—铣另一平面，C—车，Z—钻，X—铣槽。

知识要点二　计算机辅助工艺过程设计

1. 计算机辅助工艺过程设计（CAPP）的基本概念

工艺过程设计是工厂工艺部门的一项常规性的技术工作，其主要任务是为被加工零件选择合理的加工方法、合理地安排加工顺序、合理地选择工艺装备以及进行切削条件的计算等，使之能按设计要求生产出合格的成品零件。

长期以来，传统的工艺过程设计一直是由工艺人员根据他们多年从事生产活动而积累起来的经验，以手工方式进行的。这包括查阅资料和手册，进行工艺计算，绘制工序图，填写工艺卡片和表格文件等工作。其中，花费在书写工艺文件上的时间占30%，工艺过程的设计质量完全取决于工艺人员的技术水平和经验，而且在工艺过程设计中还存在着大量的重复劳动，工艺人员不能充分利用过去设计的工艺规程。

根据成组技术原理，各种机械产品中的许多零件都在一定程度上具有相似性，所以它们的工艺过程也必然具有一定的相似性，并不需要每一个零件都设计一个工艺过程。目前工艺过程设计中存在的重复性和多样性，不仅本身是一种浪费，而且还影响工装设备的制造和使用，并直接影响产品的投产速度、交货日期、成本核算和企业的竞争力。

因此，传统的工艺过程设计方法已经不能适应当前产品品种多样化、产品更新换代日益频繁的生产形势。机械制造工厂中的工艺设计部门的任务正在快速地增加，而设计部门和制造部门都普遍采用了高度自动化的技术，如CAD、CNC、FMS和CIMS等，工艺设计必须寻找新的工艺过程设计方法，以提高工艺设计的工作效率，缩短生产准备周期，降低工艺设计费用。计算机辅助工艺过程设计（CAPP）就是解决传统工艺过程设计的最佳途径。

随着电子计算机技术的发展及其在机械制造领域中的广泛应用，计算机也为工艺过程设计提供了理想的工具。工艺过程设计主要是在分析和处理大量信息的基础上进行选择（加工方法、机床、刀具、加工顺序等）、计算（加工余量、工序尺寸、公益切削参数、工时定额等）、绘图（工序图）以及编制文件等工作，而计算机能有效地管理大量的数据，进行快速、准确的计算和各种形式的比较、选择，能自动绘图和编制表格文件。这些功能恰恰能适应工艺过程设计的需要，于是计算机辅助工艺过程设计（Computer Aided Process Planning，CAPP）这一新技术就应运而生了。CAPP不仅能实现工艺设计自动化，还能把生产实践中行之有效的若干工艺设计原则与方法转换成工艺设计决策模型，建立科学的决策逻辑，把长期从事工艺设计的人的经验传授给新人，编制出最优的制造方案。另外，CAPP也是把CAD/CAM的信息连接起来，实现CAD/CAM一体化，建立集成制造系统（Computer Integrated Manufacturing System，CIMS）的关键性中间环节。

2. CAPP的诞生与发展

在机械制造领域中，工艺设计自动化发展最迟、最慢，这主要是因为工艺设计涉及的因素非常多，随机性大，很难用简单的数学模型进行理论分析。

世界上最早开始工艺设计自动化研究的国家是挪威。他们从1966年开始研制，到1969年正式公布了AUTOPROS系统。这是世界上第一个CAPP系统，它是根据成组技术原理，利用零件的相似性去检索和修改标准工艺来制订相应零件的工艺规程的。

该系统采用成组技术代码TEKLA描述零件的信息。这种代码由12位数字组成，每位代码包含16项特征信息，构成12×16的矩阵。零件信息打在三张穿孔数据卡片上。第一张卡片记有零件的TEKLA代码和零件的形状尺寸，第二张卡片记有零件的材料、硬度、加工余量、表面粗糙度、形状精度等，第三张卡片记录零件的批量。

AUTOPROS系统的出现，引起世界各国的普遍重视。接着，美国的CAM-I公司也研制出了一种CAPP系统。这是一种可在微型计算机上运行的结构简单的小型系统。它的工作原理也是基于将零件按成组技术分类系统进行编码，形成零件族，再建立零件族的标准工艺，并通过对标准工艺文件的检索和编辑产生零件的工艺规程。

CAPP从20世纪60年代末开始研制，到目前虽约有50年的历史，但已研制出很多CAPP系统，而且有不少系统已投入生产实践。

目前世界各国的CAPP系统主要用于回转体零件，其次为棱柱形零件和板块类零件，其他非回转体零件应用较少，而且多应用于单件小批量生产类型。因为单件小批量生产受用户要求的影响较大，制造任务和管理工作经常要变化，工艺规程设计要花费较大的力量，所以使用 CAPP 技术的愿望比较迫切。

从 20 世纪 80 年代初期起，我国一些高等院校和工厂在推广和应用成组技术的基础上，也开始研究和开发计算机辅助工艺过程设计系统。最早进行这项研究工作的是上海同济大学，他们在 1982 年研制成功了 TOJICAP 系统，并通过了由国家教委组织的鉴定，并于 1985 年在国际 CIRP 会议上正式发表。随后北京理工大学也研制出了适用于车辆中回转体零件的 BITCAPP 系统，北京航空航天大学发表了 BHCAPP 系统，还有一些高等院校和工厂合作研制的 CAPP 系统也相继获得成功。据初步统计，在国内各种学术会议和刊物上正式发表的 CAPP 系统已有 100 多个，有的系统已正式应用于工厂实践。

采用 CAPP 技术后，首先可以大大提高工艺人员的工作效率，加快工艺规程设计的速度，缩短生产准备时间；其次对绝大多数技术指标都有很好的经济效益，由于每个工艺人员都使用同一个数据库，保证了工艺规程设计的一致性，有利于推行工艺规程标准化；另外，由于计算机可以进行手工无法完成的大量信息的计算、比较、选择，减少了人为的计算错误；设计软件时，可以集中专家的意见，因而能设计出最优的工艺规程，从而提高了工艺设计的质量。

3. CAPP 的设计方式简介

（1）派生法 CAPP 系统　派生法也叫作经验法、样件法。在派生法 CAPP 系统中，零件图样按成组技术中的分类编码系统进行编码，用数字代码表示零件图样上的信息。

派生法 CAPP 系统的工作原理是成组技术中相似性原理，即零件的结构形状相似，其工艺规程也会相似。对于每一个相似零件组，可以采用一个公共的制造方法来加工，这种公共的制造方法以标准工艺的形式出现，可以集中专家、工艺人员的集体智慧和经验及生产实践的总结制订出来，然后存储在计算机中。当为一个新零件设计工艺规程时，可从计算机中检索标准工艺文件，然后经过一定的编辑和修改就可以得到该零件的工艺规程。

派生法工艺规程设计的工作步骤如下：

在准备阶段，首先对大量零件编码，建立零件的特征矩阵；接着建立零件组（族）的特征矩阵；然后制订标准工艺规程；最后将上述零件组（族）的特征矩阵和相应的标准工艺规程对应地存入计算机。值得一提的是，其准备阶段的工作量相当大，但原始的统计资料越多，系统必然越完善。

在使用阶段，当需要设计一个新零件的工艺规程时，先用同样的编码系统对零件编码，然后将这个代码输入计算机，通过计算机中的零件组（族）检索程序，找到这个零件所属的零件组（族）；然后调出该零件组（族）的标准工艺规程；再根据零件的特殊要求修改编辑这个标准的工艺规程，最后生成该零件的工艺规程。当然，上述过程都是通过计算机来完成的。

（2）创成式 CAPP 系统　创成式 CAPP 系统不以对标准工艺规程的检索和修改为基础，而是由计算机软件系统根据加工能力知识库和工艺数据库中的加工工艺信息和各种工艺决策逻辑，自动设计出零件的工艺规程，有关零件的信息可以直接从 CAD 系统中获得。

这种方法在原理上比较理想，就是让计算机模仿工艺人员的逻辑思维能力，自动进行各种决策，选择零件的加工方法、安排工艺路线、选择设备和工装、计算切削参数和进行经济分析，以及对工艺过程进行优化。人的任务仅在于监督计算机的工作，并在计算机决策过程中做一些简单问题的处理，对中间结果进行判断和评估等。

创成式 CAPP 系统能很方便地设计出新零件的工艺规程，有很大的柔性，还可以和 CAD 系统以及自动化的加工系统相连接，实现 CAD/CAM 的一体化。

要实现完全的创成式 CAPP 系统，必须要解决下列三个关键问题。

1）零件的信息必须要用计算机能识别的形式完整准确地描述；

2）收集大量的工艺设计知识和工艺规程决策逻辑，并以计算机能识别的方式存储；

3）工艺规程的设计逻辑和零件信息的描述必须收集在统一的工艺数据库中。

要做到这三点，目前在技术上还有一定困难。这是因为：要完全准确地描述零件图样上的各种信息还存在困难，特别是复杂零件三维模型的建立问题还没有完全解决；工艺知识是一种经验型知识，如何建立完善的工艺决策模型，使计算机能够识别、处理还有待进一步解决；工艺过程的优化理论还不完善，没有严格的理论和数学模型。

因此，在理论上创成式 CAPP 系统是一个完整而理想的系统，它的软件中包含有一切决策逻辑，系统具有工艺规程设计所需要的所有信息。但实际上这种系统需要做大量的准备工作，要广泛收集生产实践中的工艺知识，建立庞大的工艺数据库，而且由于产品品种的多样化，各种产品的加工过程有很大的不同，每个生产环境都有它的特殊性，工艺决策逻辑也都不一样，因此要实现完全创成式的 CAPP 系统目前还有困难。

由于目前还不能完全实现创成式 CAPP 系统，所以将派生法 CAPP 和创成式 CAPP 互相结合，综合采用这两种方法的优点，例如可以选择几个储存在计算机中的工艺规程片断，同时又具有一定的工艺决策逻辑，考虑一部分加工表面理论上必然的加工顺序，然后把它们综合起来，形成一个工艺规程，这种系统称为半创成式 CAPP 系统，也称综合法 CAPP 系统。

第五节　装配工艺基础

知识要点一　装配工艺概述

1. 装配的概念

任何机械产品都是由若干零件、组件和部件装配而成的。所谓装配就是按规定的技术要求，将零件、组件和部件进行配合和连接，使之成为半成品或成品，并对其进行调试和检测的工艺过程。其中，把零件、组件装配成部件的过程称为部装；把零件、组件和部件装配成产品的过程称为总装。

装配是机器生产的最后环节。研究装配工艺过程和装配精度，制订科学的装配工艺规程，采取合理的装配方法，对于保证产品质量、提高生产率、减轻装配工人的劳动强度和降低产品成本，都有着十分重要的意义。

2. 装配工作

装配并不只是将零件进行简单连接的过程，而是根据组装、部装和总装的技术要求，通过校正、调整、平衡、配作以及反复的检验来保证产品质量的复杂过程。常见的装配工作的基本内容有下面几项。

（1）清洗　清洗的目的是去除零件表面或部件中的油污及机械杂质。零部件的清洗对保证产品的装配质量和延长产品的使用寿命有着重要的意义，尤其是对于轴承、密封件、精密偶件及有特殊清洗要求的工件更为重要。清洗的方法有擦洗、浸洗、喷洗和超声波清洗等。清洗液一般可采用煤油、汽油、碱液及各种化学清洗液等。清洗过的零件应具有一定的中间防锈能力。

（2）连接　将两个或两个以上的零件结合在一起的工作称为连接。连接可分为可拆卸连接和不可拆卸连接两种方式。可拆卸连接的特点是相互连接的零件可多次拆装而不损坏任何零件，常见的可拆卸连接有螺纹连接、键连接和销连接等；常见的不可拆卸连接有过盈配合连接、焊接、铆接等，其中过盈配合常用于轴与孔的连接，连接方法一般采用压入法，重要或精密机械常用热胀或冷缩法。

（3）校正、调整与配作　在单件小批生产的条件下，某些装配精度要求不是随便能满足的，必须要进行校正、调整或配作等工作。校正就是在装配过程中通过找正、找平及相应的调整工作来确定相关零件的相互位置关系；调整就是调节相关零件的相互位置，除了在配合校正中所做的对零部件间位置精度的调节之外，还包括对各运动副间隙的调整，以保证零部件间的运动精度；配作是指在装配过程中的配钻、配铰、配刮、配磨等一些附加的钳工和机加工工作。校正、调整、配作虽有利于保证装配精度，却会影响生产率，且不利于流水装配作业。

（4）平衡　对于转速高、运转平稳性要求高的机器，为了防止在使用过程中因旋转件质量不平衡产生的离心力而引起振动，装配时必须对有关旋转零件进行平衡，必要时还要对整机进行平衡。平衡的方法有加重法、减重法、调节法。

（5）验收试验　产品装配好后应根据其质量验收标准进行全面的验收试验，各项验收指标合格后才可包装、出厂。

3. 机器的装配精度

（1）装配精度的内容　机器的装配精度包括以下几个方面。

1）尺寸精度：指装配后零部件间应保证的距离和间隙。

2）位置精度：指装配后零部件间应保证的平行度、垂直度等。

3）运动精度：指装配后有相对运动的零部件间在运动方向和运动准确性上应保证的要求。

4）接触精度：指两配合表面、接触表面和连接表面间达到规定的接触面积和接触点分布的要求。

不难看出，各装配精度之间有着密切的关系。位置精度是运动精度的基础，它对于保证尺寸精度、接触精度也会产生较大的影响；反过来，尺寸精度、接触精度又是位置精度和运动精度的保证。

（2）装配精度与零件精度的关系　机器的质量是通过装配质量最终得以保证的。如果装配不当，即使零件的加工质量再高，仍可能出现不合格产品；相反，即使零件的加工质量不是很高，但在装配时采用了合适的工艺方法，依然可能使产品达到规定的精度要求。可见，装配工艺方法对保证机器的质量有着很重要的作用。通常要获得较高的装配精度，必须先控制和提高零件的加工精度，使它们的累积误差不超过装配精度的要求。

（3）影响装配精度的因素

1）零件的加工精度。零件的加工精度是保证装配精度的基础，零件加工精度的一致性好，对于保证装配精度、减少装配工作量有着很大的影响。但并不是说零件的加工精度越高越好，因为精度高会增加产品成本，造成浪费，应该根据装配精度分析，控制有关零件的加工精度，特别是要求保证零件精度的一致性。

2）零件之间的配合要求和接触质量。零件之间的配合要求是指配合面之间的间隙或过盈量，它决定配合性质。零件之间的接触质量是指配合面或连接表面之间的接触面积大小和接触位置要求，它主要影响接触刚度即接触变形，也影响配合性质。现代机器装配中，提高配合质量和接触质量对于提高配合面的接触刚度，对于提高整个机器的精度、刚度、抗振性和寿命等都有极其重要的作用。

3）零件的变形。零件在机械加工和装配过程中，由于力、热、内应力等所引起的变形，对装配精度影响很大。有些零件在机械加工后是合格的，但由于存放不当，由于自重或其他原因使零件变形；有的加工时精度是合格的，但由于机械加工时零件里层的残余应力或外界条件的变化，可能产生内应力而影响装配精度。因此某些精密仪器、精密机床必须在恒温条件下装配，使用时也必须保证恒温。

4）旋转零件的不平衡。高速旋转零件的平衡对于保证装配精度、保证机器工作的平稳性、减少振动、降低噪声、提高工作质量、延长机器寿命等，都有着十分重要的意义。目前，有一些中速旋转的机器也开始重视动平衡问题。

5）工人的装配技术。装配工作是一项技术性很强的工作，有时合格的零件也不一定能装配出合格的产品，因为装配工作包括修配、调整等内容，这些工作的精度主要靠工人的技术水平和工作经验来保证，甚至与工人的思想情绪、工作态度、责任感等主观因素有关。因此，有时装配的产品不合格，也可能是由工人的装配技术造成的。

4. 装配的类型

生产纲领不同，装配的生产类型也不同。不同的生产类型，装配的组织形式、装配方法和工艺装备等都有较大的区别。大批大量生产多采用流水装配线，还可采用自动装配机或自动装配线；笨重、批量不大的产品多采用固定流水装配，批量较大时采用流水装配，多品种平行投产时采用多品种可变节奏流水装配；单件小批生产多采用固定装配或固定式流水装配进行总装，对有一定批量的部件也可采用流水装配。

知识要点二　保证装配精度的工艺方法

如前所述，机器的精度最终是靠装配来保证的。在生产过程中用来保证装配精度的装配方法有很多，归纳起来可分为互换法、选配法、修配法和调整法四类。

1. 互换法

根据互换程度的不同，互换法可分为完全互换法和部分互换法两种。

（1）完全互换法　完全互换法是指装配时各配合零件可不经挑选、修配及调整，即可达到规定的装配精度的装配方法。其装配尺寸链采用极值法解算。

（2）部分互换法　部分互换法又称为不完全互换法，也称为大数互换法。完全互换法的装配过程虽然简单，但它是通过严格控制零件的制造精度来保证装配精度的。当装配精度要求较高，而组成环数目又较多时，会使各组成环零件因加工精度要求过高而造成加工困难。因此，对于大批大量的生产类型，应考虑采用部分互换法来替代完全互换法。部分互换法是指绝大多数产品装配时各组成环可不需挑选、修配及调整，装配后即能达到装配精度的要求，但可能会有少数产品因不能达到装配精度而需要采取修配措施甚至成为废品。部分互换法采用概率法解算装配尺寸链，以增大各组成环的公差值，使零件易于加工。

2. 选配法

选配法是指将尺寸链中组成环的公差放大到经济加工精度，按此精度对各零部件进行加工，然后再选择合适的零件进行装配，以保证装配精度。选配法适用于装配精度要求高、组成环数较少的大批大量生产类型。该方法又分为直接选配法、分组选配法和复合选配法。

（1）直接选配法　在装配时，由工人直接从许多待装配的零件中选择合适的零件进行装配的方法。这种方法的装配精度在很大程度上取决于工人技术水平的高低。

（2）分组选配法　当封闭环精度要求很高时，无论是采用完全互换法还是部分互换法，都可能使各组成环分得的公差值过小，而造成零件难以加工且不经济。这时往往将各组成环的公差按完全互换法所要求的值放大几倍，使零件能按经济加工精度进行加工，加工后再按实际测量出的尺寸将零件分为若干组，装配时选择对应组内零件进行装配，来满足装配精度要求。由于同组内的零件可以互换，所以这种方法又叫作分组互换装配法。

（3）复合选配法 它是分组选配法和直接选配法的复合形式，即将组成环的公差相对于互换法所要求之值增大，然后对加工后的零件进行测量、分组，装配时由工人在各对应组内挑选合适的零件进行装配。这种方法既能提高装配精度又不会增加分组数，但装配精度仍依赖于工人的技术水平，常用于相配件公差不等时，作为分组装配法的一种补充形式。

选配法的装配尺寸链采用极值法解算。

3. 修配法

修配法是指将尺寸链中各组成环均按经济加工精度制造，在装配时去除某一预先确定好的组成环上的材料，改变其尺寸，从而保证装配精度。装配时进行的加工，称为修配；被加工的零件称为修配件；这个组成环称为修配环。由于对该环的修配是为了补偿其他组成环公差放大而产生的累积误差，所以该环又称为补偿环。采用修配法时，解算装配尺寸采用极值法，先按经济加工精度确定除修配环以外的其他各组成环的公差，并按单向入体原则确定其极限偏差；再确定补偿环的公差及极限偏差。

修配法可以分为单件修配法、合并加工修配法和自身加工修配法。单件修配法是在装配尺寸链中选择某一个固定的零件作为修配件，装配时通过对它进行修配加工来满足装配精度的要求。合并加工修配法是将两个或更多的零件先合并（装配）到一起再进行修配加工，合并后的尺寸可作为一个组成环，这样就减少了尺寸链中组成环的数目，扩大了组成环的公差，还能减少修配量。自身加工修配法是利用机床装配后自己加工自己来保证装配精度。

4. 调整法

在成批大量生产中，对于装配精度要求较高而组成环数目又较多的装配尺寸链，可采用调整法来进行装配。所谓调整法，就是在装配时通过改变产品中可调零件的位置或更换尺寸合适的可调零件来保证装配精度的方法。调整法与修配法的实质相同，都是按经济精度确定各组成环的公差，并选择一个组成环作为调整环，通过改变调整环的尺寸来保证装配精度；不同的是调整法是依靠改变调整件的位置或更换调整件来保证装配精度的，而修配法则是通过去除材料来保证装配精度的。

根据调整方式的不同，调整法又分为可动调整法、固定调整法和误差抵消法三种。通过改变调整件位置来保证装配精度的方法称为可动调整法。在装配尺寸链中选择一个零件作为调整件，根据各组成环形成的累积误差的大小来更换不同尺寸的调整件，以保证装配精度要求的方法称为固定调整法。在产品或部件装配时，通过调整有关零件的相互位置，使其加工误差相互抵消一部分，以保证装配精度的方法称为误差抵消法。

知识要点三 装配工艺规程的制订

用文件的形式将装配内容、顺序、操作方法和检验项目等规定下来，作为指导装配工作和组织装配生产的依据的技术文件，称为装配工艺规程。它对于保证装配质量、提高装配生产率、减轻工人劳动强度以及降低生产成本等都有重要的作用。

1. 制订装配工艺规程的基本原则及原始资料

（1）制订装配工艺规程的基本原则 在制订装配工艺规程时，应遵循以下原则。

1）保证质量。装配工艺规程应保证产品质量，力求提高质量以延长产品的使用寿命。产品的质量最终是由装配来保证的。即使零件都合格，如果装配不当，也可能装配出不合格产品。因此，装配一方面能反映产品设计和零件加工的问题，另一方面装配本身应确保产品质量。

2）提高效率。装配工艺规程应合理安排装配顺序，力求减轻劳动强度，缩短装配周期，提高装配效率。目前，大多数工厂仍处于手工装配方式，有的实现了部分机械化，装配工作的劳动量很大，也比较复杂，因此装配工艺规程必须科学、合理，尽量减少钳工装配工作量，力求减轻劳动强度、提高工作效率。

3）降低成本。装配工艺规程应能尽量减少装配投资，力求降低装配成本。要降低装配工作所占的成本，就必须考虑减少装配投资，采取措施节省装配占地面积，减少设备投资，降低对工人技术水平的要求，减少装配工人的数量，缩短装配周期等。

（2）制订装配工艺规程的原始资料 制订装配工艺规程前，必须事先获得一定的原始资料，才能着手这方面的工作。制订装配工艺规程所需的原始资料主要有：

1）产品的总装图和部件装配图，必要时还应有重要零件的零件图。从产品图样可以了解产品的全部结构和尺寸、配合性质、精度、材料和重量以及技术性能要求等，从而合理地安排装配顺序，恰当地选择装配方法和检验项目，合理地设计装配工具和准备装配设备。

2）产品的验收技术标准。它规定了产品性能的检验、试验的方法和内容。

3）产品的生产纲领。它决定装配的生产类型，是制订装配工艺和选择装配生产组织形式的重要依据。

4）现有的生产和技术条件。它包括本厂现有的装配工艺设备、工人技术水平、装配车间面积等各方面的情况。考虑这些现有条件，可以使所制订的装配工艺规程更切实可行，符合生产要求。

2. 装配工艺规程的内容和制订步骤

（1）装配工艺规程的内容 装配工艺规程主要包括以下内容。

1）分析产品总装图，划分装配单元，确定各零、部件的装配顺序及装配方法。

2）确定各工序的装配技术要求、检验方法和检验工具。

3）选择和设计在装配过程中所需的工具、夹具和专用设备。

4）确定装配时零部件的运输方法及运输工具。

5）确定装配的时间定额。

（2）制订装配工艺规程的步骤 根据装配工作的内容可知，制订装配工艺规程时，必须遵循以下步骤。

1）分析产品的原始资料。分析产品图样及产品结构的装配工艺性；分析装配技术要求及检验标准；分析与解算装配尺寸链。

2）确定装配方法与组织形式。装配方法与组织形式主要取决于产品的结构、生产纲领及工厂现有生产条件。装配组织形式可分为固定式和移动式两种：全部装配工作都在同一个地点完成者称为固定式装配；零、部件用输送带或输送小车按装配顺序从一个装配地点移动到下一个装配地点，各装配地点分别完成一部分装配工作者称为移动式装配。根据零、部件移动的方式不同，移动式装配又可分为连续移动和间歇移动两种，在连续移动式装配中，装配线连续按节拍移动，工人在装配时边装配边随着装配线走动，装配完成后回到原来的位置进行重复装配；在间歇移动式装配中，装配时产品不动，工人在规定时间（节拍）内完成装配工作后，产品再被输送带或小车送到下一个装配地点。

3）划分装配单元，确定装配基准件。产品的装配单元可分为五个等级，即零件、合件、组件、部件和产品。无论哪一级装配单元，都要选定某一零件或比它低一级的装配单元作为装配基准件，所选装配基准件应具有较大的重量、体积及足够的支承面，以保证装配时作业的稳定性。

4）确定装配顺序。确定装配顺序的一般原则是：先进行预处理；先装基准件、重型件；先装复杂件、精密件和难装配件；先完成容易破坏后续装配质量的工序；类似工序、同方位工序集中安排；电线、油（气）管路应同步安装；危险品（易燃、易爆、易碎、有毒等）最后安装。

5）划分装配工序。装配顺序确定后就可划分装配工序，其主要工作内容包括：

① 确定工序集中与分散程度；

② 划分装配工序，确定各工序内容；

③ 确定各工序所用设备、工具；

④ 制定各工序装配操作规范；

⑤ 制定各工序装配质量要求与检验方法；

⑥ 确定工序时间定额。

6）编制装配工艺文件。单件小批生产时，通常只需绘制装配系统图，装配时按产品装配图及装配系统图工作。成批生产时，则需制订装配工艺过程卡，对复杂产品还需制订装配工序卡。大批大量生产时，不仅要制订装配工艺过程卡，还要制订装配工序卡，以直接指导工人进行装配。

装配工艺过程卡和装配工序卡的格式请查相关手册。

7）制定产品检测与试验规范。

① 检测和试验的项目及质量指标；

② 检测和试验的方法、条件与环境要求；

③ 检测和试验所需工艺装备的选择或设计；

④ 质量问题的分析方法和处理措施。

思考与练习题

6-1 什么是生产过程、工艺过程、工艺规程？工艺规程在生产中有何作用？

6-2 什么是工序、安装、工位、工步？

6-3 如何划分生产类型？各种生产类型的工艺特征是什么？

6-4 在加工中可通过哪些方法保证工件的尺寸精度、形状精度及位置精度？

6-5 什么是零件的结构工艺性？

6-6 何谓设计基准、定位基准、工序基准、测量基准、装配基准？举例说明。

6-7 精基准、粗基准的选择原则有哪些？如何处理在选择时出现的矛盾？

6-8 如何选择下列加工过程中的定位基准？

（1）浮动铰刀铰孔；（2）拉齿坯内孔；（3）无心磨削销轴外圆；（4）磨削床身导轨面；（5）箱体零件攻螺纹；（6）珩磨连杆大头孔。

6-9 如图 6-32 所示零件，按调整法加工时，试在图中指出：

图 6-32 题图 6-9

（1）加工平面 2 时的设计基准、定位基准、工序基准和测量基准；

（2）镗孔 4 时的设计基准、定位基准、工序基准和测量基准。

6-10 试述在零件加工过程中，划分加工阶段的目的和原则。

图 6-33 题图 6-12

6-11 试叙述在机械加工工艺过程中安排热处理工序的目的、常用的热处理方法及其在工艺过程中的位置。

6-12 试分析图 6-33 所示零件的工艺过程的组成（内容包括工序、安装、工步、工位等），生产类型为单件小批生产。

6-13 一小轴，毛坯为热轧棒料，大量生产的工艺路线为粗车—精车—淬火—粗磨—精磨，外圆设计尺寸为 $\phi 30_{-0.013}^{0}$ mm，已知各工序的加工余量和经济精度，试确定各工序尺寸及其极限偏差、毛坯尺寸及粗车余量，并填入表 6-13。

6-14 加工图 6-34 所示零件，要求保证尺寸 6 ± 0.1 mm。但该尺寸不便测量，要通过测量尺寸 L 来间接保证。试求测量尺寸 L 及其上、下极限偏差，并分析有无假废品存在。若有，可采取什么办法来解决假废品的问题？

6-15 加工套筒零件，其轴向尺寸及有关工序简图如图 6-35 所示，试求工序尺寸 L_1 和 L_2 及其极限偏差。

表 6-13 题 6-13 表

（单位：mm）

工序名称	工序余量	经济精度	工序尺寸及极限偏差	工序名称	工序余量	经济精度	工序尺寸及极限偏差
精磨	0.1	0.013（IT6）		粗车	6	0.21（IT12）	
粗磨	0.4	0.033（IT8）		毛坯尺寸		±1.2	
精车	1.5	0.084（IT10）					

图 6-34 题 6-14 图

图 6-35 题 6-15 图

6-16 试判别图 6-36 所示各尺寸链中哪些是增环，哪些是减环。

图 6-36 题 6-16 图

6-17 某零件加工工艺过程如图 6-37 所示，试校核工序 3 精车端面的余量是否足够。

6-18 图 6-38 所示为某模板简图，镗削两孔 O_1、O_2 时均以底面为定位基准，试标注镗两孔的工序尺寸。检

图 6-37　题 6-17 图

验两孔孔距时，因测量不便，试标注出测量尺寸 A 的大小及极限偏差。若 A 超差，可否直接判定该模板为废品？

6-19　什么是时间定额？批量生产和大量生产时的时间定额分别怎样计算？

6-20　什么是工艺成本？它由哪两类费用组成？单件工艺成本与年产量的关系如何？

6-21　常用的装配方法有哪些？各有何特点？

6-22　简要说明成组技术在机械工业中的作用。

6-23　简要说明 CAPP 的诞生与发展历程。

6-24　简要说明 CAPP 的设计方式有哪些。

6-25　什么是装配工艺规程？内容有哪些？有何作用？

6-26　制订装配工艺规程的原则及原始资料是什么？简述制订装配工艺规程的步骤。

6-27　保证产品精度的装配工艺方法有哪几种？各用在什么场合？

图 6-38　题 6-18 图

第七章 典型表面与典型零件的加工工艺

CHAPTER 7

第一节　典型表面的加工工艺

　　机器零件的结构形状虽然多种多样，但都是由外圆、孔、平面等这些最基本的几何表面组成的，零件的加工过程就是获得这些零件上基本几何表面的过程。同一种表面，可选用加工精度、生产率和加工成本各不相同的加工方法进行加工。工程技术人员的任务就是根据具体的生产条件选用最适当的加工方法，制订出最佳的加工工艺路线，加工出符合图样技术要求的零件，并获得最好的经济效益。

知识要点一　外圆加工

　　外圆面是各种轴、套筒、盘类、大型筒体等回转体零件的主要表面，常用加工方法有车削、磨削和光整加工。

1. 外圆车削

　　车外圆是车削加工中加工外圆表面最常见、最基本和最有代表性的主要加工方法，既适用于单件、小批量生产，也适用于成批、大量生产。单件、小批量生产中常采用卧式车床加工；成批、大量生产中常采用转塔车床和自动、半自动车床加工；对于大尺寸工件常采用大型立式车床加工；对于复杂零件的高精度表面宜采用数控车床加工。

车削外圆一般分为粗车、半精车、精车和精细车。

（1）粗车 粗车的主要任务是迅速切除毛坯上多余的金属层，通常采用较大的背吃刀量、较大的进给量和中速车削，以尽可能提高生产率。车刀应选取较小的前角、后角和负的刃倾角，以增强切削部分的强度。粗车尺寸公差等级为 IT13～IT11，表面粗糙度值 Ra 为 50～12.5μm，故可作为低精度表面的最终加工和半精车、精车的预加工。

（2）半精车 半精车是在粗车之后进行的，可作为磨削或精车前的预加工；它可进一步提高工件的精度和减小表面粗糙度值，因此也可作为中等精度表面的终加工。半精车尺寸公差等级为 IT10～IT9，表面粗糙度值 Ra 为 6.3～3.2μm。

（3）精车 精车一般是指在半精车之后进行的、较高精度外圆的终加工或光整加工的预加工。精车通常在高精度车床上加工，以确保零件的加工精度和表面粗糙度符合图样要求，一般采用很小的切削深度和进给量，进行低速或高速车削。低速精车一般采用高速钢车刀，高速精车常用硬质合金车刀。车刀应选用较大的前角、后角和正的刃倾角。精车尺寸公差等级为IT8～IT6，表面粗糙度值 Ra 为 1.6～0.2μm。

（4）精细车 精细车所用车床应具有很高的精度和刚度，刀具采用经仔细刃磨和研磨后可获得很锋利切削刃的金刚石或细晶粒硬质合金。切削时，采用高切削速度、小背吃刀量和小进给量，其加工精度可达 IT6 以上，表面粗糙度值 Ra 在 0.4μm 以下。精细车常用于高精度中、小型有色金属零件的精加工或镜面加工，也可用来代替磨削加工大型精密外圆表面，以提高生产率。

大批大量生产要求加工效率高，为此可采取如下措施提高外圆表面车削生产率。

1）高速车削，强力车削。提高切削用量，即增大切削速度 v_c、背吃刀量 a_p 和进给量 f，这是缩短基本时间、提高外圆车削生产率的最有效措施之一。

2）采用加热车削、低温冷冻车削、激光和水射流等特种加工方法辅助车削、振动车削等方法加工，减少切削阻力，延长刀具寿命。

3）采用多刀同时进行的复合车削。

2. 外圆磨削

磨削是外圆表面精加工的主要方法。它既能加工淬火的黑色金属零件，也可以加工不淬火的黑色金属和有色金属零件。外圆磨削根据加工质量等级分为粗磨、半精磨、精密磨削、超精密磨削和镜面磨削。一般磨削加工后工件的尺寸公差等级可达到 IT8～IT7，表面粗糙度值 Ra 为1.6～0.8μm；精磨后工件的尺寸公差等级可达 IT7～IT6，表面粗糙度值 Ra 为 0.8～0.2μm。常见的外圆磨削应用如图 7-1 所示。

图 7-1 外圆磨削加工的应用

a）纵磨法磨外圆 b）磨锥面 c）纵磨法磨外圆靠端面 d）横磨法磨外圆
e）横磨法磨成形面 f）磨锥面 g）斜向横磨磨成形面

（1）普通外圆磨削　根据工件的装夹状况，普通外圆磨削分为中心磨削法和无心磨削法两类。

1）中心磨削法是工件以中心孔或外圆定位。根据进给方式的不同，中心磨削法又可分为如图7-2所示的几种磨削方法。

① 纵磨法。如图7-2a所示，磨削时工件随工作台做直线往复纵向进给运动，工件每往复一次（或单行程），砂轮横向进给一次。由于走刀次数多，故生产率较低，但能获得较高的尺寸精度和较小的表面粗糙度值，因而应用较广，适于磨削长度与砂轮宽度之比大于3的工件。

② 横磨法。如图7-2b所示，工件不做纵向进给运动，砂轮以缓慢的速度连续或断续地向工件做径向进给运动，直至磨去全部余量为止。横磨法生产率高，但磨削时发热量大，散热条件差，且径向力大，故一般只用于大批量生产中磨削刚性较好、长度较短的外圆及两端都有台阶的轴颈。若将砂轮修整为成形砂轮，可利用横磨法磨削曲面。

③ 综合磨法。如图7-2c所示，先用横磨法分段粗磨被加工表面的全长，相邻段搭接处重叠磨削3~5mm，留下0.01~0.03mm的余量，然后用纵横法进行精磨。此法兼有横磨法的高效率和纵磨法的高质量，适用于成批生产中刚性好、长度大、余量多的外圆面磨削。

④ 深磨法。图7-2d所示是一种生产率高的先进方法，磨削余量一般为0.1~0.35mm，纵向进给长度较小（1~2mm），适用于在大批大量生产中磨削刚性较好的短轴。

图7-2　外圆磨削方式/类型

a）纵磨法　b）横磨法　c）综合磨法　d）深磨法

2）无心磨削法。无心磨削法直接以磨削表面定位，将工件用托板支持着放在砂轮与导轮之间进行磨削，工件的轴线稍高于砂轮与导轮中心连线。磨削时，工件靠导轮与工件之间的摩擦力带动旋转，导轮采用摩擦系数大的橡胶结合剂砂轮。导轮的直径较小、速度较低，一般为20~80m/min；而砂轮速度则大大高于导轮速度，是磨削的主运动，担负着磨削工件表面的重任。无心磨削法操作简单、效率较高，容易实现自动加工，但机床调整较为复杂，故只适用于大批生产。无心磨削前工件的形状误差会影响磨削的加工精度，且不能改善加工表面与工件上其他表面的位置精度，也不能磨削有断续表面的轴。根据工件是否需要轴向运动，无心磨削法分为适用于加工不带台阶的圆柱形工件的通磨（贯穿纵磨）法和适用于加工阶梯轴且有成形回转表面的工件的切入磨（横磨）法。

与中心磨削法相比，无心磨削法具有以下工艺特征。

① 无须钻中心孔，且安装工件省时省力，可连续磨削，故生产率高。

② 尺寸精度较好，但不能改变工件原有的位置误差。

③ 支承刚度好，刚度差的工件也可采用较大的切削用量进行磨削。

④ 容易实现工艺过程的自动化。

⑤ 有一定的圆度误差产生，圆度误差一般不小于0.002mm。

⑥ 所能加工的工件有一定局限，不能磨带槽的工件，也不能磨内外圆同轴度要求较高的工件。

（2）高效磨削　以提高效率为主要目的磨削均属高效磨削，其中以高速磨削、强力磨削、宽砂轮与多砂轮磨削和砂带磨削在外圆加工中较为常用。

1）高速磨削。指砂轮速度大于50m/s的磨削。提高砂轮速度，单位时间内参与磨削的磨粒数增加，如果保持每颗磨粒切去的厚度与普通磨削时一样，即进给量成比例增加，磨去同样余量的时间则按比例缩短；如果进给量仍与普通磨削相同，则每颗磨粒切去的切削厚度减少，延长了砂轮的寿命，减少了修整次数。由此可见，高速磨削可以提高生产率。此外，由于每颗磨粒的切削厚度减少，可减小表面粗糙度值。同时由于切削厚度的减少使作用在工件上的法向磨削力也相应减小，可提高工件的加工精度，这对于磨削细长轴类零件十分有利。高速磨削时应采用高速砂轮，磨床也应做适当调整、改进。

2）强力磨削。指采用较高的砂轮速度、较大的背吃刀量和较小的轴向进给，直接从毛坯上磨出加工表面的方法。由于其背吃刀量一次可达6mm甚至更大，因此可以代替车削和铣削进行粗加工，生产率很高。但是，强力磨削要求磨床、砂轮以及切削液的供应均应与之相匹配。

3）宽砂轮与多砂轮磨削。宽砂轮与多砂轮磨削实质上就是用增加砂轮宽度的方法来提高磨削生产率。一般外圆砂轮宽度仅有50mm左右，宽砂轮外圆磨削时砂轮宽度可达300mm。

4）砂带磨削。砂带磨削是根据被加工零件的形状选择相应的接触方式，在一定压力下，使高速运动着的砂带与工件接触而产生摩擦，从而使工件加工表面余量逐步被磨除或抛磨光滑的磨削方法，如图7-3所示。砂带是一种单层磨料的涂覆磨具，静电植砂砂带具有磨粒锋利、具有一定弹性的特点。砂带磨削具有生产率高、设备简单等优点。

3. 外圆表面的光整加工

外圆表面的光整加工有高精度磨削、研磨、超精加工、珩磨、抛光和滚压等，这里主要介绍前面三种。

图7-3　砂带磨削
1—工件　2—砂带
3—张紧轮　4—接触轮

（1）高精度磨削　高精度磨削包括以下三种。

1）精密磨削。精密磨削采用粒度为F60～F80的砂轮，并对其进行精细修整，磨削时微刃的切削作用是主要的，光磨2～3次，使半钝微刃发挥抛光作用，表面粗糙度值Ra可达0.1～0.05μm。磨削前表面粗糙度值Ra应小于0.4μm。

2）超精密磨削。超精密磨削采用粒度为F80～F240的砂轮，并需进行更精细的修整，选用更小的磨削用量，增加半钝微刃的抛光作用，光磨次数取4～6次，可使表面粗糙度值Ra达0.025～0.012μm。磨削前表面粗糙度值Ra应小于0.2μm。

3）砂轮镜面磨削。砂轮镜面磨削采用金刚石微粉W5～W14树脂结合剂砂轮，精细修整后半钝微刃的抛光作用是主要的，将光磨次数增至20～30次，可使表面粗糙度值Ra小于0.012μm。磨削前表面粗糙度值Ra应小于0.025μm。

（2）研磨　研磨是在研具与工件之间填充半固态状研磨剂（膏），对工件表面进行光整加工的方法。研磨时，研具在一定压力下与工件做复杂的相对运动，通过研磨剂的机械和化学作用，从工件表面上切除一层极微薄的材料，同时工件表面形成复杂网纹，从而达到很高的精度和很小的表面粗糙度值。

1）手工研磨。如图7-4所示，外圆手工研磨采用手持研具或工件进行磨削。手工研磨劳动强度大，生产率低，多用于单件、小批量生产。

图7-4　外圆的手工研磨

2）机械研磨。图7-5所示为用研磨机研磨滚柱的外圆。机械研磨在研磨机上进行，一般用于大批量生产中，但研磨工件的形状受到一定的限制。

图7-5　机械研磨

1—上研磨盘　2—下研磨盘　3—工件　4—隔离盘　5—偏心轴　6—悬臂轴

（3）超精加工　如图7-6所示，超精加工是用极细磨粒W2.5～W60的低硬度油石，在一定压力下对工件表面进行光整加工的方法。加工时，装有油石条的磨头以恒定的压力 p（0.1～0.3MPa）轻压于工件表面，工件做低速旋转（v_c = 15～150m/min），磨头做轴向进给运动（0.1～0.15mm/r），油石做轴向低频振动（频率为8～35Hz，振幅为2～6mm），且在油石与工件之间注入润滑油，以清除屑末及形成油膜。因磨条运动轨迹复杂，加工后表面具有交叉网纹，利于贮存润滑油，耐磨性好。超精加工只能提高加工表面质量（表面粗糙度值 Ra 为 0.1～0.008μm），不能提高尺寸精度、形状精度和位置精度，主要用于轴类零件的外圆柱面、圆锥面和球面等的光整加工。

4．外圆加工方法的选择

选择外圆的加工方法，除应满足图样技术要求之外，还与零件的材料、热处理要求、零件的结构、生产纲领及现场设备和操作者技术水平等因素密切相关。总体说来，一个合理的加工方案应能经济地达到技术要求，提高生产率，因而其工艺路线的制订是十分灵活的。

一般说来，外圆加工的主要方法是车削和磨削。对于精度要求高、表面粗糙度值小的工件外圆，还需经过研磨、超精加工等才能达到要求；对某些精度要求不高但需光亮的表面，可通过滚压或抛光获得。

图 7-6　超精加工

知识要点二　内圆加工

孔是盘类、套类、支架类、箱体和大型筒体等零件的重要表面之一。孔的机械加工方法较多，中、小型孔一般靠刀具本身尺寸来获得被加工孔的尺寸，如钻、扩、铰、锪、拉孔等；大、较大型孔则需采用其他方法，如立车、镗、磨孔等。

1. 钻、扩、铰、锪、拉孔

（1）钻孔　用钻头在工件实体部位加工孔的方法称为钻孔。钻孔属于孔的粗加工，多用作扩孔、铰孔前的预加工，或加工螺纹底孔和油孔，其尺寸公差等级为 IT14 ~ IT11，表面粗糙度值 Ra 为 50 ~ 1.6μm。

钻孔主要在钻床和车床上进行，也可在镗床和铣床上进行。在钻床、镗床上钻孔时，由于钻头旋转而工件不动，在钻头刚性不足的情况下，钻头引偏就会使孔的中心线发生歪曲，但孔径无显著变化。如果在车床上钻孔，因为是工件旋转而钻头不转动，这时钻头的引偏只会引起孔径的变化并产生锥度等缺陷，不过孔的中心线是直的，且与工件回转中心一致，如图 7-7 所示。故钻小孔和深孔时，为了避免孔的轴线偏移和不直，应尽可能在车床上进行。

图 7-7　钻头引偏引起的加工误差
a）在钻床、镗床上钻孔　b）在车床上钻

钻孔常用的刀具是麻花钻，其加工性能较差，为了改善其加工性能，目前已广泛应用群钻（图7-8）。钻削本身的效率较高，但是由于普通钻孔需要划线、錾坑等辅助工序，使其生产率降低。为提高生产率，大批量生产中钻孔常用钻模和专用的多轴组合钻床，也可采用图 7-9 所示的新型自带中心导向钻的组合钻头。这种钻头可以直接在平面上钻孔，无需錾坑，非常适合数控钻削。

对于深孔加工，由于排屑、散热困难，宜采用切削液内喷麻花钻、错齿内排屑深孔钻、喷吸钻等特殊专用钻头。

（2）扩孔　扩孔是用扩孔钻对已钻出、铸出、锻出或冲出的孔进行再加工，以扩大孔径并提高精度和减小表面粗糙度值。扩孔尺寸公差等级可达 IT10 ~ IT9，表面粗糙度值可达 Ra 6.3 ~ 0.8μm。扩孔属于孔的半精加工，常用作铰孔等精加工前的准备工序，也可作为精度要求不高的孔的最终工序。

图 7-8　标准群钻结构

图 7-9　自带中心导向钻的组合钻头

　　扩孔可以在一定程度上校正钻孔的轴线偏斜。扩孔的加工质量和生产率比钻孔高。因为扩孔钻的结构刚性好，切削刃数目较多，且无端部横刃，加工余量较小（一般为 2 ~ 4mm），故切削时轴向力小，切削过程平稳，因此可以采用较大的切削速度和进给量。如采用镶有硬质合金刀片的扩孔钻，切削速度还可提高 2 ~ 3 倍，使扩孔的生产率进一步提高。

　　当孔径大于 100mm 时，一般采用镗孔而不用扩孔。扩孔使用的机床与钻孔相同。用于铰孔前的扩孔钻，其直径偏差为负值；用于终加工的扩孔钻，其直径偏差为正值。

　　（3）钻扩复合加工　由于钻头材料和结构的进步，可以用同一把机夹式钻头实现钻孔、扩孔、镗孔加工，因而用一把钻头可加工通孔沉孔、盲孔沉孔，在斜面上钻孔等，还可一次进行钻孔、倒角（圆）、锪端面等复合加工，如图 7-10 所示。

　　（4）铰孔　铰孔是在扩孔或半精镗孔等半精加工基础上进行的一种孔的精加工方法。铰孔尺寸公差等级可达 IT8 ~ IT6，表面粗糙度值 Ra 为 1.6 ~ 0.4μm，有手铰和机铰两种方式。

　　铰孔的加工余量小，一般粗铰余量为 0.15 ~ 0.35mm，精铰余量为 0.05 ~ 0.15mm。为避免

图 7-10　钻、锪、倒角等复合加工

a）铸件钻孔、倒角、锪端面　b）钻孔、沉孔、倒角　c）钻孔、倒角、圆弧角加工
d）钻孔、倒角用于攻螺纹　e）中心钻、倒角、沉孔　f）铝轮钻孔、倒圆弧、深沉孔加工

产生积屑瘤和引起振动，铰削应采用低的切削速，一般粗铰 $v_c = 0.07 \sim 0.2\text{m/s}$，精铰 $v_c = 0.03 \sim 0.08\text{m/s}$。机铰进给量为钻孔的 3～5 倍，一般为 0.2～1.2mm/r，以防出现打滑和啃刮现象。铰削应选用合适的切削液，铰削钢件时常采用乳化液，铰削铸件时则用煤油。

机铰刀在机床上常采用浮动连接。浮动机铰或手铰时，一般不能修正孔的位置误差，孔的位置误差应由铰孔前的工序来保证。铰孔直径一般不大于 80mm，铰削也不宜用于非标准孔、台阶孔、盲孔、短孔和具有断续表面的孔。

（5）锪孔　用锪钻加工锥形或柱形的沉坑称为锪孔。锪孔一般在钻床上进行，加工的表面粗糙度值 Ra 为 6.3～3.2μm。锪孔的主要目的是为了安装沉头螺钉，锥形锪钻还可用于清除孔端毛刺。

（6）拉孔　拉孔是一种高生产率的精加工方法，既可加工内表面也可加工外表面，拉孔前工件须经钻孔或扩孔。拉孔时工件以被加工孔自身定位并以工件端面为支承面，在一次行程中便可完成粗加工—精加工—光整加工等阶段的工作。拉孔一般没有粗拉工序、精拉工序之分，除非拉削余量太大或孔太深，用一把拉刀拉削拉刀太长，才分两个工序加工。

拉削速度低，每齿切削厚度很小，拉削过程平稳，不会产生积屑瘤；同时拉刀是定尺寸刀具，又有校准齿来校准孔径和修光孔壁，所以拉削加工精度高，表面粗糙度值小。拉孔精度主要取决于刀具，受机床的影响不大。拉孔的尺寸公差等级可达 IT8～IT6，表面粗糙度值可达 $Ra0.8 \sim 0.4$μm。拉孔难以保证孔与其他表面间的位置精度，因此被拉孔的轴线与端面之间，在拉削前应保证一定的垂直度。

图 7-11 所示为拉刀刀齿尺寸逐个增大而切下金属的过程。为保证拉刀工作时的平稳性，拉刀同时工作的齿数应为 2～8 个。由于受到拉刀制造工艺及拉床动力的限制，过小与特大尺寸的孔均不适宜于拉削加工。

当工件端面与工件毛坯孔的垂直度不好时，为改善拉刀的受力状态，防止拉刀崩刃或折断，常采用在拉床固定支承板上装有自动定心的球面垫板作为浮动支承装置，如图 7-12 所示。拉削力通过球面垫板 2 作用在拉床的前壁上。

拉刀是定尺寸刀具，结构复杂、排屑困难、价格昂贵、设计制造周期长，故一般用于成批大量生产中，不适合于加工大孔，在单件小批生产中使用也受限制。

拉削不仅能加工圆孔，还可以加工成形孔、花键孔。

2. 镗孔

（1）镗孔的工艺特点 镗孔是用镗刀对已钻出、铸出或锻出的孔做进一步的加工。其工艺特点如下：

1）适合加工箱体、机座、支架等复杂大型件的孔和孔系，通过镗模或坐标装置，容易保证加工精度。

2）工艺灵活性大、适应性强，可以在车床、也可以在镗床或铣床上进行；在镗床上还可实现钻、铣、车、攻螺纹工艺。

3）对工人操作要求高、效率低。

（2）镗孔的工作方式 镗孔的工作方式有以下三种。

1）工件旋转、刀具做进给运动。在车床上镗孔属于这种方式，如图7-13a所示。车床镗孔多用于盘、套和轴件中间部位的孔以及小型支架的支承孔，孔径大小由镗刀的背吃刀量和走刀次数控制。

2）工件不动而刀具做旋转和进给运动。如图7-13b所示，这种加工方式在镗床上进行。镗床主轴带动镗刀杆旋转，并做纵向进给运动。由于主轴的悬伸长度不断加大，刚性随之减小，为保证镗孔精度，故一般用来镗削深度较小的孔。

3）刀具旋转、工件做进给运动。如图7-13c所示，这种镗孔方法有以下两种方式。

① 镗床平旋盘带动镗刀旋转，工作台带动工件做纵向进给运动，利用径向刀架使镗刀处于偏心位置，即可镗削大孔。大于ϕ200mm的孔多用此种方式加工，但孔深不宜过大。

② 主轴带动刀杆和镗刀旋转，工作台带动工件做进给运动。这种方式镗削的孔径一般小于120mm；对于悬伸式刀杆，镗刀杆不宜过长，一般用来镗削深度较小的孔，以免弯曲变形过大而影响镗孔精度，可在镗床、卧式铣床上进行；镗削箱体两壁距离较远的同轴孔系时刀杆较长，为了增加刀杆刚性，刀杆的另一端支承在镗床后立柱的导套座中。

（3）镗孔的工艺范围 镗孔的适用性强，一把镗刀可以加工一定孔径和深度范围的孔，除直径特别小和较深的孔外，各种直径的孔都可进行镗削，可通过粗镗、半精镗、精镗和精细镗达到不同的精度和表面粗糙度。粗镗孔的尺寸公差等级为IT13～IT11，表面粗糙度值Ra为12.5～6.3μm；半精镗孔的尺寸公差等级为IT10～IT9，表面粗糙度值Ra为3.2～1.6μm；精镗孔的尺寸公差等级为IT8～IT7，表面粗糙度值Ra为1.6～0.8μm；精细镗的尺寸公差等级为IT7～IT6，表面粗糙度值Ra为0.4～0.1μm，常在金刚镗床上进行高速镗削。

图7-11 拉孔及拉刀刀齿的切削过程
a）拉孔 b）拉刀刀齿的切削过程

图7-12 拉孔工件的支承
1—固定支承板 2—球面垫板
3—工件 4—拉刀

图 7-13   镗孔的几种运动方式

对于孔径较大（$d > \phi 80\mathrm{mm}$），精度要求高和表面粗糙度值较小的孔，可采用浮动镗刀加工，用以补偿刀具安装误差和主轴回转误差带来的加工误差，保证加工尺寸精度，但不能纠正直线度误差和位置误差。浮动镗削操作简单，生产率高，故适用于大批量生产。

镗孔和钻—扩—铰工艺相比，孔径尺寸不受刀具尺寸的限制，且镗孔具有较强的误差修正能力。镗孔不但能够修正孔中心线偏斜误差，而且还能保证被加工孔和其他表面的相互位置精度。和车外圆相比，由于镗孔刀具、刀杆系统的刚性比较差，散热、排屑条件比较差，工件和刀具的热变形倾向比较大，故其加工质量和生产率都不如车外圆高。

3. 磨孔

（1）砂轮磨孔   砂轮磨孔是孔的精加工方法之一。磨孔的尺寸公差等级可达 IT8 ~ IT6，表面粗糙度值可达 $Ra\,1.6 \sim 0.4\mu\mathrm{m}$。砂轮磨孔可在内圆磨床或万能外圆磨床上进行，如图 7-14 所示，磨削方式分三类。

1）普通内圆磨削。工件装夹在机床上回转，砂轮高速回转并做轴向往复进给运动和径向进给运动，在普通内圆磨床上磨孔就是这种方式，如图 7-14a 所示。

2）行星式内圆磨削。工件固定不动，砂轮自转并绕所磨孔的中心线做行星运动和轴向往复进给运动，径向进给则通过加大砂轮行星运动的回转半径来实现，如图 7-14b 所示。此种磨孔方式用得不多，只有在被加工工件体积较大、不便于做回转运动的条件下才采用。

3）无心内圆磨削。如图 7-14c 所示，工件 4 放在滚轮中间，被滚轮 3 压向滚轮 1 和导轮 2，并由导轮 2 带动回转，还可沿砂轮轴线做轴向往复进给运动。这种磨孔方式一般只用来加工轴承圈等简单零件。

磨孔适用性比铰孔广，还可纠正孔的轴线歪斜及偏移，但磨削的生产率比铰孔低，且不适于磨削有色金属，小孔和深孔也难以磨削。磨孔主要用于不宜或无法进行镗削、铰削和拉削的高精度孔及淬硬孔的精加工。

磨孔同外圆磨相比效率较低，表面粗糙度值比磨外圆时大，且磨孔的精度控制较磨外圆时难，主要原因在于：

1）受被磨孔径大小的限制，砂轮直径一般都很小，且排屑和冷却不便，为取得必要的磨削

图 7-14　砂轮磨孔方式

a）普通内圆磨削　b）行星式内圆磨削　c）无心内圆磨削

1、3—滚轮　2—导轮　4—工件

速度，砂轮转速要非常高。此外，小直径砂轮的磨损快，砂轮寿命短。

2）内圆磨头在悬臂状态下工作，且磨头主轴的直径受工件孔径大小的限制，一般都很小，因此内圆磨头主轴的刚度差，容易产生振动。

3）磨孔时，砂轮与工件孔的接触面积大，容易发生表面烧伤。

4）磨孔时，容易产生圆柱度误差，要求主轴刚性好。

（2）砂带磨孔　对于大型筒体内表面的磨削，砂带磨削比砂轮磨削更具灵活性，可以解决砂轮磨削无法实现的加工难题。

4. 孔的光整加工

（1）研磨孔　研磨孔是常用的一种孔光整加工方法，如图 7-15 所示，用于对精镗、精铰或精磨后的孔做进一步加工。研磨孔的特点与研磨外圆相类似，研磨后孔的尺寸公差等级可达 IT7 ~ IT6，表面粗糙度值可达 $Ra\,0.1 ~ 0.008\,\mu m$，形状精度也有相应提高。

图 7-15　套类零件孔的研磨

1—检验棒　2—研套　3—工件（手握）

（2）珩磨孔　珩磨孔是利用带有磨条（油石）的珩磨头对孔进行光整加工的方法，常常对精铰、精镗或精磨过的孔在专用的珩磨机上进行光整加工。珩磨头的结构形式很多，图 7-16 所示是一种机械加压的珩磨头。这种珩磨头结构简单，但操作不便，只用于单件小批生产，大批量生产中常用压力恒定的气体或液体加压的珩磨头。珩磨时，工件固定在机床工作台上，主轴与珩磨头浮动连接并驱动珩磨头做旋转和往复运动，如图 7-17a 所示。珩磨头上的磨条在孔的表面上切去极薄的一层金属，其切削轨迹成交叉而不重复的网纹，有储油作用，可减少滑动摩擦，如图 7-17b 所示。

珩磨主要用于精密孔的最终加工工序，能加工直径 $\phi 15 ~ \phi 500mm$ 或更大的孔，并可加工深径比大于 10 的深孔。珩磨可加工铸铁件、淬火和不淬火钢件以及青铜件等，但珩磨不宜加工塑性较大的有色金属件，也不能加工带键槽孔、花键孔等的断续表面。

图 7-16 珩磨头结构

1—螺母 2—压力弹簧 3—调节锥 4—磨条
5—本体 6—磨条座 7—磨条顶块 8—弹簧箍

图 7-17 珩磨时的运动及切削轨迹

5. 孔加工方法的选择

选择孔加工方法与机床的选用有密切联系，较外圆加工要复杂得多，现分别阐述如下。

（1）孔加工方法的选择 常用的孔加工方案请查阅相关手册。拟订孔加工方案时，除一般因素外，还应考虑孔径大小和深径比。

（2）机床的选用 对于给定尺寸大小和精度的孔，有时可在几种机床上加工。为了便于工件装夹和孔加工，保证质量和提高生产率，机床选用主要取决于零件的结构类型、孔在零件上所处的部位以及孔与其他表面位置精度等条件。

1）盘、套类零件上各种孔加工的机床选用。盘、套类零件中间部位的孔一般在车床上加工，这样既便于工件装夹，又便于在一次装夹中精加工孔、端面和外圆，以保证位置精度。若采用镗磨类加工方案，在半精镗后再转磨床加工；若采用拉削方案，可先在卧式车床或多刀半自动车床上粗车外圆、端面和钻孔（或粗镗孔）后再转拉床加工。盘、套零件分布在端面上的螺钉孔、螺纹底孔及径向油孔等均应在立式钻床或台式钻床上钻削。

2）支架箱体类零件上各种孔加工的机床选用。为了保证支承孔与主要平面之间的位置精度并使工件便于安装，大型支架和箱体应在卧式镗床上加工；小型支架和箱体可在卧式铣床或车床（用花盘、弯板）上加工。支架、箱体上的螺钉孔、螺纹底孔和油孔，可根据零件大小在摇臂钻床、立式钻床或台式钻床上钻削。

3）轴类零件上各种孔加工的机床选用。轴类零件除中心孔外，带孔的情况较少，但有些轴件有轴向圆孔、锥孔或径向小孔。轴向孔的精度差异很大，一般均在车床上加工，高精度的孔则需再转磨床加工；径向小孔在钻床上钻削。

知识要点三　平面加工

平面是盘形和板形零件的主要表面，也是箱体、导轨、支架类零件的主要表面之一。平面加工的方法有车、铣、刨、磨、研磨和刮削等。

1. 平面车削

平面车削一般用于加工轴、轮、盘、套等回转体零件的端面、台阶面等，也用于其他需要加工孔和外圆零件的端面。通常这些面要求与内、外圆柱面的轴线垂直，一般在车床上与相关的外圆和内孔在一次装夹中加工完成。中小型零件在卧式车床上进行，重型零件可在立式车床上进行。平面车削的尺寸公差等级可达 IT7 ~ IT6，表面粗糙度值可达 Ra 12.5 ~ 1.6μm。

2. 平面铣削

铣削是平面加工的主要方法。铣削中小型零件的平面，一般用卧式或立式铣床；铣削大型零件的平面，则用龙门铣床。

铣削具有工艺范围广，生产率高，容易产生振动，刀齿散热条件较好等特点。

平面铣削按加工质量可分为粗铣和精铣。粗铣的表面粗糙度值为 Ra 50 ~ 12.5μm，尺寸公差等级为IT14 ~ IT12；精铣的表面粗糙度值可达 Ra 3.2 ~ 1.6μm，尺寸公差等级可达 IT9 ~ IT7。按铣刀的切削方式不同可分为周铣与端铣，还可同时进行周铣和端铣。周铣常用的刀具是圆柱铣刀；端铣常用的刀具是面铣刀；同时进行端铣和周铣的铣刀有立铣刀和三面刃铣刀等。

（1）周铣　周铣是用铣刀圆周上的切削刃来铣削工件，铣刀的回转轴线与被加工表面平行，如图 7-18a 所示。周铣适用于在中小批生产中铣削狭长的平面、键槽及某些曲面。周铣有顺铣和逆铣两种方式。

图 7-18　铣削的两种方式
a）周铣　b）端铣

1）逆铣。铣削时，在铣刀和工件接触处，铣刀的旋转方向与工件的进给方向相反称为逆铣，如图 7-19a 所示。逆铣过程中，在刀齿切入工件前，刀齿要在加工面上滑移一小段距离，从而加剧了刀齿的磨损，增加了工件表层硬化程度，并增大了加工表面的表面粗糙度值。逆铣时有把工件向上挑起的切削垂直分力，影响工件夹紧，需加大夹紧力。但铣削时，水平切削分力有助于使丝杠与与螺母贴紧，消除丝杠与螺母之间的间隙，使工作台进给运动比较平稳。

2）顺铣。铣削时，在铣刀和工件接触处，铣刀的旋转方向与工件进给方向相同时称为顺铣，如图 7-19b 所示。顺铣过程中，刀齿切入时没有滑移现象，但切入时冲击较大，切削时垂直切削分力有助于夹紧工件，而水平切削分力与工件台移动方向一致，当这一切削分力足够大时，即 F_H > 工作台与导轨间的摩擦力时，会在螺纹传动副侧隙范围内使工作台向前窜动并短暂停留，严重时甚至引起"啃刀"和打刀现象。

图 7-19 逆铣和顺铣
a）逆铣 b）顺铣

综上所述，逆铣和顺铣各有利弊。在切削用量较小（如精铣），工件表面质量较好，或机床有消除螺纹传动副侧隙装置时，则采用顺铣为宜。另外，对不易夹牢的和薄而长的工件，也常用顺铣。一般情况下，特别是加工硬度较高的工件时，则最好采用逆铣。

（2）端铣 端铣是用铣刀端面上的切削刃来铣削工件，铣刀的回转轴线与被加工表面垂直，如图 7-18b 所示。端铣适于在大批生产中铣削宽大平面。在端铣中按铣刀轴线移动轨迹与被铣平面中线的相互位置关系，分为对称铣和不对称铣，如图 7-20 所示。对称端铣时就某一刀齿而言，从切入到切离工件的过程中，有一半属于逆铣，一半属于顺铣。不对称端铣可分为不对称顺铣和不对称逆铣，不对称铣中多采用不对称逆铣。

图 7-20 端铣的对称与不对称铣削（俯视图）
a）对称端铣平面 b）不对称逆铣 c）不对称顺铣

（3）端铣和周铣的比较

1）端铣的加工质量比周铣高。因为端铣同时参加切削的刀齿一般较多，切削厚度比较小，切削较为平稳，振动小；面铣刀的主切削刃担任主要切削工作，副切削刃能起修光作用，所以表面粗糙度值较小。周铣通常只有 1~2 个刀齿参加切削，切削厚度和切削力变化较大，铣削时振动也较大。此外，周铣的刀齿为间断切削，加工表面实际上由许多波浪式的圆弧组成，因此表面粗糙度值较大。

2）端铣生产率较周铣高。面铣刀刀杆刚性好，易于采用硬质合金镶齿结构，铣削用量较大；而圆柱铣刀多用高速钢制成，铣削用量较小。

3. 平面刨削

刨削是平面加工的方法之一，中小型零件的平面加工，一般多在牛头刨床上进行，龙门刨床则用来加工大型零件的平面和同时加工多个中型工件的平面。刨平面所用机床、工夹具结构简单，调整方便，在工件的一次装夹中能同时加工处于不同位置上的平面，且刨削加工有时可以在同一工序中完成，因此刨平面具有机动灵活、万能性好的优点。

宽刃精刨是在普通精刨基础上，使用高精度龙门刨床和宽刃精刨刀（图 7-21），以 5～12m/min 的低切削速度和大进给量在工件表面上切去一层极薄的金属。对于接触面积较大的定位平面与支承平面，如导轨、机架、壳体零件上的平面的刮研工作，劳动强度大，生产率低，对工人的技术水平要求高，宽刃精刨工艺则可以减少甚至完全取代磨削、刮研工作，在机床制造行业中获得了广泛的应用，能有效地提高生产率。宽刃精刨加工的直线度可达到 0.02mm/m，表面粗糙度值可达 $Ra\ 0.8～0.4\mu m$。

图 7-21　宽刃精刨刀

4. 平面拉削

平面拉削是一种高效率、高质量的加工方法，主要用于大批量生产中，其工作原理和拉孔相同。平面拉削的尺寸公差等级可达 IT7～IT6，表面粗糙度值可达 $Ra\ 0.8～0.4\mu m$。

5. 平面磨削

（1）平面砂轮磨削　对一些平直度、平面之间相互位置精度要求较高、表面粗糙度值要求小的平面进行磨削加工的方法，称为平面磨削。平面磨削一般在铣、刨、车削的基础上进行。随着高效率磨削的发展，平面磨削既可作为精密加工，又可代替铣削和刨削作为粗加工。

平面磨削的方法有周磨和端磨两种。

1）周磨。周磨平面是指用砂轮的圆周面来磨削平面。砂轮和工件的接触面少，发热量少，磨削区的散热、排屑条件好，砂轮磨损较为均匀，可以获得较高的精度和表面质量。但在周磨中，磨削力易使砂轮主轴受压弯曲变形，故要求砂轮主轴应有较高的刚度，否则容易产生振纹。周磨适用于在成批生产条件下加工精度要求较高的平面，能获得高的精度和较小的表面粗糙度值。

2）端磨。端磨是用砂轮的端面来磨削平面，但砂轮圆周直径不能过大，而且必须使用专用端面磨削砂轮。端磨时，磨头伸出短，刚性好，可采用较大的磨削用量，生产率高；但砂轮与工件接触面积大，发热多，散热和冷却较困难，加上砂轮端面各点的圆周线速度不同，磨损不均匀，故精度较低，一般用于大批大量生产中代替刨削和铣削进行粗加工。

平面磨削还广泛应用于平板平面、托板的支承面、轴承、盘类的端面或环端面等大小零件的精密加工及机床导轨、工作台等大型平面以磨代刮的精加工。一般经磨削加工的两平面间的尺寸公差等级可达 IT6～IT5，两面的平行度可达 0.01～0.03 mm，直线度值可达 0.01～0.03mm/m，表面粗糙度值可达 $Ra\ 0.8～0.2\mu m$。

（2）平面砂带磨削　对于有色金属、不锈钢、各种非金属的大型平面、卷带材、板材，采用砂带磨削不仅不堵塞磨料，能获得极高的生产率，而且一般采用干式磨削，加工极为方便。目前最大的砂带宽度可以达到 5m，在一次贯穿式的磨削中，可以磨出极大的加工表面。

6. 平面的光整加工

（1）平面刮研 平面刮研是利用刮刀在工件上刮去很薄一层金属的光整加工方法，常在精刨的基础上进行。刮研可以获得很高的表面质量，表面粗糙度值可达 $Ra1.6 \sim 0.4\mu m$，平面的直线度可达 $0.01mm/m$，甚至高达 $0.005 \sim 0.0025mm/m$。刮研既可提高表面的配合精度，又能在两平面间形成贮油空隙，以减小摩擦，提高工件的耐磨性，还能使工件表面美观。

刮研劳动强度大，操作技术要求高，生产率低，故多用于单件小批生产及修理车间，加工未淬火的要求高的固定连接面、导向面及大型精密平板和直尺等。在大批大量生产中，刮研多被专用磨床磨削或宽刃精刨所代替。

（2）平面研磨 平面研磨一般在磨削之后进行。研磨后两平面的尺寸公差等级可达 IT5 ~ IT3，表面粗糙度值可达 $Ra0.1 \sim 0.008\mu m$，直线度可达 $0.005mm/m$。小型平面研磨还可减小平行度误差。

平面研磨主要用来加工小型精密平板、直尺、块规以及其他精密零件的平面。单件小批量生产中常用手工研磨，大批量生产则常用机器研磨。

7. 平面加工方法的选择

常用的平面加工方法请查阅相关手册。在选择平面的加工方法时除了要考虑平面的精度和表面粗糙度要求外，还应考虑零件结构和尺寸、热处理要求以及生产规模等。因此在具体拟订加工方案时，要考虑以下情况。

（1）非配合平面 一般粗铣、粗刨、粗车即可。但对于要求表面光滑、美观的平面，粗加工后还需精加工，甚至光整加工。

（2）支架、箱体与机座的固定连接平面 一般经粗铣、精铣或粗刨、精刨即可；精度要求较高的，如车床主轴箱与床身的连接面，则还需进行磨削或刮研。

（3）盘、套类零件和轴类零件的端面 应与零件的外圆和孔加工结合进行，如法兰盘的端面，一般采用粗车→精车的方案。精度要求高的端面，则精车后还应磨削。

（4）导向平面 常采用粗刨→精刨→宽刃精刨（或刮研）的方案。

（5）较高精度的板块状零件，如定位用的平行垫铁等平面 常用粗铣（刨）→精铣（刨）→磨削的方案。块规等高精度的零件则需研磨。

（6）韧性较大的有色金属件上的平面 一般用粗铣→精铣或粗刨→精刨方案，高精度的可再刮削或研磨。

（7）大批大量生产中，加工精度要求较高的、面积不大的平面（包括内平面） 常用粗拉→精拉的方案，以保证高的生产率。

知识要点四 成形（异形）面加工

1. 成形面加工概述

随着科学技术的发展，机器的结构日益复杂，功能也日益多样化。在这些机器中，为了满足预期的运动要求或使用要求，有些零件的表面不是简单的平面、圆柱面、圆锥面或它们的组合，而是复杂的、具有相当加工精度和表面粗糙度的成形表面。例如，自动化机械中凸轮机构中的凸轮轮廓形状有阿基米德螺线形、对线曲线形、圆弧形等；模具中凹模的型腔往往由形状各异的成形表面组成。成形面就是指这些由曲线作为母线，以圆为轨迹做旋转运动，或以直线为轨迹做平移运动所形成的表面。

成形面的种类很多，按照其几何特征，大致可以分为以下四种类型，如图 7-22 所示。

图 7-22　成形面的类型

a) 回转成形面　b) 直线成形面　c) 立体成形面

1) 回转成形面：由一条母线（曲线）绕一固定轴线旋转而成，如滚动轴承内、外圈的圆弧滚道、手柄（图 7-22a）等。

2) 直线成形面：由一条直母线沿一条曲线平行移动而成。它可分为外直线曲面，如冲模的凸模和凸轮（图 7-22b）等；内直线曲面，如冷却模的凹模型孔等。

3) 立体成形面：零件各个剖面具有不同的轮廓形状，如某些锻模（图 7-22c）、压铸模、塑压模的型腔。

4) 复合运动成形表面：零件的表面是按照一定的曲线运动轨迹形成的，如齿轮的齿面、螺栓的螺纹表面等。

与其他表面类似，成形面的技术要求也包括尺寸精度、形状精度、位置精度及表面质量等方面，但成形面往往是为了实现某种特定功能而专门设计的，因此其表面形状的要求显得更为重要。

成形面的加工方法很多，已由单纯采用切削加工方法发展到采用特种加工、精密铸造等多种加工方法。下面着重介绍各种曲面的切削加工方法（包括磨削）。按成形原理，成形面加工可分为用成形刀具加工和用简单刀具加工。

2. 简单刀具加工成形面

(1) 按划线加工成形面　这种方法是在工件上划出成形面的轮廓曲线，钳工沿划线外缘钻孔、锯开、修锉和研磨，也可以用铣床粗铣后再由钳工修锉。此法主要靠手工操作，生产率低，加工精度取决于工人的技术水平，一般适用于单件生产，目前已很少采用。

(2) 手动控制进给加工成形面　加工时由人工操纵机床进给，使刀具相对工件按一定的轨迹运动，从而加工出成形面。这种方法不需要特殊的设备和复杂的专用刀具，成形面的形状和大小不受限制，但要求操作工人有较高的技术水平，而且加工质量不高，劳动强度大，生产率低，只适宜在单件小批生产中对加工精度要求不高的成形面进行粗加工。

1) 回转成形面。一般需要按回转成形面的轮廓制作一套（一块或几块）样板，在卧式车床上加工，加工过程中应不断用样板进行检验、修正，直到成形面基本与样板吻合为止，如图 7-23 所示。

2) 直线成形面。将成形面轮廓形状划在工件相应的端面，人工操纵机床进给，使刀具沿划线进行加工，一般在立式铣床上进行。

(3) 用靠模装置加工成形面

1) 机械靠模装置。图 7-24 所示为在车床上用靠模法加工手柄，将车床中滑板上的丝杠拆去，将拉板固定在中滑板上，其另一端与滚柱连接。当大滑板做纵向移动时，滚柱沿着靠模的曲线槽移动，使车刀做相应的移动，车出手柄成形面。

图 7-23　双手操作加工成形面
1—样板　2—工件

图 7-24　用靠模车削成形面
1—工件　2—车刀　3—拉板　4—紧固件　5—滚柱

用机械靠模装置加工曲面生产率较高，加工精度主要取决于靠模精度。靠模形状复杂，制造困难，费用高，故这种方法常适用于成批生产。

2）随动系统靠模装置。随动系统靠模装置是以发送器的触点（靠模销）接收靠模外形轮廓曲线的变化作为信号，通过放大装置将信号放大后，再由驱动装置控制刀具做相应的仿形运动。按触发器的作用原理不同，仿形装置可分为液压式、电感式等多种；按机床类型不同，主要有仿形车床和仿形铣床。仿形车床一般用来加工回转成形面，仿形铣床可用来加工直线成形面和立体成形面。随动系统靠模装置仿形加工有以下特点。

① 靠模与靠模销之间的接触压力小（5~8MPa），靠模可用石膏、木材或铝合金等软材料制造，加工方便，精度高且成本低。但机床复杂，设备费用高。

② 适用范围较广，可以加工形状复杂的回转成形面和直线成形面，也可加工复杂的立体成形面。

③ 仿形铣床常用指状铣刀，加工后表面残留刀痕比较明显，因此表面较粗糙，一般都需要进一步修整。

（4）用数控机床加工　用切削方法来加工成形面的数控机床主要有数控车床、数控铣床、数控磨床和加工中心等，如图 7-25 所示。在数控机床上加工成形面，只需将成形面的数控和工艺参数按机床数控系统的规定编制成程序后输入数控装置，机床即能自动进行加工。在数控机床上不仅能加工二维平面曲线型面，还能加工各种复杂的三维曲线型面，同时由于数控机床具有较高的精度，加工过程的自动化避免了人为误差因素，因而可以获得高精度的成形面，同时大大提高了生产率。目前数控机床加工已相当广泛，尤其适合模具制造中的凸凹模及型腔加工。

图 7-25　数控机床加工成形面
a）数控车床加工　b）数控铣床加工

3. 成形刀具加工成形面

刀具的切削刃按工件表面轮廓形状制造，加工时刀具相对于工件做简单的直线进给运动。

1）成形面车削。用主切削刃与回转成形面母线形状一致的成形车刀加工内、外回转成形面。

2）成形面铣削。一般在卧式铣床上用盘状成形铣刀进行，常用来加工直线成形面。

3）成形面刨削。成形刨刀的结构与成形车刀结构相似。由于刨削时有较大的冲击力，故一般用来加工形状简单的直线成形面。

4）成形面拉削。拉削可加工多种内、外直线成形面，其加工质量好、生产率高。

5）成形面磨削。利用修整好的成形砂轮，在外圆磨床上可以磨削回转成形面，如图 7-26a 所示；在平面磨床上可以磨削外直线成形面，如图 7-26b 所示。

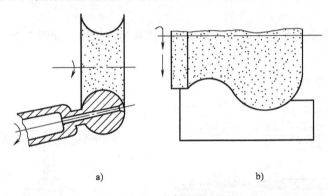

a)　　　　　　　　b)

图 7-26　成形砂轮磨削

a）成形砂轮磨削外球面　b）成形砂轮磨削外直线成形面

利用砂带柔性较好的特点，砂带磨削很容易实现成形面的成形磨削，只需简单地更换砂带便可实现粗磨、精磨在一台装置上完成，而且磨削宽度可以很大，如图 7-27 所示。

用成形刀具加工成形面，加工精度主要取决于刀具精度，且机床的运动和结构比较简单，操作简便，故容易保证同一批工件表面形状、尺寸的一致性和互换性。成形刀具是宽刃刀具，同时参加切削的切削刃较长，一次切削行程就可切出工件的成形面，因而有较高的生产率。此外，成形刀具可重磨的次数多，所以刀具的寿命长。但成形刀具的设计、制造和刃磨都较复杂，刀具成本高，因此用成形刀具加工成形面适用于成形面精度要求高、零件批量大、刚性好且成形面不宽的工件。

图 7-27　砂带成形磨削

1—砂带　2—特形接触压块　3—主动轮

4—导轮　5—工件　6—工作台

7—张紧轮　8—惰轮

4. 展成法加工成形面

展成法加工成形面是指按照成形面的曲线复合运动轨迹来加工表面的方法，最常见、也是最典型的就是齿轮齿面和螺栓螺纹表面的加工。

齿轮齿面的加工将在第七章第二节详述。下面简单介绍螺纹的加工。

（1）螺纹的分类及技术要求

1）螺纹的分类。螺纹是零件中最常见的表面之一，按用途的不同可分为以下两类。

① 紧固螺纹：用于零件的固定连接，常用的有普通螺纹和管螺纹等，螺纹牙型多为三角形。

② 传动螺纹：用于传递动力、运动或位移，如机床丝杠的螺纹等，牙型多为梯形或矩形。

2）螺纹的技术要求。螺纹和其他类型的表面一样，也有一定的尺寸精度、形状精度、位置精度和表面质量要求。根据用途的不同，技术要求也各不相同。

① 对于紧固螺纹和无传动精度要求的传动螺纹，一般只要求螺纹的中径和顶径（外螺纹的大径或内螺纹的小径）的精度。普通螺纹的主要要求是可旋入性和连接的可靠性，管螺纹的主要要求是密封性和连接的可靠性。

② 对于有传动精度要求或用于计量的螺纹，除要求中径和顶径的精度外，还对螺距和牙型角有精度要求。对于传动螺纹的主要要求是传动准确、可靠、螺纹牙面接触良好并耐磨等，因此对螺纹表面的表面粗糙度和硬度也有较高的要求。

（2）螺纹的加工方法　螺纹的加工方法除攻螺纹、套螺纹、车螺纹、铣螺纹和磨削螺纹外，还有滚压螺纹等。

1）攻螺纹和套螺纹。用丝锥加工内螺纹的方法称为攻螺纹，如图7-28所示；用板牙加工外螺纹的方法称为套螺纹，如图7-29所示。

图7-28　攻螺纹
a）丝锥　b）攻螺纹

攻螺纹和套螺纹是应用较广的螺纹加工方法，主要用于螺纹直径不超过16mm的小尺寸螺纹的加工，单件小批量生产一般用手工操作，批量较大时，也可在机床上进行。

2）车螺纹。车螺纹是螺纹加工的最基本的方法。其主要特点是刀具制作简单、适应性广，使用通用车床即能加工各种形状、尺寸、精度的内、外螺纹，特别适于

图7-29　套螺纹
a）板牙　b）套螺纹

加工尺寸较大的螺纹。但车螺纹生产率低，加工质量取决于机床精度和工人的技术水平，所以适合单件小批量生产。

当生产批量较大时，为了提高生产率，常采用螺纹梳刀车削螺纹，如图7-30所示，这种多齿螺纹车刀只要一次走刀即可切出全部螺纹，所以生产率高。但螺纹梳刀加工精度不高，不能加工精密螺纹和螺纹附近有轴肩的工件。

对于不淬硬精密丝杠的加工，通常在精密车床或精密螺纹车床上进行，可以获得较高的精度和较小的表面粗糙度值。

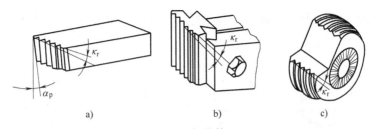

图 7-30 螺纹梳刀

a）平板螺纹梳刀 b）棱体螺纹梳刀 c）圆体螺纹梳刀

3）铣螺纹。铣螺纹是利用旋铎切削加工螺纹的方式，其生产率比车螺纹高，但加工精度不高，在成批和大量生产中应用广泛，适用于一般精度的未淬硬内、外螺纹的加工或作为精密螺纹的预加工。

铣螺纹可以在专门的螺纹铣床上进行，也可以在改装的车床和螺纹加工机床上进行。铣螺纹的刀具有盘形螺纹铣刀、铣削螺纹梳刀。铣削时，铣刀轴线与工件轴线倾斜一个螺旋升角 λ，如图 7-31 所示。

图 7-31 铣螺纹

a）盘形铣刀铣螺纹 b）梳形铣刀铣螺纹

4）磨削螺纹。磨削螺纹常见于淬硬螺纹的精加工，以修正热处理引起的变形，提高加工精度。磨削螺纹一般在螺纹磨床上进行。螺纹在磨削前必须经过车削或铣削进行预加工，对于小尺寸的精密螺纹也可以直接磨出。

根据砂轮的形状，外螺纹的磨削可分为单线砂轮磨削和多线砂轮磨削，如图 7-32 所示。

图 7-32 磨削螺纹

a）单线砂轮磨削 b）多线砂轮磨削

5）滚压螺纹。滚压螺纹根据滚压的方式又分为滚丝和搓丝两种。

① 搓螺纹。如图 7-33a 所示，搓螺纹时，工件放在固定搓丝板与活动搓丝板中间。两搓丝板的平面都有斜槽，其截面形状与被搓制的螺纹牙型相吻合。当活动搓丝板移动时，工件在搓丝

板间滚动，即在工件表面上挤压出螺纹。搓制好的螺纹件在固定搓丝板的另一边落下。活动搓丝板移动一次，即可搓制一个螺纹件。

图 7-33　滚压螺纹

a）搓螺纹　b）滚压螺纹

搓螺纹前，必须将两搓丝板之间的距离根据被加工螺纹的直径预先调整好。搓螺纹的最大直径可达 25mm，表面粗糙度值可达 $Ra1.6 \sim 0.4\mu m$。

② 滚压螺纹。图 7-33b 所示为双滚轮滚压螺纹。滚压螺纹时，工件放在两滚轮之间，两滚轮的转速相等，转向相同，工件由两滚轮带动做自由旋转。两滚轮圆周面上都有螺纹，一轮轴心固定（称为定滚轮），一轮做径向进给运动（称为动滚轮），两轮配合逐渐滚压出螺纹。

滚压螺纹零件的直径范围很大，可为 0.3 ~ 120mm；加工精度高，表面粗糙度值可达 $Ra0.8 \sim 0.2\mu m$，可以滚制丝锥、丝杠等。但滚压螺纹生产率较低。

5. 规范特形表面的加工方法

所谓规范特形表面，是指具有规范的几何形状、可以使用常规切削方法加工出来的圆弧表面或组合表面，如带柄圆球、椭圆面、双曲线外表面等。

（1）车削特形表面

1）车削椭圆轴和孔。

① 车削椭圆轴。椭圆轴可以用飞刀法进行车削，但刀盘轴线必须与工件成一定角度 α，而走刀方向与工件轴线（主轴中心线）一定，工件固定不动。

② 车削椭圆孔。有些管子在安装时，要与基准面成一个 α 角度，如图 7-34a 所示，因此在端面上需要焊上一个安装用的圆环。由于管子倾斜后的截面是一个椭圆，因此圆环的内孔也应该是一个椭圆。这个椭圆的长轴为 $a\left(a = \dfrac{D}{2}\right)$，短轴为 $b\left(b = \dfrac{d}{2}\right)$。

图 7-34　飞刀法车削椭圆孔

1—杆　2—小刀架

车削这种椭圆孔时，可以把圆环安装在斜滑板上成一个 α 角度，如图 7-34b 所示，车刀用刀排装在主轴上旋转，然后移动横滑板即可车削。

2）车削球面。

① 手动进给车削球面。单件球体加工一般采用手动进给的方法。当工件的数量较多时，可以采用多种方法，但在加工之前，必须先计算出工作尺寸 L，如图 7-35 所示。

② 车削带柄圆球。车削带柄圆球时，工件按要求装夹在卡盘上，卸下小拖板，安装一个带电动机的刀盘，刀盘旋转轴线与工件轴线成（90° + α）角度，并把两刀尖的距离调节好，如图 7-36 所示。

③ 飞刀法车削整球。如果工件是一个整球，则可采用如图 7-37a 所示的方法，即毛坯用两个支撑套顶住，刀盘与主轴轴线垂直，转动刀盘和工件即可切削。当工件两侧面切削完以后，松开支撑套，将工件转过 90°，如图 7-37b 所示，再用支撑套顶住，切削另一部分。

图 7-35　球面工件的车削　　　　图 7-36　飞刀法车削带柄圆球

图 7-37　飞刀法车削整球

1—已加工面　2—待加工面　3—支撑套　4—刀具　5—刀盘

④ 车削内孔球面。较大内孔的球面，可用如图 7-38 所示的方法车削。工件 1 安装在卡盘中，两顶尖间安装刀排 3，车刀 2 反装，小刀架 5 上装推杆 4，推杆两端活络连接。当小刀架进给时，车刀在刀排中转动，即可车出内孔球面。

⑤ 飞刀法车削端面上的球面。端面上的球面可用如图 7-39 所示的方法车削。刀盘转动与工件轴线成 α 角度，车削时工件低速转动，车刀高速飞转，两个运动合成即可车出球面。

3）车削双曲面。工件夹在卡盘上，将小滑板斜置一个 α 角度，再在小滑板上安装一个刀排（车刀必须垂直向下安装），如图 7-40 所示。车削时，用手转动小滑板进给，车刀向下切入一个 h，然后从 B 点移向 A 点。车削开始时刀尖与旋转的工件轻微接触，随着刀尖向 A 点移动，切削深度逐渐增加，过中点以后又逐渐减小，从而在工件上车出双曲面。

图 7-38　车削内孔球面　　　　　　图 7-39　飞刀法车削端面上的球面
1—工件　2—车刀　3—刀排　4—推杆　5—小刀架　　a）车凸球面　b）车凹球面

图 7-40　车削双曲面
1—工件　2—刀排

车削双曲线内表面的方法如图 7-41 所示。其计算方法与车削双曲线外表面相同。

4）在自定心卡盘上车削偏心工件。

① 车削偏心距较小的工件。车削偏心距较小（$e \leqslant 5\text{mm}$）的偏心工件时，用一个垫片垫在一个卡爪与工件之间即可，如图 7-42 所示。

② 车削偏心距较大的工件。车削偏心距较大的偏心工件时，最好用扇形垫片，如图 7-43 所示。

图 7-41　车削双曲线内表面　　图 7-42　单卡爪车偏心工件　　图 7-43　双卡爪车偏心工件
1—工件　2—刀排　　　　　　　时平垫块厚度的计算　　　　　时扇形垫块的计算

在自定心卡盘上车削偏心工件时，由于卡爪与工件表面接触位置有偏差，加上垫片夹紧后的变形，如果工件精度要求较高，应对垫片厚度进行修正。

（2）铣削特形表面

1）等速圆盘凸轮的铣削。凸轮的种类比较多，常用的有圆盘凸轮、圆柱凸轮，如图7-44 所示。因此，等速圆盘凸轮的铣削方法有垂直铣削法和扳角度铣削法两种。

a)   b)   c)

图7-44　凸轮的种类

a）圆盘凸轮　b）端面圆柱凸轮　c）螺旋槽圆柱凸轮

① 垂直铣削法的加工特点。

a. 这种方法用于仅有一条工作曲线，或者虽然有几条工作曲线，但它们的导程都相等，并且所铣凸轮外径较大，铣刀能靠近轮坯而顺利切削的情形，如图7-45a 所示。

b. 立铣刀直径应与凸轮推杆上的小滚轮直径相同。

c. 分度头交换齿轮轴与工作台丝杠的交换齿轮齿数按 $i = \dfrac{40P_{丝}}{P_{h}}$ 计算（$P_{丝}$——工作台丝杠螺距；P_{h}——凸轮导程）。

d. 圆盘凸轮铣削时的对刀位置必须根据从动件的位置来确定。

a)   b)   c)

偏距

图7-45　垂直铣削法

若从动件是对心直动式的圆盘凸轮，如图 7-45b 所示，对刀时应将铣刀和工件的中心连线调整到与纵向进给方向一致。

若从动件是偏置直动式的圆盘凸轮，如图 7-45c 所示，则应调整工作台，使铣刀对中后再偏移一个距离，这个距离必须等于从动件的偏距 e，并且偏移的方向也必须和从动件的偏置方向一致。

② 扳角度铣削法的特点。

a. 这种方法适用于有几条工作曲线，各条曲线的导程不相等，或者凸轮导程是大质数、零星小数，选配齿轮困难等情形。

b. 铣削加工工艺程序与垂直铣削法相似。

2）等速圆柱凸轮的铣削。等速圆柱凸轮分为螺旋槽凸轮和端面凸轮，其中螺旋槽凸轮铣削方法和铣削螺旋槽基本相同，所不同的是圆柱螺旋槽凸轮工作型面往往是由多个不同导程的螺旋面或螺旋槽组成的，它们各自占的中心角是不同的，而且不同的螺旋面或螺旋槽之间还常用圆弧进行连接，因此导程的计算比较麻烦。在实际生产中应根据图样给定的不同条件，采用不同的方法来计算凸轮曲线的导程。若加工图样上给定螺旋角 β 时，等速圆柱螺旋槽凸轮导程计算公式为 $P_\mathrm{h} = \pi d \cot \beta$。

等速端面圆柱凸轮的铣削方法如图 7-46 所示。

图 7-46　等速端面圆柱凸轮的铣削方法

① 铣削等速圆柱凸轮的原理与铣削等速圆盘凸轮相同，只是分度头主轴应平行于工作台，如图 7-46a 所示。

② 圆柱凸轮曲线的上升和下降部分需分两次铣削，如图 7-46b 所示，AD 段是右旋，BC 段是左旋。铣削中以增减中间轮来改变分度头主轴的旋转方向，即可完成左、右旋工作曲线。

3）球面的铣削。

① 球面的形成。球面有一个显著的几何特点，就是从表面上任一点到球心的距离都不变，且等于球体半径 SR。用平面在任意位置来截球体，截出的形状都是一个圆，如图 7-47 所示。截出圆的大小与截平面到球心的距离 e 有关：距离大，则圆的直径 d 小；e 等于零，则截得的圆最大，直径等于 $2R$。

如果使铣刀刀尖旋转形成的轨迹圆与被加工球体某一截面上的圆直径相等，则轨迹圆所在的平面到球心的距离，等于上述截面到被加工球体球心的距离，那么工件回转中心线与铣刀回转中心线相交成一个角度，铣刀必然就会将工件加工成球面。也就是说，只要旋转的铣刀和旋转的工件轴线相交，这样铣削获得的表面就一定是一个球面。

② 球心的调整。铣削球面时，一般铣刀安装在铣床的主轴上，工件安装在分度头或其他可旋转的夹具上，用立式铣床或卧式铣床进行加工。

铣削球面应把刀具的旋转中心和工件的旋转中心调整在一个平面内，具体的调整方法一般是用两个顶尖按所算出的倾角 α 使两尖端对准，如图 7-48 所示。

图 7-47　球面的几何特点

图 7-48　球心的调整

铣削时，工件由电动机减速后带动，或者将机床纵向丝杠螺母取掉用机床纵向丝杠通过交换齿轮带动工件旋转。铣削要分两次进行，如图 7-49 所示。

a)　　　　　　　　　　　b)

图 7-49　圆球的铣削

a）第一次铣削　b）第二次铣削（按前者水平旋转 90°）

4）带柄圆球的铣削。

① 单柄球面的铣削。尺寸较小的带柄圆球，可安装在分度头上进行铣削，但分度头应扳转一个角度 α，故称为工件倾斜铣削法，这样球心调整和进给控制等操作均比较方便，如图 7-50 所示。

② 双柄球面的铣削。两端直径相等的双柄球面，即为对称的球带，铣削时如图 7-51a 所示，铣刀轴线与工件轴线的夹角 $\beta = 90°$，即相互垂直。

若加工图 7-51b 所示的球面，两端不是柄而是平面，在铣削时刀尖不受柄部的限制，故可先计算出刀尖回转直径的最小值，而刀尖的实际回转直径可大些，一般大 5mm，但太大会铣到心轴。

图 7-50　单柄球面的铣削

图 7-51 双柄球面的铣削

铣削外球面时，如果球和球柄处有过渡圆弧，则可按 $\tan\alpha = \dfrac{d + D(1 - \sin2\alpha)}{2L}$ 计算倾斜角 α。

5）铣削内球面。内球面的加工原理与外球面的加工原理相同，其加工步骤如下：

① 划线。按图划出端面上的线，并找出内球面的中心（不是球心）。

② 安装工件。可安装在分度头自定心卡盘内，也可用螺栓、压板将工件固定在圆工作台上。

③ 铣削计算。为使球心调整和进给控制简便，应先算出倾斜角度 α，然后再决定刀尖回转半径 r。

④ 内球面铣削法有工件倾斜铣削法和刀轴倾斜铣削法。

a. 工件倾斜铣削法。当用工件倾斜铣削时，应把刀尖对准球心下沿后，以垂直于刀轴方向进给 $H = 2r$ 距离，内球面即铣成，如图 7-52a 所示。

b. 刀轴倾斜铣削法。当用刀轴倾斜铣削时，应把刀尖对准球心后，以工件轴向进给 $H = t$ 距离，内球面即铣成，如图 7-52b 所示。

图 7-52 内球面的铣削方法

a）工件倾斜铣削内球面 b）刀轴倾斜铣削内球面

6）铣大半径球面。大半径球面可采用硬质合金面铣刀或铣刀盘来铣削，工件一般可安装在回转工作台上，使工作轴线与铣床工作台面相垂直，铣刀轴线倾斜一个角度 α，如图 7-53 所示。

图 7-53　大半径球面的铣削

7）铣削球台。铣削球台时，工件安装在圆工作台上，圆工作台的转速为 $2\sim5r/min$，立铣头需倾斜一个角度 α，并使立铣刀旋转中心线的延长线通过球坯中点 E，如图 7-54 所示。

铣刀刀尖旋转直径应大于工件弧面弦长 B。铣削时，先要对中心；然后固定铣削位置，去掉顶尖，换上铣刀，再进行铣削。

8）铣削圆弧。

① 用面铣刀近似铣削圆弧。当立铣头轴线和工作台面不垂直时，铣出的平面会出现内凹现象，其原因就在于立铣头轴线与铅垂线倾斜了一个角度 α，因而使铣刀的切削刃不能与水平面相吻合。利用这一现象可用面铣刀较为方便地近似加工出所需的圆弧，如图 7-55 所示。当用铣刀左侧铣削时，可得到外圆弧；用铣刀右侧铣削时，就得到内圆弧。

图 7-54　球台的铣削方法

图 7-55　用面铣刀近似铣削圆弧

铣削时，一般粗加工用多刀切削；精加工用单刀切削，也可用一般的小直径三面刃铣刀铣削，但只能铣削内圆弧。

这种近似加工法有一定的误差，因此只适用于加工精度要求不高的工件或进行粗加工。如果凹、凸圆弧要配对使用，则应在机床一次调整后，用同一把铣刀先后加工凹、凸圆弧。

② 立式铣床铣削内圆弧。内圆弧面半径较小时，可使用成形铣刀直接铣削；对于半径较大的内圆弧，常采用倾斜立式铣床主轴、纵向进给的方法进行铣削，如图 7-56 所示。

③ 卧式铣床铣削内圆弧。在卧式铣床上铣削内圆弧时，则将工作台扳转一个 α 角度，铣刀

直接安装在铣床主轴前端，利用纵向进给进行铣削，如图7-57所示。

利用这种方法加工出来的内圆弧实际上是椭圆孔的一部分圆弧，所以它是一种近似铣削方法。在铣刀直径接近工件内圆弧直径的同时，内圆弧面的弧高尺寸越小，铣出的内圆弧半径越准确。

图7-56 立式铣床铣削大尺寸内圆弧

图7-57 卧式铣床铣削大尺寸内圆弧

9）椭圆的铣削加工。

① 椭圆孔的铣削。一个圆柱孔工件，若用刀在垂直于中心线的方向切断，其截面是一个圆柱孔；如果在沿中心孔倾斜一个 α 角度的方向（即 $A-A$）切开，其截面就是一个椭圆孔，如图7-58所示。切断的方向与孔的中心线夹角越小，椭圆的长轴和短轴的长度差就越大。这就是在铣床上加工椭圆的原理。

椭圆孔的加工步骤如下：

a. 安装工件。一般工件可直接安装在工作台上，但尺寸小的工件可借助台虎钳夹紧。安装工件时要使孔的中心线与工作台面垂直。

图7-58 椭圆孔加工原理

b. 安装刀杆。镗刀刀杆安装在立铣头主轴锥孔内，为了达到加工椭圆孔的目的，立铣头应扳一个角度，使其中心线与工件孔的中心线倾斜一个 α 角度，如图7-59所示。

c. 铣削加工。椭圆孔在铣床上是镗削加工的。镗椭圆孔时的进给方向应该和椭圆孔中心线方向平行，并使镗刀杆刀尖的回转直径等于椭圆孔的长轴长度 D_1。刀杆直径要适当大些，以防振动；但也不能太大，以防快镗削到尽头时，刀杆与端面相碰，如图7-60所示。

② 椭圆轴的铣削。铣削椭圆轴时，刀尖应围绕椭圆轴圆周切削，如图7-61所示，因此刀轴应装于刀轴固定盘上，刀尖的回转直径仍按椭圆长轴 D_1 校准。其他安装和调整方法可参阅椭圆孔的铣削。

铣削椭圆轴时，应注意以下两点：

a. 铣削椭圆孔前的圆孔直径余量应略小于短轴直径 D_2；而铣削椭圆轴时的直径余量应略大于长轴直径 D_1。为了提高工效，事前可由钳工用划线法把余量尽量留至最小限度，然后用铣床进行最后精铣。

b. 铣削中如长、短轴尺寸不符时，可通过调整 α 加以修正。

（3）磨削特形表面。

1）球面磨削加工。图7-62为球面磨削加工原理图。砂轮主轴轴线与工件旋转轴线成一个角度 α，砂轮直径 D 等于过圆球 A、B 两点的平面所截得的圆的直径，即图中的弦长 AB。当砂轮绕自身轴线旋转，同时工件绕 *OB* 轴线旋转时，砂轮和工件相对运动的轨迹就是一个球面。

图 7-59　铣削椭圆孔

1—镗刀刀杆　2—工件　3—工作台

图 7-60　立式铣床上镗椭圆孔

图 7-61　椭圆轴的铣削

a)　　　　　　　　　b)

图 7-62　球面磨削加工原理——砂轮直径（杯形砂轮内孔直径）等于工件截面弦长

a）磨内球面　b）磨外球面

　　球面磨削按砂轮直径（杯形砂轮内孔直径）等于、小于及大于工件截面弦长分为三种情况。砂轮直径等于工件截面弦长，如图 7-62a、b 所示；砂轮直径小于工件截面弦长，如图 7-63a 所示；砂轮直径大于工件截面弦长，如图 7-63b 所示。

图 7-63　球面磨削

a）砂轮直径小于工件截面弦长　b）砂轮直径大于工件截面弦长

2）斜盘内球面的磨削。斜盘内球面工件如图 7-64 所示，磨削内球面时砂轮直径 D 和砂轮轴线与工件轴线之间应摆成一个夹角 α。

3）球面座的磨削加工。球面座工件如图 7-65 所示，磨削球面座时砂轮直径 D 和砂轮轴线与工件轴线之间也应摆成一个夹角 α。

图 7-64　斜盘内球面的磨削　　　　　　图 7-65　球面座

6. 成形面加工方法的选择

成形面的加工方法很多。对于具体零件的成形面应根据零件的尺寸、形状、精度及生产批量等来选择加工方案。

小型回转体零件上形状不太复杂的成形面，在大批大量生产时常用成形车刀在自动或者半自动车床上加工；批量较小时，可用成形车刀在卧式车床上加工。直槽和螺旋槽等，一般可用成形铣刀在万能铣床上加工。

大批大量生产中，为了加工一些直线成形面和立体成形面，常常专门设计和制造专用的拉刀或专门化机床，例如加工凸轮轴上的凸轮用凸轮轴车床、凸轮轴磨床等。

对于淬硬的成形面，如要求精度高、表面粗糙度值小，其精加工则要采用磨削，甚至要用光整加工。

对于通用机床难加工，质量也难以保证，甚至无法加工的成形面，宜采用数控机床加工或采用其他特种加工方法进行加工。

第二节　典型零件的加工工艺过程

生产实际中，虽然零件的基本几何构成不外乎是外圆、内孔、平面、螺纹、齿面、曲面等，但很少有零件是由单一典型表面构成的，而往往都是由一些典型表面复合而成，其加工方法较单一的典型表面复杂，是典型表面加工方法的综合应用。下面介绍轴类零件、箱体类和齿轮零件的典型加工工艺。

知识要点一　轴类零件的加工

1. 轴类零件的分类、特点及技术要求

（1）轴类零件的功用及分类　轴是机械零件中常见的典型零件之一。它在机械中主要用于支承齿轮、带轮、凸轮以及连杆等传动件，以承受载荷和传递转矩。

根据结构形式，轴可以分为光轴、阶梯轴、空心轴、异形轴（包括曲轴、齿轮轴、凸轮轴、偏心轴、十字轴、花键轴）等，如图7-66所示。其中阶梯轴应用较广，其加工工艺能较全面地反映轴类零件的加工规律和共性。

图7-66　常见轴的类型

a) 光轴　b) 空心轴　c) 半轴　d) 阶梯轴　e) 花键轴　f) 十字轴　g) 偏心轴　h) 曲轴　i) 凸轮轴

（2）轴类零件的特点及技术要求

1）轴类零件主要有以下特点。

① 长度大于直径。

② 加工表面为内、外圆柱面或圆锥面、螺纹、花键、沟槽等。

③ 有一定的回转精度。

2）轴类零件的技术要求。根据轴类零件的功用和工作条件，其技术要求主要有以下几个方面。

① 尺寸精度。轴类零件的主要表面常为两类：一类是与轴承的内圈配合的外圆轴颈，即支

承轴颈，用于确定轴的位置并支承轴，尺寸精度要求较高，通常为IT5～IT7；另一类为与各类传动件配合的轴颈，即配合轴颈，其精度稍低，常为IT6～IT9。

② 几何形状精度。主要指轴颈表面、外圆锥面、锥孔等重要表面的圆度、圆柱度，其误差一般应控制在尺寸公差范围内。对于精密轴，需在零件图上另行规定其几何形状精度。

③ 相互位置精度。包括内、外表面、重要轴面的同轴度、圆的径向圆跳动、重要端面对轴心线的垂直度、端面间的平行度等。

④ 表面粗糙度。轴的加工表面都有表面粗糙度要求，一般根据加工的可能性和经济性来确定。支承轴颈常为$Ra0.2～1.6\mu m$，传动件配合轴颈为$Ra0.4～3.2\mu m$。

⑤ 其他。热处理、倒角、倒棱及外观修饰等要求。

2. 轴类零件的材料、 毛坯及热处理

（1）轴类零件的材料和毛坯

1）轴类零件材料。轴类零件通常采用45钢，精度较高的轴可选用40Cr、轴承钢GCr15、弹簧钢65Mn，也可选用球墨铸铁；对高速、重载的轴，选用20CrMnTi、20Mn2B、20Cr等低碳合金钢或38CrMoAl渗氮钢。

2）轴类毛坯。轴类零件的毛坯常用圆棒料和锻件，大型轴或结构复杂的轴采用铸件。钢件毛坯一般都应经过加热锻造，这样可以使金属内部纤维组织按横向排列，分布致密均匀，获得较高的抗拉、抗弯及抗扭转强度。比较重要的轴大多采用锻件。

（2）轴类零件的热处理　轴类零件大多为锻造毛坯。锻造毛坯在加工前均需安排正火或退火处理，使钢材内部晶粒细化，消除锻造内应力，降低材料硬度，改善切削加工性能。

使用性能要求较高的轴类零件一般需要进行调质处理。调质一般安排在粗车之后、半精车之前，以消除粗车产生的残余应力，获得良好的物理力学性能。毛坯余量小时，调质可以安排在粗车之前进行。

需要表面淬火的零件，为了纠正因淬火引起的局部变形，表面淬火一般安排在精加工之前。精度要求高的轴，在局部淬火或粗磨之后，还需进行低温时效处理，以保证尺寸的稳定。

3. 轴类零件的装夹方式

轴类零件的装夹方式主要有以下三种。

（1）采用两中心孔定位装夹　对于长径比较大的轴类零件，通常以重要的外圆面作为粗基准定位，在轴的两端加工出中心孔，再以轴两端的中心孔为定位精基准进行加工，这样一次装夹可以加工多个表面，既可以实现基准重合，又可以做到基准统一。

中心孔是轴类零件加工的定位基准和检验基准，精度要求高的轴类零件对中心孔的质量要求也非常高，中心孔的加工过程也比较复杂：常常以支承轴颈定位，钻出中心锥孔；然后以中心孔定位，精车外圆；再以外圆定位，粗磨锥孔；又以中心孔定位，精磨外圆；最后以支承轴颈外圆定位，精磨（刮研或研磨）锥孔，使锥孔的各项精度达到要求。

（2）采用外圆表面定位装夹　对于空心轴、短轴等不可能用中心孔定位的轴类零件，可用轴的外圆表面定位、夹紧并传递转矩。装夹时，通常采用自定心卡盘、单动卡盘等通用夹具；对于已经获得较高精度的外圆表面，可以采用各种高精度的自动定心专用夹具，如液性塑料薄壁定心夹具、膜片卡盘、薄膜弹簧夹具等。

（3）采用各种堵头或拉杆心轴定位装夹　加工空心轴的外圆表面时，常用带中心孔的各种堵头或拉杆心轴来装夹工件，小锥孔时常用堵头；大锥孔时常用带堵头的拉杆心轴，如图7-67所示。

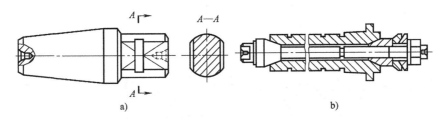

a)   b)

图 7-67　堵头与拉杆心轴

4. 轴类零件工艺过程示例 （CA6140 型卧式车床主轴的工艺过程）

（1）CA6140 型卧式车床主轴的结构特点、功用及技术要求

1）CA6140 型卧式车床主轴的结构特点。图 7-68 所示为 CA6140 型卧式车床主轴零件简图。由零件简图可知，该主轴具有以下特点。

① 它既是阶梯轴，又是空心轴；是长径比小于 12 的刚性轴。

② 它不但传递旋转运动和转矩，而且是工件或刀具回转精度的基础。

③ 其上有安装支承轴承、传动件的圆柱面或圆锥面，安装滑动齿轮的花键，安装卡盘及顶尖的内、外圆锥面，连接紧固螺母的螺旋面，通过棒料的深孔等；主要加工表面有内外圆柱面、圆锥面，次要表面有螺纹、花键、沟槽、端面结合孔等。

④ 其机械加工工艺主要是车削、磨削，其次是铣削和钻削。

2）CA6140 型卧式车床主轴各主要部分的功用及技术要求。

① 支承轴颈。主轴是一个三支承结构，都是用来安装支承轴承的，并且跨度大。其中支承轴颈 A、B 既是主轴上各重要表面的设计基准，又是主轴部件的装配基准面，所以对它们有严格的位置要求，其制造精度直接影响主轴部件的回转精度。

支承轴颈 A、B 的圆度公差为 0.005mm，径向圆跳动公差为 0.015mm；而支承轴颈 1∶12 锥面的接触率≥70%；表面粗糙度值 Ra 为 0.4μm；支承轴颈尺寸公差等级为 IT5。

② 锥孔。主轴锥孔是用来安装顶尖和刀具锥柄的，其轴线必须与两个支承轴颈的轴线严格同轴，否则会引起工件（或工具）的同轴度误差超差。

主轴内锥孔（莫氏 6 号）对支承轴颈 A、B 的跳动在轴端面处公差为 0.005mm，离轴端面300mm 处公差为 0.1mm；锥面接触率≥70%；表面粗糙度值 Ra 为 0.4μm；硬度要求为48～50HRC。

③ 轴端短锥和端面。主轴前端短圆锥面和端面是安装卡盘的定位面。为了保证卡盘的定心精度，该短圆锥面必须与支承轴颈的轴线同轴，而端面必须与主轴的回转中心垂直。

短圆锥面对主轴两个支承轴颈 A、B 的径向圆圆跳动公差为 0.005mm；表面粗糙度值 Ra 为 0.4μm。

④ 空套齿轮轴颈。空套齿轮轴颈是与齿轮孔相配合的表面，对支承轴颈应有一定的同轴度要求，否则会引起主轴传动啮合不良，当主轴转速很高时还会影响齿轮传动平稳性并产生振动和噪声，使工件加工表面产生振纹。

空套齿轮轴颈对支承轴颈 A、B 的径向圆跳动公差为 0.015 mm。

⑤ 螺纹。主轴上的螺纹是用来固定零件或调整轴承间隙的。如果螺纹中心线与支承轴颈轴线交叉，则会造成锁紧螺母端面与支承轴颈轴线不垂直，导致锁紧螺母使被压紧的滚动轴承环

图 7-68 CA6140 型卧式车床主轴零件简图

倾斜，影响轴承的放置精度，严重时还会引起轴承损坏或主轴弯曲变形。

主轴螺纹的精度为6h；其中心线与支承轴颈 A、B 的轴线的同轴度为 $\phi0.025$mm；拧在主轴上的螺母支承端面的圆跳动公差在50mm半径上为0.025mm。

⑥ 各表面的表面层要求。主轴的支承轴颈表面、工作表面及其他配合表面都受到不同程度的摩擦作用。CA6140型卧式车床采用滚动轴承，摩擦转移给轴承环和滚动体，轴颈可以不要求很高的耐磨性，但仍要求适当地提高其硬度，以改善它的装配工艺性和装配精度。

定位定心表面（内外圆锥面、圆柱面、法兰圆锥面等）因为相配件（顶尖、卡盘等）需要经常拆卸，容易碰伤，拉毛表面，影响接触精度，所以也必须有一定的耐磨性，表面硬度通常淬火到45HRC以上。

主轴各表面的表面粗糙度值为 $Ra0.8\sim0.2\mu m$。

（2）CA6140型卧式车床主轴加工工艺

1）CA6140型卧式车床主轴加工工艺过程。表7-1列出了CA6140型卧式车床主轴的加工工艺过程。

生产类型：大批生产；材料牌号：45#钢；毛坯种类：模锻件。

表7-1 大批生产CA6140型卧式车床主轴加工工艺过程

序号	工序名称	工序简图	定位基准	设备
1	备料			
2	锻造	模锻		
3	热处理	正火		
4	锯头			
5	铣端面钻中心孔		毛坯外圆	中心孔机床
6	粗车外圆		顶尖孔	卧式车床 CA6140
7	热处理	调质 220~240HBW		
8	车大端各部		顶尖孔	卧式车床 CA6140
9	仿形车小端各部		顶尖孔	仿形多刀半自动车床 CE7120
10	钻 $\phi48$mm 深孔		两端支承轴颈	深孔钻床
11	车小端锥孔（配1:20锥堵，涂色法检查接触率≥50%）		两端支承轴颈	卧式车床 CA6140
12	车大端锥孔（配莫氏6号锥堵，涂色法检查接触率≥30%）；车外短锥及端面		两端支承轴颈	卧式车床 CA6140
13	钻大端端面各孔		大端内锥孔	钻床 Z35
14	热处理	局部高频淬火（$\phi90g5$轴颈、短锥及莫氏6号锥孔）		高频淬火设备
15	精车各外圆并切槽、倒角		锥堵顶尖孔	数控车床 CSK6163
16	粗磨 $\phi75h5$、$\phi90g5$、$\phi105.25$ 外圆		锥堵顶尖孔	外圆磨床 M1432B
17	粗磨莫氏6号内锥孔（重配莫氏6号锥堵，涂色法检查接触率≥40%）		前支承轴颈及 $\phi75h5$ 外圆	内圆磨床 M2120
18	粗铣和精铣花键		锥堵顶尖孔	花键铣床 YB6016

（续）

序号	工序名称	工序简图	定位基准	设 备
19	铣键槽		ϕ80h5 及 M115 外圆	铣床 X62
20	车大端内侧面，车三处螺纹（与螺母配车）		锥堵顶尖孔	卧式车床 CA6140
21	精磨各外圆及 *E*、*F* 两端面		锥堵顶尖孔	外圆磨床 M1432B
22	粗磨两处 1:12 外锥面		锥堵顶尖孔	专用组合磨床
23	精磨两处 1:12 外锥面、*D* 端面及短锥面等		锥堵顶尖孔	专用组合磨床
24	精磨莫氏 6 号内锥孔（卸堵，涂色法检查接触率≥70%）		前支承轴颈及 ϕ75h5 外圆	专用主轴锥孔磨床
25	钳工	4 个 ϕ23mm 钻孔去锐边倒角		
26	检验	按图样技术 要求全部检验	前支承轴颈 及 ϕ75h5 外圆	专用检具

2）主轴加工工艺问题分析。

① 定位基准的选择与转换。主轴加工中，为了保证各主要表面的相互位置精度，选择定位基准时，应遵循基准重合、基准统一和互为基准的原则，并在一次装夹中尽可能加工出较多的表面。

轴类零件的定位基准通常采用两中心孔。采用两中心孔作为统一的定位基准加工各外圆表面，既能在一次装夹中将多处外圆表面及其端面加工出来，而且还能确保各外圆轴线间的同轴度以及端面与轴线的垂直度要求。中心孔是主轴的设计基准，以中心孔为定位基准，不仅符合基准统一原则，也符合基准重合原则，所以主轴在粗车之前应先加工出两中心孔。

CA6140 型卧式车床主轴是一空心主轴零件，在加工过程中，作为定位基准的中心孔因钻通孔而消失，为了在通孔加工之后还能使用中心孔作为定位基准，一般都采用如图 7-67 所示的带有中心孔的锥堵或锥套心轴。

为了保证支承轴颈与主轴内锥面的同轴度要求，还应遵循互为基准原则选择基准。例如，车小端 1:20 内锥孔和大端莫氏 6 号内锥孔时，以与前支承轴颈相邻而它们又是用同一基准加工出来的外圆柱面为定位基准面（因支承轴颈为外锥面，不便装夹）；在精车各外圆（包括两个支承轴颈）时，以前、后锥孔内所配锥堵的顶尖孔为定位基面；在粗磨莫氏 6 号内锥孔时，又以两圆柱面为定位基准面；粗、精磨两个支承轴颈的 1:12 锥面时，再次用锥堵顶尖孔定位；最后精磨莫氏 6 号锥孔时，直接以精磨后的前支承轴颈和另一圆柱面定位。定位基准每转换一次，都使主轴的加工精度提高一步。

② 主要加工表面加工工序安排。CA6140 型卧式车床主轴主要加工表面是 ϕ75h5、ϕ80h5、ϕ90g5、ϕ105.25 轴颈、两支承轴颈及大头锥孔。它们的尺寸公差等级在 IT5 ~ IT6 之间，表面粗糙度值 *Ra* 为 0.4 ~ 0.8 μm。

主轴加工工艺过程可划分为三个加工阶段，即粗加工阶段（包括铣端面、加工顶尖孔、粗车外圆等）；半精加工阶段（半精车外圆，钻通孔，车锥面、锥孔，钻大头端面各孔，精车外圆等）；精加工阶段（包括精铣键槽，粗、精磨外圆、锥面、锥孔等）。

在机械加工工序中间尚须插入必要的热处理工序，这就决定了主轴加工各主要表面总是循着以下顺序进行，即粗车→调质（预备热处理）→半精车→精车→淬火－回火（最终热处理）→粗磨→精磨。

综上所述，主轴主要表面的加工顺序安排如下：

外圆表面粗加工（以顶尖孔定位）→外圆表面半精加工（以顶尖孔定位）→钻通孔（以半精加工过的外圆表面定位）→锥孔粗加工（以半精加工过的外圆表面定位，加工后配锥堵）→外圆表面精加工（以锥堵顶尖孔定位）→锥孔精加工（以精加工外圆面定位）。

在主要表面加工顺序确定后，再合理地插入次要表面加工工序。对主轴而言，次要表面指的是花键、横向小孔、键槽、螺纹等。这些表面加工一般不易出现废品，所以可安排在精加工之后进行，这样可以避免浪费工时，还可避免因断续切削产生振动而影响加工质量。不过，这些表面也不能放在主要表面的最终精加工之后，以免破坏主要表面已获得的精度。

淬硬表面上的螺孔、键槽等都应安排在淬火前加工。非淬硬表面上的螺孔、键槽等一般在外圆精车之后、精磨之前进行加工。主轴上的螺纹，因有较高的技术要求，所以安排在最终热处理工序之后的精加工阶段进行，以克服淬火带来的变形；而且加工螺纹时的定位基准应与精磨外圆时的基准相同，以保证螺纹的同轴度要求。

③ 保证加工质量的几项措施。主轴的加工质量主要体现在主轴支承轴颈的尺寸、形状、位置精度和表面粗糙度，主轴前端内、外锥面的形状精度、表面粗糙度以及它们对支承轴颈的位置精度。

主轴支承轴颈的尺寸精度、形状精度以及表面粗糙度要求，可以采用精密磨削方法保证。磨削前应提高精基准的精度。

保证主轴前端内、外锥面的形状精度、表面粗糙度同样应采用精密磨削的方法。为了保证外锥面相对支承轴颈的位置精度，以及支承轴颈之间的位置精度，通常采用组合磨削法，在一次装夹中加工这些表面，如图 7-69 所示。机床上有两个独立的砂轮架，精磨在两个工位上进行，工位Ⅰ精磨前、后轴颈锥面，工位Ⅱ用角度成形砂轮磨削主轴前端支承面和短锥面。

图 7-69　组合磨主轴加工示意图

a）工位Ⅰ　b）工位Ⅱ

主轴锥孔相对于支承轴颈的位置精度是靠采用支承轴颈 A、B 作为定位基准来保证的。以支承轴颈作为定位基准加工内锥面，符合基准重合原则。在精磨前端锥孔之前，应使作为定位基准的支承轴颈 A、B 达到一定的精度。主轴锥孔的磨削一般采用专用夹具，如图 7-70 所示。夹具由底座、支架和浮动夹头三部分组成，两个支架固定在底座上，作为工件定位基准面的两段轴颈放在支架的两个镶有硬质合金（提高耐磨性）的 V 形块上，工件的中心高必须与磨头中心等高，否则将会使锥面出现双曲线误差，影响内锥孔的接触精度。后端的浮动夹头用锥柄装在磨床主轴的锥孔内，工件尾端插于弹性套内，用弹簧将浮动夹头外壳连同工件向左拉，通过钢球压向镶有硬质合金的锥柄端面，限制工件的轴向窜动。采用这种连接方式，可以保证工件支承轴颈的定位精度不受内圆磨床主轴回转误差的影响，也可减少机床本身振动对加工质量的影响。

图 7-70　磨主轴锥孔夹具

5. 轴类零件的检验

轴类零件在加工过程中和加工完成后都要按照工艺规程的要求进行检验，检验的项目包括表面粗糙度、硬度、尺寸精度、表面形状精度和相互位置精度。

（1）加工中的检验　在加工过程中，对轴类零件的检验可采用安装在机床上的自动测量装置。这种检验方式能在不影响加工的情况下，根据测量结果，主动地控制机床的工作过程，如改变进给量，自动补偿刀具磨损，自动退刀、停车等，使之适应加工条件的变化。自动测量属在线检测，即在设备运行、生产不停止的情况下，根据信号处理的基本原理，掌握设备运行状况，对生产过程进行预测预报及必要调整，对加工质量进行控制，防止产生废品。在线检测在大批量生产中应用广泛。

（2）加工后的检验　轴类零件加工质量的检验大多在加工完成后进行。尺寸精度的检验，在单件小批生产中一般用外径千分尺检验；大批大量生产时，常采用光滑极限量规检验；长度大而精度高的工件可用比较仪检验。表面粗糙度可用粗糙度样板进行检验；要求较高时则用光学显微镜或轮廓仪检验。圆度误差可用千分尺测出的工件同一截面内直径的最大差值的一半来确定，也可用千分表借助 V 形块来测量，若条件许可，可用圆度仪检验。圆柱度误差通常用千分尺测出同一轴向剖面内最大与最小值之差的方法来确定。主轴相互位置精度检验，大多采用如图 7-71 所示的专用检验装置检验。

图 7-71　主轴的检验
1—挡铁　2—钢球　3、4—V 形块　5—检验棒

图 7-71 中各量表的功用如下：量表⑦检验锥孔对支承轴颈的同轴度误差；距轴端 300mm 处的量表⑧检验锥孔轴线对支承轴颈轴线的同轴度误差；量表③、④、⑤、⑥检验各轴颈相对支承轴颈的径向圆跳动；量表⑩、⑪、⑫检验轴向圆跳动；量表⑨测量主轴的轴向窜动。

知识要点二　箱体类零件的加工

1．箱体类零件概述

（1）箱体类零件的功用、结构特点

1）箱体类零件的功用。箱体是机器的基础零件，它把机器和部件中的轴、套、齿轮等有关零件连接成一个整体，并使之保持正确的相互位置关系，以传递转矩或改变转速来完成规定的运动。因此，箱体类零件的加工质量对机器的工作精度、使用性能和寿命都有直接的影响。

2）箱体类零件的结构特点。箱体零件形状多种多样，结构复杂；多为铸造件，壁薄且不均匀；加工部位多，箱壁上既有许多精度要求较高的轴承孔和基准平面需要加工，也有许多精度要求较低的紧固孔和一些次要平面需要加工，加工难度大。一般说来，就是由精度要求较高的孔、孔系和基准平面构成了箱体类零件的主要表面。

（2）箱体类零件的主要技术要求　为了保证箱体零件的装配精度达到机器设备对它的要求，对箱体零件的主要技术要求表现在以下几方面。

1）孔的尺寸精度和形状精度。箱体支承孔的尺寸误差和几何形状误差超差都会造成轴承与孔的配合不良，影响轴的旋转精度，若是主轴支承孔，还会影响机床的加工精度。由此可知，对箱体孔的精度要求是较高的。主轴支承孔的尺寸公差等级为IT6，其余孔为IT7～IT6。孔的几何形状精度一般控制在尺寸公差范围内，要求高的应不超过孔公差的1/3。

2）孔与孔的位置精度。包括孔系的同轴度、平行度、垂直度要求。同一轴线上各孔的同轴度误差会使轴装配后出现扭曲变形，从而造成主轴径向圆跳动甚至摆动，并且会加剧轴承的磨损；平行孔轴线的平行度会影响齿轮的啮合精度。平行度公差一般取全长的0.03～0.1；同轴度公差约为最小孔尺寸公差的一半。

在箱体上有齿轮啮合关系的支承孔之间，应有一定的孔距尺寸精度，通常为±（0.025～0.060）mm。

3）孔与平面的位置精度。主要孔与主轴箱安装基面的平行度误差，决定了主轴与床身导轨的相互位置关系和精度。这项精度是在总装时通过刮研来保证的。为了减少刮研量，通常都规定主轴轴线对安装基面的平行度公差，一般规定在垂直和水平两个方向上，只允许主轴向上和向前偏。

孔的轴线对端面的垂直度误差，会使轴承装配后出现歪斜，从而造成主轴轴向窜动和加剧轴承磨损，因此孔的轴线对端面的垂直度有一定的要求。

4）主要平面的精度。箱体的主要平面通常是指安装基面和箱体顶面。安装基面的平面度直接影响主轴箱与床身连接时的接触刚度，加工过程中作为定位基准时则会影响孔的加工精度，因此规定箱体的底面和导向面必须平直，并且用涂色法检查接触面积或单位面积上的接触点数来衡量平面度。箱体顶面的平面度要求是为了保证箱盖的密封性，防止工作时润滑油泄出；大批量生产时有时将顶面作为定位基准加工孔，对顶面的平面度要求则还应提高。

5）表面粗糙度。重要孔和主要平面的表面粗糙度会影响连接面的配合性质或接触刚度。一般规定，主轴孔的表面粗糙度值为$Ra0.4\mu m$，其余各纵向孔为$Ra1.6\mu m$；孔的内端面的表面粗糙度值为$Ra3.2\mu m$，装配基面和定位基准面为$Ra2.5～0.63\mu m$，其他平面为$Ra10～2.5\mu m$。

（3）箱体类零件的材料与毛坯　箱体零件常选用各种牌号的灰铸铁，因为灰铸铁具有良好的工艺性、耐磨性、吸振性和切削加工性，价格也比较低廉。有时，某些负荷较大的箱体可采用铸钢件；对于单件小批量生产中的简单箱体，为了缩短生产周期，降低生产成本，也可采用钢板焊接结构。在某些特定情况下，如飞机、汽车、摩托车的发动机箱体，也选用铝合金作为箱体。

箱体毛坯在铸造时，应防止砂眼和气孔的产生。为了减少毛坯制造过程中产生的残余应力，箱体在切削加工前通常应安排退火工序。毛坯的加工余量与箱体结构、生产批量、制造方法、毛坯尺寸、精度要求等因素有关，可依据经验或查阅手册确定。

2. 箱体类零件的结构工艺性分析

箱体类零件结构复杂，加工部位多，技术要求高，加工难度大，研究箱体的结构，使之具有良好的结构工艺性，对提高产品质量、降低生产成本、提高生产率都有重要意义。

箱体的结构工艺性有以下几个方面值得注意。

（1）箱体的基本孔 箱体的基本孔可分为通孔、盲孔、阶梯孔、交叉孔等几类。通孔的工艺性最好；阶梯孔的工艺性较差；交叉孔的工艺性也较差；盲孔的工艺性最差，应尽量避免。加工如图7-72a所示的交叉孔时，由于刀具走到交叉口时是不连续切削，径向受力不匀，容易使孔的轴线偏斜和损坏刀具，而且不能采用浮动刀具加工。为了改善其工艺性，可将其中一个毛坯孔先不铸通，如图7-72b所示，加工好其中的通孔后，再加工这个不通孔，这样就能保证孔的加工质量。

图 7-72 交叉孔的结构工艺性

a）交叉孔 b）交叉孔毛坯

（2）箱体的同轴孔 箱体上同轴孔的孔径有三种排列形式：一种是孔径大小向一个方向递减，且相邻两孔直径之差大于孔的毛坯加工余量，这种排列形式便于镗杆和刀具从一端伸入同时加工其他同轴孔，单件小批量生产中，这种结构形式最为方便；另一种是孔径大小从两边向中间递减，加工时可使刀杆从两边进入，这样可缩短镗杆长度，提高镗杆的刚度，而且为双面同时加工创造了条件，所以大批量生产时常采用这种结构形式；还有一种是孔径大小排列不规则，两端的孔径小于中间的孔径，这种排列结构工艺性差，应尽量避免。

（3）箱体的端面 箱体的端面加工包括内端面和外端凸台。箱体内端面加工比较困难，应尽可能使内端面尺寸小于刀具需穿过的孔加工前的直径，否则加工时镗杆伸进后才能装刀，镗杆退出前又需将刀卸下，加工很不方便。同时，内端面尺寸不宜过大，不然还需采用专用径向进给装置。箱体外端凸台应尽可能在一个平面上。

（4）箱体的装配基面 箱体的装配基面应尽可能大，形状应尽量简单，以利于加工、装配和检验。

此外，箱体的紧固孔和螺孔的尺寸规格应尽可能一致，以减少加工中的换刀次数。为了保证箱体有足够的刚度和抗振性，应酌情合理使用肋板、肋条，加大圆角半径，收小箱口，加大主轴前轴承口厚度。

3. 箱体类零件加工工艺过程及工艺分析

（1）拟订箱体类零件加工工艺规程的原则 在拟订箱体类零件的加工工艺规程时，有一些共同的基本原则应遵循。

1）加工顺序：先面后孔。先加工平面、后加工孔是箱体加工的一般规律。因为箱体孔的精度要求高，加工难度大，先以孔为粗基准加工好平面，再以平面为精基准加工孔，这样既能为孔的加工提供稳定可靠的精基准，又能使孔的加工余量较为均匀；同时箱体上的孔均分布在箱体各平面上，先加工好平面，可切去铸件表面凹凸不平及夹砂等缺陷，钻孔时钻头不易引偏，扩孔或铰孔时，刀具不易崩刃。

2）加工阶段：粗、精分开。箱体的结构复杂，壁厚不均匀，刚性不好，而加工精度又高，一般应将粗、精加工工序分阶段进行，先进行粗加工，再进行精加工，这样可以避免粗加工产生的内应力和切削热等对加工精度产生影响；同时可以及时发现毛坯缺陷，避免更大浪费；粗加工考虑的主要是效率，精加工考虑的主要是精度，这样可以根据粗、精加工的不同要求，合理选择设备。

3）基准选择：选重要孔为粗基准，精基准力求统一。箱体上的孔比较多，为了保证孔的加工余量均匀，一般选择箱体上的重要孔和另一个相距较远的孔作为粗基准。而精基准的选择通常贯彻基准统一原则，常以装配基准或专门加工的一面两孔为定位基准，使整个加工过程基准统一，夹具结构类似，基准不重合误差减至最小。

4）工序集中，先主后次。箱体零件上相互位置要求较高的孔系和平面，一般应尽量集中在同一工序中加工，以保证其相互位置要求和减少装夹次数。加工紧固螺纹孔、油孔等的次要工序，一般安排在平面和支承孔等主要加工表面精加工之后再进行。

5）工序间安排时效处理。箱体零件铸造残余应力较大，为了消除残余应力，减少加工后的变形，保证加工精度稳定，铸造后通常应安排一次人工时效处理；对于精度要求较高的箱体，粗加工之后还要安排一次人工时效处理，以消除粗加工所产生的残余应力。

箱体人工时效处理除用加温方法外，还可采用振动时效处理方法。

6）工装设备依批量而定。加工箱体零件所用的设备和工艺装备，应根据生产批量而定。单件小批量箱体的生产一般都在通用机床上加工，通常也不用专用夹具；而大批量箱体的加工则广泛采用专用设备，如多轴龙门铣床、组合磨床等，各主要孔的加工采用多工位组合机床、专用镗床等，一般都采用专用夹具，以提高生产率。

（2）箱体平面的加工　箱体平面的加工通常采用刨削、铣削或磨削。

刨削和铣削刀具结构简单，机床调整方便，常用作平面的粗加工和半精加工；龙门刨床和龙门铣床都可以利用几个刀架，在工件的一次装夹中完成几个表面的加工，既可保证平面间的相互位置精度，又可提高生产率。

磨削则用作平面的精加工，而且还可以加工淬硬表面；工厂为了保证平面间的位置精度和提高生产率，有时还采用组合磨削来精加工箱体各表面。

（3）箱体孔系的加工　箱体上一系列有相互位置精度要求的孔的组合，称为孔系。孔系可分为平行孔系、同轴孔系和交叉孔系。

孔系的加工是箱体加工的关键。根据生产批量和精度要求的不同，孔系的加工方法也有所不同。

1）平行孔系的加工。所谓平行孔系，是指轴线互相平行且孔距有精度要求的一些孔。

在生产中，保证孔距精度的方法有多种。

① 找正法。找正法是指工人在通用机床上利用辅助工具来找正要加工孔的正确位置的加工方法。这种方法加工效率低，一般只适用于单件小批生产。

根据找正方法的不同，找正法又可分为划线找正法、心轴和块规找正法、样板找正法、定心套找正法。

所谓划线找正法，是指加工前按照零件图在毛坯上划出各孔的位置轮廓线，然后按划线逐一进行加工。

所谓心轴和块规找正法，是指镗第一排孔时将心轴插入主轴（或者直接利用镗床主轴）内，然后根据孔和定位基准的距离组合一定尺寸的块规来校正主轴位置。

所谓样板找正法，是指将用钢板制成的样板装在垂直于各孔的端面上，然后在机床主轴上装一块千分表，再按样板找正机床主轴，找正后即换上镗刀进行加工。

所谓定心套找正法，是指先在工件上划线，再按线钻螺孔，然后装上形状精度高而表面光洁的定心套，定心套与螺孔间有较大间隙，接着按图样要求的孔心距公差的 1/5 ~ 1/3 调整全部定心套的位置，并拧紧螺钉，复查后即可在机床上按定心套找正镗床主轴位置，卸下定心套，镗出一孔，每加工一孔找正一次，直至孔系加工完毕。

② 镗模法。镗模法是指利用镗模夹具加工孔系的方法。如图 7-73 所示，镗孔时，工件装夹在镗模上，镗杆被支承在镗模的导套里，增加了系统的刚性。镗刀通过模板上的孔将工件上相应的孔加工出来。当用两个或两个以上的支承来引导镗杆时，镗杆与机床主轴必须浮动连接，如图 7-74 所示，这样机床精度对孔系加工精度的影响就会很小，因而可以在精度较低的机床上加工出精度较高的孔系，孔距精度主要取决于镗模，一般可达 ±0.05mm；加工尺寸公差等级可达 IT7，表面粗糙度值为 $Ra5 ~ 1.25\mu m$；孔与孔之间的平行度公差可达 0.02 ~ 0.03mm。

这种方法广泛应用于中批生产和大批大量生产中。

图 7-73　用镗模加工孔系

图 7-74　镗杆浮动连接头

③ 坐标法。坐标法镗孔是在普通卧式镗床、坐标镗床或数控镗床等设备上，借助于测量装置，调整机床主轴与工件间在水平和垂直方向的相对位置，来保证孔心距精度的一种镗孔方法。

大多箱体的孔与孔之间有严格的孔心距公差要求。坐标法镗孔的孔心距精度取决于坐标的移动精度，也就是坐标测量装置的精度。

采用坐标法加工孔系时，必须特别注意基准孔和镗孔顺序的选择，否则坐标尺寸的累积误差会影响孔心距精度。通常应遵循以下原则。

a. 有孔距精度要求的两孔应连在一起加工，以减少坐标尺寸的累积误差对孔距精度的影响。

b. 基准孔应位于箱壁一侧，以便依次加工各孔时，工作台朝一个方向移动，避免因工作台往返移动由间隙造成误差。

c. 所选的基准孔应有较高的精度和较小的表面粗糙度值，以便在加工过程中可以重新准确地校验坐标原点。

2）同轴孔系的加工。成批生产中，同轴孔系通常采用镗模加工，以保证孔系的同轴度。单件小批量生产则用以下方法保证孔系的同轴度。

① 利用已加工孔作支承导向。一般在已加工孔内装一导向套，支承和引导镗杆加工同一轴线的其他孔。

② 利用镗床后立柱上的导向套支承镗杆。采用这种方法加工时，镗杆两端均被支承，刚性好，但调整麻烦，镗杆长而笨重，因此只适宜加工大型箱体。

③ 采用调头镗。当箱体的箱壁相距较远时，在工件一次装夹后，先镗好一侧的孔，再将镗床工作台回转180°，调整好工作台的位置，使已加工孔与镗床主轴同轴，然后加工另一侧的孔。

3）交叉孔系的加工。交叉孔系的主要技术要求通常是控制有关孔的相互垂直度误差，在普通镗床上主要是靠机床工作台上的90°对准装置实现。这是一个挡块装置，结构简单，对准精度低。对准精度要求较高时，一般采用光学瞄准器，或者依靠人工用百分表找正。目前也有很多企业开始用数控铣镗床或者加工中心来加工箱体的交叉孔系。

（4）箱体零件加工工艺过程示例　图 7-75 所示为某车床主轴箱。该主轴箱具有一般箱体结构特点，壁薄、中空、形状复杂，加工表面多为平面和孔。

图 7-75　某车床主轴箱简图

主轴箱体的主要加工表面可分为以下三类。

1）主要平面：箱盖顶部的对合面、底座的底面、各轴承孔的端面等。

2）主要孔：轴承孔（$\phi120K6$、$\phi95K6$、$\phi90K6$、$\phi52J7$、$\phi62J7$、$\phi24H7$、$\phi40J7$）等。

3）其他加工部分：拨叉销孔、连接孔、螺孔以及孔的凸台面等。

表 7-2 所列为某厂在中、小批量生产上述主轴箱时的机械加工工艺过程，表 7-3 所列为某厂在大批量生产上述主轴箱时的机械加工工艺过程。

表 7-2 某主轴箱中、小批生产工艺过程

序号	工序名称	工序内容	定位基准	加工设备
1	铸造	铸造毛坯		
2	热处理	人工时效		
3	油漆	喷涂底漆		
4	划线	划 C、A 及 E、D 面的加工线，注意主轴孔的加工余量，并尽量均匀		划线平台
5	刨削	粗、精加工顶面 A	按划线找正	牛头刨床或龙门刨床
6	刨削	粗、精加工 B、C 面及侧面 D	顶面 A，并校正主轴线	牛头刨床或龙门刨床
7	刨削	粗、精加工 E、F 两端面	B、C 面	牛头刨床或龙门刨床
8	镗削	粗、半精加工各纵向孔	B、C 面	卧式镗床
9	镗削	精加工各纵向孔	B、C 面	卧式镗床
10	镗削	粗、精加工横向孔	B、C 面	卧式镗床
11	钻削	加工螺孔及各次要孔		摇臂钻床
12	钳工	清洗、去毛刺		
13	检验	按图样要求检验		

表 7-3 某主轴箱大批生产工艺过程

序号	工序名称	工序内容	定位基准	加工设备
1	铸造	铸造毛坯		
2	热处理	人工时效		
3	油漆	喷涂底漆		
4	铣削	铣顶面 A	I 孔与 II 孔	龙门铣床
5	钻削	钻、扩、铰 $2 \times \phi 8H7$ 工艺孔（将 $6 \times M10$ 先钻至 $\phi 7.8$，铰 $2 \times \phi 8H7$）	顶面 A 及外形	摇臂钻床
6	铣削	铣两端面 E、F 及前面 D	顶面 A 及两工艺孔	龙门铣床
7	铣削	铣导轨面 B、C	顶面 A 及两工艺孔	龙门铣床
8	磨削	磨顶面 A	导轨面 B、C	平面磨床
9	镗削	粗镗各纵向孔	顶面 A 及两工艺孔	卧式镗床
10	镗削	精镗各纵向孔	顶面 A 及两工艺孔	卧式镗床
11	镗削	精镗主轴孔 I	顶面 A 及两工艺孔	卧式镗床
12	钻削	加工横向各孔及各面上的次要孔		钻床
13	磨削	磨 B、C 导轨面及前面 D	顶面 A 及两工艺孔	导轨磨床
14	钻削	将 $2 \times \phi 8H7$ 及 $4 \times \phi 7.8$ 均扩钻至 $\phi 8.5$，攻螺纹 $6 \times M10$		钻床
15	钳工	清洗、去毛刺		
16	检验	按图样要求检验		

（5）箱体零件的检验　箱体零件的检验项目包括表面粗糙度及外观、尺寸精度、形状精度和位置精度等。

表面粗糙度的检验通常用目测或样板比较法，只有当表面粗糙度值很小时，才考虑使用光学量仪或使用粗糙度仪。外观检查只需根据工艺规程检查完工情况以及加工表面有无缺陷即可。

孔的尺寸精度一般用塞规检验；单件小批生产时可用内径千分尺或内径千分表检验；若精度要求很高可用气动量仪检验。

平面的直线度可用平尺和塞规或水平仪、桥尺检验。

平面的平面度可用自准直仪或桥尺涂色检验。

同轴度的检验常用检验棒检验，若检验棒能自由通过同轴线上的孔，则孔的同轴度在允许误差范围之内。

孔间距和孔轴线平行度的检验，根据孔距精度的要求，可分别使用游标卡尺或千分尺，也可用心轴和衬套或块规测量。

三坐标测量机可同时对零件的尺寸、形状和位置等进行高精度的测量。

知识要点三　圆柱齿轮的加工

1. 圆柱齿轮加工概述

圆柱齿轮是机械传动中应用极为广泛的零件，其功用是按规定的传动比传递运动和动力。

（1）圆柱齿轮分类及结构特点　图7-76所示为常用圆柱齿轮的结构形式，分为：盘形齿轮（图a单联、图b双联、图c三联）、内齿轮（图d）、齿轮轴（图e）、套类齿轮（图f）、扇形齿轮（图g）、齿条（图h）、装配齿轮（图i）等。

图7-76　圆柱齿轮的结构形式

圆柱齿轮的结构形状按使用场合和要求而不同。一个圆柱齿轮可以有一个或多个齿圈。普通的单齿圈齿轮工艺性好，而双联齿轮或三联齿轮的小齿圈往往会受到台肩的影响，限制了某些加工方法的应用，一般只能采用插齿的方法加工。当齿轮精度要求高，需要剃齿或磨齿时，通常将多齿圈齿轮做成单齿圈齿轮的组合结构。

（2）圆柱齿轮的精度要求　齿轮自身的制造精度对整个机器的工作性能、承载能力和使用寿命都有很大的影响，因此必须对齿轮的制造提出一定的精度要求。

1）运动精度。要求齿轮能准确地传递运动和保持恒定的传动比，即要求齿轮在一转中最大转角误差不能超过相应的规定值。

2）工作平稳性。要求齿轮传递运动平稳，振动、冲击和噪声要小，这就要求齿轮转动时瞬时速度比变化要小。

3）齿面接触精度。齿轮在传递动力时，为了保证传动中载荷分布均匀，避免齿面局部载荷过大、应力集中等引起过早磨损或折断，要求齿面有足够的接触精度。

4）齿侧间隙。要求齿轮传动时，非工作面留有一定间隙，以补偿因温升、弹性形变所引起的尺寸变化和装配误差，并利于润滑油的储存和油膜的形成。

齿轮的制造精度和齿侧间隙，主要根据齿轮的用途和工作条件而定。对于分度传动用齿轮，主要要求齿轮的运动精度要高，以便传递运动准确可靠；对于高速动力传动用齿轮，必须要求工作平稳，无冲击和噪声；对于重载低速传动用齿轮，则要求齿轮接触精度要高，使啮合齿的接触面积增大，不致引起齿面过早磨损；对于换向传动和读数机构，则应严格控制齿侧间隙，必要时还应设法消除间隙。

（3）齿轮材料、毛坯和热处理

1）齿轮材料的选择。齿轮应根据使用要求和工作条件选取合适的材料。普通齿轮通常选用中碳钢和低、中碳合金钢，如45、40MnB、40Cr、42SiMn、20CrMnTi等；要求高的齿轮可选取20Mn2B、18CrMnTi、38CrMoAlA渗氮钢；对于低速、轻载、无冲击的齿轮可选取HT400、HT200等；非传力齿轮可选取尼龙、夹布胶木或塑料。

2）齿轮的毛坯。毛坯的选择取决于齿轮的材料、形状、尺寸、使用条件、生产批量等因素，常用的毛坯种类有：

① 铸铁件：用于受力小、无冲击、低速、低精度齿轮。

② 棒料：用于尺寸小、结构简单、受力不大、强度要求不高的齿轮。

③ 锻坯：用于高速重载、强度高、耐磨和耐冲击的齿轮。

④ 铸钢件：用于结构复杂、尺寸较大而不宜锻造的齿轮。

3）齿轮的热处理。在齿轮加工工艺过程中，热处理工序的位置安排十分重要，它直接影响齿轮的力学性能及切削加工的难易程度。一般在齿轮加工中有两种热处理工序。

① 毛坯的热处理。为了消除锻造和粗加工造成的残余应力、改善齿轮材料内部的金相组织和切削加工性，提高齿轮的综合力学性能，在齿轮毛坯加工前后通常安排正火或调质等预热处理。

② 齿面的热处理。为了提高齿面硬度、增加齿轮的承载能力和耐磨性，有时应进行齿面高频淬火、渗碳淬火、氮碳共渗和渗氮等热处理工序。一般安排在滚齿、插齿、剃齿之后，珩齿、磨齿之前。

2. 圆柱齿轮齿面（形）加工方法

（1）齿轮齿面加工方法的分类　按齿面形成的原理不同，齿面加工可以分为两种方法。

1）成形法：用与被切齿轮齿槽形状相符的成形刀具切出齿面的方法，如盘形铣刀铣齿、指状铣刀铣齿、齿轮拉刀拉齿和成形砂轮磨齿等都属于成形法加工齿面。

2）展成法：齿轮刀具与工件按齿轮副的啮合原理做展成运动切出齿面的方法，如滚齿、插齿、剃齿、磨齿和珩齿等。

圆柱齿轮加工原理及装备详见本书第五章第四节。

（2）圆柱齿轮齿面加工方法选择　圆柱齿轮齿面的精度要求大多较高，加工工艺复杂，选择加工方案时应综合考虑齿轮的结构、尺寸、材料、精度等级、热处理要求、生产批量及工厂加工条件等。常用的齿面加工方案见表7-4。

表 7-4 齿面加工方案

齿面加工方案	齿轮精度等级	齿面表面粗糙度值 $Ra/\mu m$	适用范围
铣齿	IT9 以下	6.3 ~ 3.2	单件修配生产中，加工低精度的外圆柱齿轮、齿条、锥齿轮、蜗轮
拉齿	IT7	1.6 ~ 0.4	大批量生产 7 级内齿轮，外齿轮拉刀制造复杂，故少用
滚齿	IT8 ~ IT7	3.2 ~ 1.6	各种批量生产中，加工中等质量外圆柱齿轮及蜗轮
插齿		1.6	各种批量生产中，加工中等质量的内、外圆柱齿轮、多联齿轮及小型齿条
滚（或插）齿—淬火—珩齿		0.8 ~ 0.4	用于齿面淬火的齿轮
滚齿—剃齿	IT7 ~ IT6	0.8 ~ 0.4	主要用于大批量生产
滚齿—剃齿—淬火—珩齿		0.4 ~ 0.2	
滚（插）齿—淬火—磨齿	IT6 ~ IT3	0.4 ~ 0.2	用于高精度齿轮的齿面加工，生产率低，成本高
滚（插）齿—磨齿	IT6 ~ IT3		

3. 圆柱齿轮加工工艺过程

（1）圆柱齿轮加工工艺过程示例　圆柱齿轮的加工工艺过程一般应包括以下内容：齿轮毛坯加工、齿面加工、热处理及齿面的精加工。

在编制齿轮加工工艺过程中，常因齿轮结构、精度等级、生产批量以及生产环境的不同，而采用各种不同的方案。

编制齿轮加工工艺过程大致可划分如下几个阶段。

1）制造齿轮毛坯：锻件。

2）齿面的粗加工：切除较多的余量。

3）齿面的半精加工：滚切或插削齿面。

4）热处理：调质或正火、齿面高频淬火等。

5）精加工齿面：剃削或者磨削齿面。

（2）齿轮加工工艺过程分析

1）定位基准的选择。对于齿轮定位基准的选择，常因齿轮的结构形状不同而有所差异。带轴齿轮主要采用顶尖定位，顶尖定位的精度高，且能做到基准统一。带孔齿轮在加工齿面时常采用以下两种定位方式。

① 以内孔和端面定位。即以工件内孔和端面联合定位，确定齿轮中心和轴向位置。这种方式可使定位基准、设计基准、装配基准和测量基准重合，定位精度高，适于批量生产，但对夹具的制造精度要求较高。

② 以外圆和端面定位。工件和夹具心轴的配合间隙较大，用千分表找正外圆以决定中心的位置，并以端面定位。这种方式因每个工件都要找正，故生产率低；它对齿坯的内、外圆同轴度要求高，而对夹具精度要求不高，故适于单件、小批量生产。

2）齿坯的加工。齿面加工前的齿轮毛坯加工，在整个齿轮加工工艺过程中占有很重要的地位，因为齿面加工和检测所用的基准必须在此阶段加工出来；无论从提高生产率还是从保证齿轮的加工质量来说，都必须重视齿坯的加工。

在齿轮的技术要求中，应注意齿顶圆的尺寸精度要求，因为齿厚的检测是以齿顶圆为测量基准的，齿顶圆精度太低，必然使所测量出的齿厚值无法正确反映齿侧间隙的大小。所以，在这一加工过程中应注意下列三个问题。

① 当以齿顶圆直径作为测量基准时，应严格控制齿顶圆的尺寸精度。

② 保证定位端面和定位孔或外圆的垂直度。

③ 提高齿轮内孔的制造精度，减小与夹具心轴的配合间隙。

3）齿端的加工。齿轮的齿端加工有倒圆、倒尖、倒棱和去毛刺等，如图 7-77 所示。倒圆、倒尖后的齿轮在换挡时容易进入啮合状态，减少撞击现象。倒棱可除去齿端尖边和毛刺。用指状铣刀对齿端进行倒圆时，铣刀高速旋转，并沿圆弧摆动，加工完一个齿后，工件退离铣刀，经分度再快速向铣刀靠近，加工下一个齿的齿端。齿端加工必须在齿轮淬火之前进行，通常都在滚（插）齿之后、剃齿之前安排齿端加工。

图 7-77　齿端加工
a）倒棱　b）倒圆　c）倒尖

思考与练习题

7-1　外圆加工有哪些方法？外圆光整加工有哪些方法？如何选用？

7-2　车床上钻孔和钻床上钻孔会产生什么误差？钻小孔深孔最好采用什么钻头？某些新型钻头能否一把刀具一次安装实现非定尺寸加工、扩孔或沉孔加工？如何实施？

7-3　加工如图 7-78 所示的轴套内孔 A，请按表 7-5 所列的不同要求，选择加工方法及加工顺序（数量：50件）。

表 7-5　轴套内孔加工要求

内孔 A 的加工要求		材料	热处理
尺寸精度	表面粗糙度值 Ra/μm		
ϕ40H8	1.6	45	调质
ϕ10H8	1.6	45	调质
ϕ100H8	1.6	45	淬火
ϕ40H6	0.8	45	—
ϕ40H8	1.6	ZL104（铝合金）	—

7-4　某箱体水平面方向上 ϕ250H9 的大孔和孔内 ϕ260mm、宽度 8mm 的回转槽以及孔外 ϕ350mm 的大端面在卧式镗床上如何加工？

7-5　珩磨时，珩磨头与机床主轴为何要用浮动连接？珩磨能否提高孔与其他表面之间的位置精度？

7-6　平面铣削有哪些方法？各适用于什么场合？端铣时如何区分顺铣和逆铣？镶齿面铣刀能否在卧式铣床上加工水平面？

7-7　用简单刀具加工曲面有哪些方法？各加工方法的特点及适用范围是什么？

7-8　主轴的结构特点和技术要求有哪些？为什么要对其进行分析？它对制订工艺规程起什么作用？

7-9　主轴毛坯常用的材料有哪几种？对于不同的毛坯材料在各个加工阶段中所安排的热处理工序有什么不同？它们在改善材料性能方面起什么作用？

图 7-78　题 7-3 图

7-10　轴类零件的安装方式和应用有哪些？顶尖孔起什么作用？试分析其特点。

7-11　试分析主轴加工工艺过程中，如何体现"基准统一""基准重合""互为基准""自为基准"的原则。

7-12　箱体类零件常用什么材料？箱体类零件加工工艺要点是什么？

7-13　箱体的结构特点和主要技术要求有哪些？为什么要规定这些要求？

7-14　举例说明箱体零件选择粗、精基准时应考虑哪些问题。

7-15　何谓孔系？孔系加工方法有哪几种？试举例说明各种加工方法的特点和适用范围。

7-16　圆柱齿轮规定了哪些技术要求和精度指标？它们对传动质量和加工工艺有些什么影响？

7-17　齿形加工的精基准选择有几种方案？各有什么特点？齿轮淬火前精基准的加工和淬火后精基准的修整通常采用什么方法？

7-18　试比较滚齿与插齿、磨齿和珩齿的加工原理、工艺特点及适用场合。

7-19　齿端倒圆的目的是什么？其概念与一般的回转体倒圆有何不同？

第八章 特种加工与其他新加工工艺
CHAPTER 8

教学导航

【知识目标】

1. 熟悉特种加工的工艺特点；掌握几种常见的特种加工工艺方法及其应用范围。

2. 了解直接成形和少、无切削加工等新技术、新工艺。

【能力目标】

通过学习，初步具备根据零件的材料及工艺要求选择合理的特种加工工艺的能力。

【学习重点】

1. 各种特种加工工艺的加工原理以及工艺特点。

2. 各种特种加工工艺的适用范围。

【学习难点】

各种特种加工工艺的加工原理。

第一节　特种加工工艺

知识要点一　特种加工概述

传统的机械加工技术已有很久的发展历史，它对人类社会的发展和物质文明起了极大的作用。随着现代科学技术和工业生产的迅猛发展，工业产品正向着高精度、高速度、高温、高压、大功率、小型化等方向发展，传统机械制造技术和工艺方法面临着极大的挑战。工业现代化，尤其是国防工业现代化对机械制造业提出了越来越多的新要求。

（1）解决各种难切削材料的加工问题　例如增强复合材料、工业陶瓷、硬质合金、钛合金、不锈钢、金刚石、宝石、石英以及锗、硅等高硬度、高强度、高韧性、高脆性、耐高温的金属或非金属材料的加工。

（2）解决各种特殊复杂型面的加工问题　例如喷气涡轮机叶片、整体涡轮、发动机机匣和锻压模、注射模的立体成形表面，各种冲模、冷拔模上特殊断面的异形孔，炮管内膛线，喷油器、栅网、喷丝头上的小孔、窄缝、特殊用途的弯孔等的加工。

（3）解决各种超精密、光整或具有特殊要求的零件的加工问题　例如对表面质量和精度要求很高的航天、航空陀螺仪、伺服阀，以及细长轴、薄壁零件、弹性元件等低刚度零件的加工。

（4）解决特殊材料、特殊零件的加工问题　例如大规模集成电路、光盘基片、复印机和打印机的感光鼓、微型机械和机器人零件、细长轴、薄壁零件、弹性元件等低刚度零件的加工。

上述工艺问题仅仅依靠传统的切削加工方法是很难、甚至根本无法解决的。在生产的迫切需求下，人们不断通过实验研究，借助多种能量形式，相继探索出一系列崭新的加工方法，特种加工就是在这种环境和条件下产生和发展起来的。

特种加工与传统切削加工的不同之处主要有：

1）特种加工主要不是依靠机械能而是依靠其他能量（如电能、化学能、光能、声能、热能等）去除工件材料；

2）工具硬度可以低于被加工材料的硬度，有的情况下，如高能束加工，甚至根本不需要任何工具；

3）加工过程中，工具和工件之间不存在显著的机械切削力作用；

4）加工后的表面边缘无毛刺残留，微观形貌"圆滑"。

特种加工又被称为非传统加工（Non - traditional Machining，NTM）或非常规机械加工（Non - conventional Machining，NCM）。特种加工方法种类很多，一般按能量来源和作用形式分类，主要有电火花加工、电化学加工、高能束（激光束、电子束、离子束）加工、超声波加工、化学加工、快速成形等。

特种加工技术的广泛应用引起了机械制造领域内的许多变革，主要体现在以下方面。

1）改变了材料的可加工性概念。传统观念认为，金刚石、硬质合金、淬火钢、石英、陶瓷、玻璃等都是难加工材料，但采用电火花、电解、激光等多种方法却容易加工它们。材料的可加工性指标再不能只简单地用硬度、强度、韧性、脆性等描述，甚至对电火花、电火花线切割而言，淬火钢比未淬火钢更容易加工。

2）改变了零件的典型工艺路线。在传统的加工工艺中，除磨削加工外，其他切削加工、成形加工等都必须安排在淬火热处理工序之前，这是工艺人员不可违反的工艺准则。但特种加工的出现，改变了这种一成不变的工艺程式，例如电火花线切割、电火花成形加工、电解加工、激光束加工等，反而都必须先淬火、后加工。

3）改变了试制新产品的模式。特种加工技术可以直接加工出各种标准和非标准直齿齿轮、微型电动机定子、各种复杂的二次曲面体零件；快速成形技术更是试制新产品的必要手段，改变了过去传统的产品试制模式。

4）对零件的结构设计产生了很大的影响。传统设计中，花键轴、枪炮膛线的齿根为了减少应力集中，最好做成圆角，但由于拉削加工时刀齿做成圆角对排屑不利，容易磨损，刀齿只能设计和制造成清角的齿根，而今采用电解加工后，正好利用其尖角变圆的现象，可实现小圆角齿根的要求；喷气发动机涡轮也由于电加工而可采用带冠整体结构，大大提高了发动机的性能。

5）改变了对零件结构工艺性好坏的衡量标准。过去，零件中的方孔、小孔、深孔、弯孔、窄缝等都被认为是"工艺性欠佳"的典型。特种加工改变了这种观点。对于电火花穿孔、电火花线切割而言，加工方孔与加工圆孔的难易程度是一样的，而喷油器小孔、喷丝头小异形孔、窄缝等采用电加工后变得更容易了。

6）特种加工已成为微细加工和纳米加工的主要手段。近年来出现并快速发展的微细加工和纳米加工技术，主要是合理利用了电子束、离子束、激光束、电火花、电化学等电物理、电化学特种加工技术。

知识要点二　电火花加工

1. 电火花加工基本原理、特点及应用

（1）电火花加工的基本原理　电火花加工又称放电加工、电蚀加工（Electrocal Discharge Machining，EDM），是一种基于工具和工件之间不断脉冲放电产生的局部、瞬时的高温将金属蚀除掉的加工方法。通过连续不断地重复放电，工具电极不断地向工件进给，就可将工具的形状复制在工件上，加工出所需要的零件。整个加工表面是由无数个小凹坑所组成的。要使这种电腐蚀原理应用于尺寸加工，设备装置必须满足以下三个条件。

1）工具电极和工件电极之间必须始终保持一定的放电间隙，这一间隙随加工条件而定，通常为几微米至几百微米。因为电火花的产生是由于电极间介质被击穿，而介质被击穿取决于极间距离，只有极间距离稳定，才能获得连续稳定的放电。

2）火花放电必须是瞬时的脉冲性放电，放电延续一段时间（一般为 $10^{-7} \sim 10^{-3}$s）后，需停歇一段时间，这样才能使放电所产生的热量来不及传导扩散到其余部分，把每一次的放电点分别局限在很小的范围内，避免像电弧持续放电那样，使表面烧伤而无法用于尺寸加工。为此，电火花加工必须采用脉冲电源。

3）火花放电必须在有一定绝缘性能的液体介质中进行，例如煤油、皂化液或去离子水等。液体介质又称工作液，它们必须具有较高的绝缘强度（ $10^{3} \sim 10^{7} \Omega \cdot cm$ ），以有利于产生脉冲性的火花放电，同时液体介质还能把电火花加工过程中产生的金属小屑、炭黑等电蚀产物从放电间隙中悬浮排除出去，同时对电极和工件表面有较好的冷却作用。

（2）电火花加工的特点

1）电火花加工有以下优点。

① 适合于任何难切削材料的加工。电火花加工可以实现用软的工具加工硬度极高的工件，甚至可以加工像聚晶金刚石、立方氮化硼一类的超硬材料。目前电极材料多采用纯铜或石墨，因此工具电极较容易加工。

② 可以加工特殊及复杂形状的零件。由于电火花加工可以简单地将工具电极的形状复制到工件上，因此特别适用于复杂表面形状工件的加工，如加工复杂型腔模具等。数控技术的采用使得电火花加工可以用简单形状的电极加工复杂形状零件。

③ 由于加工过程中工具电极和工件不直接接触，火花放电时产生的局部瞬时爆炸力很小，电极运动所需的动力也较小，因此没有机械切削力，工件不会产生受力变形，特别适宜加工低刚度工件及微细加工。

④ 加工表面微观形貌圆滑、无刀痕沟纹等缺陷，工件的棱边、尖角处无毛刺、塌边。

⑤ 工艺适应面宽、灵活性大，可与其他工艺结合，形成复合加工。

⑥ 直接利用电能加工，便于实现自动化控制。

2）电火花加工有以下局限性。

① 一般加工速度较慢，因此安排工艺时多采用机械加工去除大部分余量，然后再进行电火花加工以提高生产率。

② 存在电极损耗和二次放电。由于电极损耗多集中在尖角或底面，因此会影响成形精度。电蚀产物在排除过程中与工具电极距离太小时会引起二次放电，形成加工斜度，也会影响成形精度，如图 8-1 所示。

③ 主要加工金属等导电材料，只有在一定条件下才能加工半导体和非导体材料。

（3）电火花加工的工艺方法分类及其应用　按工具电极和工件相对运动的方式和用途的不

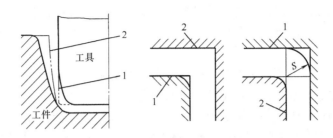

图8-1　电火花加工的加工斜度和圆角现象

同，电火花加工大致可分为电火花穿孔成形加工、电火花线切割、电火花磨削和镗磨、电火花同步共轭回转加工、电火花高速小孔加工、电火花表面强化与刻字六大类。

2. 电火花线切割加工

（1）电火花线切割加工的工作原理与装置分类

1）电火花线切割加工的原理。电火花线切割加工（Wire Cut EDM，WEDM）是在电火花加工的基础上，于20世纪50年代末在苏联发展起来的一种新的工艺形式，是利用移动的细金属导线（钼丝或铜丝）作为电极，靠脉冲火花放电对工件进行切割的，故称为电火花线切割，有时简称线切割。它已获得广泛的应用。

2）电火花线切割加工的装置分类。根据电极丝的运行速度，电火花线切割机床通常分为两大类：一类是高速走丝电火花线切割机床（WEDM—HS），这类机床的电极丝做高速往复运动，一般走丝速度为8~10m/s，这是我国生产和使用的主要机种，也是我国独有的电火花线切割加工模式；另一类是低速走丝电火花线切割机床（WEDM—LS）。此外，电火花线切割机床还可按控制方式分为靠模仿形控制、光电跟踪控制、数字过程控制等；按加工尺寸范围分为大、中、小型以及普通型与专用型等。目前国内外95%以上的电火花线切割机床都已采用不同水平的微机数控系统，从单片机、单板机到微型计算机系统，有的还具有自动编程功能。目前的电火花线切割加工机床多数都具有锥度切割、自动穿丝和找正功能。

（2）电火花线切割加工的特点　电火花线切割加工过程的原理和工艺，与电火花穿孔成形加工既有共性又有不同。

1）电火花线切割加工与电火花穿孔成形加工的共性表现如下：

① 电火花线切割加工的电压、电流波形与电火花穿孔成形加工基本相似。

② 电火花线切割加工的加工原理、生产率、表面粗糙度等工艺规律，材料的可加工性等都与电火花穿孔成形加工基本相似。

2）电火花线切割加工与电火花穿孔成形加工的不同点表现如下：

① 电极丝直径较小，脉冲宽度、平均电流等不能太大，加工参数的范围较小，只能采用正极性加工。

② 电极丝与工件始终有相对运动，尤其是快速走丝电火花线切割加工，间隙状态可以认为是由正常火花放电、开路和短路这三种状态组成的，一般没有稳定的电弧放电。

③ 电极与工件之间存在着"疏松接触"式轻压放电现象，因为在电极丝和工件之间存在着某种电化学产生的绝缘薄膜介质，只有当电极丝被顶弯所造成的压力和电极丝相对工件的移动摩擦使这种介质减薄到可被击穿的程度时，才会产生火花放电。

④ 省掉了成形的工具电极，大大降低了成形工具电极的设计和制造费用，缩短了生产准备时间。

⑤ 由于电极丝比较细，可以加工微细异形孔、窄缝和复杂形状的工件。

⑥ 由于采用移动的长电极丝进行加工，单位长度电极丝的损耗少，从而对加工精度的影响较小。

⑦ 采用水或水基工作液不会引燃起火，容易实现安全无人运转。

⑧ 在实体部分开始切割时，需加工穿丝用的预孔。

正因为电火花线切割加工有许多突出的长处，因而在国内外发展很快，已获得广泛应用。

电火花线切割加工设备主要由机床本体、脉冲电源、控制系统、工作液循环系统和机床附件等几部分组成。电火花线切割控制系统是按照人的"命令"去控制机床加工的，因此必须事先将要切割的图形用机器所能接受的"语言"编排好"命令"，并告诉控制系统，这项工作称为线切割数控编程。

（3）电火花线切割加工的应用范围　电火花线切割加工为新产品试制、精密零件及模具制造开辟了一条新的工艺途径，主要应用于以下几个方面。

1）加工各类模具。广泛应用于加工各种形状的冲模、挤压模、粉末冶金模、弯曲模、塑压模等，还可加工带锥度的模具。

2）各种材料的切断。应用于各种导电材料和半导体材料以及稀有、贵重金属的切断。

3）试制新产品。在试制新产品时，用电火花线切割在板料上直接割出零件，例如切割特殊微电机硅钢片定、转子铁心，由于不需另行制造模具，可大大缩短制造周期、降低成本。

4）加工薄片零件、特殊难加工材料零件。切割加工薄件时可多片叠在一起应用电火花线切割加工；还可用于加工品种多、数量少的零件，特殊难加工材料的零件，材料试验样件，各种型孔、凸轮、样板、成形刀具等；同时，还可进行微细槽加工、异形槽加工和任意曲线窄槽的切割等。

5）加工电火花成形加工用的电极。采用铜钨或银钨合金类材料作为电火花加工用的电极、电火花穿孔加工的电极，以及带锥度型腔加工的电极，一般用电火花线切割加工特别经济。电火花线切割同时也适用于加工微细复杂形状的电极。

知识要点三　电化学加工

1. 电化学加工概述

（1）电化学加工的基本原理　电化学加工（Electro - chemical Machining，ECM）是利用电极在电解液中发生的电化学作用对金属材料进行成形加工的一种特种加工工艺。

当两金属片接上电源并插入任何导电的溶液（例如水中加入少许 $CuCl_2$）中时，即形成通路，导线和溶液中均有电流流过。然而金属导线和溶液是两类性质不同的导体。金属导电体是靠自由电子在外电场作用下按一定方向移动而导电的；导电溶液是靠溶液中的正负离子移动而导电的，如上述 $CuCl_2$ 溶液中就含有正离子 Cu^{2+}、H^+ 和负离子 Cl^-、OH^-。两类导体构成通路时，在金属片（电极）和溶液的界面上，必定有交换电子的电化学反应。如果所接的是直流电源，则溶液中的离子将做定向移动，正离子移向阴极，在阴极上得到电子而进行还原反应，负离子移向阳极，在阳极表面失去电子而进行氧化反应（也可能是阳极金属原子失去电子而成为正离子进入溶液）。在阴、阳电极表面发生得失电子的化学反应称为电化学反应。利用这种电化学作用对金属进行加工（包括电解和镀覆）的方法即电化学加工。

（2）电化学加工的分类　电化学加工按加工原理可以分为三大类。

1）利用阳极金属的溶解作用去除金属材料，主要有电解加工、电解抛光、电解研磨、电解倒棱、电解去毛刺等，用于内外表面形状、尺寸以及去毛刺等加工。例如型腔和异形孔加工、模具以及三维锻模制造、涡轮发动机叶片和齿轮等零件去毛刺等。

2）利用阴极金属的沉积作用进行镀覆加工，主要有电铸、电镀、电刷镀、涂镀、复合电镀等，用于表面加工、装饰、尺寸修复、磨具制造、精密图案及印制电路板复制等加工。例如复制印制电路板，修复有缺陷或已磨损的零件，镀装饰层或保护层等。

3）电化学加工与其他加工方法结合完成的电化学复合加工，主要有电解磨削、电解电火花复合加工、电化学阳极机械加工等，用于形状与尺寸加工、表面光整加工、镜面加工、高速切削等。例如挤压拉丝模加工、硬质合金刀具磨削、硬质合金轧辊磨削、下料等。

（3）电化学加工的特点　电化学加工有如下主要特点。

1）适应范围广，凡是能够导电的材料都可以加工，并且不受材料力学性能的限制。

2）加工质量高，在加工过程中没有机械切削力的存在，工件表面无变质层，无残余应力，也无毛刺及棱角。

3）加工过程不需要划分阶段，可以同时进行大面积加工，生产率高。

4）但是，电化学加工对环境有一定程度的污染，必须对电化学加工废弃物进行处理，以免对自然环境造成污染和对人类健康产生危害。

2. 电解加工

（1）电解加工的基本原理　电解加工是利用金属在电解液中的电化学阳极溶解作用将工件加工成形的。

图8-2所示为电解加工实施原理图。加工时，工件接直流电源的正极，工具接直流电源的负极。工具向工件缓慢进给，使两极之间保持较小的间隙（0.1~1mm），具有一定压力（0.5~2MPa）的电解液从间隙中高速（5~50m/s）流过，这时阳极工件的金属被逐渐电解腐蚀，电解产物被电解液冲走。在加工刚开始时，阴极与阳极距离较近的地方通过的电流密度较大，电解液的流速也较高，阳极溶解速度也就较快。由于工具相对工件不断进给，工件表面就不断被电解，电解产物不断被电解液冲走，直至工件表面形成与阴极工作面基本相似的形状为止。

图 8-2　电解加工实施原理图
a）电解加工实施原理与装置　b）材料去除开始阶段　c）阳极成形过程
1—电源　2—阴极　3—阳极　4—泵　5—电解液

（2）电解加工的特点

1）电解加工较之其他加工方法的优点如下。

①加工范围广，不受金属材料本身硬度、强度以及加工表面复杂程度的限制。电解加工可以加工硬质合金、淬火钢、不锈钢、耐热合金等高硬度、高强度及高韧性金属材料，并可加工叶

片、锻模等各种复杂型面。

② 生产率较高。电解加工生产率为电火花加工的 5 ~ 10 倍，在某些情况下，比切削加工的生产率还高，且加工生产率不直接受加工精度和表面粗糙度的限制。

③ 表面粗糙度值较小。电解加工可以达到 $Ra1.25 \sim 0.2\mu m$ 的表面粗糙度值和 $\pm 0.1mm$ 左右的平均加工精度。

④ 加工过程不存在机械切削力。电解加工过程由于不存在机械切削力，因此不会产生由切削力所引起的残余应力和变形，也没有飞边和毛刺。

⑤ 阴极工具无耗损。电解加工过程中，阴极工具理论上不会耗损，可长期使用。

2）电解加工的局限性如下。

① 电解加工不易达到较高的加工精度，加工稳定性也较差。这是由于电解加工间隙电场和流场的稳定性控制等比较困难所致。

② 电解加工的附属设备比较多，占地面积较大，机床要有足够的刚性和防腐蚀性能，造价较高，因此一次性投资较大。

③ 加工复杂型腔和型面时，工具的设计、制造和修正比较麻烦，因而不太适应单件生产。

④ 电解产物需进行妥善处理，否则将污染环境。

（3）电解加工的应用　电解加工在解决工业生产中的难题和特殊行业（如航空、航天）中有着广泛的用途，其主要工艺应用范围有：深孔扩孔加工、型孔加工、型腔加工、套料加工、叶片加工、电解倒棱与去毛刺、电解蚀刻、电解抛光、数控电解加工等。

3. 电化学机械复合加工

（1）电化学机械复合加工的原理　电化学机械复合加工是由电化学阳极溶解作用和机械加工作用结合起来对金属工件表面进行加工的复合工艺技术，包括电解磨削、电解珩磨、电解研磨、电化学机械抛光、电化学机械加工等加工工艺。在电化学机械复合加工中，主要是靠电化学作用来去除金属，机械作用只是为了更好地加速这一过程。在各种各样的电化学机械复合加工方式中，电化学作用是相同的，只是机械作用所用的工具及加工方式有所不同。

下面以电解磨削为例说明电化学机械复合加工的原理。图 8-3 所示为电解磨削的工作原理图：以铜或石墨为结合剂的砂轮具有导电能力，与直流电源的阴极相连；工件与直接电源的阳极相连；在一定压力下，作为阳极的工件与作为阴极的砂轮相接触，加工区域送入电解液，在电解和机械磨削的双重作用下，工件很快被磨光。

当电流密度一定时，通过的电量与导电面积成正比，阴极和工件的接触面积越大，通过的电量则越多，单位时间内金属的去除率就越大，因此应尽可能增加两极之间的导电面积，以达到提高生产率的目的。当磨削外圆时，工件和砂轮之间的接触面积较小，为此可采用如图 8-4 所示的中极法电解磨削，即再附加一个中间电极，工件接正极，砂轮不导电，只起刮除钝化膜的作用，电解作用在中间电极和工件之间进行，从而大大增加了导电面积。

（2）常用电化学机械复合加工方式简介　常用的电化学机械复合加工方式，除了上述电解磨削之外，对于高硬、脆性、韧性材料的内孔、深孔、薄壁套筒，可以采用图 8-5 所示的电解珩磨工艺方法，进行珩磨或抛光。

图 8-3 电解磨削原理图

图 8-4 中极法电解磨削
1—普通砂轮 2—工件 3—喷嘴 4—钝化膜 5—中间电极

图 8-5 电解珩磨简图
1—工件 2—珩磨头 3—磨条

对于不锈钢、钛合金等难加工材料的大平面精密磨削和抛光，可以采用图 8-6 所示的电解研磨方案。磨料既可固定于研磨材料（无纺布、羊毛毡）上，也可游离于研磨材料与加工表面之间，在工具电极 5 的带动下，磨粒在工件表面上运动，去除钝化膜，同时形成复杂的网纹，获得较小的表面粗糙度值。目前电解研磨是大型不锈钢平板件镜面抛光的高效手段。

4. 电化学阴极沉积加工

与阳极溶解过程相反，电化学阴极沉积是利用电解液中的金属正离子在外加电场的作用下，到达阴极并得到电子，发生还原反应，变成原子而镀覆沉积到阴极的工件上的加工方法。

根据电化学阴极沉积的不同特点，可分为电镀、电铸、涂镀（刷镀）、复合镀及光电成形等。电铸的加工原理如图 8-7 所示；涂镀的加工原理如图 8-8 所示。

图 8-6 电解研磨加工（固定磨料方式）
1—回转装置 2—工件 3—电解液
4—研磨材料 5—工具电极 6—主轴

光电成形是利用照相和光致抗蚀作用，首先在金属基板上按图形形成电气绝缘膜，然后在基板的暴露部分镀上图形，再剥离金属基板而制成精细制品，其尺寸可达 0.002mm。

光电成形的工艺过程由掩膜制备和电镀两部分组成。

（1）掩膜制备 首先将原图按一定比例放大描绘在纸上或刻在玻璃上，然后通过照相，按所需大小缩小在照相底片上，然后将其紧密贴合在已涂覆感光胶的金属基板上，通过紫外线照射，使金属基板上的感光胶膜按图形感光。照相底片上不透光部分，由于被挡住了光线照射，胶膜不参与化学反应，仍是水溶性的；而透光的部分则形成了不溶于水的络合物。最后把未感光的胶膜用水冲洗掉，使胶膜呈现出清晰的图像。

图 8-7　电铸的加工原理
1—电镀槽　2—阳极　3—电源　4—电铸层　5—原模
6—搅拌器　7—电铸液　8—过滤器　9—泵　10—加热器

图 8-8　涂镀的加工原理
1—工件　2—镀液　3—电源　4—镀笔
5—棉套　6—容器

（2）电镀　将已形成光致抗蚀的基体放入电解脱脂液或氢氧化钠溶液中，进行短时间的阳极氧化处理；也可在铬酸钠或硫酸钠溶液中进行短时间浸渍，然后用水清洗，在表面形成剥离薄膜。以此作为阴极，用待镀材料作为阳极进行电镀。当电镀层达到 $10\mu m$ 时停止。之后，再用水清洗，接着干燥并剥离电镀层，此层称为基底镀层。若 $10\mu m$ 厚的镀层已达到要求，即完成制品；若需要加厚镀层，可将基底镀层用框架展平，再置于镀液中追加电镀。

知识要点四　高能束加工

在现代先进加工技术中，激光束（Laser Beam Machining——LBM）、电子束（Electron Beam Machining——EBM）、离子束（Ion Beam Machining——IBM）统称为三束，由于它们都具有能量密度极高的特点，因而又被称为高能束。目前它们主要应用于各种精密、细微加工场合，特别是在微电子领域有着广泛的应用。

1. 激光束加工

激光技术是 20 世纪 60 年代初发展起来的一项重大科技成果，它的出现深化了人们对光的认识，扩展了光为人类服务的领域。目前，激光束加工已被广泛应用于打孔、切割、焊接、热处理、切削加工、快速成形、电子器件的微调以及激光存贮、激光制导等各个领域。由于激光光束方向性好、加工速度快、热影响区小，可以加工各种材料，在生产实践中越来越显示出它的优越性，越来越受人们的重视。

（1）激光束加工的工作原理　激光也是一种光，它具有一般光的共性（如光的反射、折射、绕射以及相干特性），也有它独有的特性。激光的光发射以受激辐射为主，发出的光波具有相同的频率、方向、偏振态和严格的位相关系，因而激光具有单色性好、相干性好、方向性好以及亮度高、强度高等特性。

激光束加工的工作原理就是利用光的能量经过透镜聚焦后在焦点上达到很高的能量密度，靠光热效应，使被照射工件的加工区域达数千摄氏度甚至上万摄氏度的高温，将材料瞬时熔化、汽化，在热冲击波作用下蚀除物被抛射出去，达到相应的加工效果，如图 8-9 所示。

（2）激光束加工的特点　激光束加工具有如下特点。

1）激光束加工的瞬时功率密度高达 $10^8 \sim 10^{10} W/cm^2$，光能转换为热能，几乎可以加工任何材料，包括金属材料和非金属材料。

2）激光光斑大小可以聚焦到微米级，输出功率可以调节，而且加工过程中没有明显的机械力的作用，因此可用于精密微细加工。

3）激光束加工不需要工具，不存在工具损耗、更换、调整等问题，适用于自动化连续操作。

图8-9 激光束加工原理示意图
1—全反射镜 2—光泵（激励脉冲氙灯） 3—激光工作物质
4—部分反射镜 5—透镜 6—工件

4）和电子束、离子束加工比较起来，激光束加工装置比较简单，不需要复杂的抽真空装置。

5）激光束加工速度快、热影响区小，工件变形极小；激光束不受电磁干扰，可以透过透明物质，因此可以在任意透明的环境中操作。

6）激光除可以用于材料的蚀除加工外，还可以用来进行焊接、热处理、表面强化或涂覆等加工。

7）激光束加工是一种瞬时的局部熔化、汽化的热加工，影响因素很多，因此精微加工时，精度尤其是重复精度和表面粗糙度不易保证。

8）加工过程中产生的金属气体及火星等飞溅物应注意通风排除，操作者应戴防护眼镜。

（3）激光束加工的应用

1）激光打孔。利用激光几乎可在任何材料上打微型小孔，目前已应用于火箭发动机和柴油机的燃料喷嘴加工、化学纤维喷丝板打孔、钟表及仪表中的宝石轴承打孔、金刚石拉丝模加工等方面。

激光打孔适合于自动化连续打孔，如加工钟表行业红宝石轴承上直径为 $0.12 \sim 0.18mm$、深 $0.6 \sim 1.2mm$ 的小孔，采用自动传送装置，每分钟可以连续加工几十个宝石轴承；又如生产化学纤维用的喷丝板，在 $\phi100mm$ 直径的不锈钢喷丝板上打一万多个直径为 $0.06mm$ 的小孔，采用数控激光束加工，不到半天即可完成。激光打孔的直径可以小到 $0.01mm$ 以下，深径比可达50:1。

激光打孔由于能量在时空内高度集中，加工能力强、效率高，几乎所有材料都能用激光打孔；打孔孔径范围大，从 $10^{-2}mm$ 量级到任意大孔，均可加工；激光还可打斜孔；激光打孔不需要抽真空，能在大气或特殊成分气体中打孔，利用这一特点可向被加工表面渗入某种强化元素，实现打孔的同时对成孔表面进行激光强化。

2）激光切割。激光切割原理与激光打孔原理基本相同，所不同的是，激光切割工件与激光束要相对移动（生产实践中，通常是工件移动）。激光切割利用经聚集的高功率密度激光束照射工件，在超过阈值功率密度的前提下，光束能量以及活性气体辅助切割过程附加的化学反应热能等被材料吸收，由此引起照射点材料的熔化或汽化，形成孔洞；激光束在工件上移动，便可形成切缝，切缝处的熔渣被一定压力的辅助气体吹除，如图8-10所示。

激光束
聚焦透镜
辅助气体
工件
熔渣

图8-10 激光切割原理示意图

激光切割可切割各种二维图形的工件。激光切割可用于切割各种各样的材料，既可切割金属，也可切割非金属；既可切割无机物，也可切割皮革之类的有机物；还能切割无法进行机械接触的工件（如从电子管外部切断内部的灯丝）。由于激光对被切割材料几乎不产生机械冲击和压力，故适宜于切割玻璃、陶瓷和半导体等硬脆的材料。再加上激光光斑小、切缝窄，便于自动控制，所以更适宜于对细小部件进行各种精密切割。

激光切割具有如下特点。

① 切割速度快，热影响区小，工件被切部位的热影响层的深度为 0.05 ~ 0.1mm，因而热变形小。

② 割缝窄，一般为 0.1 ~ 1mm，割缝质量好，切口边缘平滑，无塌边、无切割残渣。

③ 切边无机械应力，工件变形极小，适宜于蜂窝结构与薄板等低刚度零件的切割。

④ 无刀具磨损，没有接触能量损耗，也不需要更换刀具，切割过程易于实现自动控制。

⑤ 激光束聚集后功率密度高，能够切割各种材料，包括高熔点材料、硬脆材料等难加工材料。

⑥ 可在大气层中或任何气体环境中进行切割，无需真空装置。

3）激光焊接。激光焊接是利用激光照射时高度集中的能量将工件的加工区域"热熔"在一起。激光焊接一般无需钎料和焊剂，只需功率密度为 $10^5 ~ 10^7 W/cm^2$ 的激光束，照射约 1/100s 时间即可。

激光焊接有如下优点。

① 激光照射时间极短，焊接过程极为迅速，不仅有利于提高生产率，而且被焊材料不易氧化，焊接质量高；激光焊接热影响区极小，适合于对热敏感很强的晶体管组件等的焊接。

② 激光焊接没有焊渣，不需要去除工件的氧化膜，甚至可以透过玻璃进行内部焊接，以防杂质污染和腐蚀，适用于微型精密仪表、真空仪器元件的焊接。

③ 激光能量密度高，对高熔点、高传导率材料的焊接特别有利；激光不仅能焊接同种材料，而且还可以焊接异类材料，甚至还可进行金属与非金属材料的焊接，例如用陶瓷作为基体的集成电路的焊接。

④ 焊接系统具有高度的柔性，易于实现自动化。

4）激光表面处理。激光表面处理工艺很多，包括激光相变硬化（激光淬火）、熔凝、涂敷、合金化、化学气相沉积、物理气相沉积、增强电镀、刻网纹等。

① 激光相变硬化（激光淬火）。激光相变硬化是利用激光束作为热源照射待强化的工件表面，使工件表面材料产生相变甚至熔化，随着激光束离开工件表面，工件的热量迅速向内部传递而形成极高的冷却速度，使表面硬化，从而达到提高零件表面的耐磨性、耐蚀性和疲劳强度的目的。激光淬火与火焰淬火、感应淬火等相比，具有如下特点。

a. 加热速度极快，在极短的时间内就可以将工件表面加热到临界点以上；而且热影响区小，工件变形小，处理后不须修磨，只需精磨。

b. 激光束传递方便，便于控制，可以对形状复杂的零件或局部进行处理，如盲孔底、深孔内壁、小槽等的淬火；工艺过程易于实现计算机控制或数控，自动化程度高；硬化层深度可以得到精确控制。

c. 可实现自冷却淬火，不需淬火介质，不仅节约能源，并且工作环境清洁。

d. 激光可以实现对铸铁、中碳钢、甚至低碳钢等材料进行表面淬火。

e. 但激光淬火的硬化层较浅，一般在 1mm 左右；另外设备投资和维护费用较高。

激光淬火已成功地应用于发动机凸轮轴和曲轴、内燃机缸套和纺织纱锭尖等零件的淬火。

② 激光表面合金化。激光表面合金化是利用激光束的扫描照射作用，将一种或多种合金元素与基材表面快速熔凝，在基材表层形成一层具有特殊性能的表面合金层。

往熔化区加入合金元素的方法有很多，包括工件表面电镀、真空蒸镀、预置粉末层、放置厚膜、离子注入、喷粉、送丝和施加反应气体等。

③ 激光涂敷。激光涂敷与表面合金化相似，都是在激光加热基体的同时熔入其他合金材料，但控制过程参数使基体表面上产生的极薄层的熔化同熔化的涂敷材料实现冶金结合，而涂层材料的化学成分基本上不变，即基体成分几乎没有进入涂层内。

与激光合金化相比，激光涂敷能更好地控制表层的成分和厚度，能得到完全不同于基体的表面合金层，以达到提高工件表面耐蚀性、耐磨性、耐热性等目的。

与堆焊和等离子体喷涂等工艺相比，激光涂敷的主要优点如下：

a. 在实现良好的冶金结合的同时，稀释度小。

b. 输入基体的能量和基体的热变形小。

c. 涂层尺寸可较准确地控制，且涂敷后的机械加工量小。

d. 高的冷却速度可得到具有特殊性能的合金涂层。

e. 一次性投资和运行费用较高，适用于某些高附加值的工业品加工。

④ 激光熔凝。激光熔凝处理是用较高功率密度（$10^4 \sim 10^6 \, W/cm^2$）的激光束，在金属表面扫描，使表层金属熔化，随后快速冷却凝固，冷却速度通常为 $10^2 \sim 10^6 \, K/s$，从而得到细微的接近均匀的表层组织。该表层通常具有较高的耐磨损和耐腐蚀性能。

激光熔凝处理尚未见于工业应用，原因在于激光熔凝与激光合金化的处理过程差不多，既然要将其表层熔化，何不同时加进合金成分进行合金化处理，以提供更大的可能性来改善表面的硬度、耐磨性和耐蚀性等性能？而且熔凝处理将破坏工件表面的几何完整性，处理后一般要进行表面机械加工，在这一点上它又不如相变硬化处理。

2. 电子束加工

（1）电子束加工原理及特点

1）电子束加工原理。电子束加工是在真空条件下，利用聚集后能量密度极高的电子束以极高的速度（当加速电压为 50V 时，电子速度可达 $1.6 \times 10^5 \, km/s$）冲击到工件表面极小的面积上，在极短的时间（$10^{-6} s$）内，其能量的大部分转换为热能，使被冲击部分的工件材料达到几千摄氏度以上的高温，从而引起材料的局部熔化和汽化，以实现加工目的。电子束加工原理如图 8-11 所示。

2）电子束加工的特点。电子束加工具有以下特点。

① 能够极其细微地聚焦，最细微聚焦直径能达到 $0.1 \mu m$，是一种精密微细加工工艺。

② 电子束能量密度很高，在极微细束斑上能达到 $10^6 \sim 10^9 \, W/cm^2$，使照射部分的温度超过材料的熔化和汽化温度，靠瞬时蒸发去除材料，是一种非接触式加工，工件不受机械力作用，不会产生宏观变形。

③ 生产率很高。由于电子束能量密度很高，而且能量利用率可达90%以上，因此加工效率很高，例如每秒钟可在2.5mm厚的钢板上加工50个直径为0.4mm的孔。

图 8-11 电子束加工原理图

1—高速加压 2—电子枪 3—电子束
4—电磁透镜 5—偏转器 6—反射镜
7—加工室 8—工件 9—工作台及驱动系统
10—窗口 11—观察系统

④ 控制方便，容易实现自动化，可以通过磁场或电场对电子束的强度、位置、聚集等进行直接控制，因而整个加工过程便于实现自动化；在电子束打孔和切割中，可以通过电气控制加工异形孔，实现曲面弧形切割等。

⑤ 对环境无污染，加工表面纯度高。由于电子束加工在真空中进行，因而污染少，加工表面不氧化，加工表面纯度很高。

⑥ 加工材料范围广泛。加工过程无机械作用力，适合各种材料，包括脆性、韧性、导体、非导体以及半导体材料的加工。

⑦ 设备投资大，应用有一定的局限性。电子束加工需要一套专用设备和真空系统，价格较贵，生产成本较高，因而生产应用受到一定的限制。

（2）电子束加工的应用　目前，电子束加工的应用范围主要有以下方面。

① 高速打孔。电子束打孔已在航空航天、电子、化纤以及制革等工业生产中得到广泛应用。目前，电子打孔最小孔径可达 0.001mm，速度达 3000 ~ 50000 孔/s；孔径在 0.5 ~ 0.9mm 时，其最大孔深已超过 10mm，即深径比大于 10∶1。

② 加工弯孔、型面和特殊面。电子束不仅可以加工直的型孔和型面，而且可以利用电子束在磁场中偏转的原理，使电子束在工件内部偏转，通过控制磁场强度和电子束速度，加工弯孔曲槽和曲面，如图 8-12 所示。

图 8-12　电子束加工曲面弯孔
1—工件　2—工件运动方向　3—电子束

③ 焊接。电子束焊接是利用电子束作为热源的一种焊接工艺。当高能量密度的电子束轰击焊件表面时，使焊件接头处的金属熔融，在电子束连续不断的轰击下，形成一个被熔融金属环境绕着的毛细管状的熔池。如果焊件按一定速度沿着焊件接缝与电子束做相对移动，则焊缝上的熔池由于电子束的离开而重新凝固，使焊件的整个接缝形成一条焊缝。

由于电子束的束斑尺寸小，能量密度高，焊接速度快，所以电子束焊接的焊缝深面窄，焊件热影响区极小，工件变形小，焊缝质量高，物理性能好，精加工后精密焊焊缝强度高于基体。

电子束焊接可对难熔金属、异种金属进行焊接。由于它能够实现异种金属焊接，所以就可以将复杂工件分为几个零件，这些零件单独使用最合适的材料，采用各自合适的方法加工制造，最后利用电子束焊接成一个完整的零部件，从而可以获得理想的使用性能和显著的经济效益。

④ 热处理。电子束热处理是将电子束作为热源，并适当控制电子束的功率密度，使金属表面加热到临界温度而不熔化，达到热处理的目的。电子束的电热转换率可高达 90%，比激光热处理的（7% ~ 10%）高得多；电子束热处理是在真空中进行的，可以防止材料氧化；而且电子束加热金属表面使之熔化后，可以在熔化区内置添加新合金元素，使零件表面形成一层薄的新的合金层，从而获得更好的物理力学性能。

⑤ 电子曝光。电子曝光是先利用低功率密度的电子束照射称为电致抗蚀剂的高分子材料，由入射电子与高分子相碰撞，使分子链被切断或重新聚合而引起分子量的变化，这一步骤称为电子束光刻，如图 8-13a 所示；如果按规定图形进行电子曝光，就会在电致抗蚀剂中留下潜像，然后将它浸入适当的溶剂中，则由于分子量不同而溶解度不一样，就会使潜像显影出来，如图 8-13b 所示；将光刻与离子束刻蚀或蒸镀工艺结合，如图 8-13c、d 所示，就能在金属掩膜或材料表面上制作出图形来，如图 8-13e、f 所示。

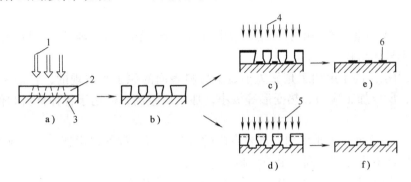

图 8-13　电子曝光的加工过程
1—电子束　2—电致抗蚀剂　3—基板　4—金属蒸镀　5—离子束　6—金属

电子束曝光广泛应用于半导体微电子器件的蚀刻细槽以及大规模集成电路图形的光刻。

3. 离子束加工

（1）离子束的加工原理及特点

1）离子束加工原理。离子束加工是利用离子束对材料进行成形或表面改性的加工方法。离子束的加工原理类似于电子束的加工原理。在真空条件下，将由离子源产生的离子经过电场加速，获得具有一定速度的离子投射到材料表面，产生溅射效应和注入效应。由于离子带正电荷，离子质量是电子的数千倍或数万倍，所以离子一旦获得加速，则能够具有比电子束大得多的撞击动能，离子束是靠机械撞击动能来加工的。

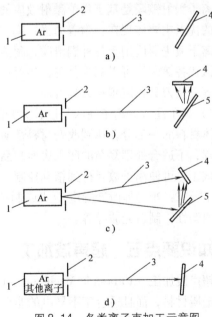

如图 8-14 所示，按加工目的和所利用的物理效应的不同，离子束加工分为以下几种。

① 离子刻蚀（图 8-14a）。离子以一定角度轰击工件，将工件表面的原子逐个剥离，实质上是一种原子尺度的切削加工，所以又称为离子铣削，即近代发展起来的纳米加工。

② 离子溅射沉积（图 8-14b）。离子以一定角度轰击靶材，将靶材原子击出，垂直沉积在靶材附近的工件上，使工件镀上一层薄膜，这实质上是一种镀膜工艺。

③ 离子镀（图 8-14c）。离子镀又称为离子溅射辅助沉积。离子分两路以不同角度同时轰击靶材和工件，目的在于增强靶材镀膜与工件基材的结合力。

④ 离子注入（图 8-14d）。离子以较高的能量直

图 8-14　各类离子束加工示意图
a）离子蚀刻　b）离子溅射沉积
c）离子镀　d）离子注入
1—离子源　2—吸极（吸收电子，引出离子）
3—离子束　4—工件　5—靶材

接垂直轰击工件，由于离子能量相当大，离子就直接进入被加工材料的表面层，成为工件基体内材料的一部分。由于工件表面层含有注入离子后改变了化学成分，从而改变了工件表面层的物理力学性能和化学性能，达到了材料改性的目的。

2）离子束加工的特点。离子束加工具有以下特点。

① 高精度。离子束加工是通过离子束逐层去除原子，离子束流密度和离子能量可以精确控制，加工精度可达纳米级，是所有特种加工方法中最精密、最微细的加工方法，是当代纳米加工的技术基础。

② 高纯度、无污染。离子束加工在真空中进行，所以污染少、纯度高，特别适用于易氧化材料和高纯度半导体材料的加工。

③ 宏观压力小。离子束加工是靠离子轰击材料表面的原子来实现的，它是一种微观作用，宏观压力很小，所以加工应力、热变形等极小，加工质量高，适用于各种材料和低刚度零件的加工。

④ 成本高、效率低。离子束加工需要专门的设备，而且设备费用高，生产成本也高，而且加工效率低，因此应用范围受到一定的限制。

（2）离子束加工的应用　目前离子束加工主要应用在以下方面。

1）离子刻蚀加工。离子刻蚀是从工件上去除材料，是一个撞击溅射过程。离子以 $40° \sim 60°$ 入射角轰击工件，使原子逐个剥离。为了避免入射离子与工件材料发生化学反应，必须使用惰性元素的离子。

离子刻蚀效率低。目前已应用于蚀刻陀螺仪空气轴承和动压马达沟槽、高精度非球面透镜加工、高精度图形蚀刻（如集成电路、光电器件、光集成器件等微电子器件的亚微米图形）、致薄材料纳米蚀刻。

2）离子镀膜加工。离子镀膜加工分为离子溅射镀膜和离子镀两种。

离子溅射镀膜是基于离子溅射效应的一种镀膜工艺，适用于合金膜和化合物膜等的镀制。离子镀的优点主要体现在：附着力强，膜层不易脱落；溅射性好，镀得全面、彻底。

离子镀主要应用于各种润滑膜、耐热膜、耐蚀膜、耐磨膜、装饰膜、电气膜的镀膜；离子镀氮化钛代替镀硬铬可以减少公害；还可用于涂层刀具的制造，包括碳化钛、氮化钛刀片及滚刀、铣刀等复杂刀具，以延长刀具寿命。

3）离子注入。离子注入是以较大的能量垂直轰击工件，离子直接注入工件后固溶，成为工件基体材料的一部分，达到改变材料性质的目的。离子注入的局限性在于它是一个直线轰击表面的过程，不适合处理复杂的凹入表面制品。

该工艺可使离子数目得到精确控制，可注入任何材料，其应用还在进一步研究，目前得到应用的主要有：半导体改变导电型式或制造 PN 结，金属表面改性以提高润滑性、耐热性、耐蚀性、耐磨性，制造光波导等。

知识要点五　超声波加工

超声波加工（Ultrasonic Machining，USM）又叫超声加工，不仅能加工硬质合金、淬火钢等硬脆金属材料，而且适合于不导电的非金属脆硬材料的精密加工和成形加工，还可用于清洗、焊接和探伤等工作，在农业、国防、医疗等方面的用途十分广泛。

1. 超声波加工的原理与特点

（1）超声波加工的原理　超声波是一种频率超过 16000Hz 的纵波，它和声波一样，可以在气体、液体和固体介质中纵向传播。由于超声波频率高、波长短、能量大，所以传播时反射、折射、共振及损耗等现象更为显著。

超声波主要具有以下特性。

1）超声波的作用主要是对其传播方向上的障碍物施加压力，它能传递很强的能量；

2）当超声波在液体介质中传播时，将以极高的频率压迫液体质点振动，在液体介质中连续形成压缩和稀疏区域，形成局部"伸""缩"冲击效应和空化现象。

3）超声波通过不同介质时，在界面上会产生波速突变，产生波的反射和折射现象。

4）超声波在一定条件下能产生波的干涉和共振现象。

利用超声波的这些特性来进行加工的工艺称为超声波加工。超声波加工的原理如图8-15所示。工具端面作超声频的振动，通过悬浮磨料对脆硬材料进行高频冲击、抛磨，使得被加工表面脆性材料粉碎成很细的微粒，从

图8-15　超声波加工原理
1—工具　2—工件　3—磨料悬浮液
4、5—变幅杆　6—换能器　7—超声波发生器

工件上被击落。虽然每次冲击下来的材料很少，但由于每秒钟冲击次数多达16000次以上，所以仍有一定的加工速度。高频、交变的液压正、负冲击波和空化作用，促使工作液进入被加工材料的微裂缝处，加剧了机械破坏作用。所谓空化作用，是指当工具端面以很大的加速度离开工件表面时，加工间隙内形成负压和局部真空，使工作液内形成很多微空腔；当工具端面以很大的加速度接近工件表面时，空腔闭合，引起极强的液压冲击波，可以强化加工过程。由此可见，超声波加工是磨料在超声波振动作用下的机械撞击和抛磨作用以及超声波空化作用的综合结果。

（2）超声波加工的特点　超声波加工有如下特点。

1）特别适合硬脆材料的加工。材料越硬、越脆，加工效率越高；可加工脆性非金属材料，如玻璃、陶瓷、玛瑙、宝石、金刚石等；但加工硬度高、脆性较大的金属材料如淬火钢、硬质合金等时，加工效率低。

2）加工精度高、质量好。超声波加工尺寸精度可达0.01～0.02mm，表面粗糙度值可达$Ra0.63～0.08\mu m$，加工表面无组织改变、残余应力及烧伤等现象。

3）工具可用软材料，设备结构简单。加工工具可用较软的材料，因此可以做成与工件要求的形状保持一致的复杂形状；工具与工件之间不需要做复杂的相对运动，因而超声波加工设备结构简单。

4）加工过程中工件受力小。去除工件材料是靠极小的磨粒瞬时局部的撞击作用，因此工件表面的宏观作用力很小，切削热也很小，不会引起变形，可加工薄壁、窄缝、低刚度零件。

5）生产率较低。与电火花加工、电解加工相比，采用超声波加工硬质金属材料的生产率较低。

2. 超声波加工的应用

超声波加工的应用很广，在制造工业中的应用主要在以下几方面。

（1）加工型孔、型腔　超声波加工型孔、型腔，具有加工精度高、表面质量好的优点。加工某些冲模、型腔模、拉丝模时，可先经过电火花、电解或激光束粗加工之后，再用超声波研磨抛光，以减小表面粗糙度值，提高表面质量；还可在脆硬材料上加工圆孔、型孔、型腔、套料、微小孔等。

（2）切割加工　主要切割脆硬的半导体材料，如切割单晶硅片、脆硬的陶瓷刀具等。

（3）复合加工　主要有超声波电解复合加工、超声波电火花复合加工、超声波抛光与电解超声波复合抛光、超声波磨削切割金刚石、超声波振动车削与振动钻削等。图8-16所示为超声波电解复合加工小孔；图8-17所示为超声波振动切削加工。

图 8-16　超声波电解复合加工小孔
1—换能器　2—变幅杆　3—工具　4—电解液和磨料
5—工件　6—直流电源　7—超声波发生器

图 8-17　超声波振动切削加工
1—换能器　2—变幅杆　3—工件　4—车刀

（4）超声波焊接　超声波焊接的原理是利用高频振动产生的撞击能量，去除工件表面的氧化膜杂质，露出新鲜的本体，在两个被焊工件表面分子的撞击下，亲和、熔化并粘接在一起。

超声波焊接可以焊尼龙、塑料制品，特别是表面易产生氧化层的难焊接金属材料，如铝制品等。此外，利用超声波化学镀工艺还可以在陶瓷等非金属表面挂锡、挂银及涂覆熔化的金属薄层。

（5）超声波清洗　在清洗溶液（煤油、汽油、四氯化碳）中引入超声波，可使精微零件，如喷油器、微型轴承、手表机芯、印制电路板、集成电路微电子器件等中的微细小孔、窄缝、夹缝中的脏物、杂质加速溶解、扩散，直至清洗干净。

超声波清洗装置如图8-18所示。

图 8-18　超声波清洗装置
1—控制面板　2—超声波发生器　3—冷排管　4—气相清洗槽　5—第二超声波清洗槽
6—第一清洗槽　7—蒸馏回收槽　8—水分分离器　9—加热装置　10—换能器　11—冷凝器

第二节　其他新技术新工艺简介

知识要点一　直接成形技术

1. 爆炸成形

爆炸成形分半封闭式和封闭式两种。

1）图 8-19a 所示为半封闭式爆炸成形的示意图。坯料钢板用压边圈压在模具上，并用润滑脂密封。将模具的型腔抽成真空，炸药放入介质（多用普通的水）中，炸药爆炸时间极短，功率极大，1kg 炸药的爆炸功率可达 450 万 kW，坯料塑性变形移动的瞬时速度可达 300m/s，工件贴模压力可达 2 万个大气压。炸药爆炸后，可以获得与模具型腔轮廓形状相符的板壳零件。

2）图 8-19b 所示为封闭式爆炸成形示意图。坯料管料放入上、下模的型腔中，炸药放入管料内。炸药爆炸后即可获得与模具型腔轮廓形状相符的异形管状零件。

图 8-19　爆炸成形示意图
a）半封闭式　b）封闭式

爆炸成形多用于单件小批生产中尺寸较大的厚板料的成形（图 8-20a），或形状复杂的异形管子成形（图 8-20b）。爆炸成形多在室外进行。

图 8-20　爆炸成形应用实例
a）高压容器椭球封头　b）不锈钢异形管

2. 液压成形

图 8-21 所示为液压成形示意图。坯料是一根通直光滑管子，油液注入管内。当上、下活塞同时推压油液时，高压油液迫使原来的直管壁向模具的空腔处塑性变形，从而获得所需的形状。零件液压成形多用于大批大量生产中薄壁回转零件。

图 8-22a 所示为自行车的中接头零件，原来采用 5mm 厚的低碳钢钢板冲压、焊接而成，需

图 8-21 液压成形示意图

a）起始状态 b）终止状态

要经过落料、冲 4 个孔、4 个孔口翻边、卷管、焊缝等 15 道工序。后改为直径 41mm、厚 2.2mm 的焊缝管液压成形，压出 4 个凸头，切去 4 个凸头端面的封闭部分，即成为中接头零件，使生产率大为提高。

图 8-22b 所示为汽车发动机风扇 V 带带轮。液压成形前的坯料是由钢板拉深出来的。使用时，V 带嵌入轮槽即可。这种带轮与切削加工的带轮相比，具有重量轻、体积小、节省金属材料的优点。

液压成形前的杯形坯料

液压成形后的零件

图 8-22 液压成形应用实例

a）中接头零件 b）风扇带轮

3. 旋压成形

图 8-23a 所示为在卧式车床上旋压成形的示意图。旋压模型安装在自定心卡盘上，板料坯料

初始状态

终止状态

a）

b）

图 8-23 旋压成形示意图

a）在车床上旋压成形 b）在专用设备上旋压成形

顶压在模型端部，旋压工具形似圆头车刀，安装在方刀架上。模型和工具的材料均要比工件材料软，多用木料或软金属制成。坯料旋转，旋压工具从右端开始，沿旋压模型母线方向缓慢向左移动，即可旋压出与模型外轮廓相符的壳状零件。

图 8-23b 所示为在一种专用设备上旋压成形的示意图。坯料为管壁较厚的管子，旋压工具旋转，压头向下推压使坯料向下移动，从而获得薄壁管成品。此处的旋压工具材料应比工件硬，以延长旋压工具的使用寿命。旋压成形要求工件材料具有很好的塑性，否则成形困难。

旋压成形适用于壳状回转零件或管状零件，如日常生活中的铝锅、铝盆、金属头盔以及各种弹头、航空薄管等，如图 8-24 所示。

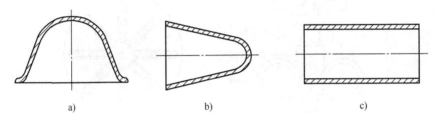

图 8-24　旋压成形应用实例
a）头盔　b）弹头外壳　c）航空薄管

4. 喷丸成形

喷丸本来是一种表面强化的工艺方法。这里的喷丸成形是指利用高速金属弹丸流撞击金属板料的表面，使受喷表面的表层材料产生塑性变形，逐步使零件的外形曲率达到要求的一种成形方法，如图 8-25a 所示。工件上某一处喷丸强度越大，此处塑性变形就越大，就越向上凸起。为什么向上凸起而不是向下凹陷呢？这是因为铁丸很小，只使工件表面塑性变形，使表层表面积增大，而四周未变形，所以铁丸撞击之处，只能向上凸起，而不会像一个大铁球砸在薄板上一样向下凹陷。通过计算机控制喷丸流的方向、速度和时间，即可得到工件上各处曲率不同的表面，同时工件表面也得到强化。

喷丸流
工件

图 8-25　喷丸成形
a）喷丸成形示意图　b）飞机机翼外板

喷丸成形适用于大型的曲率变化不大的板状零件。例如，飞机机翼外板及壁板零件材料为铝合金，就可以采用直径为 0.6～0.9mm 的铸钢丸喷丸成形。图 8-25b 所示为飞机机翼外板。

知识要点二　少、无切削加工

1. 滚挤压加工

滚挤压加工原本为零件表面强化的一种工艺方法，此处是将滚挤压加工作为一种无切削的加工方法加以介绍，其工艺方法与表面强化工艺方法完全相同。滚挤压加工主要用来对工件进行表面光整加工，以获得较小的表面粗糙度值，使用该方法可使表面粗糙度值 Ra 达 $1.6 \sim 0.05 \mu m$。

2. 滚轧成形加工

滚轧成形加工是一种无切削加工的新工艺。它是利用金属产生塑性变形而轧制出各种零件的方法。螺纹的滚压加工，其实质就是滚轧成形加工。图 8-26 所示是用多轧轮同时冷轧汽车制动凸轮轴花键示意图。图 8-27 所示是冷打花键轴示意图。工件的一端装夹在机床卡盘内，另一端

图 8-26　冷轧汽车制动凸轮花键轴示意图

支承在顶尖上。在工件两侧对称位置上各有一个轧头，每个轧头上各装有两个轧轮。轧制时，两轧头高速同步旋转，轧轮依靠轧制时与工件之间产生的摩擦力使其绕自身的轴线旋转。轧头旋转时，轧轮在极短的瞬间以高速、高能量打击工件表面，使其产生塑性变形，形成与轧轮截面形状相同的齿槽，故该冷轧方法得名为冷打花键轴，也称为滚轧花键。

滚轧加工要求工件坯料力学性能均匀稳定，并具有一定的延伸率。由于轧制不改变工件的体积，故坯料外径尺寸应严格控制，太大会造成轧轮崩齿，太小不能使工件形状完整饱满。精确的坯料外径尺寸应通过试验确定。

图 8-27　冷打花键轴示意图

滚轧加工具有如下特点。

1）滚轧加工属成形法冷轧，其工件齿形精度取决于轧轮及其安装精度，表面粗糙度值 Ra 可达 $1.6 \sim 0.8 \mu m$。

2）可提高工件的强度及耐磨性。因为金属材料的纤维未被切断，并使表面层产生变形硬化，其抗拉强度提高 30% 左右，抗剪强度提高 5%，表面硬度提高 20%，硬化层深度可达 $0.5 \sim 0.6 mm$，从而延长工件的使用寿命。

3）生产率高。如冷轧丝杠比切削加工生产率提高 5 倍左右；冷轧汽车传动轴花键，生产效率达 $0.67 \sim 6.7 mm/s$，节约金属材料 20% 左右。

冷轧花键轴适宜大批量生产中加工相当于模数 4mm 以下的渐开线花键和矩形花键，特别适宜加工长花键。

3. 水射流切割技术

基于人们早已懂得的"水滴石穿"的道理，研究人员经过不懈的探索，将这一简单原理转化成了水射流切割技术。水射流切割（Water Jet cutting，WJC）是指利用在高压下由喷嘴喷射出的高

速水射流对材料进行切割的技术；利用带有磨料的水射流对材料进行切割的技术，称为磨料水射流切割（Abrasive Water Jet Cutting，AWJC）。前者由于单纯利用水射流切割，切割力较小，适宜切割软材料，喷嘴寿命长；后者由于混有磨料，切割力大，适宜切割硬材料，喷嘴磨损快，寿命较短。

（1）水射流切割原理　水射流切割是直接利用高压水泵（压力可达 35～60MPa）或采用水泵和增压器（可获得 100～1000MPa 的超高压和 0.5～25L/min 的较小流量）产生的高速高压液流对工件的冲击作用来去除材料的。图 8-28 所示为带有增压器的水射流切割系统原理图。

图 8-28　水射流切割系统原理图

（2）水射流切割的特点　水射流切割与其他切割技术相比，具有一些独有的特点。

1）采用常温切割对材料不会造成结构变化或热变形，这对许多热敏感材料的切割十分有利，是锯削、火焰切割、激光束切割和等离子体切割等所不能比拟的。

2）切割力强，可切割 180mm 厚的钢板和 250mm 厚的钛板等。

3）切口质量较高，水射流切口的表面平整光滑、无毛刺，切口公差可达 0.06～0.25mm。同时切口可窄至 0.015mm，可节省大量的材料消耗，尤其对贵重材料更为有利。

4）由于水射流切割的流体性质，因此可从材料的任一点开始进行全方位切割，特别适宜复杂工件的切割，也便于实现自动控制。

5）由于属湿性切割，切割中产生的"屑末"混入液体中，工作环境清洁卫生，也不存在火灾与爆炸的危险。

水射流切割也有其局限性，其整个系统比较复杂，初始投资大。如一台 5 自由度自动控制式水射流设备，其价格可高达 10 万～50 万美元。此外，在使用磨料水射流切割时，喷嘴磨损严重，有时一只硬质合金喷嘴的使用寿命仅为 2～4h。尽管如此，水射流切割装置仍发展很快。

（3）水射流切割的应用　由于水射流切割有上述特点，它在机械制造和其他许多领域均获得了日渐增多的应用。

1）汽车制造与维修业采用水射流切割技术加工各种非金属材料。如石棉刹车片、橡胶基地毯、车内装潢材料和保险杠等。

2）造船业用水射流切割各种合金钢板（厚度可达 150mm），以及塑料、纸板等其他非金属材料。

3）航空航天工业用水射流切割高级复合结构材料、钛合金、镍钴高级合金和玻璃纤维增强塑料等，可节省 25% 的材料和 40% 的劳动力，并大大提高劳动生产率。

4）铸造厂或锻造厂可采用水射流高效地对毛坯表层的型砂或氧化皮进行清理。

5）水射流技术不但可用于切割，而且可对金属或陶瓷基复合材料、钛合金和陶瓷等高硬度材料进行车削、铣削和钻削。图 8-29 所示为磨料水射流车削加工示意图。

图 8-29　磨料水射流车削加工示意图

思考与练习题

8-1 特种加工技术在机械制造领域的作用和地位如何?

8-2 特种加工技术的逐渐广泛应用引起了机械制造领域的哪些变革?

8-3 特种加工技术与常规加工工艺之间的关系如何?应该如何正确处理特种加工与常规加工之间的关系?

8-4 特种加工对材料的可加工性及产品的结构工艺性有何影响?试举例说明。

8-5 试简要说明电火花加工的基本原理、特点及其应用。

8-6 试述电火花线切割的工作原理及其应用。

8-7 电化学加工有哪些类别?举例说明其应用范围。

8-8 试说明电解磨削的原理。它与机械磨削有何不同?

8-9 高能束加工是指哪些加工方法?试述它们在细微制造技术中的意义?

8-10 简要说明高能束加工各自的特点及其应用。

8-11 何谓超声波加工技术?它有哪些应用?

8-12 简要说明常见的几种直接成形技术的工作原理及其应用范围。

8-13 试说明水射流切割技术的工作原理、特点及其应用。

第九章 机械加工质量

CHAPTER 9

机械加工质量

教学导航

【知识目标】

1. 了解机械加工质量的基本概念。

2. 熟悉获得零件加工精度的方法；掌握影响加工精度的因素及其分析方法；了解加工误差的综合分析方法。

3. 熟悉机械加工表面质量的含义；掌握影响表面质量的工艺因素；熟悉控制表面质量的工艺途径。

【能力目标】

通过学习，初步具备分析影响机械加工质量的因素，采取适当措施控制和提高零件加工质量的能力。

【学习重点】

影响机械加工精度和表面质量的因素。

【学习难点】

影响机械加工质量因素的综合分析。

机械制造的基本问题是优质、高产、低消耗地生产出技术性能好、使用寿命长的产品，以满足国民经济发展的需要。为了满足技术性能好、使用寿命长的要求，质量问题是一个最根本的问题。

就机械工艺过程而言，产品质量主要取决于零件的制造质量和装配质量。零件的制造质量一般用几何参数（如形状、尺寸、表面粗糙度）、物理参数（如导电性、导磁性、导热性等）、机械参数（如强度、硬度等）以及化学参数（如耐蚀性等）来表示。

为了便于分析研究，通常将加工质量分为两大部分：一部分是宏观几何参数，称为加工精度；另一部分是微观几何参数和表面物理 - 力学性能等方面的参数，称为表面质量或表面完整性。

第一节 机械加工精度

知识要点一 加工精度概述

1. 加工精度的概念

所谓机械加工精度，是指零件在加工后的几何参数（尺寸大小、几何形状、表面间的相互位置）的实际值与理论值相符合的程度。符合程度高，加工精度也高；反之则加工精度低。机械加工精度包括尺寸精度、形状精度、位置精度三项内容，三者有联系也有区别。

1）尺寸精度。尺寸精度是指用来限制加工表面与其基准间的尺寸误差不超过一定范围的尺寸公差要求。

2）形状精度。形状精度是指用来限制加工表面宏观几何形状误差，如圆度、圆柱度、平面度、直线度等，不超过一定范围的几何形状公差要求。

3）位置精度。位置精度是指用来限制加工表面与其基准之间的相互位置误差，如平行度、垂直度、同轴度、位置度等，不超过一定范围的相互位置公差要求。

由于机械加工中的种种原因，不可能把零件做得绝对精确，总会产生偏差。这种偏差即加工误差。实际生产中加工精度的高低用加工误差的大小表示。加工误差小，则加工精度高；反之则加工精度低。保证零件的加工精度就是设法将加工误差控制在允许的误差范围内；提高零件的加工精度就是设法降低零件的加工误差。

一般来说，零件的加工精度越高则加工成本越高，生产率则相对越低。因此，设计人员应根据零件的使用要求，合理地确定零件的加工精度，工艺人员则应根据设计要求、生产条件等采取适当的加工工艺方法，以保证零件的加工误差不超过零件图上规定的公差范围，并在保证加工精度的前提下，尽量提高生产率，降低成本。

2. 获得加工精度的方法

（1）获得尺寸精度的方法 在机械加工中获得尺寸精度的方法有如下五种。

1）试切法：通过试切—测量—调整—再试切，反复进行到被加工尺寸达到要求的精度为止的加工方法。试切法不需要复杂的装备，加工精度取决于工人的技术水平和量具的精度，常用于单件小批生产。

2）调整法：按零件规定的尺寸预先调整机床、夹具、刀具和工件的相互位置，并在加工一批零件的过程中保持这个位置不变，以保证零件加工尺寸精度的加工方法。调整法生产率高，对调整工人的要求高，对操作工人的要求不高，常用于成批及大量生产。

3）定尺寸刀具法：用具有一定形状和尺寸精度的刀具进行加工，使加工表面达到要求的形状和尺寸的加工方法。如用钻头、铰刀、键槽铣刀等刀具的加工即为定尺寸刀具法。定尺寸刀具法生产率较高，加工精度较稳定，广泛应用于各种生产类型。

4）自动控制法：把测量装置、进给装置和控制机构组成一个自动加工系统，使加工过程中的尺寸测量、刀具的补偿和切削加工一系列工作自动完成，从而自动获得所要求的尺寸精度的加工方法。该方法生产率高，加工精度稳定，劳动强度低，适用于批量生产。

5）主动测量法：在加工过程中，边加工边测量加工尺寸，并将测量结果与设计要求比较后，或使机床工作，或使机床停止工作的加工方法。该方法生产率较高，加工精度较稳定，适用于批量生产。

（2）获得几何形状精度的方法　在机械加工中获得几何形状精度的方法有如下四种。

1）轨迹法：依靠刀尖运动轨迹来获得形状精度的方法。刀尖的运动轨迹取决于刀具和工件的相对成形运动，因而所获得的形状精度取决于成形运动的精度。普通车削、铣削、刨削和磨削等均为轨迹法。

2）成形法：利用成形刀具对工件进行加工的方法。成形法所获得的形状精度取决于成形刀具的形状精度和其他成形运动精度。用成形刀具或砂轮进行车、铣、刨、磨、拉等加工均为成形法。

3）仿形法：刀具依照仿形装置进给获得工件形状精度的方法，如使用仿形装置车手柄、铣凸轮轴等。

4）展成法：它是依据零件曲面的成形原理，通过刀具和工件的展成切削运动进行加工的方法。展成法所获得的被加工表面是切削刃和工件在展成运动过程中所形成的包络面，切削刃必须是被加工表面的共轭曲线，所获得的精度取决于切削刃的形状和展成运动的精度。滚齿、插齿等均为展成法。

（3）获得位置精度的方法　工件的位置精度取决于工件的安装（定位和夹紧）方式及其精度。获得位置精度的方法有三种。

1）找正安装法。找正是用工具和仪表根据工件上有关基准，找出工件有关几何要素相对于机床的正确位置的过程。用找正法安装工件称为找正安装法，找正安装法又可分为：

① 划线找正安装法，即用划针根据毛坯或半成品上所划的线为基准找正它在机床上正确位置的一种安装方法。

② 直接找正安装法，即用划针和百分表或通过目测直接在机床上找正工件正确位置的安装方法。此法的生产率较低，对工人的技术水平要求高，一般只用于单件小批生产中。

2）夹具安装法。夹具是用以安装工件和引导刀具的装置。在机床上安装好夹具，工件放在夹具中定位，能使工件迅速获得正确位置，并使其固定在夹具和机床上。因此，此法工件定位方便，定位精度高且稳定，装夹效率也高。

3）机床控制法。利用机床本身所设置的保证相对位置精度的机构保证工件位置精度的安装方法。如坐标镗床、数控机床等均采用机床控制法。

知识要点二　影响加工精度的因素及其分析

在机械加工过程中，机床、夹具、刀具和工件组成了一个完整的系统，称为工艺系统。工件的加工精度问题也就涉及整个工艺系统的精度问题。工艺系统中各个环节所存在的误差，在不同的条件下，以不同的程度和方式反映为工件的加工误差，它是产生加工误差的根源，因此工艺系统的误差被称为原始误差，如图9-1所示。原始误差主要来自两个方面：一个方面是在加工前就存在的工艺系统本身的误差（几何误差），包括加工原理误差，机床、夹具、刀具的制造误差，工件的安装误差，工艺系统的调整误差等；另一个方面是加工过程中工艺系统的受力变形、受热变形、工件残余应力引起的变形和刀具磨损等引起的误差，以及加工后因内应力变形和测量引起的误差等。下面即对工艺系统中的各类原始误差分别进行阐述。

图9-1 原始误差

1. 加工原理误差

加工原理误差是指采用了近似的成形运动或近似的切削刃轮廓进行加工而产生的误差。生产中采用近似的加工原理进行加工的例子很多，例如用齿轮滚刀滚齿就有两种原理误差：一种是为了滚刀制造方便，采用了阿基米德蜗杆或法向直廓蜗杆代替渐开线蜗杆而产生的近似造形误差；另一种是由于齿轮滚刀刀齿数有限，使实际加工出的齿形是一条由微小折线段组成的曲线，而不是一条光滑的渐开线。采用近似的加工方法或近似的切削刃轮廓，虽然会带来加工原理误差，但往往可简化工艺过程及机床和刀具的设计和制造过程，提高生产率，降低成本，但由此带来的加工原理误差必须控制在允许的范围内。

2. 工艺系统的几何误差

（1）机床误差　机床误差包括机床本身各部件的制造误差、安装误差和使用过程中的磨损引起的误差。这里着重分析对加工影响较大的主轴回转误差、机床导轨误差和传动链传动误差。

1）机床主轴误差。机床主轴是用来安装工件或刀具并将运动和动力传递给工件或刀具的重要零件，它是工件或刀具的位置基准和运动基准，它的回转精度是机床精度的主要指标之一，其误差直接影响着工件的精度。

① 主轴回转误差。为了保证加工精度，机床主轴回转时其回转轴线的空间位置应是稳定不变的，但实际上由于受主轴部件结构、制造、装配、使用等因素的影响，主轴在每一瞬时回转轴线的空间位置都是变动的，即存在着回转误差。主轴回转轴线的运动误差表现为纯径向圆跳动、轴向窜动和角度摆动三种形式，如图9-2所示。

机床的主轴是以其轴颈支承在主轴箱前后轴承

图9-2 主轴回转轴线的运动误差
a）径向跳动　b）轴向窜动　c）角度摆动

内的，因此影响主轴回转精度的主要因素是轴承精度、主轴轴颈精度和主轴箱主轴轴承孔的精度。如果采用滑动轴承，则影响主轴回转精度的主要因素是主轴轴颈的圆度、与其配合的轴承孔的圆度和配合间隙。不同类型的机床其主轴回转误差所引起的加工误差的形式也不同。对于工件回转类机床（如车床，内、外圆磨床），因切削力的方向不变，主轴回转时作用在支承上的作用力方向也不变，因而主轴轴颈与轴承孔的接触点的位置也是基本固定的，即主轴轴颈在回转时总是与轴承孔的某一段接触，因此轴承孔的圆度误差对主轴回转精度的影响较小，而主轴轴颈的圆度误差则对主轴回转精度影响较大；对于刀具回转类机床（如镗床、钻床），因切削力的方向是变化的，所以轴承孔的圆度误差对主轴回转精度的影响较大，而主轴轴颈的圆度误差对主轴回转精度影响较小。

图 9-3　车外圆的敏感方向

② 主轴回转误差的敏感方向。不同类型的机床，主轴回转误差的敏感方向是不同的。

工件回转类机床的主轴回转误差的敏感方向如图 9-3 所示。在车削圆柱表面，当主轴在 Y 方向存在误差 Δy 时，则此误差将 $1:1$ 地反映到工件的半径方向上去（$\Delta R_y = \Delta y$）。而在 Z 方向存在误差 Δz 时，反映到工件半径方向上的误差为 ΔR_z，其关系式为

$$R_0^2 + \Delta z^2 = (R_0 + \Delta R_z)^2 = R_0^2 + 2R_0\Delta R_z + \Delta R_z^2$$

因 ΔR_z^2 很小，可以忽略不计，故此式化简后得

$$\Delta R_z \approx \Delta z^2 / (2R_0) \ll \Delta y \tag{9-1}$$

所以 Δy 所引起的半径误差远远大于由 Δz 所引起的半径误差。我们把对加工精度影响最大的那个方向称为误差的敏感方向，把对加工精度影响最小的那个方向称为误差的非敏感方向。

刀具回转类机床的主轴回转误差的敏感方向，如镗削，刀具随主轴一起旋转，切削刃的加工表面的法向随刀具回转而不断变化，因而误差的敏感方向也在不断变化。

2）机床导轨误差。床身导轨既是装配机床各部件的基准件，又是保证刀具与工件之间导向精度的导向件，因此导轨误差对加工精度有直接的影响。导轨误差分为：

① 导轨在水平面内的直线度误差 Δy。这项误差使刀具产生水平位移，如图 9-4 所示，使工件表面产生的半径误差为 ΔR_y，$\Delta R_y = \Delta y$，使工件表面产生圆柱度误差（鞍形或鼓形）。

② 导轨在垂直平面内的直线度误差 Δz。这项误差使刀具产生垂直位移，如图 9-5 所示，使工件表面产生的半径误差为 ΔR_z，$\Delta R_z \approx \Delta z^2 / (2R_0)$，其值很小，对加工精度的影响可以忽略不计；但若在龙门刨床这类机床上加工薄长件，由于工件刚性差，如果机床导轨为中凹形，则工件也会是中凹形。

图 9-4　机床导轨在水平面内的直线度对
加工精度的影响

图 9-5　机床导轨在垂直面内的直线度对
加工精度的影响

③ 前后导轨的平行度误差。当前后导轨不平行，存在扭曲时，刀架产生倾倒，刀尖相对于

工件在水平和垂直两个方向上发生偏移，从而影响加工精度。如图9-6所示，在某一截面内，工件加工半径误差为

$$\Delta R \approx \Delta y = \frac{H}{B}\delta \qquad (9\text{-}2)$$

式中 H——车床中心高；

　　　B——导轨宽度；

　　　δ——前后导轨的最大平行度误差。

3）传动链传动误差。传动链传动误差是指机床内联系传动链始末两端传动元件之间相对运动的误差。它是影响螺纹、齿轮、蜗轮、蜗杆以及其他按展成原理加工的零件加工精度的主要因素。传动链始末两端的联系是通过一系列的传动元件来实现的，当这些传动元件存在加工误差、装配误差和磨损时，

图9-6　机床导轨扭曲对工件形状的影响

就会破坏正确的运动关系，使工件产生加工误差，这些误差即传动链传动误差。为了减少机床的传动链传动误差对加工精度的影响，可以采取以下措施。

① 尽量减少传动元件数量，缩短传动链，以缩小误差的来源。

② 采用降速传动（即 $i \ll 1$）。降速传动是保证传动精度的重要措施。对于螺纹加工机床，为保证降速传动，机床传动丝杠的导程应大于工件的导程；齿轮加工机床的最后传动副为蜗杆副，为了得到 $i \ll 1$ 的降速传动比，应使蜗轮的齿数远远大于蜗杆的头数。

③ 提高传动链中各元件，尤其是末端元件的加工和装配精度，以保证传动精度。

④ 设法消除传动链中齿轮间的间隙，以提高传动精度。

⑤ 采用误差校正装置来提高传动精度。

（2）刀具制造误差与磨损　刀具制造误差对加工精度的影响，根据刀具种类不同而异。当采用定尺寸刀具如钻头、铰刀、拉刀、键槽铣刀等加工时，刀具的尺寸精度将直接影响工件的尺寸精度；当采用成形刀具如成形车刀、成形铣刀等加工时，刀具的形状精度将直接影响工件的形状精度；当采用展成刀具如齿轮滚刀、插齿刀等加工时，切削刃的形状必须是加工表面的共轭曲线，因此切削刃的形状误差会影响加工表面的形状精度；采用一般刀具如车刀、镗刀、铣刀等的制造误差对零件的加工精度并无直接影响，但其磨损对加工精度、表面粗糙度有直接的影响。

任何刀具在切削过程中都不可避免地要产生磨损，并由此引起工件尺寸和形状误差。例如用成形刀具加工时，刀具刃口的不均匀磨损将直接复映到工件上造成形状误差；在加工较大表面（一次走刀时间长）时，刀具的尺寸磨损也会严重影响工件的形状精度；用调整法加工一批工件时，刀具的磨损会扩大工件尺寸的分散范围；刀具磨损使加工的同一批工件的尺寸前后不一致。

（3）夹具的制造误差与磨损　夹具的制造误差与磨损包括三个方面。

1）定位元件、刀具导向元件、分度机构、夹具体等的制造误差。

2）夹具装配后，定位元件、刀具导向元件、分度机构等元件工作表面间的相对尺寸误差。

3）夹具在使用过程中定位元件、刀具导向元件工作表面的磨损。

这些因素将直接影响工件加工表面的位置精度或尺寸精度。一般来说，夹具误差对加工表面的位置误差影响最大，在设计夹具时，凡影响工件精度的尺寸应严格控制其制造误差，一般可取工件上相应尺寸或位置公差的1/5~1/2作为夹具元件的公差。

（4）工件的安装误差、调整误差以及测量误差　工件的安装误差是由定位误差、夹紧误差

和夹具误差三项组成的。其中，夹具误差如上所述，定位误差这部分内容在机床夹具一章中将有介绍，此处不再赘述。夹紧误差是指工件在夹紧力作用下发生的位移，其大小是工件基准面至刀具调整面之间距离的最大与最小尺寸之差。它包括工件在夹紧力作用下的弹性变形、夹紧时工件发生的位移或偏转而改变了工件在定位时所占有的正确位置、工件定位面与夹具支承面之间的接触部分的变形。

机械加工过程中的每一道工序都要进行各种各样的调整工作，由于调整不可能绝对准确，因此必然会产生误差，这些误差称为调整误差。调整误差的来源随调整方式的不同而不同。

1）采用试切法加工时，引起调整误差的因素有：由于量具本身的误差和测量方法、环境条件（温度、振动等）、测量者主观因素（视力、测量经验等）造成的测量误差；在试切时，由于微量调整刀具位置而出现的进给机构的爬行现象，导致刀具的实际位移与刻度盘上的读数不一致造成的微量进给加工误差；精加工和粗加工切削时切削厚度相差很大，造成试切工件时尺寸不稳定，引起尺寸误差。

2）采用调整法加工时，除上述试切法引起调整误差的因素对其也同样有影响外，还有：成批生产中，常用定程机构如行程挡块、靠模、凸轮等来保证刀具与工件的相对位置，定程机构的制造和调整误差以及它们的受力变形和与它们配合使用的电、液、气动元件的灵敏度等会成为调整误差的主要来源；当采用样件或样板来决定刀具与工件间相对位置时，则它们的制造误差、安装误差和对刀误差以及它们的磨损等都对调整精度有影响；工艺系统调整时由于试切工件数不可能太多，不能完全反映整批工件加工过程中的各种随机误差，故其平均尺寸与总体平均尺寸不可能完全符合而造成的加工误差。

为了保证加工精度，任何加工都少不了测量，但测量精度并不等于加工精度，因为有些精度测量仪器分辨力不够，有时测量方法不当，均会产生测量误差。引起测量误差的原因主要有：量具本身的制造误差；测量方法、测量力、测量温度引起的误差，如读数有误、操作失当，测量力过大或过小等。

减少或消除测量误差的措施主要有：提高量具精度，合理选择量具；注意操作方法；注意测量条件，精密零件应在恒温中测量。

3. 工艺系统受力变形对加工精度的影响

（1）工艺系统的受力变形 机械加工过程中，工艺系统在切削力、传动力、惯性力、夹紧力、重力等外力的作用下，各环节将产生相应的变形，使刀具和工件间已调整好的正确位置关系遭到破坏而造成加工误差。例如，在车床上车削细长轴时，如图9-7所示，工件在切削力的作用下会产生变形，使加工出的工件出现两头细中间粗的腰鼓形。由此可见，工艺系统受力变形是加工中一项很重要的原始误差来源，它严重影响工件的加工

图9-7 车削细长轴时的变形

精度。工艺系统的受力变形通常是弹性变形，一般来说，工艺系统抵抗弹性变形的能力越强，加工精度越高。

（2）工艺系统的刚度 工艺系统是一个弹性系统。弹性系统在外力作用下所产生的变形位移的大小取决于外力的大小和系统抵抗外力的能力。工艺系统抵抗外力使其变形的能力称为工艺系统的刚度。工艺系统的刚度用切削力和在该力方向上所引起的刀具和工件间相对变形位移的比值来表示。由于切削力有三个分力，在切削加工中对加工精度影响最大的是切削刃沿加工表面的

法线方向（Y方向上）的分力，因此计算工艺系统刚度时，通常只考虑此方向上的切削分力 F_y 和变形位移量 y，即

$$k = \frac{F_y}{y} \tag{9-3}$$

（3）工艺系统受力变形对加工精度的影响　工艺系统受力变形对加工精度的影响可归纳为下列几种常见的形式。

1）受力点位置变化产生形状误差。在切削过程中，工艺系统的刚度会随着切削力作用点位置的变化而变化，因此使工艺系统受力变形也随之变化，引起工件形状误差。例如车削加工时，由于工艺系统沿工件轴向各点的刚度不同，因此会使工件轴向各截面直径尺寸不同，使车出的工件沿轴向产生形状误差（出现鼓形、鞍形、锥形）。

2）切削力变化引起加工误差。在切削加工中，由于工件加工余量和材料硬度不均将引起切削力的变化，从而造成加工误差。例如车削图 9-8 所示的毛坯时，由于它本身有圆度误差（椭圆），背吃刀量 a_P 将不一致（$a_{P1} > a_{P2}$），当工艺系统的刚度为常数时，切削分力 F_y 也不一致（$F_{y1} > F_{y2}$），从而引起工艺系统的变形不一致（$Y_1 > Y_2$），这样在加工后的工件上仍留有较小的圆度误差。这种在加工后的工件上出现与毛坯形状相似的误差的现象称为误差复映。

图 9-8　毛坯形状误差的复映

由于工艺系统具有一定的刚度，因此在加工表面上留下的误差比毛坯表面的误差数值上已大大减小了。也就是说，工艺系统刚度越大，加工后复映到被加工表面上的误差越小，当经过数次走刀后，加工误差也就逐渐缩小到所允许的范围内了。

3）其他作用力引起的加工误差。

① 传动力和惯性力引起的加工误差。当在车床上用单爪拨盘带动工件回转时，传动力在拨盘的每一转中不断改变其方向；对高速回转的工件，如其质量不平衡，将会产生离心力，它和传动力一样在工件的转动中不断改变方向。这样，工件在回转中因受到不断变化方向的力的作用而造成加工误差，如图 9-9 和图 9-10 所示。

图 9-9　传动力所引起的加工误差　　　　图 9-10　离心力所引起的加工误差

② 重力所引起的误差。在工艺系统中，有些零部件在自身重力作用下产生的变形也会造成加工误差。例如，龙门铣床、龙门刨床横梁在刀架自重下引起的变形将造成工件的平面度误差。

对于大型工件，因自重而产生的变形有时会成为引起加工误差的主要原因，所以在安装工件时，应通过恰当地布置支承的位置或采取平衡措施来减少自重的影响。

③ 夹紧力所引起的加工误差。工件在安装时，由于工件刚度较低或夹紧力作用点和方向不当，会引起工件产生相应的变形，造成加工误差。图9-11所示为加工连杆大端孔的安装示意图，由于夹紧力作用点不当，造成加工后两孔中心线不平行及其与定位端面不垂直。

图9-11　夹紧力不当所引起的加工误差

（4）减少工艺系统受力变形的主要措施　减少工艺系统受力变形是保证加工精度的有效途径之一，生产实际中常采取如下措施。

1）提高接触刚度。所谓接触刚度就是互相接触的两表面抵抗变形的能力。提高接触刚度是提高工艺系统刚度的关键。常用的方法是改善工艺系统主要零件接触面的配合质量，使配合面的表面质量和形状精度得到改善和提高，实际接触面积增加，微观表面和局部区域的弹性、塑性变形减少，从而有效地提高接触刚度。

2）提高工件定位基准面的精度和表面质量。工件的定位基准面如存在较大的尺寸、几何误差和表面质量差，在承受切削力和夹紧力时可能产生较大的接触变形，因此精密零件加工用的基准面需要随着工艺过程的进行逐步提高精度。

3）设置辅助支承，提高工件刚度，减小受力变形。切削力引起的加工误差往往是因为工件本身刚度不足或工件各个部位刚度不均匀而产生的。当工件材料和直径一定时，工件长度和切削分力是影响变形的决定性因素。为了减少工件的受力变形，常采用中心架或跟刀架，以提高工件的刚度，减小受力变形。

4）合理装夹工件，减少夹紧变形。当工件本身薄弱、刚性差时，夹紧时应特别注意选择适当的夹紧方法，尤其是在加工薄壁零件时，为了减小加工误差，应使夹紧力均匀分布，缩短切削力作用点和支承点的距离，提高工件刚度。

5）对相关部件预加载荷。例如，机床主轴部件在装配时通过预紧主轴后端面的螺母给主轴滚动轴承以预加载荷，这样不仅能消除轴承的配合间隙，而且在加工开始阶段就使主轴与轴承有较大的实际接触面积，从而提高了配合面间的接触刚度。

6）合理设计系统结构。在设计机床夹具时，应尽量减少组成零件数，以减少总的接触变形量；选择合理的结构和截面形状；并注意刚度的匹配，防止出现局部环节刚度低。

7）提高夹具、刀具刚度，改善材料性能。

8）控制负载及其变化。适当减少进给量和背吃刀量，可减少总切削力对零件加工精度的影响；此外，改善工件材料性能以及改变刀具几何参数，如增大前角等，都可减少受力变形；将毛坯合理分组，使每次调整中加工的毛坯余量比较均匀，从而减小切削力的变化，减小误差复映。

4. 工艺系统热变形对加工精度的影响

在机械加工中，工艺系统在各种热源的影响下会产生复杂的变形，使得工件与刀具间的正确相对位置关系遭到破坏，造成加工误差。

（1）工艺系统热变形的热源　引起工艺系统热变形的热源主要来自两个方面：一是内部热源，指轴承、离合器、齿轮副、丝杠螺母副、高速运动的导轨副、镗模套等工作时产生的摩擦热，以及液压系统和润滑系统等工作时产生的摩擦热，切削和磨削过程中由于挤压、摩擦和金属塑性变形产生的切削热，电动机等工作时产生的电磁热、电感热；二是外部热源，指由于室温变化及车间内不同位置、不同高度和不同时间存在的温度差别,以及因空气流动产生的温度差等,日照、照明设备以及取暖设备等的辐射热等。工艺系统在上述热源的作用下,温度逐渐升高,同时其热量也通过各种传导方式向周围散发。

(2)工艺系统热变形对加工精度的影响

1)机床热变形对加工精度的影响。机床在运转与加工过程中受到各种热源的作用,温度会逐步上升。由于机床各部件受热程度的不同,温升存在差异,因此各部件的相对位置将发生变化,从而造成加工误差。

车床、铣床、镗床这类机床的主要热源是主轴箱内的齿轮、轴承、离合器等传动副的摩擦热,它使主轴分别在垂直面内和水平面内产生位移与倾斜,也使支承主轴箱的导轨面受热弯曲;床鞍与床身导轨面的摩擦热会使导轨受热弯曲,中间凸起。磨削类机床都有液压系统和高速砂轮架,故其主要热源是砂轮架轴承和液压系统的摩擦热。轴承的发热会使砂轮轴线产生位移及变形,如果前、后轴承的温度不同,砂轮轴线还会倾斜;液压系统的发热使床身温度不均产生弯曲和前倾,影响加工精度。大型机床如龙门铣床、龙门刨床、导轨磨床等机床的主要热源是工作台导轨面与床身导轨面间的摩擦热及车间内不同位置的温差。

2)工件热变形及其对加工精度的影响。在加工过程中,工件受热将产生热变形,工件在热膨胀的状态下达到规定的尺寸精度,冷却收缩后尺寸会变小,甚至可能超出公差范围。工件的热变形可能有两种情况:比较均匀地受热,如车、磨外圆和螺纹,镗削棒料的内孔等;不均匀受热,如铣平面和磨平面等。

3)刀具热变形对加工精度的影响。在切削加工过程中,切削热传入刀具会使得刀具产生热变形,虽然传入刀具的热量只占总热量的很小部分,但是由于刀具的体积和热容量小,所以由于热积累引起的刀具热变形仍然是不可忽视的。例如,在高速车削中刀具切削刃处的温度可达850℃左右,此时刀杆伸长,可能使加工误差超出公差带。

(3)环境温度变化对加工精度的影响 除了工艺系统内部热源引起的变形以外,工艺系统周围环境的温度变化也会引起工件的热变形。一年四季的温度波动,有时昼夜之间的温度变化可达10℃以上,这不仅影响机床的几何精度,还会直接影响加工和测量精度。

(4)对工艺系统热变形的控制 可采用如下措施减少工艺系统热变形对加工精度的影响。

1)隔离热源。为了减少机床的热变形,将能从主机分离出去的热源(如电动机、变速箱、液压泵和油箱等)应尽可能放到机外;也可采用隔热材料将发热部件和机床大件(如床身、立柱等)隔离开。

2)强制和充分冷却。对既不能从机床内移出,又不便隔热的大热源,可采用强制式的风冷、水冷等散热措施;对机床、刀具、工件等发热部位采取充分冷却措施,吸收热量,控制温升,减少热变形。

3)采用合理的结构减少热变形。如在变速箱中,尽量让轴、轴承、齿轮对称布置,使箱壁温升均匀,减少箱体变形。

4)减少系统的发热量。对于不能和主机分开的热源(如主轴承、丝杠、摩擦离合器和高速运动导轨之类的部件),应从结构、润滑等方面加以改善,以减少发热量;提高切削速度(或进给量),使传入工件的热量减少;保证切削刀具锋利,避免其刃口钝化增加切削热。

5)使热变形指向不影响加工精度的方向。例如车细长轴时,为使工件有伸缩的余地,可将轴的一端夹紧,另一端架上中心架,使热变形指向尾端;又例如外圆磨削,为使工件有伸缩的余地,可采用弹性顶尖等。

5. 工件内应力对加工精度的影响

（1）产生内应力的原因　内应力也称为残余应力，是指外部载荷去除后仍残存在工件内部的应力。有残余应力的工件处于一种很不稳定的状态，它的内部组织有要恢复稳定状态的强烈倾向，即使在常温下这种倾向也在不断地进行，直到残余应力完全消失为止。在这个过程中，零件的形状逐渐变化，从而逐渐丧失原有的加工精度。残余应力产生的实质原因是金属内部组织发生了不均匀的体积变化，而引起体积变化的原因主要有以下几方面。

1）毛坯制造中产生的残余应力。在铸、锻、焊接以及热处理等热加工过程中，由于工件各部分厚度不均，冷却速度和收缩程度不一致，以及金相组织转变时的体积变化等，都会使毛坯内部产生残余应力，而且毛坯结构越复杂、壁厚越不均，散热的条件差别越大，毛坯内部产生的残余应力也越大。具有残余应力的毛坯暂时处于平衡状态，当切去一层金属后，这种平衡便被打破，残余应力重新分布，工件就会出现明显的变形，直至达到新的平衡为止。

2）冷校直带来的残余应力。某些刚度低的零件，如细长轴、曲轴和丝杠等，由于机加工产生弯曲变形不能满足精度要求，常采用冷校直工艺进行校直。冷校直的方法是在弯曲的反方向加外力，如图9-12a所示。在外力 F 的作用下，工件的残余应力的分布如图9-12b所示，在轴线以上产生压应力（用负号表示），在轴线以下产生拉应力（用正号表示）。在轴线和两条双点划线之间是弹性变形区域，在双点划线之外是塑性变形区域。当外力 F 去除后，外层的塑性变形区域阻止内部弹性变形的恢复，使残余应力重新分布，如图9-12c所示。这时，冷校直虽然减小了弯曲，但工件却处于不稳定状态，如再次加工，又将产生新的变形。因此，高精度丝杠的加工不允许冷校直，而是用多次人工时效来消除残余应力。

图9-12　冷校直引起的残余应力

a）冷校直方法　　b）加载时残余应力的分布　　c）卸载后残余应力的分布

3）切削加工产生的残余应力。加工表面在切削力和切削热的作用下，会出现不同程度的塑性变形和金相组织的变化，同时也伴随着金属体积的改变，因而必然产生内应力，并在加工后引起工件变形。

（2）消除或减少内应力的措施

1）合理设计零件结构。在零件结构设计中应尽量简化结构，保证零件各部分厚度均匀，以减少铸、锻件毛坯在制造中产生的内应力。

2）增加时效处理工序。一是让毛坯或在大型工件在粗加工之后在自然条件下停留一段时间再加工，利用温度的自然变化使之多次热胀冷缩，进行自然时效；二是通过热处理工艺进行人工时效，例如对铸件、锻件、焊接件进行退火或回火处理，零件淬火后进行回火，对精度要求高的零件，如床身、丝杠、箱体、精密主轴等，在粗加工后进行低温回火，甚至对丝杠、精密主轴等在精加工后进行冰冷处理等；三是对一些铸件、锻件、焊接件以振动的形式将机械能加到工件上，进行振动时效处理，引起工件内部晶格蠕变，使金属内部结构状态稳定，消除内应力。

3）合理安排工艺过程。将粗、精加工分开在不同工序中进行，使粗加工后工件有足够的时间变形，让残余应力重新分布，以减少对精加工的影响。对于粗、精加工需要在一道工序中来完成的大型工件，也应在粗加工后松开工件，让工件的变形恢复后，再用较小的夹紧力夹紧工件，进行精加工。

知识要点三　加工误差的综合分析

前面讨论了各种工艺因素产生加工误差的规律，并介绍了一些加工误差的分析方法。在生产实际中，影响加工精度的工艺因素是错综复杂的。对于某些加工误差问题，不能仅用单因素分析法来解决，而需要用概率统计方法进行综合分析，找出产生加工误差的原因，加以消除。

1. 加工误差的性质

根据一批工件加工误差出现的规律，可将影响加工精度的误差因素按其性质分为两类。

（1）系统误差　在顺序加工的一批工件中，若加工误差的大小和方向都保持不变或按一定规律变化，这类误差统称为系统误差。前者称为常值系统误差，后者称为变值系统误差。例如，加工原理误差，机床、刀具、夹具的制造误差，工艺系统的受力变形，调整误差等引起的加工误差均与加工时间无关，其大小和方向在一次调整中也基本不变，因此都属于常值系统误差。机床、夹具、量具等磨损速度很慢，在一定时间内也可看作是常值系统误差。机床、刀具和夹具等在尚未达到热平衡前的热变形误差和刀具的磨损等，都是随加工时间而规律变化的，属于变值系统误差。

（2）随机误差　在顺序加工的一批工件中，其加工误差的大小和方向的变化是无规律的，称为随机误差。例如，毛坯误差的复映、残余应力引起的变形误差和定位、夹紧误差等都属于随机误差。应注意的是，在不同的场合，误差表现出的性质也是不同的。例如，对于机床在一次调整后加工出的一批工件而言，机床的调整误差为常值系统误差；但对多次调整机床后加工出的工件而言，每次调整时产生的调整误差就不可能是常值的，因此对于经多次调整所加工出来的大批工件，调整误差为随机误差。

2. 加工误差的数理统计方法

（1）实际分布曲线（直方图）　将零件按尺寸大小以一定的间隔范围分成若干组，同一尺寸间隔内的零件数称为频数 m_i，零件总数为 n；频率为 m_i/n。以频数或频率为纵坐标，以零件尺寸为横坐标，画出直方图，进而画成一条折线，即为实际分布曲线，如图9-13所示。该分布曲线直观地反映了加工精度的分布状况。

（2）理论分布曲线（正态分布曲线）　实践证明，当被测量的一批零件（机床上用调整法一次加工出来的一批零件）的数目足够大而尺寸间隔非常小时，则所绘出的分布曲线非常接近正态分布曲线。

正态分布曲线如图9-14所示，其方程（表达式）为

$$y = \frac{1}{\sigma\sqrt{2\pi}}e^{\frac{-(x-\bar{x})^2}{2\sigma^2}} \tag{9-4}$$

式中　y——纵坐标，某尺寸的概率密度；

　　　x——横坐标，实际尺寸；

　　　$\bar{x}$——全部实际尺寸的算术平均值；

　　　σ——标准差，均方差；

　　　σ^2——方差。

利用正态分布曲线可以分析产品质量；可以判断加工方法是否合适；可以判断废品率的大小，从而指导下一批工件的生产。

令 $(x-\bar{x})/\sigma = z$，则有

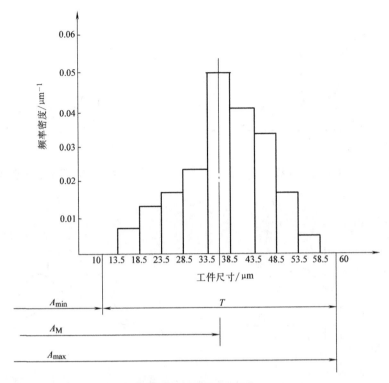

图 9-13　直方图

$$F(z) = \frac{1}{\sigma\sqrt{2\pi}}\int_0^z e^{-\frac{z^2}{2}}\mathrm{d}z \qquad (9\text{-}5)$$

当 $z = 3$ ，即 $z = \pm 3\sigma$ 时，则 $2\varphi(z) = 0.9973$ 。即当 $x = \pm 3\sigma$ 时，零件出现的概率已达 99.73% ，在此尺寸范围之外（ $|x| > 3\sigma$ ）的零件只占 0.27% 。

如果 $z = \pm 3\sigma$ 代表零件的公差 T ，则 99.73% 就代表零件的合格率，0.27% 就表示零件的废品率。因此，$z = \pm 3\sigma = T$ 时，加工一批零件基本上都是合格品了，即 $T > 6\sigma$ 时，产品无废品。

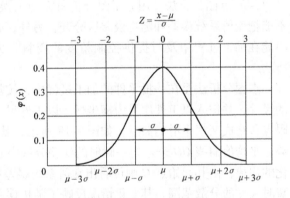

图 9-14　正态分布曲线

（3）非正态分布曲线　工件的实际分布，有时并不近于正态分布。例如，将在两台机床上分别调整加工出的工件混在一起测定，由于每次调整时常值系误差是不同的，如果常值系误差大于 2.2σ ，就会得到如图 9-15 所示的双峰分布曲线。这实际上是两组正态分布曲线的叠加。又如，磨削细长孔时，如果砂轮磨损较快且没有自动补偿，则工件的实际尺寸分布的算术平均值将呈平顶形，如图 9-16 所示，它实质上是正态分布曲线的分散中心在不断地移动，即在随机误差中混有变值系误差。再如，用试切法加工轴颈或孔时，由于操作者为避免产生不可修复的废品，主观地使轴颈宁大勿小，使孔宁小勿大，从而导致尺寸的分布呈现不对称的形状，这种分布又称瑞利分布，如图 9-17 所示。

图 9-15　双峰分布曲线　　　　　　图 9-16　平顶分布曲线

图 9-17　瑞利分布曲线

（4）点图分析法　用分布图分析研究加工误差时，不能反映零件加工的先后顺序，因此就不能把变值系统误差和随机误差区分开，另外，必须等一批工件加工完后才能绘出分布曲线，故不能在加工过程中及时提供控制精度的资料。为了克服这些不足，在生产实践中常用点图分析法。

点图分析法是在一批零件的加工过程中，按加工顺序的先后、按一定规律依次抽样测量工件的尺寸，并记入以工件序号为横坐标、以工件尺寸为纵坐标的图表中。假如把点图上的上、下极限点包络成两根平滑的曲线，如图 9-18 所示，就能清楚地反映加工过程中误差的性质及变化趋势。平均值曲线 OO' 表示每一瞬时的误差分散中心，其变化情况反映了变值系统性误差随时间变化的规律，由其起始点 O 则可看出常值系统误差的影响。上、下限 AA' 和 BB' 间的宽度表示每一瞬时尺寸的分散范围，其变化情况反映了随机误差随时间变化的情况。

图 9-18　单值点图

知识要点四　保证和提高加工精度的主要途径

1. 直接减少或消除误差

这种方法是在查明产生加工误差的主要因素之后，设法对其直接进行消除或减弱其影响，在生产中有着广泛的应用。例如，在车床上加工细长轴时，因工件刚度极差，容易产生弯曲变形和振动，严重影响加工精度，于是人们在生产实际中总结了一套行之有效的措施。

1）采用反向进给的切削方式，如图9-19所示，进给方向由卡盘一端指向尾座。此时尾部可用中心架，或者尾座应用弹性顶尖，使工件的热变形能得到自由的伸长，故可减少或消除由于热伸长和轴向力使工件产生的弯曲变形。

图9-19　不同进给方向加工细长轴的比较

2）采用大进给量和93°的大主偏角，增大轴向切削分力，使径向切削分力稍向外指，既可使工件的弯矩相互抵消，又能抑制径向颤动，使切削过程平稳。

3）在工件卡盘夹持的一端车出一个缩颈部分，以增加工件的柔性，使切削变形尽量发生在缩颈处，减少切削变形对加工精度的直接影响。

2. 补偿或抵消误差

补偿误差就是人为地制造一种新误差去补偿加工、装配或使用过程中的误差。抵消误差是利用原有的一种误差去抵消另一种误差。这两种方法都是力求使两种误差大小相等、方向相反，从而达到减小误差的目的。例如预加载荷精加工龙门铣床的横梁导轨，使加工后的导轨产生"向上凸"的几何形状误差，去抵消横梁因铣头重量而产生"向下垂"的受力变形；用校正机构提高丝杠车床传动链精度也是如此。

3. 均分与均化误差

当因毛坯精度较低而引起较大的定位误差和复映误差时，可能使本工序的加工精度降低，难以满足加工要求，如提高毛坯（或上道工序）的精度，又会使成本增加，这时便可采用均分误差的方法。该方法的实质就是把毛坯按误差的大小分为 n 组，每组毛坯误差的范围缩小为原来的 $1/n$，整批工件的尺寸分散比分组前要小得多，然后按组调整刀具与工件的相对位置。

对于配合精度要求较高的表面，常常采取研磨的方法，让两者相互摩擦与磨损，使误差相互比较、相互抵消，这就是误差均化法。其实质是利用有密切联系的两表面相互比较，找出差异，然后互为基准，相互修正，使工件表面的误差不断缩小和均化。

4. 转移变形和转移误差

这种方法的实质是将工艺系统的几何误差、受力变形、热变形等转移到不影响加工精度的非敏感方向上去。这样，可以在不减少原始误差的情况下，获得较高的加工精度。如当机床精度达不到零件加工要求时，常常不是仅靠提高机床精度来保证加工精度，而是通过改进工艺方法和夹具，将机床的各类误差转移到不影响工件加工精度的方向上。例如用镗模来加工箱体零件的孔系时，镗杆与镗床主轴采用浮动连接，这时孔系的加工精度完全取决于镗杆和镗模的制造精度，而与镗床主轴的回转精度及其他几何精度无关。

5. "就地加工"，保证精度

机床或部件的装配精度主要依赖于组成零件的加工精度，但在有些情况下，即使各组成零件都有很高的加工精度，也很难保证达到要求的装配精度。因此，对于装配以后有相互位置精度要求的表面，应采用"就地加工"法来加工。例如，在车床上"就地"配车法兰盘；在转塔车床的主轴上安装车刀，加工转塔上的六个刀架安装孔等。

6. 加工过程中主动控制误差

对于变值系统性误差，通常只能在加工过程中用可变补偿的方法来减小加工误差。这就要求在加工循环中，利用测量装置连续地测量出工件的实际尺寸，随时给刀具以附加的补偿量，直至实际值与调定值的差不超过预定的公差为止。现代机械加工中自动测量和自动补偿都属于这种主动控制误差的形式。

第二节　机械加工表面质量

评价零件是否合格的质量指标除了机械加工精度外，还有机械加工表面质量。机械加工表面质量是指零件经过机械加工后的表面层状态。探讨和研究机械加工表面，掌握机械加工过程中各种工艺因素对表面质量的影响规律，对于保证和提高产品的质量具有十分重要的意义。

知识要点一　机械加工表面质量的含义

机械加工表面质量又称为表面完整性，其含义包括两个方面的内容。

1. 表面层的几何形状特征

表面层的几何形状特征如图 9-20 所示，主要由以下几部分组成。

图 9-20　表面层几何形状特征

（1）表面粗糙度　它是指加工表面上较小间距和峰谷所组成的微观几何形状特征，即加工表面的微观几何形状误差，其评定参数主要有轮廓算术平均偏差 Ra 和轮廓微观不平度十点平均高度 Rz。

（2）表面波度　它是介于宏观形状误差与微观表面粗糙度之间的周期性形状误差，它主要是由机械加工过程中的低频振动引起的，应作为工艺缺陷设法消除。

（3）表面加工纹理　它是指表面切削加工刀纹的形状和方向，取决于表面形成过程中所采用的机加工方法及其切削运动的规律。

（4）伤痕　它是指在加工表面个别位置上出现的缺陷，如砂眼、气孔、裂痕、划痕等，它们大多随机分布。

2. 表面层的物理力学性能

表面层的物理力学性能主要指以下三个方面的内容。

1）表面层的加工冷作硬化。

2）表面层金相组织的变化。

3）表面层的残余应力。

知识要点二　表面质量对零件使用性能的影响

1. 表面质量对零件耐磨性的影响

零件的耐磨性是零件的一项重要性能指标，当摩擦副的材料、润滑条件和加工精度确定之后，零件的表面质量对耐磨性将起着关键性的作用。由于零件表面存在着表面粗糙度，当两个零件的表面开始接触时，接触部分集中在其波峰的顶部，因此实际接触面积远远小于名义接触面积，并且表面粗糙度值越大，实际接触面积越小。在外力作用下，波峰接触部分将产生很大的压应力。当两个零件做相对运动时，开始阶段由于接触面积小、压应力大，在接触处的波峰会产生较大的弹性变形、塑性变形及剪切变形，波峰很快被磨平，即使有润滑油存在，也会因为接触点处压应力过大，油膜被破坏而形成干摩擦，导致零件接触表面的磨损加剧。当然，并非表面粗糙度值越小越好，如果表面粗糙度值过小，接触表面间储存润滑油的能力会变差，接触表面容易发生分子胶合、咬焊，同样也会造成磨损加剧。

表面层的冷作硬化可使表面层的硬度提高，增加表面层的接触刚度，从而降低接触处的弹性、塑性变形，使耐磨性有所提高。但如果冷作硬化程度过大，表面层金属组织会变脆，出现微观裂纹，甚至会使金属表面组织剥落而加剧零件的磨损。

2. 表面质量对零件疲劳强度的影响

表面粗糙度对承受交变载荷的零件的疲劳强度影响很大。在交变载荷作用下，表面粗糙度波谷处容易引起应力集中，产生疲劳裂纹，并且表面粗糙度值越大，表面划痕越深，其抗疲劳破坏能力越差。

表面层残余压应力对零件的疲劳强度影响也很大。当表面层存在残余压应力时，能延缓疲劳裂纹的产生、扩展，提高零件的疲劳强度；当表面层存在残余拉应力时，零件则容易引起晶间破坏，产生表面裂纹而降低其疲劳强度。

表面层的加工硬化对零件的疲劳强度也有影响。适度的加工硬化能阻止已有裂纹的扩展和新裂纹的产生，提高零件的疲劳强度；但加工硬化过于严重会使零件表面组织变脆，容易出现裂纹，从而使疲劳强度降低。

3. 表面质量对零件耐蚀性的影响

表面粗糙度对零件耐蚀性的影响很大。零件表面粗糙度值越大，在波谷处越容易积聚腐蚀性介质而使零件发生化学腐蚀和电化学腐蚀。

表面层残余压应力对零件的耐蚀性也有影响。残余压应力使表面组织致密，腐蚀性介质不易侵入，有助于提高表面的耐腐蚀能力；残余拉应力对零件耐蚀性的影响则相反。

4. 表面质量对零件间配合性质的影响

相配零件间的配合性质是由过盈量或间隙量来决定的。在间隙配合中，如果零件配合表面的表面粗糙度值大，则由于磨损迅速使得配合间隙增大，从而降低了配合质量，影响了配合的稳定性；在过盈配合中，如果表面粗糙度值大，则装配时表面波峰被挤平，使得实际有效过盈量减少，降低了配合件的连接强度，影响了配合的可靠性。因此，对有配合要求的表面应规定较小的表面粗糙度值。

在过盈配合中，如果表面硬化严重，将可能造成表面层金属与内部金属脱落的现象，从而破坏配合性质和配合精度。表面层残余应力会引起零件变形，使零件的形状、尺寸发生改变，因此也将影响配合性质和配合精度。

5. 表面质量对零件其他性能的影响

表面质量对零件的使用性能还有一些其他影响。如对间隙密封的液压缸、滑阀来说，减小表面粗糙度值可以减少泄漏、提高密封性能；较小的表面粗糙度值可使零件具有较高的接触刚度；对于滑动零件，减小表面粗糙度值能使摩擦系数降低、运动灵活性增加，减少发热和功率损失；表面层的残余应力会使零件在使用过程中继续变形，失去原有的精度，机器工作性能恶化等。

总之，提高加工表面质量，对于保证零件的性能、延长零件的使用寿命是十分重要的。

知识要点三　影响机械加工表面粗糙度的因素及减小表面粗糙度值的工艺措施

1. 影响切削加工表面粗糙度的因素

在切削加工中，影响已加工表面粗糙度的因素主要包括几何因素、物理因素和加工中工艺系统的振动。下面以车削为例来说明。

（1）几何因素　切削加工时的表面粗糙度值主要取决于切削面积的残留高度。下面两式为车削时残留面积高度的计算公式。

当刀尖圆弧半径 $r_\varepsilon = 0$ 时，残留面积高度 H 为

$$H = \frac{f}{\cot k_r + \cot k'_r} \tag{9-6}$$

当刀尖圆弧半径 $r_\varepsilon > 0$ 时，残留面积高度 H 为

$$H = \frac{f}{8r_\varepsilon} \tag{9-7}$$

从上面两式可知，进给量 f、主偏角 k_r、副偏角 k'_r 和刀尖圆弧半径 r_ε 对切削加工表面粗糙度的影响较大。减小进给量 f、减小主偏角 k_r 和副偏角 k'_r、增大刀尖圆弧半径 r_ε，都能减小残留面积高度 H，也就减小了零件的表面粗糙度值。

（2）物理因素　在切削加工过程中，刀具对工件的挤压和摩擦使金属材料发生塑性变形，引起原有的残留面积扭曲或沟纹加深，增大了表面粗糙度值。当采用中等或中等偏低的切削速度切削塑性材料时，在前刀面上容易形成硬度很高的积屑瘤，它可以代替刀具进行切削，但状态极不稳定，积屑瘤生成、长大和脱落将严重影响加工表面的表面粗糙度值。另外，在切削过程中由于切屑和前刀面的强烈摩擦作用以及撕裂现象，还可能在加工表面上产生鳞刺，使加工表面的表面粗糙度值增大。

（3）动态因素——振动的影响　在加工过程中，工艺系统有时会产生振动，即在刀具与工件间出现的除切削运动之外的另一种周期性的相对运动。振动的出现会使加工表面出现波纹，增大加工表面的表面粗糙度值，强烈的振动还会使切削无法继续下去。

除上述因素外，造成已加工表面粗糙不平的原因还有被切屑拉毛和划伤等。

2. 减小表面粗糙度值的工艺措施

1）在精加工时，应选择较小的进给量 f、较小的主偏角 k_r 和副偏角 k'_r、较大的刀尖圆弧半径 r_ε，以得到较小的表面粗糙度值。

2）加工塑性材料时，采用较高的切削速度可防止积屑瘤的产生，减小表面粗糙度值。

3）根据工件材料、加工要求，合理选择刀具材料，有利于减小表面粗糙度值。

4）适当增大刀具前角和刃倾角，提高刀具的刃磨质量，降低刀具前、后刀面的表面粗糙度值，均能减小工件加工表面的粗糙度值。

5）对工件材料进行适当的热处理，以细化晶粒，均匀晶粒组织，可减小表面粗糙度值。

6）选择合适的切削液，减小切削过程中的界面摩擦，降低切削区温度，减小切削变形，抑制鳞刺和积屑瘤的产生，可以大大减小表面粗糙度值。

知识要点四　影响表面物理力学性能的工艺因素

1. 表面层残余应力

外载荷去除后，仍残存在工件表层与基体材料交界处的相互平衡的应力称为残余应力。产生表面残余应力的原因主要有以下几点。

（1）冷态塑性变形引起的残余应力　切削加工时，加工表面在切削力的作用下产生强烈的塑性变形，表层金属的比容增大，体积膨胀，但受到与它相连的里层金属的阻止，从而在表层产生了残余压应力，在里层产生了残余拉应力。当刀具在被加工表面上切除金属时，由于受后刀面的挤压和摩擦作用，表层金属纤维被严重拉长，仍会受到里层金属的阻止，从而在表层产生残余压应力，在里层产生残余拉应力。

（2）热态塑性变形引起的残余应力　切削加工时，大量的切削热会使加工表面产生热膨胀，由于基体金属的温度较低，会对表层金属的膨胀产生阻碍作用，因此表层产生热态压应力。当加工结束后，表层温度下降要进行冷却收缩，但受到基体金属阻止，从而在表层产生残余拉应力，里层产生残余压应力。

（3）金相组织变化引起的残余应力　如果在加工中工件表层温度超过金相组织的转变温度，则工件表层将产生组织转变，表层金属的比容将随之发生变化，而表层金属的这种比容变化必然会受到与之相连的基体金属的阻碍，从而在表层、里层产生互相平衡的残余应力。例如在磨削淬火钢时，由于磨削热可能导致表层产生回火，表层金属组织将由马氏体转变成接近珠光体的屈氏体或索氏体，密度增大，比容减小，表层金属要产生相变收缩但会受到基体金属的阻止，从而在表层金属产生残余拉应力，里层金属产生残余压应力。如果磨削时表层金属的温度超过相变温度，且冷却充分，表层金属将成为淬火马氏体，密度减小，比容增大，则表层将产生残余压应力，里层则产生残余拉应力。

2. 表面层加工硬化

（1）加工硬化的产生及衡量指标　在机械加工过程中，工件表层金属在切削力的作用下产生强烈的塑性变形，金属的晶格扭曲，晶粒被拉长、纤维化甚至破碎而引起表层金属的强度和硬度增加，塑性降低，这种现象称为加工硬化（或冷作硬化）。另外，加工过程中产生的切削热会使工件表层金属温度升高，当温度升高到一定程度时，会使已强化的金属回复到正常状态，失去其在加工硬化中得到的物理力学性能，这种现象称为软化。因此，金属的加工硬化实际上取决于硬化速度和软化速度的比率。

评定加工硬化的指标有下列三项。

1）表面层的显微硬度 HV；

2）硬化层深度 h（μm）；

3）硬化程度 N。

$$N = \frac{HV - HV_0}{HV_0} \tag{9-8}$$

式中　HV_0——金属原来的显微硬度。

（2）影响加工硬化的因素

1）切削用量的影响。切削用量中进给量和切削速度对加工硬化的影响较大。增大进给量，切削力随之增大，表层金属的塑性变形程度增大，加工硬化程度增大；增大切削速度，刀具对工件的作用时间减少，塑性变形的扩展深度减小，则硬化层深度减小。另外，增大切削速度会使切削区温度升高，有利于减少加工硬化。

2）刀具几何形状的影响。切削刃钝圆半径对加工硬化影响最大。实验证明，已加工表面的显微硬度随着切削刃钝圆半径的加大而增大，这是因为径向切削分力会随着切削刃钝圆半径的增大而增大，使得表层金属的塑性变形程度加剧，导致加工硬化增强。此外，刀具磨损会使得后刀面与工件间的摩擦加剧，表层的塑性变形增加，导致表面冷作硬化加强。

3）加工材料性能的影响。工件的硬度越低、塑性越好，加工时塑性变形越大，冷作硬化越严重。

知识要点五　机械加工振动对表面质量的影响及其控制

1．机械振动现象及分类

（1）机械振动现象及其对表面质量的影响　在机械加工过程中，工艺系统有时会产生振动（人为地利用振动来进行加工服务的振动车削、振动磨削、振动时效、超声波加工等除外），即在刀具的切削刃与工件上正在切削的表面之间，除了名义上的切削运动之外，还会出现一种周期性的相对运动。这是一种破坏正常切削运动的极其有害的现象，主要表现在：

1）振动使工艺系统的各种成形运动受到干扰和破坏，使加工表面出现振纹，增大表面粗糙度值，恶化加工表面质量。

2）振动还可能引起切削刃崩裂，引起机床、夹具连接部分松动，缩短刀具及机床、夹具的使用寿命。

3）振动限制了切削用量的进一步提高，降低了切削加工的生产率，严重时甚至还会使切削加工无法继续进行。

4）振动所发出的噪声会污染环境，危害工人的身心健康。

研究机械加工过程中振动产生的原理，探讨如何提高工艺系统的抗振性和消除振动的措施，一直是机械加工工艺学的重要课题之一。

（2）机械振动的基本类型　机械加工过程中的振动有三种基本类型。

1）强迫振动。强迫振动是指在外界周期性变化的干扰力作用下产生的振动。磨削加工中主要会产生强迫振动。

2）自激振动。自激振动是指切削过程本身引起切削力周期性变化而产生的振动。切削加工中主要会产生自激振动。

3）自由振动。自由振动是指由于切削力突然变化或其他外界偶然原因引起的振动。自由振动的频率就是系统的固有频率。由于工艺系统的阻尼作用，这类振动会在外界干扰力去除后迅速自行衰减，对加工过程影响较小。

机械加工过程中的振动主要是强迫振动和自激振动。据统计，强迫振动约占30%，自激振动约占65%，自由振动所占比例则很小。

2. 机械加工中的强迫振动及其控制

（1）机械加工过程中产生强迫振动的原因 机械加工过程中产生的强迫振动，其原因可从机床、刀具和工件三方面去分析。

1）机床方面。机床中某些传动零件的制造精度不高，会使机床产生不均匀运动而引起振动。例如齿轮的周节误差和周节累积误差，会使齿轮传动的运动不均匀，从而使整个部件产生振动。主轴与轴承之间的间隙过大、主轴轴颈的圆度、轴承制造精度不够，都会引起主轴箱以及整个机床的振动。另外，传动带接头太粗而使带传动的转速不均匀，也会产生振动。机床往复机构中的转向和冲击也会引起振动。至于某些零件的缺陷，使机床产生振动则更是明显。

2）刀具方面。多齿刀具如铣刀、拉刀和滚刀等，切削时由于刀口高度的误差或因断续切削引起的冲击，容易产生振动。

3）工件方面。被切削的工件表面上有断续表面或切削余量不均、表面硬度不一致，都会在加工中产生振动。如车削或磨削有键槽的外圆表面就会产生强迫振动。

工艺系统外部也有许多原因造成切削加工中的振动，例如一台精密磨床和一台重型机床相邻，这台磨床就有可能受重型机床工作的影响而产生振动，影响其加工表面的表面粗糙度。

（2）强迫振动的特点

1）强迫振动的稳态过程是谐振，只要干扰力存在，振动就不会被阻尼衰减掉，去除干扰力，振动就停止。

2）强迫振动的频率等于干扰力的频率。

3）阻尼越小，振幅越大，谐波响应轨迹的范围越大；增加阻尼，能有效地减小振幅。

4）在共振区，较小的频率变化会引起较大的振幅和相位角的变化。

（3）消除强迫振动的途径 强迫振动是由于外界干扰力引起的，因此必须对振动系统进行测振试验，找出振源，然后采取适当的措施加以控制。消除和抑制强迫振动的措施主要有：

1）改进机床传动结构，进行消振与隔振。消除强迫振动最有效的办法是找出外界的干扰力（振源）并去除之。如果不能去除，则可以采用隔绝的方法，如采用厚橡皮或木材等将机床与地基隔离，就可以隔绝相邻机床的振动影响。精密机械、仪器采用空气垫等也是很有效的隔振措施。

2）消除回转零件的不平衡。机床和其他机械的振动，大多数是由于回转零件的不平衡所引起的，因此对于高速回转的零件要注意其平衡问题，在可能条件下，最好能做动平衡实验。

3）提高传动件的制造精度。传动件的制造精度会影响传动的平衡性。在齿轮啮合、滚动轴承以及带传动等传动中，减少振动的途径主要是提高制造精度和装配质量。

4）提高系统刚度，增加阻尼。提高机床、工件、刀具和夹具的刚度都会增加系统的抗振性。增加阻尼是一种减小振动的有效办法，在结构设计上应该考虑到，但也可以采用附加高阻尼板材的方法以达到减小振动的效果。

5）合理安排固有频率，避开共振区。根据强迫振动的特性，一方面是改变激振力的频率，使它避开系统的固有频率；另一方面是在结构设计时，使工艺系统各部件的固有频率远离共振区。

3. 机械加工中的自激振动及其控制

（1）自激振动产生的原理 机械加工过程中，还常常出现一种与强迫振动完全不同形式的强烈振动，这种振动是当系统受到外界或本身某些偶然的瞬时干扰力作用而触发自由振动后，由振动过程本身的某种原因使得切削力产生周期性变化，又由这个周期性变化的动态力反过来加强和维持振动，使振动系统补充了由阻尼作用消耗的能量，这种类型的振动称为自激振动。切削过程中产生的自激振动是频率较高的强烈振动，通常又称为颤振。自激振动常常是影响加工表面质量和限制机床生产率提高的主要障碍。磨削过程中，砂轮磨钝以后产生的振动也往往是自激振动。

金属切削过程中自激振动的原理如图9-21所示，它有两个基本部分：切削过程产生的交变力 ΔP 激励工艺系统，工艺系统产生振动位移 ΔY 再反馈给切削过程。维持振动的能量来源于机床的能量。

图9-21　机床自激振动系统

（2）自激振动的特点　自激振动的特点可简要地归纳如下：

1）自激振动是一种不衰减的振动。振动过程本身能引起某种力周期地变化，振动系统能通过这种力的变化，从不具备交变特性的能源中周期性地获得能量补充，从而维持这个振动。外部的干扰有可能在最初触发振动时起作用，但是它不是产生这种振动的直接原因。

2）自激振动的频率等于或接近于系统的固有频率，也就是说，由振动系统本身的参数所决定，这是它与强迫振动的显著差别。

3）自激振动能否产生以及其振幅的大小，取决于每一振动周期内系统所获得的能量与所消耗的能量的对比情况。当振幅为某一数值时，如果所获得的能量大于所消耗的能量，则振幅将不断增大；相反，如果所获得的能量小于所消耗的能量，则振幅将不断减小，振幅一直增加或减小到所获得的能量等于所消耗的能量时为止。当振幅在任何数值时获得的能量都小于消耗的能量，则自激振动根本就不可能产生。

4）自激振动的形成和持续，是由于过程本身产生的激振和反馈作用，所以若停止切削或磨削过程，即使机床仍继续空运转，自激振动也就停止了，这也是它与强迫振动的区别之处，所以可以通过切削或磨削试验来研究工艺系统或机床的自激振动，同时也可以通过改变对切削或磨削过程有影响的工艺参数，如切削或磨削用量，来控制切削或磨削过程，从而限制自激振动的产生。

（3）消除自激振动的途径　由通过试验研究和生产实践产生的关于自激振动的几种学说可知，自激振动与切削过程本身有关，与工艺系统的结构性能也有关，因此控制自激振动的基本途径是减小和抵抗激振力的问题，具体来说可以采取以下一些有效的措施。

1）合理选择与切削过程有关的参数。自激振动的形成是与切削过程本身密切相关的，所以可以通过合理地选择切削用量、刀具几何角度和工件材料的可切削性等途径来抑制自激振动。

① 合理选择切削用量。如车削中，切削速度 v 在 $20 \sim 60\text{m/min}$ 范围内，自激振动振幅增加很快，而当 v 超过此范围以后，则振动又逐渐减弱了，通常切削速度 v 为 $50 \sim 60\text{m/min}$ 时切削稳定性最低，最容易产生自激振动，所以可以选择高速或低速切削以避免自激振动。关于进给量 f，通常当 f 较小时振幅较大，随着 f 的增大振幅反而会减小，所以可以在表面粗糙度要求许可的前提下选取较大的进给量以避免自激振动。背吃刀量 a_p 越大，切削力越大，越易产生自激振动。

② 合理选择刀具的几何参数。适当地增大前角 γ_o、主偏角 k_r，能减小切削力而减小振动。后角 α_o 可尽量取小些，但精加工中由于背吃刀量 a_p 较小，切削刃不容易切入工件，而且 α_o 过小时，刀具后刀面与加工表面间的摩擦可能过大，这样反而容易引起自激振动。通常在刀具的主后刀面下磨出一段 α_o 角为负值的窄棱面，如图9-22所示就是一种很好的防振车刀。另外，实际生产中还往往用油石使新刃磨的刃口稍稍钝化，也很有效。关于刀尖圆弧半径，它本来就和加工表面粗糙度有关，对加工中的振动而言，一般不要取得太大，如车削中当刀尖圆弧半径与背吃刀量近似相等时，

则切削力就很大，容易振动。车削时装刀位置过低或镗孔时装刀位置过高，都易产生自激振动。

使用"油"性非常高的润滑剂也是加工中经常使用的一种防振办法。

2）提高工艺系统本身的抗振性。

① 提高机床的抗振性。机床的抗振性往往占主导地位，可以从改善机床的刚性、合理安排各部件的固有频率、增大阻尼以及提高加工和装配的质量等来提高其抗振性。如图9-23所示就是具有显著阻尼特性的薄壁封砂结构床身。

图9-22　防振车刀　　　　　　　　　图9-23　薄壁封砂床身

② 提高刀具的抗振性。通过改变刀杆等的惯性矩、弹性模量和阻尼系数，使刀具具有高的弯曲与扭转刚度、高的阻尼系数，例如硬质合金虽有高弹性模量，但阻尼性能较差，因此可以和钢组合使用，以发挥钢和硬质合金两者的优点。

③ 提高工件安装时的刚性，主要是提高工件的弯曲刚度。如细长轴的车削中，可以使用中心架、跟刀架，当用拨盘传动销拨动夹头传动时，要保持切削中传动销和夹头不发生脱离等。

3）使用消振器装置。图9-24所示为车床上使用的冲击消振器，图中5是消振器座，螺钉1上套有质量块4、弹簧3和套2，当车刀发生强烈振动时，4就在5和1的头部之间做往复运动，产生冲击，吸收能量。图9-25所示为镗孔用的冲击消振器。图中1为镗杆，2为镗刀，3为工件，4为冲击块（消振质量），5为塞盖。冲击块安置在镗杆的空腔中，它与空腔间保持0.05~0.10mm的间隙。当镗杆发生振动时，冲击块将不断撞击镗杆吸收振动能量，因此能消除振动。这些消振装置经生产使用证明，都具有相当好的抑振效果，并且可以在一定范围内调整，所以使用上也较方便。

图9-24　车床上使用的冲击消振器　　　　　　图9-25　镗杆上用冲击消振器
1—螺钉　2—套　3—弹簧　4—质量块　5—消振器座　　　1—镗杆　2—镗刀　3—工件　4—冲击块　5—塞盖

图9-26所示为一利用多层弹簧片间的相互摩擦来消除振动的干摩擦阻尼器。图9-27所示为

一利用液体流动阻力的阻尼作用消除振动的液体阻尼器。

多层弹簧片

图 9-26 干摩擦阻尼器

F_c

图 9-27 液体阻尼器

知识要点六 磨削表面质量

1. 磨削加工的特点

磨削精度高，通常作为终加工工序。但磨削过程比切削复杂。磨削加工采用的工具是砂轮。磨削时，虽然单位加工面积上磨粒很多，表面粗糙度值应该很小，但在实际加工中，由于磨粒在砂轮上分布不均匀，磨粒切削刃钝圆半径较大，并且大多数磨粒是负前角，很不锋利，加工表面是在大量磨粒的滑擦、耕犁和切削的综合作用下形成的，磨粒将加工表面刻划出无数细微的沟槽，并伴随着塑性变形，形成粗糙表面。同时，磨削速度高，通常 $v_砂 = 40 \sim 50\text{m/s}$，目前甚至高达 $80 \sim 200\text{m/s}$，因而磨削温度很高，磨削时产生的高温会加剧加工表面的塑性变形，从而更加增大了加工表面的粗糙度值；有时磨削点附近的瞬时温度可高达 $800 \sim 1000\text{℃}$，这样的高温会使加工表面金相组织发生变化，引起烧伤和裂纹。另外，磨削的径向切削力大，会引起机床发生振动和弹性变形。

2. 影响磨削加工表面粗糙度的因素

影响磨削加工表面粗糙度的因素有很多，主要如下：

（1）砂轮的影响 砂轮的粒度越细，单位面积上的磨粒数越多，在磨削表面上的刻痕越细，表面粗糙度值越小；但若粒度太细，磨削加工时砂轮易被堵塞，反而会使表面粗糙度值增大，还容易产生波纹和引起烧伤。砂轮的硬度太高，磨削时磨粒不易脱落，使加工表面受到的摩擦、挤压作用加剧，从而增加了塑性变形，使得表面粗糙度值增大，还容易引起烧伤；但砂轮太软，磨粒容易脱落，会使磨削作用减弱，导致表面粗糙度值增加，所以要选择合适的砂轮硬度。砂轮的修整质量越高，砂轮表面的切削微刃数越多、各切削微刃的等高性越好，磨削表面的粗糙度值越小。

（2）磨削用量的影响 增大砂轮速度，单位时间内通过加工表面的磨粒数增多，每颗磨粒磨去的金属厚度减小，工件表面的残留面积减小；提高砂轮速度还同时能减少工件材料的塑性变形，这些都可使加工表面的表面粗糙度值减小。降低工件速度，单位时间内通过加工表面的磨粒数增多，表面粗糙度值减小；但工件速度太低，工件与砂轮的接触时间长，传到工件上的热量增多，反面会增大表面粗糙度值，还可能增加表面烧伤。增大磨削深度和纵向进给量，工件的塑性变形增大，会导致表面粗糙度值增大。

（3）工件材料 工件材料的硬度、塑性、导热性等对表面粗糙度的影响较大。塑性大的软材料容易堵塞砂轮，导热性差的耐热合金容易使磨料早期崩落，都会导致磨削表面粗糙度值增大。

另外，由于磨削温度高，合理使用切削液既可以降低磨削区的温度，减少烧伤，还可以冲去脱落的磨粒和切屑，避免划伤工件，从而减小表面粗糙度值。

3. 磨削表面层的残余应力——磨削裂纹问题

磨削加工比切削加工的表面残余应力更为复杂。一方面，磨粒切削刃为负前角，法向切削力一般为切向切削力的 $2 \sim 3$ 倍，磨粒对加工表面的作用引起冷塑性变形，产生压应力；另一方面，磨削温度高，磨削热量很大，容易引起热塑性变形，表面出现拉应力。当残余拉应力超过工件材料的强度极限时，工件表面就会出现磨削裂纹。磨削裂纹有的在外表层，有的在内层下；裂纹方向常与磨削方向垂直，或呈网状；裂纹常与烧伤同时出现。

磨削用量是影响磨削裂纹的首要因素，磨削深度和纵向走刀量大，则塑性变形大，切削温度高，拉应力过大，可能产生裂纹。此外，工件材料含碳量高容易产生裂纹。磨削裂纹还与淬火方式、淬火速度及操作方法等热处理工序有关。

为了消除和减少磨削裂纹，必须合理选择工件材料、合理选择砂轮；正确制订热处理工艺；逐渐减小切除量；积极改善散热条件，加强冷却效果，设法减少切削热。

4. 磨削表面层金相组织变化——磨削烧伤问题

（1）磨削表面层金相组织变化与磨削烧伤 机械加工过程中产生的切削热会使得工件的加工表面产生剧烈的温升，当温度超过工件材料金相组织变化的临界温度时，将发生金相组织转变。在磨削加工中，由于磨削温度很高，产生的热量远远高于切削时的热量，而且磨削热有 $60\% \sim 80\%$ 传给工件，所以极容易出现金相组织的转变，使得表面层金属的硬度和强度下降，产生残余应力甚至引起显微裂纹，这种现象称为磨削烧伤。产生磨削烧伤时，加工表面常会出现黄、褐、紫、青等烧伤色，这是磨削表面在瞬时高温下的氧化膜颜色。不同的烧伤色，表明工件表面受到的烧伤程度不同。

磨削淬火钢时，工件表面层由于受到瞬时高温的作用，将可能产生以下三种金相组织变化。

1）如果磨削表面层温度未超过相变温度，但超过了马氏体的转变温度，这时马氏体将转变成为硬度较低的回火屈氏体或索氏体，这叫回火烧伤。

2）如果磨削表面层温度超过相变温度，则马氏体转变为奥氏体，这时若无切削液，则磨削表面硬度急剧下降，表层被退火，这种现象称为退火烧伤。干磨时很容易产生这种现象。

3）如果磨削表面层温度超过相变温度，但有充分的切削液对其进行冷却，则磨削表面层将急冷形成二次淬火马氏体，硬度比回火马氏体高，不过该表面层很薄，只有几微米厚，其下层为硬度较低的回火索氏体和屈氏体，使表面层总的硬度仍然降低，称为淬火烧伤。

（2）磨削烧伤的改善措施 由于磨削热是造成磨削烧伤的根本原因，因此要避免磨削烧伤，就应尽可能减少磨削时产生的热量及尽量减少传入工件的热量，具体可采用下列措施。

1）合理选择磨削用量。不能采用太大的磨削深度，因为当磨削深度增加时，工件的塑性变形会随之增加，工件表面及里层的温度都将升高，烧伤也会增加；工件速度增加，磨削区表面温度会增高，但由于热作用时间减少，因而可减轻烧伤。

2）工件材料。工件材料硬度、强度越高，韧性越大，磨削时消耗功率越多，产生的热量越多，越易产生烧伤；导热性较差的材料，在磨削时也容易出现烧伤。

3）砂轮的选择。硬度太高的砂轮，钝化后的磨粒不易脱落，容易产生烧伤，因此用软砂轮较好；选用粗粒度砂轮磨削，砂轮不易被磨屑堵塞，可减少烧伤；结合剂对磨削烧伤也有很大影响，树脂结合剂比陶瓷结合剂容易产生烧伤，橡胶结合剂比树脂结合剂更易产生烧伤。

4）冷却条件。为降低磨削区的温度，在磨削时广泛采用切削液冷却。为了使切削液能喷注到工件表面上，通常增加切削液的流量和压力并采用特殊喷嘴，这样既可加强冷却作用，又能使切削液顺利地喷注到磨削区。此外，还可采用多孔砂轮。

知识要点七　控制表面质量的工艺措施

随着科学技术的发展，对零件表面质量的要求已越来越高。为了获得合格的零件，保证机器的使用性能，人们一直在研究控制和提高零件表面质量的途径。提高表面质量的工艺途径大致可以分为两类：一类是用低效率、高成本的加工方法，寻求各工艺参数的优化组合，以减小表面粗糙度值；另一类是着重改善工件表面的物理、力学性能，以提高其表面质量。

1. 减小表面粗糙度值的加工方法

（1）超精密切削和小表面粗糙度值磨削加工

1）超精密切削加工。超精密切削加工是指表面粗糙度值为 $Ra0.04\mu m$ 以下的切削加工方法。超精密切削加工最关键的问题在于要在最后一道工序切削 $0.1\mu m$ 的微薄表面层，这就既要求刀具极其锋利，刀具钝圆半径为纳米级尺寸，又要求这样的刀具有足够的寿命，以维持其锋利。目前只有金刚石刀具才能达到要求。超精密切削时，走刀量要小，切削速度要非常高，才能保证工件表面上的残留面积小，从而获得极小的表面粗糙度值。

2）小表面粗糙度值磨削加工。为了简化工艺过程，缩短工序周期，有时用小表面粗糙度值磨削替代光整加工。小表面粗糙度值磨削除要求设备精度高外，磨削用量的选择最为重要。在选择磨削用量时，参数之间往往会相互矛盾。例如，为了减小表面粗糙度值，砂轮应修整得细一些，但如此却可能引起磨削烧伤；为了避免烧伤，应将工件转速加快，但这样又会增大表面粗糙度值，而且容易引起振动；采用小磨削用量有利于提高工件表面质量，但会降低生产率而增加生产成本，而且工件材料不同，其磨削性能也不一样，一般很难凭手册确定磨削用量，要通过试验不断调整参数，因而表面质量较难准确控制。近年来，国内外对磨削用量最优化做了不少研究，分析了磨削用量与磨削力、磨削热之间的关系，并用图表表示各参数的最佳组合，加上计算机的运用，通过指令进行过程控制，使得小表面粗糙度值磨削逐步达到了应有的效果。

（2）采用超精密加工、珩磨、研磨等方法作为最终加工工序　超精密加工、珩磨等都是利用磨条以一定压力压在加工表面上，并做相对运动以减小表面粗糙度值和提高精度，一般用于表面粗糙度值为 $Ra0.4\mu m$ 以下的表面加工。该加工工艺由于切削速度低、压强小，所以发热少，不易引起热损伤，并能产生残余压应力，有利于提高零件的使用性能；而且加工工艺依靠自身定位，设备简单，精度要求不高，成本较低，容易实现多工位、多机床操作，生产率高，因而在大批量生产中应用广泛。

1）珩磨。珩磨是利用珩磨工具对工件表面施加一定的压力，同时珩磨工具还要相对工件完成旋转和直线往复运动，以去除工件表面上的凸峰的一种加工方法。珩磨后工件圆度和圆柱度一般可控制在 $0.003\sim0.005mm$，尺寸公差等级可达 IT5～IT6，表面粗糙度值在 $Ra0.2\sim0.025\mu m$。

珩磨工作原理如图9-28所示，它是利用安装在珩磨头圆周上的若干条细粒度油石，由胀开机构将油石沿径向胀开，使其压向工件孔壁形成一定的接触面，同时珩磨头做回转和轴向往复运动以实现对孔的低速磨削。油石上的磨粒在工件表面上留下的切削痕迹为交叉的且不重复的网纹，有利于润滑油的贮存和油膜的保持。

由于珩磨头和机床主轴是浮动连接，因此机床主轴回转运动误差对工件的加工精度没有影响。因为珩磨头的轴线往复运动是以孔的轴线导向的，即是按孔的轴线进行运动的，故在珩磨时不能修正孔的位置偏差，工件孔轴线的位置精度必须由前一道工序来保证。

珩磨时，虽然珩磨头的转速较低，但其往复速度较高，参与磨削的磨粒数量多，因此能很快地去除金属。为了及时排出切屑和冷却工件，必须进行充分冷却润滑。珩磨生产率高，可用于加工铸铁、淬硬或不淬硬钢，但不宜加工易堵塞油石的韧性金属。

2）超精加工。超精加工是用细粒度油石，在较低的压力和良好的冷却润滑条件下，以快

图 9-28　珩磨原理及磨粒运动轨迹

而短促的往复运动，对低速旋转的工件进行振动研磨的一种微量磨削加工方法。

超精加工的工作原理如图 9-29 所示，加工时有三种运动，即工件的低速回转运动、磨头的轴向进给运动和油石的往复振动。三种运动的合成使磨粒在工件表面上形成不重复的轨迹。超精加工的切削过程与磨削、研磨不同，当工件粗糙表面被磨去之后，接触面积大大增加，压强极小，工件与油石之间形成油膜，二者不再直接接触，油石能自动停止切削。

a)　　　　　　　　　　　　　　　b)

图 9-29　超精加工的工作原理

超精加工的加工余量一般为 3 ~ 10μm，所以它难以修正工件的尺寸误差及形状误差，也不能提高表面间的相互位置精度，但可以减小表面粗糙度值，能得到表面粗糙度值为 $Ra0.1 ~ 0.01\mu m$ 的表面。目前，超精加工能加工各种不同材料，如钢、铸铁、黄铜、铝、陶瓷、玻璃、花岗岩等，能加工外圆、内孔、平面及特殊轮廓表面，广泛用于对曲轴、凸轮轴、刀具、轧辊、轴承、精密量仪及电子仪器等精密零件的加工。

3）研磨。研磨是利用研磨工具和工件的相对运动，在研磨剂的作用下，对工件表面进行光整加工的一种加工方法。研磨可采用专用的设备进行加工，也可采用简单的工具，如研磨心棒、研磨套、研磨平板等对工件表面进行手工研磨。研磨可提高工件的形状精度及尺寸精度，但不能提高表面位置精度，研磨后工件的尺寸精度可达 0.001mm，表面粗糙度值可达 $Ra0.025 ~ 0.006\mu m$。

现以手工研磨外圆为例说明研磨的工作原理，如图 9-30 所示，工件支承在机床两顶尖之间

做低速旋转，研具套在工件上，在研具与工件之间加入研磨剂，然后用手推动研具做轴向往复运动实现对工件的研磨。研磨外圆所用的研具如图9-31所示，其中图a为粗研套，孔内有油槽可存贮研磨剂；图b为精研套，孔内无油槽。

图9-30　在车床上研磨外圆

图9-31　外圆研具

研磨的适用范围广，既可加工金属，又可加工非金属，如光学玻璃、陶瓷、半导体、塑料等。一般说来，刚玉磨料适用于对碳素工具钢、合金工具钢、高速钢及铸铁的研磨，碳化硅磨料和金刚石磨料适用于对硬质合金、硬铬等高硬度材料的研磨。

4）抛光。抛光是在布轮、布盘等软性器具上涂上抛光膏，利用抛光器具的高速旋转，依靠抛光膏的机械刮擦和化学作用去除工件表面粗糙的凸峰，使表面光亮的一种加工方法。抛光一般不去除加工余量，因而不能提高工件的精度，有时可能还会损坏已获得的精度；抛光也不能减小零件的形状和位置误差。工件表面经抛光后，表面层的残余拉应力会有所减小。

2. 改善表面物理力学性能的加工方法

如前所述，表面层的物理力学性能对零件的使用性能及寿命影响很大，如果在最终工序中不能保证零件表面获得预期的表面质量要求，则应在工艺过程中增设表面强化工序来保证零件的表面质量。表面强化工艺包括化学处理、电镀和表面机械强化等几种。这里仅讨论机械强化工艺问题。

机械强化是指通过对工件表面进行冷挤压加工，使零件表面层金属发生冷态塑性变形，从而提高其表面硬度并在表面层产生残余压应力的无屑光整加工方法。采用表面强化工艺还可以减小零件的表面粗糙度值。这种方法工艺简单、成本低，在生产中应用十分广泛，用得最多的是喷丸强化和滚压加工。

（1）喷丸强化　喷丸强化是利用压缩空气或离心力用大量直径为0.4~4mm的珠丸高速打击零件表面，使其产生冷硬层和残余压应力，可显著提高零件的疲劳强度。珠丸可以采用铸铁、砂石以及钢铁制造，所用设备是压缩空气喷丸装置或机械离心式喷丸装置。这些装置使珠丸能以35~50mm/s的速度喷出。喷丸强化工艺可用来加工各种形状的零件，加工后零件表面的硬化层深度可达 0.7mm，表面粗糙度值 Ra 可由 3.2μm 减小到 0.4μm，使用寿命可提高几倍甚至几十倍。

（2）滚压加工　滚压加工是在常温下通过淬硬的滚压工具（滚轮或滚珠）对工件表面施加压力，使其产生塑性变形，将工件表面上原有的波峰填充到相邻的波谷中，从而减小表面粗糙度值，并在其表面产生冷硬层和残余压应力，使零件的承载能力和疲劳强度得以提高。滚压加工可使表面粗糙度值 Ra 从 5～1.25μm 减小到 0.8～0.63μm，表面层硬度一般可提高 20%～40%，表面层金属的疲劳强度可提高 30%～50%。滚压用的滚轮常用碳素工具钢 T12A 或者合金工具钢 CrWMn、Cr12、CrNiMn 等材料制造，淬火硬度在 62～64HRC；或用硬质合金 YG6、YT15 等制成；其配合面在装配前需经过粗磨，装上滚压工具后再进行精磨。图 9-32 所示为典型滚压加工示意图，图 9-33 所示为外圆滚压工具。

图 9-32　典型滚压加工示意图

图 9-33　外圆滚压工具

a）弹性滚压工具　b）刚性滚压工具

（3）金刚石压光　金刚石压光是一种用金刚石挤压加工表面的新工艺，国外已在精密仪器制造业中得到较广泛的应用。压光后的零件表面粗糙度值可达 Ra 0.4～0.02μm，耐磨性比磨削后提高 1.5～3 倍，但比研磨后低 20%～40%，而生产率却比研磨高得多。金刚石压光用的机床必须是高精度机床，它要求机床刚性好、抗振性好，以免损坏金刚石。此外，它还要求机床主轴精度高，径向圆跳动和轴向窜动在 0.01mm 以内，主轴转速能在 2500～6000r/min 范围内无级调速，且机床主轴运动与进给运动应分离，以保证压光的表面质量。

（4）液体磨料强化　液体磨料强化是利用液体和磨料的混合物高速喷射已加工表面，以强化工件表面，提高工件的耐磨性、耐蚀性和疲劳强度的一种工艺方法。如图 9-34 所示，液体和

图 9-34　液体磨料喷射加工原理图

1—压气瓶　2—过滤器　3—磨料室　4—导管　5—喷嘴　6—集收器　7—工件　8—控制阀　9—振动器

磨料在 400～800Pa 压力下，经过喷嘴高速喷出，射向工件表面，借磨粒的冲击作用，碾压加工表面，工件表面产生塑性变形，变形层仅为几十微米。加工后的工件表面具有残余压应力，提高了工件的耐磨性、耐蚀性和疲劳强度。

3. 零件表面处理技术

为了改善和增强机械零件的疲劳强度和耐蚀性，可以对零件表面进行一些物理的或化学的处理。

（1）表面电火花强化　表面电火花强化是指在工具和工件之间接一脉冲电源，使工具和工件之间不断产生火花放电，使零件表面产生物理化学变化，从而强化表面，改善其表面性能。其加工原理如图 9-35 所示。

图 9-35　表面电火花强化加工原理图

表面电火花强化具有以下工艺特点。

1）硬化层厚度为 0.01～0.08mm。

2）当采用硬质合金作为工具材料时，硬度可达 1100～1400HV 或更高。

3）当使用铬锰合金、钨铬钴合金、硬质合金工具硬化 45 钢时，其耐磨性可提高 2～2.5 倍。

4）用石墨作为工具强化 45 钢，其耐蚀性提高 90%；用 WC、CrMn 作为工具强化不锈钢，耐蚀性提高 3～5 倍。

5）疲劳强度能提高 2 倍左右。

（2）表面激光强化　表面激光强化指的是当激光束照射到金属表面上时，其能量被吸收并转化为热，由于激光转化为热的速率是金属材料传导率的数倍乃至数十倍，材料表面所获得的热量还来不及向基体扩散，就使得表面迅速达到相变温度以上；在激光束移开被处理表面的瞬间，表面热量很快扩散至基体，即自激冷却产生淬火效应。

激光强化具有以下工艺特点。

1）热影响区小，表面变形极小。

2）一般不受工件形状及部位的限制，适应性较强。

3）加热与冷却均在正常空气中进行，不用淬火介质，工件表面清洁，操作简便。

4）淬硬层组织细密，具有较高的硬度（达 800HV），强度、韧性、耐磨性及耐蚀性也较高。

5）表面硬化层较浅，通常为 0.3～1.1mm。

6）设备费用高，应用受到一定限制。

（3）表面氧化处理　表面氧化处理能提高零件表面的耐蚀能力，有利于消除工件的残余应力，减少变形，还可使其外观光泽美观。氧化处理分为化学法和电解法，化学法多用于钢铁零件的表面处理，电解法多用于铝及铝合金零件的表面处理。

钢铁零件表面氧化处理是将钢铁零件放入一定温度的碱性溶液（如苛性钠、硝酸钠溶液）

中处理，使零件表面生成 $0.6 \sim 0.8 \mu m$ 致密而牢固的 Fe_3O_4 氧化膜的过程，称为钢铁的氧化处理。钢铁的表面氧化处理实质上是一个化学反应过程。该氧化膜呈现亮蓝色直至亮黑色，所以又称为发蓝处理或煮黑处理。钢铁零件的氧化处理不影响零件的精度，所以前道工序不需要留加工余量。

铝及铝合金的表面氧化处理是将以铝或铝合金为阳极的工件置于电解液中，然后通电；由于在阳极产生氧气，使铝或铝合金发生化学和电化学溶解，结果在阳极表面形成一层氧化膜，所以该处理方法也称为阳极氧化法。阳极氧化膜具有良好的耐蚀性、较强的吸附性，还可获得各种装饰外观。铝阳极氧化原理如图9-36所示。

图9-36　铝阳极氧化原理图

思考与练习题

9-1　试说明加工误差、加工精度的概念以及它们之间的区别。

9-2　主轴回转运动误差取决于什么？它可分为哪几种基本形式？产生的原因是什么？对加工精度的影响如何？

9-3　车床床身导轨在垂直平面内及水平面内的直线度误差对车削轴类零件的加工误差有何影响？程度有何不同？

9-4　在车床上加工一批工件的孔，经测量实际尺寸小于要求的尺寸而需返修的工件占 22.4%，大于要求尺寸而不能返修的工件占 1.4%。若孔的直径公差 $T = 0.2mm$，整批工件尺寸服从正态分布，试确定该工序的标准偏差 σ，并判断车刀的调整误差是多少。

9-5　举例说明工艺系统受力变形对加工精度产生的影响。

9-6　试分析在车床上镗圆锥孔或车外圆锥体，由于安装刀具时刀尖高于或低于工件轴线，将会产生什么样的误差。

9-7　在外圆磨床上加工工件，如图9-37所示，若 $n_1 = 2n_2$，且只考虑主轴回转误差的影响，试分析在图中给定的两种情况下，磨削出来的工件其外圆应是什么形状，为什么？

9-8　如图9-38所示，当龙门刨床床身导轨不直，且（1）当工件刚度很差时；（2）当工件刚度很大时，加工后的工件会各成什么形状？

9-9　机械加工表面质量包括哪些内容？它们对产品的使用性能有何影响？

9-10　为何机器上许多静止连接的接触表面往往要求较小的表面粗糙度值，而相对运动的表面却不能对表面粗糙度值要求过小？

9-11　表面粗糙度与加工公差等级有什么关系？试举例说明机器零件的表面粗糙度对其使用寿命及工作精度的影响。

9-12　车削一铸铁零件的外圆表面，若走刀量 $f = 0.5mm/r$，车刀刀尖圆弧半径 $r = 4mm$，试计算能达到的表面粗糙度值为多少？

图 9-37 题 9-7 图   图 9-38 题 9-8 图

9-13 高速精镗内孔时,采用锋利的尖刀,刀具的主偏角 $k_r = 45°$,副偏角 $k'_r = 20°$,要求加工表面的表面粗糙度值 Ra 为 $0.8\mu m$。试求:

(1)当不考虑工件材料塑性变形对表面粗糙度的影响时,应采用的走刀量为多少?

(2)分析实际加工表面粗糙度与计算所得的结果是否会相同,为什么?

9-14 工件材料为 $15^\#$ 钢,经磨削加工后要求表面粗糙度值达 $Ra0.04\mu m$,是否合理?若要满足加工要求,应采取什么措施?

9-15 为什么有色金属用磨削加工得不到小表面粗糙度值?通常为获得小表面粗糙度值的加工表面应采用哪些加工方法?若需要磨削有色金属,为提高表面质量应采取什么措施?

9-16 机械加工过程中为什么会造成被加工零件表面层物理力学性能的改变?这些变化对产品质量有何影响?

9-17 什么是加工硬化?影响加工硬化的因素有哪些?

9-18 磨削淬火钢时,加工表面层的硬度可能升高或降低,试分析其原因。

9-19 为何会产生磨削烧伤?减少磨削烧伤的方法有哪些?

9-20 机械加工过程中经常出现的机械振动有哪些?各有何特性?其相互间的区别何在?

9-21 试讨论:在车床上采用弹簧车刀还是采用刚性车刀切削抗振性好?在刨床上采用弯头刨刀还是采用直头刨刀切削抗振性好?为什么?

9-22 简述机械振动对零件表面加工质量的影响及其工艺控制措施。

9-23 简要介绍常见的几种零件表面处理技术及其工艺特点。

实训项目三 机械制造工艺课程设计

本章学习结束后,可安排实训"机械制造工艺课程设计"。实训指导相关资料可从机械工业出版社教育服务网中本书的附件中下载。

本实训选题也可和实训选题四机床夹具课程设计结合起来进行。

第三篇

常用机床夹具及其设计

第一节　机床夹具概述

知识要点一　机床夹具在机械加工中的作用

在机械制造的机械加工、焊接、热处理、检验、装配等工艺过程中，为了安装工件，使之占有正确的位置，以保证零件和产品的质量，并提高生产率，所采用的工艺装备称为夹具。

在机床上加工工件时，必须用夹具装好夹牢工件。将工件装好，就是在机床上确定工件相对于刀具的正确位置，这一过程称为定位。将工件夹牢，就是对工件施加作用力，使之在已经确定好的位置上可靠地夹紧，这一过程称为夹紧。从定位到夹紧的全过程，称为装夹。

工件的装夹方法有找正装夹法和夹具装夹法两种。

找正装夹法是以工件的有关表面或专门划出的线痕作为找正依据，用划针或指示表进行找正，将工件正确定位，然后将工件夹紧，进行加工。如图 10-1 所示，在铣削连杆状零件的上、下两平面时，若批量不大，可在机用平口钳中按侧边划出的加工线痕，用划针找正。

图 10-1 在机用平口钳上找正和装夹连杆状零件

这种安装方法简单，不需专门设备，但精度不高，生产率低，因此多用于单件、小批量生产。

夹具装夹法是靠夹具将工件定位、夹紧，以保证工件相对于刀具、机床的正确位置。图 10-2 所示为铣削连杆状零件的上、下两平面所用的铣床夹具。这是一个双位置专用铣床夹具。毛坯先放在位置Ⅰ上铣出第一端面（A 面），然后将此工件翻过来放入位置Ⅱ铣出第二端面（B 面）。夹具中可同时装夹两个工件。

图 10-2 铣削连杆状零件两面的双位置专用铣床夹具

1—对刀块（兼挡销） 2—锯齿头支承钉 3、4、5—挡销 6—压板 7—螺母 8—压板支承钉 9—定位键

图 10-3 所示为专供加工轴套零件上 $\phi6H9$ 径向孔的钻床夹具。工件以内孔及其端面作为定位基准，通过拧紧螺母将工件牢固地压在定位元件上。

在机床上加工工件时所用的夹具则称为机床夹具。机床夹具的主要功能就是完成工件的装夹工作。工件装夹情况的好坏直接影响工件的加工精度。

无论是传统制造还是现代制造系统，机床夹具都是十分重要的，它对加工质量、生产率和产

图 10-3　钻轴套零件上 ϕ6H9 径向孔的专用钻床夹具

1—快换钻套　2—钻套用衬套　3—钻模板　4—开口垫圈　5—螺母　6—定位销　7—夹具体

品成本都有直接影响，因此企业花费在夹具设计和制造上的时间，无论是改进现有产品还是开发新产品，在生产周期中都占有较大的比重。

在机械加工过程中，工件的几何精度主要取决于工件对机床的相对位置。严格地说，只有机床、刀具、夹具和工件之间保持正确的相对关系，才能保证工件各加工表面之间的相对位置精度。显然，对机床夹具的基本要求就是将工件正确定位并牢靠地固定在给定位置。因而，机床夹具除了应保证足够的制造精度外，还应有足够的刚度，以抵抗加工时可能产生的变形和振动。

机床夹具在机械加工中起着十分重要的作用，归纳起来，主要表现在以下几方面。

1）缩短辅助时间，提高劳动生产率，降低加工成本。

使用夹具包括两个过程，一是夹具在机床上的安装与调整，二是工件在夹具中的安装。前者可以依靠夹具上的定向键、对刀块等专门装置快速实现，后者则由夹具上专门用于定位的 V 形块、定位环等元件迅速实现。此外，夹具中还可以不同程度地采用高效率的多件、多位、快速、增力、机动等夹紧装置，利用辅助支承等提高工件的刚度，以利于采用较大的切削用量。这样，便可缩短辅助时间，减少机动时间，有效地提高劳动效率，降低加工成本。

2）保证加工精度，稳定加工质量。

采用夹具安装工件，夹具在机床上的安装位置和工件在夹具中的安装位置均已确定，因而工件在加工过程中的位置精度不会受到各种主观因素以及操作者技术水平的影响，加工精度易于得到保证，并且加工质量稳定。

3）降低对工人的技术要求，减轻工人的劳动强度，保证安全生产。

使用专用夹具安装工件，定位方便、准确、快捷，位置精度依靠夹具精度保证，因而可以降低对工人的技术要求；同时夹紧又可采用增力、机动等装置，可以减轻工人的劳动强度。根据加工条件，还可设计防护装置，确保操作者的人身安全。

4）扩大机床的工艺范围，实现"一机多能"。

在批量不太、工件种类和规格较多、机床品种有限的生产条件下，可以通过设计机床夹具改变机床的工艺范围，实现"一机多能"。例如在普通铣床上安装专用夹具铣削成形表面，在车床溜板上或在摇臂钻床上安装镗模可以加工箱体孔系等。

5）在自动化生产和流水线生产中，便于平衡生产节拍。

在加工工艺过程中，特别在自动化生产和流水线生产中，当某些工序所需工时特别长时，可以采用多工位或高效夹具等提高生产率，平衡生产节拍。

不过，机床夹具的作用也存在一定的局限性。

1）专用机床夹具的设计制造周期长。它往往是新产品生产技术准备工作的关键之一，对新产品的研制周期影响较大。

2）对毛坯质量要求较高。因为工件直接安装在夹具中，为了保证定位精度，要求毛坯表面平整，尺寸偏差较小。

3）专用机床夹具主要适用于生产批量较大、产品品种相对稳定的场合。专用机床夹具是针对某个零件、某道工序而专门设计制造的，一旦产品改型，专用夹具便无法使用。因此，当现代机械工业出现多品种、中小批量的发展趋势时，专用夹具往往成为开发新产品、改革老产品的障碍。

知识要点二　机床夹具的分类

机床夹具的种类很多，形状千差万别。为了设计、制造和管理方便，往往按某一属性对机床夹具进行分类。

1. 按夹具的通用特性分类

按这一分类方法，常用的夹具有通用夹具、专用夹具、可调夹具、成组夹具、组合夹具和自动线夹具等类型。它反映夹具在不同生产类型中的通用特性，因此是选择夹具的主要依据。

（1）通用夹具　通用夹具是指结构、尺寸已标准化，且具有一定通用性的夹具，如自定心卡盘、单动卡盘、台虎钳、万能分度头、中心架、电磁吸盘等。其特点是适用性强、不需调整或稍加调整即可装夹一定形状范围内的各种工件。这类夹具已商品化，且成为机床附件。采用这类夹具可缩短生产准备周期，减少夹具品种，从而降低生产成本。其缺点是夹具的加工精度不高，生产率也较低，且较难装夹形状复杂的工件，故适用于单件小批量生产中。

（2）专用夹具　专用夹具是针对某一工件的某一工序的加工要求而专门设计和制造的夹具。其特点是针对性极强，没有通用性。在产品相对稳定、批量较大的生产中，常用各种专用夹具，可获得较高的生产率和加工精度。专用夹具的设计制造周期较长，随着现代多品种及中、小批生产的发展趋势，专用夹具在适应性和经济性等方面已产生许多问题。

（3）可调夹具　可调夹具是针对通用夹具和专用夹具的缺陷而发展起来的一类新型夹具。对不同类型和尺寸的工件，只需调整或更换原来夹具上的个别定位元件和夹紧元件便可使用。它一般又分为通用可调夹具和成组可调夹具两种。通用可调夹具的通用范围大，适用性广，加工对象不太固定。成组可调夹具是专门为成组工艺中某组零件设计的，调整范围仅限于本组内的工件。可调夹具在多品种、小批量生产中得到了广泛应用。

（4）成组夹具　这是在成组加工技术基础上发展起来的一类夹具。它是根据成组加工工艺的原则，针对一组形状相近的零件专门设计的，也是具有通用基础件和可更换调整元件的夹具。从外形上看，这类夹具与可调夹具不易区别，但它与可调夹具相比，具有使用对象明确、设计科学合理、结构紧凑、调整方便等优点。

（5）组合夹具　组合夹具是一种模块化的夹具，并已商品化。标准的模块元件具有较高的精度和耐磨性，可组装成各种夹具，夹具用毕即可拆卸，留待组装新的夹具。由于使用组合夹具可缩短生产准备周期，元件能重复多次使用，并具有可减少专用夹具数量等优点，因此组合夹具在单件、中小批多品种生产和数控加工中，是一种较经济的夹具。

（6）自动线夹具　自动线夹具一般分为两种：一种为固定式夹具，它与专用夹具相似；另一种为随行夹具，使用中夹具随着工件一起运动，并将工件沿着自动线从一个工位移至下一个工位进行加工。

2. 按夹具使用的机床分类

这是专用夹具设计所用的分类方法。按使用的机床分类，可把夹具分为车床夹具、铣床夹具、钻床夹具、镗床夹具、磨床夹具、齿轮机床夹具、数控机床夹具等。

3. 按夹具动力源来分类

按夹具动力源可将夹具分为手动夹具和机动夹具两大类。为减轻劳动强度和确保安全生产，手动夹具应有扩力机构与自锁性能。常用的机动夹具有气动夹具、液压夹具、气液夹具、电动夹具、电磁夹具、真空夹具和离心力夹具等。

知识要点三　机床夹具的组成

虽然机床夹具的种类繁多，但它们的工作原理基本上是相同的。将各类夹具中作用相同的结构或元件加以概括，可得出夹具一般所共有的以下几个组成部分，这些组成部分既相互独立又相互联系。

1. 定位支承元件

定位支承元件的作用是确定工件在夹具中的正确位置并支承工件，是夹具的主要功能元件之一。如图 10-2 中的锯齿头支承钉 2 和挡销 3、4、5。定位支承元件的定位精度直接影响工件的加工精度。

2. 夹紧元件

夹紧元件的作用是将工件压紧夹牢，并保证在加工过程中工件的正确位置不变。如图 10-2 中的压板 6。

3. 连接定向元件

这种元件用于将夹具与机床连接并确定夹具对机床主轴、工作台或导轨的相互位置。如图 10-2 中的定位键 9。

4. 对刀元件或导向元件

这些元件的作用是保证工件加工表面与刀具之间的正确位置。用于确定刀具在加工前正确位置的元件称为对刀元件，如图 10-2 中的对刀块 1；用于确定刀具位置并引导刀具进行加工的元件称为导向元件，如图 10-3 中的快换钻套 1。

5. 其他装置或元件

根据加工需要，有些夹具上还设有分度装置、靠模装置、上下料装置、工件顶出机构、电动扳手和平衡块等，以及标准化了的其他连接元件。

6. 夹具体

夹具体是夹具的基体骨架，用来配置、安装各夹具元件使之组成一个整体。常用的夹具体有铸件结构、锻造结构、焊接结构和装配结构，形状有回转体形和底座形等形状。

上述各组成部分中，定位元件、夹紧元件和夹具体是夹具的基本组成部分。

知识要点四　现代机床夹具的发展方向

1. 现代机械工业的生产特点

随着科学技术的进步和生产力的发展，国民经济各部门不断要求机械工业提供先进的技术装备，研制新的产品品种，以满足国民经济持续发展和人民生活不断提高的需要。这样一来，促使机械工业的生产形式发生了显著的变化，即多品种、中小批量生产逐渐占了优势。国际生产研究协会的统计表明，目前中、小批多品种生产的工件品种已占工件种类总数的 85% 左右。现代生产要求企业所制造的产品品种经常更新换代，以适应市场的需求与竞争。于是，现代企业生产便面临以下问题。

1）通常小批量生产采用先进的工艺方法和专用工艺装备是不经济的，但对于高、精、尖产品而言，不采用这种手段又无法达到规定的技术要求。

2）现行的生产准备工作往往需要较长的时间，花费的人力、物力较大，赶不上产品更新换代的步伐。

3）由于产品更新越来越快，使用传统的专用夹具，势必造成积压和浪费。

为此，除了在产品结构设计和产品生产工艺方面进行改革之外，在工艺装备方面也必须改革其狭隘的专用性，使之适应新的生产特点的需要。

2. 机床夹具的现状

夹具最早出现在18世纪后期。随着科学技术的不断进步，夹具已从一种辅助工具发展成为门类齐全的工艺装备。

在批量生产中，企业都习惯于采用传统的专用夹具，一般在具有中等生产能力的工厂里，约拥有数千甚至近万套专用夹具；在多品种生产的企业中，每隔3~4年就要更新50%~80%的专用夹具，而夹具的实际磨损量仅为10%~20%，这些留下来的夹具往往又很少重复利用，由此造成很大的浪费。这些都是一直困扰企业的现实问题。

近年来，数控机床、加工中心、成组技术、柔性制造系统（FMS）等新加工技术的应用，对机床夹具提出了如下新的要求。

1）能迅速而方便地装备新产品的投产，以缩短生产准备周期，降低生产成本。

2）能装夹一组具有相似性特征的工件。

3）能适用于精密加工的高精度机床夹具。

4）能适用于各种现代化制造技术的新型机床夹具。

5）采用以液压站等为动力源的高效夹紧装置，以进一步降低劳动强度和提高劳动生产率。

6）提高机床夹具的标准化程度。

显然，这些都是摆在工艺技术人员面前的新课题、新任务。

3. 现代机床夹具的发展方向

为了适应现代机械工业向高、精、尖方向发展的需要和多品种、小批量生产的特点，现代机床夹具的发展方向主要表现为标准化、精密化、高效化和柔性化四个方面。

（1）标准化 机床夹具的标准化与通用化是相互联系的两个方面。目前我国已有夹具零件及部件的国家标准有 JB/T 8004.1~8004.10-1999 以及各类通用夹具、组合夹具标准等。机床夹具的标准化有利于夹具的商品化生产，有利于缩短生产准备周期，降低生产总成本。

（2）精密化 随着机械产品精度的日益提高，势必相应提高了对夹具的精度要求。精密化夹具的结构类型很多，例如用于精密分度的多齿盘，其分度精度可达 $\pm 0.1''$；用于精密车削的高精度自定心卡盘，其定心精度为 $5\mu m$。

（3）高效化 高效化夹具主要用来减少工件加工的基本时间和辅助时间，以提高劳动生产率，减轻工人的劳动强度。常见的高效化夹具有自动化夹具、高速化夹具和具有夹紧力装置的夹具等。目前，除了在生产流水线、自动线上配置相应的高效、自动化夹具外，在数控机床上，尤其在加工中心上出现了各种自动装夹工件的夹具以及自动更换夹具的装置，充分发挥了数控机床的效率。

（4）柔性化 机床夹具的柔性化与机床的柔性化相似，它是指机床夹具通过调整、组合等方式，以适应工艺可变因素的能力。工艺的可变因素主要有：工序特征、生产批量、工件的形状和尺寸等。具有柔性化特征的新型夹具种类主要有组合夹具、通用可调夹具、成组夹具、模块化夹具、数控夹具等。为适应现代机械工业多品种、中小批量生产的需要，扩大夹具的柔性化程度，改变专用夹具的不可拆结构为可拆结构，发展可调夹具结构，将是当前夹具发展的主要方向。

第二节　机床夹具设计的基本要求及步骤

知识要点一　机床夹具设计的基本要求

一套优良的机床夹具必须满足下列基本要求。

（1）保证工件的加工精度　保证加工精度的关键，首先在于正确地选定定位基准、定位方法和定位元件，必要时还需进行定位误差分析，还要注意夹具中其他零部件的结构对加工精度的影响，注意夹具应有足够的刚度，多次重复使用的夹具还应注意相关元件的强度和耐磨性，确保夹具能满足工件的加工精度要求。

（2）提高生产率　专用夹具的复杂程度应与生产纲领相适应，应尽量采用各种快速高效的装夹机构，保证操作方便，缩短辅助时间，提高生产率。

（3）工艺性能好　专用夹具的结构应力求简单、合理，便于制造、装配、调整、检验、维修等。专用夹具的制造属于单件生产，当最终精度由调整或修配保证时，夹具上应设置调整和修配结构。

（4）使用性能好　专用夹具的操作应简便、省力、安全可靠。在客观条件允许且又经济适用的前提下，应尽可能采用气动、液压等机械化夹紧装置，以减轻操作者的劳动强度。专用夹具还应排屑方便，必要时可设置排屑结构，防止切屑破坏工件的定位和损坏刀具，防止切屑的积聚带来大量的热量而引起工艺系统变形。

（5）经济性好　专用夹具应尽可能采用标准元件和标准结构，力求结构简单、制造容易，以降低夹具的制造成本和周期。因此，设计时应根据生产纲领对夹具方案进行必要的技术经济分析，以提高夹具在生产中的经济效益。

知识要点二　机床夹具设计的基本步骤

工艺人员应根据生产任务按以下步骤进行夹具设计。

1. 明确设计要求，认真调查研究，收集设计资料

工艺设计人员在获得夹具设计任务书之后，首先应根据任务书提出的任务进行夹具结构设计。在进行夹具结构设计之前，必须先明确设计要求，认真调查研究，收集设计资料，做好以下工作。

1）仔细研究零件工作图、毛坯图及其技术条件。

2）了解零件的生产纲领、投产批量以及生产组织等有关信息。

3）了解工件的工艺规程和本工序的具体技术要求，了解本工序的加工余量和切削用量的选择。

4）了解所使用量具的精度等级和刀具、辅助工具等的型号和规格。

5）了解本企业制造和使用夹具的生产条件和技术现状。

6）了解所使用机床的主要技术参数、性能、规格、精度以及与夹具连接部分结构的联系尺

寸等。

7）准备好设计夹具用的各种标准、工艺规定、典型夹具图册和有关夹具的设计指导资料等。

8）收集国内外有关设计、制造同类型夹具的资料，吸取其中先进而又能结合本企业实际情况的合理部分。

2. 确定夹具的结构方案

在广泛收集和研究有关资料的基础上，再着手拟订夹具的结构方案，根据夹具设计的一般规则，夹具的结构设计过程大致可分解如下：

1）确定定位方案；
2）确定夹紧方案；
3）确定刀具导向方案；
4）确定对定方案；
5）设计夹具体；
6）绘制夹具装配图。

知识要点三　机床夹具图样设计

1. 夹具总装图的设计

确认工件定位、工件夹紧、刀具导向、夹具体和夹具连接元件等装置的设计方案之后，即进入夹具总装图的设计。夹具总装图通常按定位元件、夹紧装置、刀具导向装置、夹具体等结构顺序绘制，应特别注意表达清楚定位元件、夹紧装置、夹具体的装配关系。

绘制夹具总装图通常按以下步骤进行。

1）遵循国家制图标准，绘图比例应尽可能选取1:1，根据工件的大小，也可用较大或较小的比例；通常选取操作位置为主视图，以便使所绘制的夹具总装图具有良好的直观性；视图剖面应尽可能少，但必须能够清楚地表达夹具各部分的结构。

2）用双点画线绘出工件轮廓外形、定位基准和加工表面。将工件轮廓线视为"透明体"，并用网纹线表示出加工余量。

3）根据工件定位基准的类型和主次，选择合适的定位元件，合理布置定位点，以满足定位设计的相容性。

4）根据定位对夹紧的要求，按照夹紧五原则选择最佳夹紧状态及技术经济合理的夹紧系统，画出夹紧工件的状态。对空行程较大的夹紧机构，还应用双点画线画出放松位置，以表示出夹具和其他部分的关系。

5）围绕工件的几个视图依次绘出对刀、导向元件以及定位键等。

6）最后绘制出夹具体及连接元件，把夹具的各组成元件和装置连成一体。

7）确定并标注有关尺寸。夹具总图上应标注的尺寸有以下五类。

① 夹具的轮廓尺寸：即夹具的长、宽、高尺寸。若夹具上有可动部分，应包括可动部分极限位置所占的空间尺寸。

② 工件与定位元件的联系尺寸：常指工件以孔在心轴或定位销上（或工件以外圆在内孔中）定位时，工件定位表面与夹具上定位元件间的配合尺寸。

③ 夹具与刀具的联系尺寸：用来确定夹具上对刀、导引元件位置的尺寸。对于铣、刨床夹具，是指对刀元件与定位元件的位置尺寸；对于钻、镗床夹具，则是指钻（镗）套与定位元件间的位置尺寸，钻（镗）套之间的位置尺寸，以及钻（镗）套与刀具导向部分的配合尺寸等。

④ 夹具内部的配合尺寸：它们与工件、机床、刀具无关，主要是为了保证夹具安装后能满足规定的使用要求。

⑤ 夹具与机床的联系尺寸：用于确定夹具在机床上正确位置的尺寸。对于车、磨床夹具，主要是指夹具与主轴端的配合尺寸；对于铣、刨床夹具，则是指夹具上的定位键与机床工作台上的 T 形槽的配合尺寸。标注尺寸时，常以夹具上的定位元件作为相互位置尺寸的基准。

上述尺寸公差的确定可分为两种情况处理：一是夹具上定位元件之间，对刀、导引元件之间的尺寸公差，直接对工件上相应的加工尺寸发生影响，因此可根据工件的加工尺寸公差确定，一般可取工件加工尺寸公差的 1/5～1/3；二是定位元件与夹具体的配合尺寸公差，夹紧装置各组成零件间的配合尺寸公差等，则应根据其功用和装配要求，按一般公差与配合原则确定。

8) 规定总图上应控制的精度项目，标注相关的技术条件。夹具的安装基面、定位键侧面以及与其相垂直的平面（称为三基面体系）是夹具的安装基准，也是夹具的测量基准，因而应该以此作为夹具的精度控制基准来标注技术条件。在夹具总图上应标注的技术条件（位置精度要求）有如下几个方面。

① 定位元件之间或定位元件与夹具体底面间的位置要求，其作用是保证工件加工面与工件定位基准面间的位置精度。

② 定位元件与连接元件（或找正基面）间的位置要求。

③ 对刀元件与连接元件（或找正基面）间的位置要求。

④ 定位元件与导引元件间的位置要求。

⑤ 夹具在机床上安装时的位置精度要求。

上述技术条件是保证工件相应的加工要求所必需的，其数值应取工件相应技术要求所规定数值的 1/5～1/3。当工件没注明要求时，夹具上的那些主要元件间的位置公差可以按经验取为 0.02mm/100mm～0.05mm/100mm，或在全长上不大于 0.03～0.05mm。

9) 编制零件明细表。夹具总装图上还应画出零件明细表和标题栏，写明夹具名称及零件明细表上所规定的内容。

2. 夹具零件工作图的设计

夹具总装图绘制完毕后，对夹具上的非标准件要绘制零件工作图。

零件工作图是设计部门提交给生产部门的重要技术文件。它不仅反映设计意图，而且还表达各种技术要求，完整、准确、清晰地绘制零件图是保证夹具质量的基础。

夹具零件工作图必须表达以下内容。

1) 用一组合适的视图表达零件的形状和结构；零件工艺结构性应合理，应便于制造和检验。

2) 完整、清晰地标注零件尺寸及其配合公差。

3) 应选择合适的材料及其热处理方法。

4) 规定相应的技术要求，对定位元件和导向元件尤其要规定得合理、正确。

零件工作图的绘制和标注都必须完全遵循国家标准。

在夹具设计图样全部绘制完毕后，还有待于精心制造和使用来验证设计的科学性。经试用后，有时还可能要对原设计做必要的修改。因此，要获得完善的、优秀的夹具设计结果，设计人员通常应参与夹具的制造、装配、鉴定和使用的全过程。

思考与练习题

10-1 在机械加工中，机床夹具能起到哪些作用？有哪些局限性？

10-2 机床夹具通常由哪些部分组成？各组成部分的功能是什么？

10-3 举例说明正确装夹工件与机床夹具的关系。

10-4 试述机床夹具设计的基本要求。

10-5 现代机床夹具的发展方向是什么？

10-6 绘制夹具总装图应按哪些步骤进行？夹具零件工作图应表达哪些内容？

第十一章 工件的定位与夹紧
CHAPTER 11

教 学 导 航

【知识目标】

1. 掌握工件定位的基本原理，熟悉工件定位中的约束分析；熟悉工件定位中的定位基准、定位误差分析方法；熟悉常用定位元件的定位原理及其设计方法。

2. 熟悉夹紧装置的组成，掌握夹紧装置的设计原则；熟悉确定夹紧力的基本原则，熟悉夹紧力装置结构；熟悉夹紧装置的设计要求，掌握夹紧装置的设计方法。

【能力目标】

1. 通过学习工件定位的基本原理以及常用定位元件的定位原理，学会选用定位元件，掌握定位元件的设计方法；通过进行定位中的约束分析，掌握定位误差分析方法。

2. 通过夹紧装置设计原则及设计范例的学习，具备选用夹紧机构和设计中等难度的夹紧装置的能力。

【学习重点】

1. 工件定位的基本原理；工件定位中的约束分析；工件定位中的定位基准、定位误差分析方法。

2. 夹紧装置的设计要求、设计原则及其设计方法；确定夹紧力的基本原则。

【学习难点】

1. 工件定位中的定位误差分析方法。

2. 夹紧力的确定。

第一节　工件的定位

知识要点一　工件定位的基本原理

夹具设计最主要的任务就是在一定精度范围内将工件定位。工件的定位就是使一批工件每次放置到夹具中都能占据同一位置。

一个尚未定位的工件，其位置是不确定的，这种位置的不确定性称为自由度。如果将工件假设为一个理想刚体，并将其放在一个空间直角坐标系中，以此坐标系作为参照系来观察刚体位置和方位的变动。由刚体运动学可知，一个自由刚体，在空间有且仅有六个自由度。图 11-1 所示的工件，它在空间的位置是任意的，即它既能沿 Ox、Oy、Oz 三个坐标轴移动，称为移动自由度，分别表示为 $\vec{x}$、$\vec{y}$、$\vec{z}$；又能绕 Ox、Oy、Oz 三个坐标轴转动，称为转动自由度，分别表示为 $\hat{x}$、$\hat{y}$、$\hat{z}$。

图 11-1　工件的六个自由度
a）矩形工件　b）圆柱形工件

由上可知，如果要使一个自由刚体在空间有一个确定的位置，就必须设置相应的六个约束，分别约束刚体的六个运动自由度。在讨论工件的定位时，工件就是所指的自由刚体。如果工件的六个自由度都加以约束了，工件在空间的位置也就完全被确定下来了。因此，定位实质上就是约束工件的自由度。

分析工件定位问题时，通常是用一个支承点约束工件的一个自由度。用合理设置的六个支承点，约束工件的六个自由度，使工件在夹具中的位置完全确定，这就是六点定位原理。

例如在如图 11-2a 所示的矩形工件上铣削半封闭式矩形槽时，为保证加工尺寸 A，可在其底面设置三个不共线的支承点 1、2、3，如图 11-2b 所示，约束工件的三个自由度 $\vec{z}$、$\hat{y}$、$\hat{z}$；为了保证 B 尺寸，在侧面设置两个支承点 4、5，约束 $\vec{y}$、$\hat{z}$ 两个自由度；为了保证 C 尺寸，在端面设置一个支承点 6，约束 $\vec{x}$ 自由度。于是工件的六个自由度全部被约束了，实现了六点定位。在具体的夹具中，支承点是由定位元件来体现的。如图 11-2c 所示，为了将矩形工件定位，设置了六个支承钉。

图 11-2　矩形工件定件
a）工件　b）定位分析　c）支承点布置

对于圆柱形工件，如图 11-3a 所示，可在外圆柱表面上设置四个支承点 1、3、4、5，约束 $\vec{y}$、$\vec{z}$、$\hat{y}$、$\hat{z}$ 四个自由度；槽侧设置一个支承点 2，约束 $\hat{x}$ 一个自由度；端面设置一个支承点 6，约束 $\vec{x}$ 一个自由度；工件实现完全定位。为了在外圆柱面上设置四个支承点，一般采用 V 形块，如图 11-3b 所示。

通过上述分析，说明了六点定位原理的几个主要问题。

1）定位支承点是定位元件抽象而来的。在夹具的实际结构中，定位支承点是通过具体的定位元件体现的，即支承点不一定用点或销的顶端，而常用面或线来代替。根据数学概念可知，两个点决定一条直线，三个点决定一个平面，即一条直线可以代替两个支承点，一个平面可代替三个支承点。在具体应用时，还可用窄长的平面（条形支承）代替直线，用较小的平面来替代点。

2）定位支承点与工件定位基准面始终保持接触，才能起到约束自由度的作用。

图 11-3　圆柱形工件定位

3）分析定位支承点的定位作用时，不考虑力的影响。工件的某一自由度被约束，是指工件在某个坐标方向有了确定的位置，并不是指工件在受到使其脱离定位支承点的外力时不能运动。使工件在外力作用下不能运动，要靠夹紧装置来完成。

知识要点二　工件定位中的约束

运用六点定位原理可以分析和判别夹具中定位结构是否正确，布局是否合理，约束条件是否满足。

根据工件自由度被约束的情况，工件定位可分为以下几种类型。

1. 完全定位

完全定位是指工件的六个自由度不重复地被全部约束的定位。当工件在 x、y、z 三个坐标方向均有尺寸要求或位置精度要求时，一般采用这种定位方式，如图 11-2 所示。

2. 不完全定位

根据工件的加工要求，有时并不需要约束工件的全部自由度，这样的定位方式称为不完全定位。图 11-4a 所示为在车床上加工通孔，根据加工要求，不需约束 $\vec{y}$ 和 $\hat{y}$ 两个自由度，所以用自定心卡盘夹持约束其余四个自由度，就可以实现四点定位。图 11-4b 所示为平板工件磨平面，工件只有厚度和平行度要求，只需约束 $\vec{z}$、$\hat{x}$、$\hat{y}$ 三个自由度，在磨床上采用电磁工作台就能实现三点定位。由此可知，工作在定位时应该约束的自由度数目应由工序的加工要求而定，不影响加工精度的自由度可以不加约束。采用不完全定位可简化定位装置，因此不完全定位在实际生产中也广泛应用。

图 11-4　不完全定位示例

3. 欠定位

根据工件的加工要求，应该约束的自由度没有完全被约束的定位称为欠定位。欠定位无法保

证加工要求，因此在确定工件在夹具中的定位方案时，决不允许有欠定位的现象产生。如在如图
11-2 所示中不设端面支承 6，则在一批工件上半封闭槽的长度就无法保证；如缺少侧面两个支承
点 4、5 时，则工件上 B 的尺寸和槽与工件侧面的平行度均无法保证。

4. 过定位

夹具上的两个或两个以上的定位元件重复约束
同一个自由度的现象，称为过定位。如图 11-5a 所
示，要求加工平面对 A 面的垂直度公差为 0.04mm。
若用夹具的两个大平面实现定位，那么工件的 A 面
被约束 $\vec{z}$、$\hat{x}$、$\hat{y}$ 三个自由度，B 面被约束了 $\vec{z}$、$\hat{x}$、
$\hat{y}$ 三个自由度，其中 $\hat{y}$ 自由度被 A、B 面同时重复约
束。由图可见，当工件处于加工位置"Ⅰ"时，可
保证垂直度要求；而当工件处于加工位置"Ⅱ"时
不能保证此要求。这种随机的误差造成了定位的不

图 11-5 过定位及消除方法示例
a）过定位 b）改变定位结构

稳定，严重时会引起定位干涉，因此应该尽量避免和消除过定位现象。

消除或减少过定位引起的干涉，一般有两种方法：一是改变定位元件的结构，如缩小定位元
件工作面的接触长度；或者减小定位元件的配合尺寸，增大配合间隙等；二是控制或者提高工件
定位基准之间以及定位元件工作表面之间的位置精度。若如图 11-5b 所示，把定位的面接触改为
线接触，则消除了引起过定位的自由度 $\hat{y}$。

知识要点三　工件定位中的定位基准

1. 定位基准的基本概念

在研究和分析工件定位问题时，定位基准的选择是一个关键问题。定位基准就是在加工中用
作定位的基准。一般说来，工件的定位基准一旦被选定，则工件的定位方案也基本上被确定。定
位方案是否合理，直接关系到工件的加工精度能否保证。如图 11-6 所示，轴承座是用底面 A 和
侧面 B 来定位的。因为工件是一个整体，表面 A 和 B 的位置一旦确定，$\phi20H7$ 内孔轴线的位置
也就确定了。表面 A 和 B 就是轴承座的定位基准。

工件定位时，作为定位基准的点和线，往往由某些
具体表面体现出来，这种表面称为定位基面。例如用两
顶尖装夹车轴时，轴的两中心孔就是定位基面。但它体
现的定位基准是轴的轴线。

2. 定位基准的分类

根据定位基准所约束的自由度数，可将其分为以下
几类。

（1）主要定位基面　如图 11-3 中的 xOy 平面设置三
个支承点，约束了工件的三个自由度，这样的平面称为
主要定位基面。一般应选择较大的表面作为主要定位基面。

图 11-6 工件的定位基准

（2）导向定位基面　如图 11-2 中的 xOz 平面设置两个支承点，约束了工件的两个自由度，
这样的平面或圆柱面称为导向定位基面。该基准面应选取工件上窄长的表面，而且两支承点间的
距离应尽量远些，以保证对 $\vec{z}$ 的约束精度。由图 11-7 可知，由支承销的高度误差 Δh 引起工件的
转角误差 $\Delta\theta$。显然，L 越长，转角误差 $\Delta\theta$ 就越小。

（3）双导向定位基面　约束工件四个自由度的圆柱面，称为双导向定位基面，如图 11-8 所示。

（4）双支承定位基面　约束工件两个移动自由度的圆柱面，称为双支承定位基面，如图 11-9 所示。

（5）止推定位基面　约束工件一个移动自由度的表面，称为止推定位基面。如图 11-2 中的 yOz 平面上只设置了一个支承点，它只约束了工件沿 x 轴方向的移动。在加工过程中，工件有时要承受切削力和冲击力等，可以选取工件上窄小且与切削力方向相对的表面作为止推定位基面。

图 11-7　导向定位支承与转角误差的关系

图 11-8　双导向定位

图 11-9　双支承定位

（6）防转定位基面　约束工件一个转动自由度的表面，称为防转定位基面。如图 11-3 中轴的通槽侧面设置了一个防转销，它约束了工件沿 x 轴的转动，减小了工件的角度定位误差。防转支承点距离工件安装后的回转轴线应尽量远些。

知识要点四　定位误差分析

六点定位原理解决了约束工件自由度的问题，即解决了工件在夹具中位置"定与不定"的问题。但是，由于一批工件逐个在夹具中定位时，各个工件所占据的位置不完全一致，即出现工件位置定得"准与不准"的问题。如果工件在夹具中所占据的位置不准确，加工后各工件的加工尺寸必然大小不一，形成误差。这种只与工件定位有关的误差称为定位误差，用 Δ_D 表示。

在工件的加工过程中，产生误差的因素很多，定位误差仅是加工误差的一部分，为了保证加工精度，一般限定定位误差不超过工件加工公差 T 的 $1/5 \sim 1/3$，即

$$\Delta_D \leqslant (1/5 \sim 1/3)T \tag{11-1}$$

式中　Δ_D——定位误差，单位为 mm；

T——工件的加工误差，单位为 mm。

1. 定位误差产生的原因

工件逐个在夹具中定位时，各个工件的位置不一致的原因主要是基准不重合，而基准不重合又分为两种情况：一是定位基准与限位基准不重合产生的基准位移误差；二是定位基准与工序基准不重合产生的基准不重合误差。

（1）基准位移误差 Δ_Y 由于定位副的制造误差或定位副配合间隙所导致的定位基准在加工尺寸方向上的最大位置变动量，称为基准位移误差，用 Δ_Y 表示。不同的定位方式，基准位移误差的计算方式也不同。

如图 11-10 所示，工件以圆柱孔在心轴上定位铣键槽，要求保证尺寸内 $b^{+\delta_b}_0$ 和 $a^{\;0}_{-\delta_a}$。其中尺寸 $b^{+\delta_b}_0$ 由铣刀保证，而尺寸 $a^{\;0}_{-\delta_a}$ 按心轴中心调整的铣刀位置保证。如果工件内孔直径与心轴外圆直径做成完全一致，作无间隙配合，即孔的中心线与轴的中心线位置重合，则不存在因定位引起的误差。但实际上，如图 11-10 所示，心轴和工件内孔都有制造误差。于是工件套在心轴上必然会有间隙，孔的中心线与轴的中心线位置不重合，导致这批工件的加工尺寸 $a^{\;0}_{-\delta_a}$ 中附加了工件定位基准变动误差，其变动量即为最大配合间隙，可按下式计算

$$\Delta_Y = a_{max} - a_{min} = (D_{max} - d_{min})/2 = (\delta_D + \delta_d)/2 \tag{11-2}$$

式中 Δ_Y——基准位移误差，单位为 mm；

　　D_{max}——孔的最大直径，单位为 mm；

　　d_{min}——轴的最小直径，单位为 mm。

　　δ_D——工件孔的最大直径公差，单位为 mm；

　　δ_d——圆柱心轴或圆柱定位销的直径公差，单位为 mm。

基准位移误差的方向是任意的。减小定位配合间隙，即可减小基准位移误差 Δ_Y 值，以提高定位精度。

图 11-10　基准位移产生定位误差

（2）基准不重合误差 Δ_B 如图 11-11 所示，加工尺寸 h 的基准是外圆柱面的母线，但定位基准是工件圆柱孔中心线。这种由于工序基准与定位基准不重合所导致的工序基准在加工尺寸方向上的最大位置变动量，称为基准不重合误差，用 Δ_B 表示。此时除定位基准位移误差外，还有基准不重合误差。在图 11-11 中，基准位移误差应为 $\Delta_Y = (\delta_D + \delta_{d0})/2$，基准不重合误差则为

$$\Delta_B = \delta_d/2 \tag{11-3}$$

式中 Δ_B——基准不重合误差，单位为 mm；

　　δ_d——工件的外圆面直径公差，单位为 mm。

因此，尺寸 h 的定位误差为

$$\Delta_D = \Delta_Y + \Delta_B = (\delta_D + \delta_{d0})/2 + \delta_d/2$$

计算基准不重合误差时，应注意判别定位基准和工序基准。当基准不重合误差由多个尺寸影响时，应将其在工序尺寸方向上合成。

基准不重合误差的一般计算式为

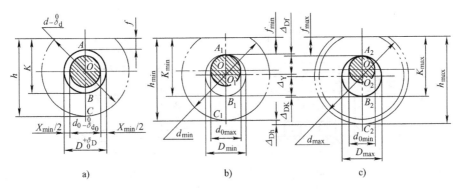

图 11-11　基准不重合产生定位误差

$$\Delta_B = \Sigma\delta_i\cos\beta \tag{11-4}$$

式中　δ_i——定位基准与工序基准间的尺寸链组成环的公差，单位为 mm；

　　　β——δ_i 的方向与加工尺寸方向间的夹角，单位为（°）。

2. 定位误差的计算

计算定位误差时，可以分别求出基准位移误差和基准不重合误差，再求出它们在加工尺寸方向上的矢量和；也可以按最不利情况，确定工序基准的两个极限位置，根据几何关系求出这两个位置的距离，将其投影到加工方向上，求出定位误差。

1）$\Delta_B = 0$、$\Delta_Y \neq 0$ 时，产生定位误差的原因是基准位移误差，故只要计算出 Δ_Y 即可，即

$$\Delta_D = \Delta_Y \tag{11-5}$$

例 11-1　如图 11-12 所示，用单角度铣刀铣削斜面，求加工尺寸为 39 ± 0.04mm 的定位误差。

【解】　由图可知，工序基准与定位基准重合，$\Delta_B = 0$。

根据 V 形块定位的计算公式，得到沿 z 方向的基准位移误差为

$$\Delta_Y = \delta_d\sin(\alpha/2)/2 = 0.707\delta_d/2$$

$$= 0.707 \times 0.04\text{mm} = 0.028\text{mm}$$

将 Δ_Y 值投影到加工尺寸方向，则

$$\Delta_D = \Delta_Y\cos30°$$

$$= 0.028 \times 0.866\text{mm} = 0.024\text{mm}$$

2）$\Delta_B \neq 0$、$\Delta_Y = 0$ 时，产生定位误差的原因是基准不重合误差 Δ_B，故只要计算出 Δ_B 即可，即

$$\Delta_D = \Delta_B \tag{11-6}$$

图 11-12　定位误差计算示例之一

例 11-2　如图 11-13 所示以 B 面定位，铣工件上的台阶面 C，保证尺寸 20 ± 0.15mm，求加工尺寸为 20 ± 0.15mm 的定位误差。

【解】　由图可知，以 B 面定位加工 C 面时，平面 B 与支承接触好，$\Delta_Y = 0$。

由图 11-13a 可知，工序基准是 A 面，定位基准是 B 面，故基准不重合。

按式（11-4）得　　　　　　　$\Delta_B = \Sigma\delta_i\cos\beta$

$$= 0.28 \times \cos0°\text{mm} = 0.28\text{mm}$$

因此　　　　　　　　　　$\Delta_D = \Delta_B = 0.28\text{mm}$

而加工尺寸 20 ± 0.15mm 的公差为 0.30mm，留给其他的加工误差仅为 0.02mm，在实际加

图 11-13　定位误差计算示例之二

工中难以保证。为保证加工要求，可在前工序加工 A 面时，提高加工精度，减小工序基准与定位基准之间的联系尺寸的公差值。也可以改为如图 11-13b 所示的定位方案，使工序基准与定位基准重合，则定位误差为零。但改为新的定位方案后，工件需从下向上夹紧，夹紧方案不够理想，且使夹具结构复杂。

3）$\Delta_B \neq 0$、$\Delta_Y \neq 0$ 时，造成定位误差的原因是相互独立的因素（δ_d、δ_D、δ_i 等），应将两项误差相加，即

$$\Delta_D = \Delta_B + \Delta_Y \tag{11-7}$$

图 11-11 所示即属此类情况。

综上所述，工件在夹具上定位时，因定位基准发生位移、定位基准与工序基准不重合产生定位误差。基准位移误差和基准不重合误差分别独立、互不相干，它们都使工序基准位置产生变动。定位误差包括基准位移误差和基准不重合误差。当无基准位移误差时，$\Delta_Y = 0$；当定位基准与工序基准重合时，$\Delta_B = 0$；若两项误差都没有，则 $\Delta_D = 0$。分析和计算定位误差的目的，是为了对定位方案能否保证加工要求有一个明确的定量概念，以便对不同定位方案进行分析比较，同时也是决定定位方案的一个重要依据。

3. 组合表面定位及其误差分析

以上所述的常见定位方式，多为以单一表面作为定位基准，但在实际生产中，通常都以工件上的两个或两个以上的几何表面作为定位基准，即采用组合定位方式。

组合定位方式很多，常见的组合方式有：一个孔及其端面，一根轴及其端面，一个平面及其上的两个圆孔。生产中最常用的就是"一面两孔"定位，如加工箱体、杠杆、盖板支架类零件。采用"一面两孔"定位，容易做到工艺过程中的基准统一，保证工件的相对位置精度。

工件采用"一面两孔"定位时，两孔可以是工件结构上原有的，也可以是定位需要专门设计的工艺孔。相应的定位元件是支承板和两定位销。当两孔的定位方式都选用短圆柱销时，支承板约束工件的三个自由度；两短圆柱销分别约束工件的两个自由度；有一个自由度被两短圆柱销重复约束，产生过定位现象，严重时会产生工件不能安装的现象。因此，必须正确处理过定位，并控制各定位元件对定位误差的综合影响。为使工件能方便地安装到两短圆柱销上，可把一个短圆柱销改为菱形销，采用一圆柱销、一菱形销和一支承板的定位方式，这样可以消除过定位现象，提高定位精度，有利于保证加工质量。

（1）两圆柱销一支承板的定位方式　如图 11-14 所示，要在连杆盖上钻四个定位销孔。按照加工要求，用平面 A 及直径为 $\phi 12^{+0.027}_{0}$ mm 的两个螺栓孔定位。工件以支承板平面作为主要定位基准，约束工件的三个自由度；采用两个短圆柱销与两定位孔配合时，将使沿连心线方向的自

由度被重复约束，出现过定位。

当工件的孔间距 $\left(L \pm \dfrac{\delta_{LD}}{2}\right)$ 与夹具的销间

距 $\left(L \pm \dfrac{\delta_{Ld}}{2}\right)$ 的公差之和大于工件两定位孔

$(D_1 、 D_2)$ 与夹具两定位销 $(d_1 、 d_2)$ 之间
的间隙之和时，将妨碍部分工件的装入。要
使同一工序中的所有工件都能顺利地装卸，
必须满足下列条件：当工件两孔径为最小
$(D_{1\min} 、 D_{2\min})$、夹具两销径为最大 $(d_{1\max} 、$

$d_{2\max})$、孔间距为最大 $\left(L + \dfrac{\delta_{LD}}{2}\right)$、销间距为

最小 $\left(L - \dfrac{\delta_{Ld}}{2}\right)$，或者孔间距为最小 $\left(L - \dfrac{\delta_{LD}}{2}\right)$、

销间距为最大 $\left(L + \dfrac{\delta_{Ld}}{2}\right)$ 时，D_1 与 d_1、D_2 与 d_2

图 11-14　连杆盖工序图

之间仍有最小间隙 $X_{1\min}$、$X_{2\min}$ 存在，如图 11-15 所示。

图 11-15　两圆柱销定位时工件顺利装卸的条件

由图 11-15a 可以看出，为了满足上述条件，第二销与第二孔不能采用标准配合，第二销的
直径应缩小 (d'_2)，连心线方向的间隙应增大。缩小后的第二销的最大直径为

$$\frac{d'_{2\max}}{2} = \frac{D_{2\min}}{2} - \frac{X_{2\min}}{2} - O_2 O'_2$$

式中　$X_{2\min}$——第二销与第二孔采用标准配合时的最小间隙。

从图 11-15a 可得

$$O_2 O'_2 = \left(L + \frac{\delta_{Ld}}{2}\right) - \left(L - \frac{\delta_{LD}}{2}\right) = \frac{\delta_{Ld}}{2} + \frac{\delta_{LD}}{2}$$

因此得出

$$\frac{d'_{2max}}{2} = \frac{D_{2min}}{2} - \frac{X_{2min}}{2} - \frac{\delta_{Ld}}{2} - \frac{\delta_{LD}}{2}$$

从图 11-15b 也可得到同样的结果。

所以

$$d'_{2max} = D_{2min} - X_{2min} - \delta_{Ld} - \delta_{LD}$$

这就是说，要满足工件顺利装卸的条件，直径缩小后的第二销与第二孔之间的最小间隙应达到

$$X'_{2min} = D_{2min} - d'_{2max} = \delta_{LD} + \delta_{Ld} + X_{2min} \tag{11-8}$$

这种缩小一个定位销的方法，虽然能实现工件的顺利装卸，但增大了工件的转动误差，因此只能在加工要求不高的情况下使用。

（2）一圆柱销一削边销一支承板的定位方式　采用如图 11-16 所示的方法，不缩小定位销的直径，而是将定位销"削边"，也能增大连心线方向的间隙。削边量越大，连心线方向的间隙也越大。当间隙达到 $a = \frac{X'_{2min}}{2}$（单位为 mm）时，便可满足工件顺利装卸的条件。由于这种方法只增大连心线方向的间隙，不增大工件的转动误差，因而定位精度较高。

图 11-16　削边销的厚度

根据式（11-8）得

$$a = \frac{X'_{2min}}{2} = \frac{\delta_{LD} + \delta_{Ld} + X_{2min}}{2}$$

实际应用时，可取

$$a = \frac{X'_{2min}}{2} = \frac{\delta_{LD} + \delta_{Ld}}{2} \tag{11-9}$$

由图 11-16 得

$$OA^2 - AC^2 = OB^2 - BC^2 \tag{11-10}$$

而

$$OA = \frac{D_{2min}}{2}, \quad AC = a + \frac{b}{2}, \quad BC = \frac{b}{2}, \quad OB = \frac{d_{2max}}{2} = \frac{D_{2min} - X_{2min}}{2}$$

代入式（11-10）得

$$\left(\frac{D_{2min}}{2}\right)^2 - \left(a + \frac{b}{2}\right)^2 = \left(\frac{D_{2min} - X_{2min}}{2}\right)^2 - \left(\frac{b}{2}\right)^2$$

于是求得

$$b = \frac{2D_{2min}X_{2min} - X_{2min}^2 - 4a^2}{4a}$$

由于 X_{2min}^2 和 $4a^2$ 的数值都很小，可忽略不计，所以

$$b = \frac{D_{2min}X_{2min}}{2a} \tag{11-11}$$

或者

$$X_{2min} = \frac{2ab}{D_{2min}} \tag{11-12}$$

削边销已经标准化，其结构如图 11-17 所示。B 型结构简单，容易制造，但刚性较差。A 型又名菱形销，应用较广，其尺寸见表 11-1。削边销的有关参数可查夹具标准。

A 型   B 型

图 11-17   削边销的结构

表 11-1   菱形销的尺寸

d	>3 ~6	>6 ~8	>8 ~20	>20 ~24	>24 ~30	>30 ~40	>40 ~50
B	$d-0.5$	$d-1$	$d-2$	$d-3$	$d-4$	$d-5$	$d-6$
b_1	1	2	3	3	3	4	5
b	2	3	4	5	5	6	8

工件以一面两孔定位、夹具以一面两销限位时，基准位移误差由直线位移误差和角度位移误差组成。其角度位移误差的计算为：

1）设两定位孔同方向移动时，定位基准（两孔中心连线）的转角（图 11-18a）为 $\Delta\beta$，则

a)

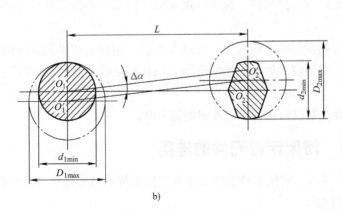

b)

图 11-18   一面两孔定位时定位基准的转动

$$\Delta\beta = \arctan \frac{O_2 O_2' - O_1 O_1'}{L} = \arctan \frac{X_{2\max} - X_{1\max}}{2L} \tag{11-13}$$

2）设两定位孔反方向移动时，定位基准的转角（图 11-18b）为 $\Delta\alpha$，则

$$\Delta\alpha = \arctan \frac{O_2 O_2' + O_1 O_1'}{L} = \arctan \frac{X_{2\max} + X_{1\max}}{2L} \tag{11-14}$$

第二节　定位装置的设计

工件在夹具中要想获得正确定位，首先应正确选择定位基准，其次是选择合适的定位元件。工件定位时，工件定位基准和夹具的定位元件接触形成定位副。

知识要点一　对定位元件的基本要求

设计夹具时，对定位元件的基本要求是：

（1）限位表面应有足够的精度　定位元件具有足够的精度，才能保证工件的定位精度。

（2）限位表面应有较好的耐磨性　由于定位元件的工作表面经常与工件接触和摩擦，容易磨损，为此要求定位元件限位表面的耐磨性要好，以保持夹具的使用寿命和定位精度。

（3）支承元件应有足够的强度和刚度　定位元件在加工过程中，受工件重力、夹紧力和切削力的作用，因此要求定位元件应有足够的刚度和强度，避免使用中变形和损坏。

（4）定位元件应有较好的工艺性　定位元件应力求结构简单、合理，便于制造、装配和更换。

（5）定位元件应便于清除切屑　定位元件的结构和工作表面形状应有利于清除切屑，以防切屑嵌入夹具内影响加工和定位精度。

知识要点二　常用定位元件所能约束的自由度

常用定位元件可按工件典型定位基准面分为以下几类。

（1）用于平面定位的定位元件　包括固定支承（钉支承和板支承）、自位支承、可调支承和辅助支承。

（2）用于外圆柱面定位的定位元件　包括 V 形块、定位套和半圆定位座等。

（3）用于孔定位的定位元件　包括定位销（圆柱定位销和圆锥定位销）、圆柱心轴和小锥度心轴。

常用定位元件所能限制的自由度请查阅相关手册。

知识要点三　常用定位元件的选用

选用常用定位元件时，应按工件定位基面和定位元件的结构特点进行选择。

1. 工件以平面定位

1）以面积较小的已经加工的基准平面定位时，选用平头支承钉，如图 11-19a 所示；基准面粗糙不平或以毛坯面定位时，选用圆头支承钉，如图 11-19b 所示；以侧面定位时，可选用网状

支承钉，如图 11-19c 所示。

2）以面积较大、平面度精度较高的基准平面定位时，选用支承板定位元件，如图 11-20 所示。用于侧面定位时，可选用不带斜槽的支承板，如图 11-20a 所示；通常尽可能选用带斜槽的支承板，以利于清除切屑，如图 11-20b 所示。

3）以毛坯面、阶梯平面和环形平面作为基准平面定位时，选用自位支承定位元件，如图 11-21 所示。但须注意，自位支承虽有两个或三个支承点，但由于自位和浮动作用只能作为一个支承点。

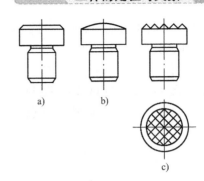

图 11-19　支承钉

a）平头支承钉　b）圆头支承钉

c）网状支承钉

图 11-20　支承板

a）不带斜槽的支承板　b）带斜槽的支承板

图 11-21　自位支承

4）以毛坯面作为基准平面，调节时可按定位面质量和面积大小分别选用如图11-22a、b、c所示的可调支承作为定位元件。

5）当工件定位基准面需要提高定位刚度、稳定性和可靠性时，可选用辅助支承作为辅助定位元件，如图11-23、图11-24、图11-25所示。但须注意，辅助支承不起限制工件自由度的作用，且每次加工均需重新调整支承点高度，支承位置应选在有利于工件承受夹紧力和切削力之处。

图 11-22 可调支承

a）圆头可调支承 b）锥顶可调支承 c）网状平头可调支承

1—调整螺钉 2—紧固螺母

图 11-23 辅助支承提高工件的刚度和稳定性

1—工件 2—短定位销 3—支承环 4—辅助支承

图 11-24 辅助支承起预定位作用

图 11-25 辅助支承的类型

a）螺旋式辅助支承 b）推引式辅助支承 c）自位式辅助支承 d）液压锁定辅助支承

2. 工件以外圆柱定位

1）当工件的对称度要求较高时，可选用V形块定位。V形块工作面间的夹角 α 常取60°、90°、120°三种，其中应用最多的是90°V形块。90°V形块的典型结构和尺寸已标准化，使用时可根据定位圆柱面的长度和直径进行选择。V形块结构有多种形式，图 11-26a 所示 V 形块适用于较长的加工过的圆柱面定位；图 11-26b 所示 V 形块适于较长的粗糙圆柱面的定位；图 11-26c 所示 V 形块适用于尺寸较大的圆柱面定位，这种 V 形块底座采用铸件，V 形面采用淬火钢件，V 形块是由两者镶合而成的。

图 11-26　V 形块

a）长圆柱面定位　b）较粗糙圆柱面定位　c）大尺寸圆柱面定位

2）当工件定位圆柱面精度较高（一般不低于 IT8）时，可选用定位套或半圆形定位座定位。大型轴类和曲轴等不宜以整个圆孔定位的工件，可选用半圆定位座，如图 11-27 所示。

3. 工件以内孔定位

1）工件上定位内孔较小时，常选定位销作为定位元件。圆柱定位销的结构和尺寸已标准化，不同直

图 11-27　半圆定位座

径的定位销有其相应的结构形式，可根据工件定位内孔的直径选用。当工件圆柱孔用孔端边缘定位时，需选用圆锥定位销，如图 11-28 所示。当工件圆孔端边缘形状精度较低时，选用如图 11-28a 所示形式的圆锥定位销；当工件圆孔端边缘形状精度较高时，选用如图 11-28b 所示形式的圆锥定位销；当工件需平面和圆孔端边缘同时定位时，选用如图 11-28c 所示形式的浮动锥销。

图 11-28　圆锥定位销

a）圆孔边缘形状精度较低时的定位　b）圆孔边缘形状精度较高时的定位　c）平面和圆孔边缘同时定位

2）在套类、盘类零件的车削、磨削和齿轮加工中，大都选用心轴定位，为了便于夹紧和减小工件因间隙造成的倾斜，当工件定位内孔与基准端面垂直精度较高时，常以孔和端面联合定位。因此，这类心轴通常是带台阶定位面的心轴，如图 11-29a 所示；当工件以内花键为定位基准时，可选用外花键轴，如图 11-29b 所示；当内孔带有花键槽时，可在圆柱心轴上设置键槽配装键块；当工件内孔精度很高，而加工时工件力矩很小时，可选用小锥度心轴定位。

4. 工件以特殊表面定位

1）工件以 V 形导轨面定位。例如车床的滑板、床鞍等零件，常以底部的 V 形导轨面定位，其定位装置如图 11-30 所示，左边一列是两个固定在夹具体上的 V 形座和短圆柱 1，起主要限位作用，约束工件的四个自由度；右边一列是两个可移动的 V 形座和短圆柱 2，只约束工件的一个自由度。两列 V 形座（包括短圆柱）的工作高度 T_1 的等高度误差不大于 0.005mm。V 形座常用 20 钢制造，渗碳淬火后硬度为 58 ~ 62HRC。短圆柱常用 T7A 制造，淬

图 11-29 圆柱心轴
a）带台阶定位面的心轴 b）带外花键定位面的心轴

火硬度为 53 ~ 58HRC。当夹具中需要设置对刀或导向装置时，需计算尺寸 T_1，当 $\alpha = 90°$ 时，$T_1 = H + 1.207d - 0.5N$。

图 11-30 床鞍以 V 形导轨面定位
1、2—短圆柱

2）工件以燕尾导轨面定位。燕尾导轨面一般有 55° 和 60° 两种夹角。常用的定位装置有两种。一种如图 11-31a 所示，右边是固定的短圆柱和 V 形座，组成主要限位基准，约束四个自由度；左边是形状与燕尾导轨面对应的可移动钳口 K，约束一个自由度，并兼有夹紧作用。另外一种如图 11-31b 所示，定位装置相当于两个钳口为燕尾形的虎钳，工件以燕尾导轨面定位，夹具的左边为固定钳口，是主限位基面，约束工件的四个自由度，右边的活动钳口约束一个自由度，并兼起夹紧作用。

定位元件与对刀元件或导向元件间的距离 a 可按如下公式计算：

$$a = b + u - d = b + d/2\cot(\beta/2) - d/2 = b + d/2\left[\cot(\beta/2) - 1\right]$$

式中　β——燕尾面的夹角。

当 $\beta = 55°$ 时，$a = b + 0.4605d$。

3）工件以渐开线齿面定位。对于整体淬火的齿轮，一般都要在淬火后磨内孔和齿形面。为了保证磨齿形面时余量均匀，应贯彻"互为基准"的原则，先以齿形面的分度圆定位磨内孔，然后以内孔定位磨齿形面。

图 11-31　工件以燕尾导轨面定位

图 11-32 所示为以齿形面分度圆定位磨内孔时的定位示意图，即在齿轮分度圆上相隔约 120°的三等分（尽可能如此）位置上放入三根精度很高的定位滚柱 2，套上薄壁套 1，起保持滚柱的作用，然后将其一起放入膜片卡盘内以卡爪 3 自动定心夹紧。

图 11-32　齿轮以分度圆定位
1—薄壁套　2—滚柱　3—卡爪

有关定位装置的许多优秀设计图样可查阅吴拓编著的《现代机床夹具典型结构图册》（化学工业出版社，2011 年出版）。

第三节　工件夹紧方案的确定

在机械加工过程中，工件会受到切削力、离心力、惯性力等的作用。为了保证在这些外力作用下，工件仍能在夹具中保持已由定位元件所确定的加工位置，而不致发生振动和位移，在夹具结构中必须设置一定的夹紧装置将工件可靠地夹牢。

知识要点一　夹紧装置的组成及其设计原则

工件定位后，将工件固定并使其在加工过程中保持定位位置不变的装置，称为夹紧装置。

1. 夹紧装置的组成

夹紧装置的组成如图 11-33 所示，包括以下三部分。

（1）动力源装置　它是产生夹紧作用力的装置，分为手动夹紧和机动夹紧两种。手动夹紧的力源来自人力，比较费时费力。为了改善劳动条件和提高生产率，目前在大批量生产中均采用机动夹紧。机动夹紧的力源来自气动、液压、气液联动、电磁、真空等动力夹紧装置。图11-33中的气缸就是一种动力源装置。

（2）传力机构　它是介于动力源和夹紧元件之间传递动力的机构。传力机构的作用是：改变作用力的方向；改变作用力的大小；具有一定的自锁性能，以便在夹紧力一旦消失后，仍能保证整个夹紧系统处于可靠的夹紧状态，这一点在手动夹紧时尤为重要。图11-33中的杠杆就是传力机构。

（3）夹紧元件　它是直接与工件接触完成夹紧作用的最终执行元件。图11-33中的压板就是夹紧元件。

图11-33　夹紧装置的组成
1—气缸　2—杠杆　3—压板

2. 夹紧装置的设计原则

在夹紧工件的过程中，夹紧作用的效果会直接影响工件的加工精度、表面粗糙度以及生产率，因此设计夹紧装置应遵循以下原则。

（1）工件不移动原则　夹紧过程中，应不改变工件定位后所占据的正确位置。

（2）工件不变形原则　夹紧力的大小要适当，既要保证夹紧可靠，又应使工件在夹紧力的作用下不致产生加工精度所不允许的变形。

（3）工件不振动原则　对刚性较差的工件，或者进行断续切削，以及不宜采用气缸直接压紧的情况，应提高支承元件和夹紧元件的刚性，并使夹紧部位靠近加工表面，以避免工件和夹紧系统振动。

（4）安全可靠原则　夹紧传力机构应有足够的夹紧行程，手动夹紧要有自锁性能，以保证夹紧可靠。

（5）经济实用原则　夹紧装置的自动化和复杂程度应与生产纲领相适应，在保证生产率的前提下，其结构应力求简单，便于制造、维修，工艺性能好；操作方便、省力，使用性能好。

知识要点二　确定夹紧力的基本原则

设计夹紧装置时，夹紧力的确定包括夹紧力的方向、作用点和大小三个要素。

1. 夹紧力的方向

夹紧力的方向与工件定位的基本配置情况，以及工件所受外力的作用方向等有关，选择时必须遵守以下准则。

1）夹紧力的方向应有助于定位稳定，且主夹紧力应朝向主要定位基面。

如图11-34a所示直角支座镗孔，要求孔与A面垂直，所以应以A面为主要定位基面，且夹紧力F_w方向与之垂直，则较容易保证质量。如图11-34b、c所示，F_w都不利于保证镗孔轴线与A的垂直度，如图11-34d所示，F_w朝向了主要定位基面，则有利于保证加工孔轴线与A面的垂直度。

2）夹紧力的方向应有利于减小夹紧力，以减小工件的变形、减轻劳动强度。

为此，夹紧力F_w的方向最好与切削力F、工件的重力G的方向重合。图11-35所示为加工时工件在夹具中常见的几种受力情况。显然，图11-35a为最合理，图11-35f情况为最差。

3）夹紧力的方向应是工件刚性较好的方向。

由于工件在不同方向上刚度是不等的，不同的受力表面也因其接触面积大小而变形各异。尤其在夹压薄壁零件时，更需注意使夹紧力的方向指向工件刚性最好的方向。

图 11-34　夹紧力应指向主要定位基面

a）工序简图　b）、c）错误　d）正确

图 11-35　夹紧力方向与夹紧力大小的关系

2. 夹紧力的作用点

夹紧力作用点是指夹紧件与工件接触的一小块面积。选择作用点的问题是指在夹紧方向已定的情况下确定夹紧力作用点的位置和数目。夹紧力作用点的选择是达到最佳夹紧状态的首要因素，合理选择夹紧力作用点必须遵守以下准则。

1）夹紧力的作用点应落在定位元件的支承范围内，应尽可能使夹紧点与支承点对应，使夹紧力作用在支承上。

如图 11-36a 所示，夹紧力作用在支承面范围之外，会使工件倾斜或移动，夹紧时将破坏工件的定位；而图 11-36b 所示则是合理的。

2）夹紧力的作用点应选在工件刚性较好的部位，这对刚度较差的工件尤其重要。如图 11-37 所示，将作用点由中间的单点改成两旁的两点夹紧，可使变形大为减小，并且夹紧更加可靠。

图 11-36　夹紧力的作用点应在支承面内

a）不合理　b）合理

3）夹紧力的作用点应尽量靠近加工表面，以防止工件产生振动和变形，提高定位的稳定性和可靠性。

图 11-38 所示工件的加工部位为孔，图 11-38a 所示的夹紧点离加工部位较远，易引起加工振动，使表面粗糙度值增大；图 11-38b 所示的夹紧点会引起较大的夹紧变形，造成加工误差；图 11-38c 所示比较好的一种夹紧点选择。

图 11-37　夹紧力作用点应在刚性较好部位

3. 夹紧力的大小

夹紧力的大小对于保证定位稳定、夹紧可靠，确定夹紧装置的结构尺寸，都有着密切的关系。夹紧力的大小要适当。夹紧力过小则夹紧不牢靠，在加工过程中工件可能发生位移而破坏定位，其结果轻则影响加工质量，重则造成工件报废甚至发生安全事故。夹紧力过大会使工件变形，也会对加工质量不利。

图 11-38　夹紧力作用点应靠近加工表面

理论上，夹紧力的大小应与作用在工件上的其他力（力矩）相平衡；而实际上，夹紧力的大小还与工艺系统的刚度、夹紧机构的传递效率等因素有关，计算是很复杂的。因此，实际设计中常采用估算法、类比法和试验法确定所需的夹紧力。

当采用估算法确定夹紧力的大小时，为简化计算，通常将夹具和工件看成一个刚性系统。根据工件所受切削力、夹紧力（大型工件应考虑重力、惯性力等）的作用情况，找出加工过程中对夹紧最不利的状态，按静力平衡原理计算出理论夹紧力，最后再乘以安全系数作为实际所需夹紧力，即

$$F_{wk} = KF_w \tag{11-15}$$

式中　F_{wk}——实际所需夹紧力，单位为 N；

　　　F_w——在一定条件下，由静力平衡算出的理论夹紧力，单位为 N；

　　　K——安全系数，粗略计算时，粗加工取 $K = 2.5 \sim 3$，精加工取 $K = 1.5 \sim 2$。

夹紧力三要素的确定，实际是一个综合性问题，必须全面考虑工件结构特点、工艺方法、定位元件的结构和布置等多种因素，才能最后确定并具体设计出较为理想的夹紧装置。

4. 减小夹紧变形的措施

有时，一个工件很难找出合适的夹紧点。如图 11-39 所示的较长的套筒在车床上镗内孔和图 11-40 所示的高支座在镗床上镗孔，以及一些薄壁零件的夹持等，均不易找到合适的夹紧点。这时可以采取以下措施减少夹紧变形。

图 11-39　车床上镗深孔

（1）增加辅助支承和辅助夹紧点　如图 11-40 所示的高支座可采用图 11-41 所示的方法，增加一个辅助支承点及辅助夹紧力 F_{w1}，就可以使工件获得满意的夹紧状态。

（2）分散着力点　如图 11-42 所示，用一块活动压板将夹紧力的着力点分散成两个或四个，从而改变着力点的位置，减少着力点的压力，获得减小夹紧变形的效果。

图 11-40　高支座镗孔

图 11-41　辅助夹紧

图 11-42　分散着力点

（3）增加压紧件接触面积　图 11-43 所示为自定心卡盘夹紧薄壁工件的情形。将图 11-43a 改为图 11-43b 的形式，改用宽卡爪增大和工件的接触面积，减小了接触点的比压，从而减小了夹紧变形。图 11-44 列举了另外两种减小夹紧变形的装置。图 11-44a 所示为常见的浮动压块，图 11-44b 所示为在压板下增加垫环，使夹紧力通过刚性好的垫环均匀地作用在薄壁工件上，避免工件局部压陷。

图 11-43　薄壁套的夹紧变形及改善

图 11-44　采用浮动压块和垫环减小工件夹紧变形

（4）利用对称变形　加工薄壁套筒时，采用图 11-43 所示的方法加宽卡爪，如果夹紧力较大，仍有可能发生较大的变形。因此，在精加工时，除减小夹紧力外，夹具的夹紧设计应保证工件能产生均匀的对称变形，以便获得变形量的统计平均值，通过调整刀具适当消除部分变形量，也可以达到所要求的加工精度。

（5）其他措施　对于一些极薄的特形工件，靠精密冲压加工仍达不到所要求的精度而需要进行机械加工时，上述各种措施通常难以满足需要，可以采用一种冻结式夹具。这类夹具是将极薄的特形工件定位于一个随行的型腔中，然后浇注低熔点金属，待其固结后一起加工。加工完成后，再加热熔解低熔点金属，取出工件。低熔点金属的浇注及熔解分离，都是在生产线上进行的。

第四节　工件夹紧装置的设计

知识要点一　常用夹紧机构及其选用

机床夹具中所使用的夹紧机构绝大多数都是利用斜面将楔块的推力转变为夹紧力来夹紧工件的。其中最基本的形式就是直接利用有斜面的楔块，偏心轮、凸轮、螺钉等不过是楔块的变形。

1. 斜楔夹紧机构

斜楔是夹紧机构中最基本的增力和锁紧元件。斜楔夹紧机构是利用楔块上的斜面直接或间接

（如用杠杆等）将工件夹紧的机构，如图 11-45 所示。

a)

b)

c)

图 11-45 斜楔夹紧机构

选用斜楔夹紧机构时，应根据需要确定斜角 α。凡有自锁要求的楔块夹紧，其斜角 α 必须小于 2φ（φ 为摩擦角）。为可靠起见，通常取 α=6°~8°。在现代夹具中，斜楔夹紧机构常与气压、液压传动装置联合使用，由于气压和液压可保持一定压力，楔块斜角 α 不受此限，可取更大些，一般在 15°~30° 范围内选择。斜楔夹紧机构结构简单，操作方便，但传力系数小，夹紧行程短，自锁能力差。

2. 螺旋夹紧机构

由螺钉、螺母、垫圈、压板等元件组成，采用螺旋直接夹紧或与其他元件组合实现夹紧工件的机构，统称为螺旋夹紧机构。螺旋夹紧机构不仅结构简单、容易制造，而且自锁性能好，夹紧可靠，夹紧力和夹紧行程都较大，是夹具中用得最多的一种夹紧机构。

（1）简单螺旋夹紧机构 这种装置有两种形式。图 11-46a 所示的机构螺杆直接与工件接触，容易使工件受损害或移动，一般只用于毛坯和粗加工零件的夹紧。图 11-46b 所示的是常用的螺旋夹紧机构，其螺钉尾部常装有摆动压块，可防止螺杆夹紧时带动工件转动和损伤工件表面，螺杆上部装有手柄，夹紧时不需要扳手，操作方便、迅速。在工件夹紧部分不宜使用扳手，且夹紧力要求不大的部位，可选用这种机构。简单螺旋夹紧机构的缺点是夹紧动作慢，工件装卸费时。为了克服这一缺点，可以采用如图 11-47 所示的快速螺旋夹紧机构。

（2）螺旋压板夹紧机构 在夹紧机构中，结构形式变化最多的是螺旋压板夹紧机构。常用的螺旋压板夹紧机构如图 11-48 所示。选用时，可根据夹紧力大小、工作高度尺寸的变化范围、夹具上夹紧机构允许占有的部位和面积进行选择。例如，当夹具中只允许夹紧机构占很小面积，而夹紧力又要求不是很大时，可选用如图11-48a所示的螺旋钩形压板夹紧机构。又如工件夹紧高度变化较大的小批、单件生产，可选用如图11-48e、f所示的通用压板夹紧机构。

3. 偏心夹紧机构

偏心夹紧机构是由偏心元件直接夹紧或与其他元件组合而实现对工件夹紧的机构，它利用转动中心与几何中心偏移的圆盘或轴作为夹紧元件。它的工作原理也是基于斜楔的工作原理，近似于把一个斜楔弯成圆盘形，如图11-49a所示。偏心元件一般有圆偏心和曲线偏心两种类型，圆偏心因结构简单、容易制造而得到广泛应用。

图 11-46 简单螺旋夹紧机构

a）螺杆与工件直接接触 b）螺杆与工件不直接接触

图 11-47 快速螺旋夹紧机构

1—夹紧轴 2、4、5—手柄 3—摆动压块

偏心夹紧机构结构简单、制造方便，与螺旋压板夹紧机构相比，还具有夹紧迅速、操作方便等优点；其缺点是夹紧力和夹紧行程均不大，自锁能力差，结构不抗振，故一般适用于夹紧行程

图 11-48 螺旋压板夹紧机构

a)、b)移动压板式 c)铰链压板式 d)固定压板式 e)、f)通用压板式

及切削负荷较小且平稳的场合。在实际使用中，偏心轮直接作用在工件上的偏心夹紧机构不多见。偏心夹紧机构一般多和其他夹紧元件联合使用。图 11-49b 所示为偏心压板夹紧机构。

图 11-49 偏心夹紧机构

a)工作原理 b)偏心压板夹紧结构

4. 铰链夹紧机构

铰链夹紧机构是一种增力夹紧机构。由于其机构简单，增力倍数大，在气压夹具中获得了较广泛的应用，以弥补气缸或气室力量的不足。图 11-50 所示为铰链夹紧机构的三种基本结构。图 11-50a 所示为单臂铰链夹紧机构，臂的两端是铰链的连线，一端带滚子。图 11-50b 所示为双臂单作用铰链夹紧机构。图 11-50c 所示为双臂双作用铰链夹紧机构。

a)

b)

c)

图 11-50　铰链夹紧机构

5. 杠杆夹紧机构

杠杆夹紧机构利用杠杆原理直接夹紧工件，一般不能自锁，所以大多以气压或液压作为夹紧动力源。

图 11-51 所示为一种大张量压板杠杆夹紧机构。夹紧动力源拉动推杆 1 上下连动，使压板 2 张开或压紧工件。

图 11-52 所示为回转式钩形压板夹紧机构。它由夹紧动力源通过连接臂 4 使钩形压板 1 压紧工件。利用压板直杆上的螺旋槽 L 和钢球 3，使压板在上下移动时可以自动回转，以方便装卸工件。螺旋槽的 β 角一般取 $30° \sim 40°$。支承套 2 用来防止压板在夹紧时向后变形。

图 11-53 所示为可伸缩内压式杠杆夹紧机构。工件由定位套 2 定位，伸缩压板 1 安置在定位套内部。当夹紧动力源带动拉杆 3 向上移动时，由于定位套是固定的，因此伸缩压板 1 便回转而缩进，这时便可卸下工件，另装待加工工件。工件装好后，夹紧动力源带动拉杆 3 向下移动，压板复位，夹紧工件。

图 11-51　大张量压板杠杆夹紧机构

1—推杆　2—压板

图 11-52　回转式钩形压板夹紧机构

1—钩形压板　2—支承套　3—钢球　4—连接臂

杠杆夹紧机构结构紧凑，所占空间位置较小，而且利用杠杆的运动使压板自动进入或退出夹紧位置，便于装卸工件。但其夹紧行程较大，而且一般不增力。

6. 定心夹紧机构

在工件定位时，常常将工件的定心定位和夹紧结合在一起，这种机构称为定心夹紧机构。定心夹紧机构的特点是：

1）定位和夹紧是同一元件；

2）元件之间有精确的联系；

3）能同时等距离地移向或退离工件；

4）能将工件定位基准的误差对称地分布开来。

常见的定心夹紧机构有斜面定心夹紧机构、杠杆定心夹紧机构和弹性定心夹紧机构等。

（1）斜面定心夹紧机构　此类夹紧机构有螺旋式、偏心式、斜楔式以及弹簧夹头等。图 11-54 所示为部分这类定心夹紧机构。图 11-54a 所示为螺旋式定心夹紧机构；图 11-54b 所示为偏心式定心夹紧机构；图 11-54c 所示为斜面（锥面）定心夹紧机构。

图 11-53　可伸缩内压式杠杆夹紧机构

1—伸缩压板　2—定位套　3—拉杆

图 11-54　斜面定心夹紧机构

a）螺旋式定心夹紧机构　b）偏心式定心夹紧机构　c）斜面定心夹紧机构

1—螺杆　2、3—V 形块　4—叉形零件　5、6—螺钉

7—手柄　8—双面凸轮　9、10—卡爪

弹簧夹头也属于斜面定心夹紧机构。图 11-55 所示为弹簧夹头的结构简图，图中弹簧套筒为夹紧元件，拉杆为操纵件。

图 11-55　弹簧夹头的结构简图

1—弹簧套筒　2—拉杆

（2）杠杆定心夹紧机构 图11-56 所示的车床卡盘即属此类夹紧机构。气缸力作用于拉杆1，拉杆1带动滑块2左移，通过三个钩形杠杆3同时收拢三个卡爪4，对工件进行定心夹紧。卡爪的张开是靠滑块上的三个斜面推动的。

图11-57 所示为齿轮齿条定心夹紧机构。气缸（或其他动力）通过拉杆推动右端钳口时，通过齿轮齿条传动，使左面钳口同步向心移动夹紧工件，使工件在V形块中自动定心。

（3）弹性定心夹紧机构 弹性定心夹紧机构是利用弹性元件受力后的均匀变形实现对工件的自动定心的。根据弹性元件的不同，有鼓膜式夹具、碟形弹簧夹具、液性塑料薄壁套筒夹具及折纹管夹具等。图11-58所示为鼓膜式夹具，图11-59 所示为液性塑料定心夹具。

图 11-56 车床卡盘

1—拉杆 2—滑块 3—钩形杠杆 4—卡爪

图 11-57 齿轮齿条定心夹紧机构

图 11-58 鼓膜式夹具

1—弹性盘 2—螺母 3—螺钉 4—夹具体
5—推杆 6—顶杆 7—工件 8—可调螺钉

图 11-59 液性塑料定心夹具

1—支钉 2—液性塑料 3—薄壁套筒 4—柱塞 5—螺钉

7. 联动夹紧机构

在工件的装夹过程中，有时需要夹具同时有几个点对工件进行夹紧；有时则需要同时夹紧几个工件；而有些夹具除了夹紧动作外，还需要松开或固紧辅助支承等，这时为了提高生产率，减少工件装夹时间，可以采用各种联动机构。下面介绍一些常见的联动夹紧机构。

（1）多点夹紧　多点夹紧是用一个原始作用力，通过一定的机构分散到数个点上对工件进行夹紧。图 11-60 所示为两种常见的浮动压头，图 11-61 所示为几种浮动夹紧机构的例子。

图 11-60　浮动压头
1—浮动零件

a)

b)

c)

d)

图 11-61　浮动夹紧机构

a）四点双向浮动　b）、c）平行式多点夹紧　d）多点浮动夹紧

（2）多件夹紧　多件夹紧是用一个原始作用力，通过一定的机构实现对数个相同或不同的工件进行夹紧。图 11-62 所示为部分常见的多件夹紧机构。

（3）夹紧与其他动作联动　图 11-63 所示为夹紧与移动压板联动的机构；图 11-64 所示为夹紧与锁紧辅助支承联动的机构；图 11-65 所示为先定位后夹紧的联动机构。

图 11-62　多件夹紧机构

图 11-63　夹紧与移动压板联动机构
1—拔销　2—压板　3、4—螺钉　5—偏心轮

图 11-64　夹紧与锁紧辅助支承联动机构
1—辅助支承　2—压板　3—螺母　4—锁销

图 11-65　先定位后夹紧联动机构

1—液压缸　2—活塞杆　3—螺钉　4—拨杆　5、11—弹簧　6—滚子　7、8—推杆　9—活块　10—压板　12—定位块

知识要点二　夹紧机构的设计要求

夹紧机构是指能实现以一定的夹紧力夹紧工件选定夹紧点的功能的完整结构。它主要包括与工件接触的压板、支承件和施力机构。对夹紧机构通常有如下要求。

（1）可浮动　由于工件上各夹紧点之间总是存在位置误差，为了使压板可靠地夹紧工件或使用一块压板实现多点夹紧，一般要求夹紧机构和支承件等要有浮动自位的功能。要使压板及支承件等产生浮动，可用球面垫圈、球面支承及间隙连接销来实现，如图 11-66 所示。

a)　　　　　b)　　　　　c)

图 11-66　浮动机构

（2）可联动　为了实现几个方向的夹紧力同时作用或顺序作用，并使操作简便，设计中广泛采用各种联动机构，如图 11-67、图 11-68、图 11-69 所示。

（3）可增力　为了减小动力源的作用力，在夹紧机构中常采用增力机构。最常用的增力机构有螺旋、杠杆、斜面、铰链机构及其组合。

杠杆增力机构的增力比及行程的适应范围较大，且结构简单，如图11-70所示。

斜面增力机构的增力比较大，但行程较小，且结构复杂，多用于要求有稳定夹紧力的精加工夹具中，如图11-71所示。

螺旋机构的增力原理和斜面机构一样。此外，还有气动液压增力机构等。

图11-67 双件联动机构

图11-68 实现相互垂直作用力的联动机构

图11-69 顺序作用的联动机构

图11-70 杠杆增力机构的常见情况

铰链增力机构常和杠杆机构组合使用，称为铰链杠杆机构。它是气动夹具中常用的一种增力机构。其优点是增力比较大，而摩擦损失较小。图11-72所示为常用铰链杠杆增力机构的示意图。此外，还有气动液压增力机构等。

（4）可自锁 当去掉动力源的作用力之后，仍能保持对工件的夹紧状态，称为夹紧机构的自锁。自锁是夹紧机构的一种十分重要并且十分必要的特性。常用的自锁机构有螺旋、斜面及偏心机构等。

知识要点三 夹紧动力源装置

夹具的动力源有手动、气压、液压、电动、电磁、弹力、离心力、真空吸力等。随着机械制造工业的迅速发展，自动化和半自动化设备的推广，以及在大批量生产中要求尽量减轻操作人员的劳动强度，现在大多采用气动、液压等夹紧来代替人力夹紧，这类夹紧机构还能进行远程控制，其夹紧力可保持稳定，机构也不必考虑自锁，夹紧质量也比较高。

图11-71 几种斜面增力机构

图 11-72 铰链杠杆增力机构示意图

设计夹紧机构时，应同时考虑所采用的动力源。选择动力源时通常应遵循两条原则。

（1）经济合理 采用某一种动力源时，首先应考虑经济效益，不仅应使动力源设施的投资减少，而且应使夹具结构简化，降低夹具的成本。

（2）与夹紧机构相适应 动力源的确定很大程度上决定了所采用的夹紧机构，因此动力源必须与夹紧机构的结构特性、技术特性以及经济价值相适应。

1. 手动动力源

选用手动动力源的夹紧系统一定要具有可靠的自锁性能以及较小的原始作用力，故手动动力源多用于螺栓螺母施力机构和偏心施力机构的夹紧系统。设计这种夹紧装置时，应考虑操作者体力和情绪的波动对夹紧力的大小波动的影响，应选用较大的裕度系数。

2. 气压动力源

气压动力源夹紧系统如图 11-73 所示。它包括三个组成部分：第一部分为气源，包括空气压缩机 2、冷却器 3、贮气罐 4 等，这一部分一般集中在压缩空气站内。第二部分为控制部分，包括分水滤气器 6（降低湿度）、调压阀 7（调整与稳定工作压力）、油雾器 9（将油雾化润滑元件）、单向阀 10、配气阀 11（控制气缸进气与排气方向）、调速阀 12（调节压缩空气的流速和流量）等，这些气压元件一般安装在机床附近或机床上。第三部分为执行部分，如气缸 13 等，它们通常直接安装在机床夹具上，与夹紧机构相连。

气缸是将压缩空气的工作压力转换为活塞的移动，以此驱动夹紧机构实现对工件夹紧的执行元件。它的种类很多，按结构可分为活塞式和膜片式两大类，按安装方式可分固定式、摆动式和回转式等；按工作方式还可分为单作用和双作用气缸。

气动动力源的介质是空气，故不会变质和不污染环境，且在管道中的压力损失小，但气压较低，一般为 0.4～0.6MPa。当需要较大的夹紧力时，气缸就要很大，致使夹具结构不紧凑。另外，由于空气的压缩性大，所以夹具的刚度和稳定性较差。此外，还有较大的排气噪声。

3. 液压动力源

液压动力源夹紧系统是利用液压油为工作介质来传力的一种装置。与气动夹紧机构比较，液压夹紧机构具有压力大、体积小、结构紧凑、夹紧力稳定、吸振能力强、不受外力变化的影响等优点。但其结构比较复杂，制造成本较高，因此仅适用于大量生产。液压夹紧的传动系统与普通液压系统类似，但系统中常设有蓄能器，用以储蓄压力油，以提高液压泵电动机的使用效率。在工件夹紧后，液压泵电动机可停止工作，靠蓄能器补偿漏油，保持夹紧状态。

4. 气－液组合动力源

气－液组合动力源夹紧系统的动力源为压缩空气，但要使用特殊的增压器，比气动夹紧装置复杂。它的工作原理如图 11-74 所示，压缩空气进入气缸 1 的右腔，推动增压器活塞 2 左移，活

图 11-73　气压动力源夹紧系统的组成

1—电动机　2—空气压缩机　3—冷却器　4—贮气罐　5—过滤器　6—分水滤气器　7—调压阀　8—压力表
9—油雾器　10—单向阀　11—配气阀　12—调速阀　13—气缸　14—夹具示意图　15—工件

塞杆 3 随之在增压缸 4 内左移。因活塞杆 3 的作用面积小，使增压缸 4 和工作缸 6 内的油压得到增加，并推动工作缸活塞 5 上移，将工件夹紧。

图 11-74　气-液组合夹紧工作原理

1—气缸　2—气缸活塞　3—活塞杆　4—增压缸　5—工作缸活塞　6—工作缸

5. 电动电磁动力源

电动扳手和电磁吸盘都属于电动动力源，在流水作业线常采用电动扳手代替手动，不仅提高了生产率，而且克服了手动时施力的波动，并减轻了工人的劳动强度，是获得稳定夹紧力的方法之一。电磁吸盘动力源主要用于要求夹紧力稳定的精加工夹具中。

6. 自夹紧装置

生产实际中，另外还有一种不采用夹紧动力源，而是直接利用机床的运动或切削过程来实现夹紧的自夹紧装置。这种装置不但节省夹紧动力装置，而且操作快，节省辅助时间，能提高生产率。下面介绍两种典型的自夹紧装置。

（1）切削力夹紧装置　图 11-75 所示为切削力自紧心轴。1 是心轴体，中间部分铣出三平面；右端是螺纹，供螺母 7 并紧之用；三个滚柱置于三个平面上；隔离套 2 防止滚柱掉出；加工前先套上工件，朝机床主轴旋转相反方向略微转动一下，即可初步定位；开始切削后，工件受切削力作用，得到自动定心与夹紧。

（2）离心力夹紧装置　图 11-76 所示为利用离心力夹紧的夹具。夹具以凸缘与机床主轴连接；在机床主轴高速旋转时，四个重块 1 产生离心力，重块在离心力作用下向外绕销轴 2 转动，从而使滑块 3 向左移动；通过与滑块 3 相连的拉杆 5，使弹簧夹头 4 张开，夹紧工件。离心夹具外面要有罩壳保护，以保证生产安全。

图 11-75　切削力自紧心轴

1—心轴体　2—隔离套　3—滚柱　4、5、6—垫圈　7—螺母

图 11-76　离心力夹紧装置

1—重块　2—销轴　3—滑块　4—弹簧夹头　5—拉杆　6—安装凸缘

　　有关夹紧装置的许多优秀设计图样可查阅吴拓编著的《现代机床夹具典型结构图册》（化学工业出版社，2011 年出版）。

思考与练习题

11-1　何谓定位基准？何谓六点定位规则？试举例说明之。

11-2　一批工件在夹具中定位与单件在机床上加工时的定位有何区别？

11-3　定位副包括什么？试说明工件定位基面和定位基准以及夹具定位元件上限位基面和限位基准的概念。

11-4　试举例说明什么叫工件在夹具中的"完全定位""不完全定位""欠定位"和"过定位"。

11-5　针对图 11-77 所示工件钻孔工序的要求，试确定：

（1）定位方法和定位元件。

（2）分析各定位元件限制着哪几个自由度。

11-6 何谓定位误差？定位误差是由哪些因素引起的？定位误差的数值一般应控制在零件加工公差的什么范围之内？

11-7 图 11-78a 所示为一钻模夹具，图 11-78b 为加工工序简图，试规定夹具的距离尺寸公差。

11-8 欲在图 11-79 所示的工件上铣削一个缺口，保证尺寸 $8_{-0.08}^{0}$ mm，试确定工件的定位方案，并分析定位方案的定位误差。

11-9 有一批套类零件如图 11-80 所示，欲在其上铣一键槽，试分析各定位方案中，H_1 和 H_3 的定位误差。

图 11-77 题 11-5 图

a)

b)

图 11-78 题 11-7 图

a) 钻模夹具 b) 工序简图

（1）在可胀心轴上定位（见图 b）。

（2）在水平放置的具有间隙的刚性心轴上定位，定位心轴直径为 d_{Bxd}^{Bsd}（见图 c）。

图 11-79 题 11-8 图

a) b) c)

图 11-80 题 11-9 图

（3）在垂直放置的具有间隙的刚性心轴上定位，定位心轴直径为 d_{Bxd}^{Bsd}（见图 c）。

（4）如果涉及工件内外圆的同轴度 ϕt，上述三种定位方案中，H_1 和 H_3 的定位误差又将如何？

11-10 工件以圆柱孔作为定位基面时，所采用的定位元件有哪几种？各用于什么场合？

11-11 工件以外圆面作为定位基面时，为何常用 V 形块定位？V 形块的限位基面和限位基准分别在哪里？

11-12 一面两孔定位中，夹具定位元件为何采用支承板、一个短圆柱销和一个短削边销？

11-13 夹紧和定位有何区别？试述夹具的夹紧装置的组成和设计要求。

11-14 试述在设计夹具时，对夹紧力的三要素（力的作用点、方向、大小）有何要求？

11-15 试分析如图 11-81 中所示的夹紧力的方向和作用点是否合理。如不合理，如何改进？

图 11-81 题 11-15 图

11-16 试分析如图 11-82a、b、c 所示的夹紧方案是否合理。如不合理，如何改进？

图 11-82 题 11-16 图

11-17 固定支承有哪几种形式？各适用什么场合？

11-18 何谓自位支承？何谓可调支承？何谓辅助支承？三者的特点和区别何在？使用辅助支承和可调支承时应注意些什么问题？

11-19 何谓联动夹紧机构？设计联动夹紧机构时应注意哪些问题？试举例说明。

11-20 试比较斜楔、螺旋、偏心夹紧机构的优缺点及其应用范围。

第十二章 刀具导向与夹具的对定

CHAPTER 12

教 学 导 航

【知识目标】

1. 掌握刀具的导向和对定原理，熟悉刀具对定方案的确定。

2. 熟悉分度和靠模装置的工作原理；熟悉精密分度方法。

3. 掌握机床夹具在切削成形运动中的定位方法。

4. 了解夹具体的作用及结构特点，熟悉夹具体的技术要求以及夹具体设计的基本要求。

5. 了解夹具连接元件的作用及其设计要求。

【能力目标】

1. 通过学习刀具的导向和对定原理，具备确定导向和对定方案以及设计中等复杂程度对定装置的能力。

2. 通过学习分度和靠模装置的工作原理，具备设计简单分度夹具以及靠模装置的能力。

【学习重点】

刀具的导向和对定原理，以及刀具对定方案的确定。

【学习难点】

刀具的对向与对定。

第一节 刀具的导向与对定

知识要点一 刀具导向方案的确定与导向装置的设计

1. 刀具导向方案的确定

图 12-1 所示为某车床的开合螺母操纵盘，现欲在立式铣床上铣两条曲线槽，以此为例展开讨论。

为能迅速、准确地确定刀具的运动轨迹，使之按要求铣削出两条形状对称的曲线槽，可以考虑采用靠模板导向的方式。

— 334 —

2. 刀具导向装置的设计

刀具的导向，通常依靠靠模板。靠模板的设计如图12-2所示，靠模板安装在转盘上，可以绕轴线旋转。靠模板始终靠在支架的滚动轴承上。由于铣削速度不可太快，因此靠模板可采用蜗轮机构带动。转动靠模板时，其曲面迫使滑板左右移动，从而铣出曲线槽。

图 12-1　开合螺母操纵盘零件图　　　　　　　　图 12-2　铣曲线槽的靠模导向装置

知识要点二　刀具对定方案的确定与对定装置的设计

1. 刀具对定方案的确定

由于开合螺母操纵盘的两条曲线槽形状对称，但并不连续，因此在铣削完第一段曲线之后，必须让退出铣刀并转动一定角度后，重新对定刀具，才能进刀铣削第二段曲线。对定装置可考虑采用结构简单、操作方便的对定销。

2. 刀具对定装置的设计

对定装置的设计如图12-3所示。加工前，先将对刀块装在夹具的定位套上，用对刀块上的φ10mm孔确定铣刀的径向位置。加工时，先将对定销插入靠模板上的分度孔Ⅰ内，然后让铣刀垂直切入工件，达到既定深度后，转动靠模板进行铣削；当对定销靠弹簧的作用自动插入分度孔Ⅱ时，第一条曲线即加工完毕；此时再将对定销拔出，转动靠模板，待对定销插入分度孔Ⅲ后，按上述方法即可铣削第二条曲线槽。

图 12-3   铣曲线槽的对定装置

第二节   夹具的对定

工件在夹具中的位置是由与工件接触的定位元件的定位表面（简称元件定位面）所确定的。为了保证工件对刀具及切削成形运动有正确的位置，还需要使夹具与机床连接和配合时所用的夹具定位表面（简称夹具定位面）相对刀具及切削成形运动处于理想的位置，这种过程称为夹具的对定。

夹具的对定包括三个方面：一是夹具的定位，即夹具对切削成形运动的定位；二是夹具的对刀，指夹具对刀具的对准；三是分度与转位的定位，这只有对分度和转位夹具才考虑。

知识要点一   夹具切削成形运动的定位

由于刀具相对工件所做的切削成形运动通常是由机床提供的，所以夹具对成形运动的定位即为夹具在机床上的定位，其本质则是对成形运动的定位。

1. 夹具对成形运动的定位

图 12-4 所示为一铣键槽夹具。该夹具在机床上的定位如图 12-5 所示，需要保证 V 形块中心与成形运动（即铣床工作台的纵向走刀运动）平行。在垂直面内，这种平行度要求是依靠夹具的底平面 A 放置在机床工作台面上保证的，因此对夹具来说，应保证 V 形块中心对夹具底平面 A 平行；对机床来说，应保证工作台面与成形运动平行；夹具底平面与工作台面应有良好的接触。在水平面内，这种平行度要求是依靠夹具的两个定向键 1 和 2 嵌入机床工作台 T 形槽内保证的，因此对夹具来说，应保证 V 形块中心与定向键 1 和 2 的中心线（或一侧）平行；对机床来说，应保证 T 形槽中心（或侧面）对纵向走刀方向平行；定向键应与 T 形槽有很好的配合。

这种夹具定位方法简单方便，不需要很高的技术水平，适用于在通用机床上用专用夹具进行多品种加工。但这种方法影响夹具对成形运动定位精度的环节较多，如元件定位面对夹具定位面的位置误差、机床上用于与夹具连接和配合的表面对成形运动的位置误差、连接处的配合误差

图 12-4　铣键槽夹具结构图

1—夹具体　2—定向键　3—V 形块　4—压板　5—杠杆　6—偏心轮　7—拉杆　8—螺钉　9—轴　10—对刀块　11—手柄

图 12-5　铣键槽夹具对成形运动的定位

1、2—定向键　3—定向件

等。因此要使元件定位面对机床成形运动占据准确位置，就要解决好夹具与机床的连接和配合问题，以及正确规定元件定位面对夹具定位面的位置要求，至于机床定位面对成形运动的位置误差则是由机床精度所决定的。

2. 夹具与机床的连接

夹具与机床的连接，根据机床的工作特点，最基本的形式有两种。一种是夹具安装在机床的平面工作台上，如铣床、刨床、镗床、钻床、平面磨床等；另外一种是夹具安装在机床的回转主轴上，如车床、外圆磨床、内圆磨床等。

夹具安装在机床的平面工作台上时，如图 12-5 所示，是用夹具定位面 A 定位的。为了保证底平面与工作台面有良好的接触，对较大的夹具来说，应采用如图 12-6 所示的周边接触（图 12-6a）、两端接触（图 12-6b）或者四角接触（图 12-6c）等方式。夹具定位面应在一次同时磨出或刮研出。除了底面 A 外，夹具通常还通过两个定向键或销与工作台上的 T 形槽相连接，以保证夹具在工作台上的方向；为了提高定位精度，定向键与 T 形槽应有良好的配合，必要时定向键宽度应按工作台 T 形槽配作；两定向键之间的距离，在夹具底座允许的范围内应尽可能远些；安装夹具时，可让定向键靠向 T 形槽一侧，以消除间隙造成的误差。夹具定位后，应用螺栓将其固紧在工作台上，以提高其连接刚度。

图 12-6　夹具与工作台的连接

夹具在机床的回转主轴上安装，取决于所使用机床主轴端部的结构，常见的形式有：以长锥柄（一般为莫氏锥度）安装在主轴锥孔内（图 12-7a），这种定位迅速方便，定位精度高，但刚度较低；以端面 A 和短圆柱孔 D 在主轴上定位（图 12-7b），孔和主轴轴颈的配合一般采用 H7/h6 或 H7/jc6，这种结构容易制造，但定位精度较低；用短锥 K 和端面 T 定位（图 12-7c），这种

图 12-7　夹具在主轴上的安装

定位方式因没有间隙而具有较高的定心精度，并且连接刚度较高；设计专门的过渡盘（图12-7d），过渡盘一面与夹具连接，一面与机床主轴连接，结构形式应满足所使用机床的主轴端部结构的要求，通常做成以平面（端面）和短圆柱面定位的形式，与短圆柱面的配合常用H7/k6。

3. 元件定位面对夹具定位面的位置要求

在设计夹具时，元件定位面对夹具定位面的位置要求应在夹具装配图上标出，或以文字注明，作为夹具的验收标准。例如图12-5中应标注定位元件V形块中心对底面 A 及定向键中心 B 的平行度要求（图中各为100:0.02）。表12-1列举了几种常见元件定位面对夹具定位面技术要求的标注方法。

表12-1　几种常见元件定位面对夹具定位面的技术要求

图示	技术要求	图示	技术要求
	1. 表面 Y 对表面 Z（或顶尖孔中心）的轴向圆跳动不大于…… 2. 表面 T 对表面 Z（或顶尖孔中心）的圆跳动不大于……		1. 表面 T 对表面 D 的垂直度误差不大于…… 2. 表面 Y 的中心线对表面 D 的平行度误差不大于……
	1. 表面 T 对表面 L 的平行度误差不大于…… 2. 表面 Y 对表面 L 的垂直度误差不大于…… 3. 表面 Y 对表面 N 的径向圆跳动不大于……		1. 表面 F 对表面 D 的平行度误差不大于…… 2. 表面 T 对表面 S 的平行度误差不大于……
	1. 表面 D 对表面 L 的垂直度误差不大于…… 2. 两定位销的中心连线对表面 L 的平行度误差不大于……		1. 表面 T 上平行于 D 的母线对表面 S 的平行度误差不大于…… 2. 表面 F 上平行于 S 的母线对表面 D 的平行度误差不大于……

各项要求的允许误差取决于工件有关的加工公差，总原则是加工中各项误差造成的工件加工误差应小于或等于相应的工件给定误差。一般说来，对定误差应小于或等于工件加工公差的1/3，而对定误差中还包括对刀误差，所以通常夹具定位时产生的位置误差 Δ_w 为

$$\Delta_w = \left(\frac{1}{6} \sim \frac{1}{3}\right)T \qquad (12-1)$$

式中　T——工件的制造公差。

知识要点二　夹具的对刀

1. 夹具对刀的方法

夹具在机床上定位后，下一步工作就是夹具的对刀。在图12-5所示的铣键槽夹具对成形运动的定位中，一方面应使铣刀对称中心面与夹具V形块中心重合，另一方面应使铣刀的圆周切削刃最低点离检验棒中心的距离为 h_1。

夹具对刀的方法通常有以下三种。

1）单件试切法。

2）每加工一批工件，即安装调整一次夹具，刀具相对元件定位面的理想位置都是通过试切数个工件来对刀的。

3）用样件或对刀装置对刀。这种方法只在制造样件和调整对刀装置时才需要试切一些工件，而在每次安装使用夹具时，并不需要再试切工件。显然，这种方法最为方便。

图12-8所示为几种铣刀对刀装置。最常用的是高度对刀块（图12-8a）和直角对刀块（图12-8b），图12-8c和12-8d所示为成形对刀装置，图12-8e则是组合刀具对刀装置。根据加工和结构的需要，还可以设计其他一些非标准对刀装置。

图12-8 夹具的对刀装置
1—铣刀 2—塞尺 3—对刀块

图12-9所示为对刀用的塞尺。图12-9a所示为平面塞尺，厚度常用1mm、2mm、3mm；图12-9b所示为圆柱塞尺，多用于成形铣刀对刀，直径常用3mm、5mm。两种塞尺的尺寸均按二级精度基准轴公差制造。对刀块和塞尺的材料可用T7A，对刀块淬火硬度为55～60HRC，塞尺淬火硬度为60～64HRC。

在钻床夹具中，通常用钻套实现对刀，钻削时只要钻头对准钻套中心，钻出的孔的位置就能达到工序要求。

2. 影响对刀装置对准精度的因素

用对刀装置调整刀具对夹具的相对位置方便迅速，但其对准精度一般比试切法低。影响对刀装置对准精度的因素主要有：

1）对刀时的调整精度。

2）元件定位面相对对刀装置的位置误差。

因此，在设计夹具时，应正确确定对刀块对刀表面和导套中心线的位置尺寸及其公差。一般说来，这些位置尺寸都是以元件定位面作为基准来标注的，以减少基准变换带来的误差。

当工件工序图中工序基准与定位基准不重合时，则需要把工序尺寸换算成加工面距离定位基准的尺寸。

图 12-9　塞尺

第三节　夹具的分度装置

知识要点一　夹具分度装置及其对定

1. 夹具分度装置

在生产中，经常会遇到一些工件需要加工一组按一定转角或一定距离均匀分布、形状和尺寸相同的表面，例如钻、铰一组等分孔，或铣一组等分槽等。为了能在一次装夹中完成这类等分表面的加工，便出现了在加工过程中需要分度的问题。夹具上这种转位或移位装置称为分度装置。图 12-10 所示即为应用了分度转位机构的轴瓦铣开夹具。

图 12-10　轴瓦铣开夹具

1—螺母　2—开口垫圈　3—对刀装置　4—导向件　5—对定销　6—螺母　7—分度盘　8—定向键

工件在具有分度转位装置的夹具上的每一个位置称为一个加工工位。通过分度装置采用多工位加工，能使加工工序集中，从而减轻工人的劳动强度，提高劳动生产率，因此分度转位夹具在生产中应用广泛。

2. 分度装置的对定

使用分度或转位夹具加工时，各工位加工获得的表面之间的相对位置精度与分度装置的分度定位精度有关，而分度定位精度与分度装置的结构形式及制造精度有关。分度装置的关键部分是对定机构。图 12-11 列举了几种常用的分度装置的对定机构。

图 12-11 常用的分度装置的对定机构

对于位置精度要求不高的分度，可采用图 12-11a、b 所示的最简单的对定机构，这类机构靠弹簧将钢球或圆头销压入分度盘锥孔内实现对定。图 12-11c、d 所示为圆柱销对定机构，多用于中等精度的铣钻分度夹具；图 12-11d 所示采用削边销作为对定销，是为了避免对定销至分度盘回转中心距离与衬套孔中心至回转中心距离有误差时，对定销插不进衬套孔。为了减小和消除配合间隙，提高分度精度，可采用图 12-11e 所示的锥面对定，或采用图 12-12 所示的斜面对定，

图 12-12 斜面分度装置

1—拔销 2—弹簧 3—凸轮 4—销 5—对定销 6—分度盘 7—手柄

这类对定方式理论上对定间隙为零，但需注意防尘，以免对定孔或槽中有细小脏物，影响对定精度。

磨削加工用的分度装置，通常精度较高，可采用图 12-13a 所示的消除间隙的斜楔对定机构和图 12-13b 所示的精密滚珠或滚柱组合分度盘。

为了消除间隙对分度精度的影响，还可采用单面靠紧的办法，使间隙始终在一边。

图 12-13　精密分度装置

a）消除间隙的对定机构　b）精密滚珠或滚柱组合分度盘

知识要点二　分度装置的常用机构

1. 分度装置的操纵机构

分度装置的操纵机构形式很多，有手动的、脚踏的、气动的、液压的、电动的等。各种对定机构除钢球、圆头对定机构外，均需有拔销装置。以下仅介绍几种常用的人力操纵机构，至于机动的形式，则只需在施加人力的地方换用各种动力源即可。

（1）手拉式对定机构　图 12-11c 所示即为手动直接拔销。这种机构由于手柄与定位销连接在一起，拉动手柄便可以将定位销从定位衬套中拉出。手拉式对定机构的结构尺寸已标准化，可参阅 JB/T 8021.1—1999。

（2）枪栓式对定机构　图 12-14 所示的枪栓式对定机构的工作原理与手拉式相似，只是拔

图 12-14　枪栓式对定机构

1—定位销　2—壳体　3—轴　4—销　5—固定螺钉　6—弹簧　7—手柄　8—定位螺钉

销不是直接拉出，而是利用定位销外圆上的曲线槽的作用，拔出定位销。

枪栓式对定机构的轴向尺寸比手拉式的小，但径向尺寸较大，其结构尺寸也已标准化，可参阅 JB/T 8021.2—1999。

（3）齿轮—齿条式对定机构 图 12-11d、e 所示的对定机构便是通过杠杆、齿轮齿条等传动机构拔销的。

（4）杠杆式对定机构 图 12-15 所示即为杠杆式对定机构。当需要转位分度时，只需将手柄 5 绕支点螺钉 1 向下压，便可使定位销从分度槽中退出。手柄是通过螺钉 4 与定位销连接在一起的。

（5）脚踏式对定机构 图 12-16 所示即为脚踏式对定机构，主要用于大型分度装置上，例如用于大型摇臂钻钻等分孔等，因为这时操作者需要用双手转动分度装置的转位部分，所以只能用脚操纵定位销从定位衬套中退出的动作。

以上各种对定机构都是定位和分度两个动作分别进行操作的，这样比较费时。图 12-12 所示的斜面对定机构则是将拔销与分度转位装置连在一起的结构。转位时，逆时针扳动手柄 7，拔销 1 在端部斜面作用下压缩弹簧 2 从分度槽中退出；手柄与凸轮 3 连接在一起，带动凸轮转动，凸轮上的斜面推动销 4 把对定销 5 拔出；当手柄转动到下一个槽位时，拔销插入槽中，然后顺时针转动手柄，便带动分度盘 6 转位；转到一定位置后，对定销自动插入下一个分度槽中，即完成一次分度转位。

机动夹具中则可利用电磁力、液压或气动装置拔销。图 12-17 所示即为利用压缩空气拔销和分度的气动分度台。其工作原理是：当活塞 7 左移时，活塞上的齿条 8 推动扇形凸轮 5 顺时针方向转动，此时凸轮上的上升曲线便将对定销 4 从分度盘 2 的槽口中拔出；扇形凸轮 5 活套在主轴

图 12-15　杠杆式对定机构
1—支点螺钉　2—弹簧　3—壳体　4—螺钉
5—手柄　6—定位销　7—分度板

图 12-16　脚踏式对定机构
1—枢轴　2—齿轮　3—座梁　4—分度板　5—定位衬套
6—定位销　7—摇臂　8—连杆　9—踏板

3 上，与分度盘 2 以棘轮棘爪相连接，当凸轮顺时针方向转动时，棘爪从分度盘 2 的棘轮上滑过，分度盘 2 不动；转过一个等分角后，活塞反向向右移动，凸轮则逆时针方向转动，此时由于棘爪的带动，分度盘 2 连同主轴也同时逆时针方向转动；当分度盘槽口正好与对定销 4 相遇时，在弹簧的作用下，对定销插入槽口，即完成一次分度转位。

2. 分度板的锁紧机构

分度装置中的分度副仅能起到转位分度和定位的作用，为了保证在工作过程中受到较大的力或力矩作用时仍能保持正确的分度位置，一般分度装置均设有分度板锁紧机构。

图 12-17　气动分度台

1—夹具体　2—分度盘　3—主轴　4—对定销　5—扇形凸轮　6—插销　7—活塞　8—齿条

　　图 12-18 所示的锁紧机构是回转式分度夹具中应用最普遍的一种。它通过单手柄同时操纵分度副的对定机构和锁紧机构。图中 13 为分度台面，即分度板，其底面有一排分度孔。定位销操纵机构则安装在分度台的底座 14 上。夹紧箍 3 是一个带内锥面的开口环，它被套装在一个锥形轴圈 4 上，锥形轴圈则和分度台立轴相连。当顺时针方向转动手柄 9 时，通过螺杆 7 顶紧夹紧箍 3，夹紧箍收缩时因内锥面的作用使锥形轴圈 4 带动立轴向下，将分度台面压紧在底座 14 的支承面上，依靠摩擦力起到了锁紧作用。

图 12-18　分度装置中的锁紧机构

1—定程螺钉　2—止动销　3—夹紧箍　4—锥形轴圈　5—螺纹套　6—齿轮套　7—螺杆
8—挡销　9—手柄　10—导套　11—定位销　12—弹簧　13—分度台面　14—底座

当转动手柄 9 时，通过挡销 8 带动齿轮套 6 旋转，与齿轮套相啮合的带齿条定位销 11 便插入定位孔中或从孔中拔出。由于齿轮套 6 的端部开有缺口（见 C—C 剖面），因而可以实现先松开工作台再拔销或先插入定位销再锁紧工作台的要求。其动作顺序是：逆时针方向转动手柄 9，先将分度台松开；再继续转动手柄，挡销 8 抵住了齿轮套缺口的左侧面，开始带动齿轮套回转，通过齿轮齿条啮合，使定位销 11 从定位孔中拔出，这时便可自由转动分度台面，进行分度；当下一个分度孔对准定位销时，在弹簧力的作用下，定位销插入分度孔中，完成对定动作，这时由于弹簧力的作用，通过挡销 8（此时仍抵在缺口的左侧面），会使手柄 9 按顺时针方向转动；再按顺时针方向继续转动手柄 9，又使分度台面锁紧，由于缺口的关系，齿轮套 6 不会跟着回转，挡销 8 又回到缺口右侧的位置，为下一次分度做好准备。定程螺钉 1 用来调节夹紧箍的夹紧位置和行程，以协调锁紧、松开工作台和插入、拔出定位销的动作。

3. 通用回转工作台

为了简化分度夹具的结构，可以将夹具安装在通用回转工作台上实现分度。通用回转工作台已经标准化，可以按规格选用。

图 12-19 所示为立轴式回转工作台，其对定机构采用圆柱削边销，用齿轮齿条拔销。转动手柄 1，使对定销 3 插入定位孔的同时，由于螺钉 2 的旋入，将锁紧环 4 抱紧，实现锁紧。

图 12-19　立轴式回转工作台

1—手柄　2—螺钉　3—对定销　4—锁紧环

图 12-20 所示为一种卧轴式回转工作台。对定机构也采用圆柱削边销，用拨杆（图 12-20 中 A—A）分度。分度完毕转动手柄 2，对定销 3 在弹簧力的作用下插入定位孔内，继续转动手柄，通过偏心轴 4 调节螺钉 5 和回转轴 6，实现回转台的锁紧。

图 12-20 卧轴式回转工作台

1—拨杆 2—手柄 3—对定销 4—偏心轴 5—螺钉 6—回转轴

知识要点三 精密分度

前面提及的各种分度装置都是以一个对定销依次对准分度盘上的销孔或槽口实现分度定位的。按照这种原理工作的分度装置的分度精度受到分度盘上销孔或槽口的等分误差的影响，较难达到更高精度。例如对于航天飞行器中的控制和发讯器件、遥感—遥测装置、雷达跟踪系统、天文仪器设备、乃至一般数控机床和加工中心的转位刀架或分度工作台等，都需要非常精密的分度或转位部件，不用特殊手段是很难达到要求的。以下介绍的两种分度装置，其对定原理与前面所述的不同，从理论上来说，其分度精度可以不受分度盘上分度槽等分误差的影响，因此能达到很高的分度精度。

1. 电感分度装置

图 12-21 所示为精密电感分度台。分度台转台 1 的内齿圈和两个嵌有线圈的齿轮 2、3 组成

电感发讯系统——分度对定装置。转台 1 的内齿圈与齿轮 2、3 的齿数 z 相等，z 根据分度要求而定，外齿用负变位齿轮，内齿用正变位齿轮。齿轮 2、3 装在转台底座上固定不动，每个齿轮都开有环形槽，内装线圈 L_1 和 L_2。安装时，齿轮 2 和 3 的齿错开半个齿距，线圈 L_1 和 L_2 接入图 12-22 所示的电路中。L_1 和 L_2 的电流大小与各自的电感有关，但 L_1 和 L_2 的电流方向相反，两者的电流差值为 $i_1 - i_2$。分度时转台的内齿圈转动，L_1 和 L_2 的电感将随着齿轮 2、3 与转台内齿圈的相对位置不同而变化。如图 12-22 所示，齿顶对齿顶时，电感最大；齿顶对齿谷时，电感最小。因此，转台转动时，L_1 和 L_2 的电感将周期性变化。由于两个绕线齿轮在安装时错开半个齿距，所以一个线圈的电感增加时，另一个线圈的电感必然减少，因而 i_1 和 i_2 也随之增加或减少，以致电流表指针在一定范围内左右摆动。当处于某一中间位置时，两个线圈的电感相等，此时电流表示值为零。转台每转过 $\frac{1}{2z}$ 转，电流表指针便回零一次。分度时通常以示值为零时作为起点，拔出插销 7，按等分需要转动转台 1 至所需位置，然后再将插销插入转台 1 的外齿圈内（齿数与内齿圈相同），实现初对定后，再利用上述电感发讯原理，拧动调整螺钉 8 或 10，通过插销座 9 和插销 7，带动转台一起回转，进行微调。当电流表示值重新指在零位时，表示转台已精确定位，分度完成。

图 12-21　电感分度台

1—转台　2、3—齿轮　4—轴　5—衬套　6—青铜垫　7—插销　8、10—调整螺钉　9—插销座

图 12-22　电感分度台电路

由于电测系统可获得高的灵敏度，而系统中的电感是综合反映内外齿轮齿顶间隙变化的，因而使齿不等分误差可以得到均化，故分度精度较高。

2. 端齿分度装置

图 12-23 所示为端面齿分度台（也称鼠牙盘）。转盘 10 下面带有三角形端面齿，下齿盘 8 上也有同样的三角形端面齿，齿形如 $D-D$ 剖面所示，两者齿数相同，互相啮合。根据要求，齿数 z 可分为 240、300、360、480 等，分度台的最小分度值为 $\dfrac{360°}{z}$。下齿盘 8 用螺钉和圆锥销紧固在底座上。分度时将手柄 4 顺时针方向转动，带动扇形齿轮 3 和齿轮 2，齿轮 2 和移动轴 1 以螺纹连接，齿轮 2 转动，使移动轴 1 上升，将转盘 10 升起，使之与下齿盘 8 脱开，这时转盘 10 即可任意回转分度。转至所需位置后，将手柄反转，工作台下降，直至转盘的端面齿与下齿盘 8 的端面齿紧密啮合并锁紧。为了便于将工作台转到所需角度，可利用定位器 6 和定位销 7，使用时先按需要角度将定位销预先插入刻度盘 5 的相应小孔中，分度时就可用定位器根据插好的销实现预定位。因为转盘的端面齿与下齿盘的端面齿全部参加工作，各齿的不等分误差有正有负可以互相抵消，使误差得到均化，提高了分度精度。一般端面齿分度台的分度误差不大于 $30''$，高精度分度台误差不大于 $5''$。

图 12-23　端面齿分度台

1—移动轴　2—齿轮　3—扇形齿轮　4—手柄　5—刻度盘　6—定位器
7—定位销　8—下齿盘　9—轴承内座圈　10—转盘（上齿盘）　11—底座

3. 钢球分度装置

图 12-24a 所示为钢球分度装置。这种分度装置同样利用误差均化原理，上、下两个钢球盘分别用一圈相互挤紧的钢球代替上述端面齿盘的端面齿，这些钢球的直径尺寸和几何形状精度以及钢球分布的均匀性，对分度精度和承载能力有很大影响，需严格挑选，使其直径误差以及球度误差均控制在 $0.3\mu m$ 以内。这种分度装置的分度精度高，可达 $\pm 1''$，与端面齿分度装置相比还具有结构简单、制造方便的优点，其缺点是承载能力较低，且随着负荷的增大其分度精度将受到影响，因此只适用于负荷小、分度精度要求高的场合。图 12-24b 所示为钢球分度盘的工作原理图。

有关分度装置的许多优秀设计图样可查阅吴拓编著的《现代机床夹具典型结构图册》（化学工业出版社，2011 年出版）。

图 12-24　钢球分度装置

a）钢球分度盘　b）钢球分度盘的工作原理

1—钢球　2—上齿盘　3—下齿盘　4—手柄　5—偏心轴　6—套筒　7—止推轴承　8—工作台

第四节　夹具的靠模装置

知识要点一　靠模装置及其类型

1. 夹具靠模装置

在批量生产中，各种曲面的加工可以依靠数控机床加工，也可以设计靠模在通用机床上加工。零件上的回转曲面，可以通过靠模装置在车床上加工；直线曲面和空间曲面可以通过靠模装置在一般的万能铣床上加工。靠模装置的作用是使主进给运动和由靠模获得的辅助运动形成所需要的仿形运动。

2. 靠模装置的类型

直线曲面是最常见的一种曲面，是由直母线按照曲线轨迹做与其平行的运动而形成的。按照加工中的进给运动的走向，可以分为直线进给和圆周进给两种。

（1）直线进给式靠模装置　图 12-25a 所示为直线进给式靠模装置的工作原理图。靠模板 2 和工件 4 分别装在机床工作台上的夹具中；滚柱滑座 5 和铣刀滑座 6 连成一个整体，它们的轴线间距 K 保持不变，在强力弹簧或重锤拉力的作用下，使滚柱始终压紧在靠模上。当工作台纵向进给时，滑座整体即获得一个横向辅助运动，从而使铣刀按靠模轨迹在工件上加工出所需要的曲面轮廓。

（2）圆周进给式靠模装置　图 12-25b 所示为安装在普通立式铣床上的圆周进给式靠模装置的工作原理图。靠模板 2 和工件 4 安装在回转台 7 上，回转台做等速圆周进给运动，在强力弹簧的作用下，滚子紧压在靠模板 2 上，溜板 8 带动工件相对于刀具做所需的仿形运动，因而可加工出与靠模相仿的成形表面。

图 12-25　靠模装置原理图

1—滚柱　2—靠模板　3—铣刀　4—工件　5—滚柱滑座　6—铣刀滑座　7—回转台　8—溜板

知识要点二　靠模装置的设计

无论是直线进给式靠模还是圆周进给式靠模，它们的设计方法基本相同，通常都采用图解法。从图 12-25 下方的仿形过程原理图中，可以得出靠模工作型面的绘制过程如下：

1）准确绘制工件表面的外形轮廓。

2）从工件的外形轮廓面或者回转中心作等分平行线或辐射线。

3）在平行线或辐射线上，以铣刀半径 r 作与工件外形轮廓面相切的圆，得到铣刀中心的运动轨迹。

4）在各平行线或辐射线上，从铣刀中心截取长度 K 的线段，得到滚柱中心的运动轨迹，然后以滚柱半径 R 作圆弧，再作这些圆弧的包络线，即得到靠模的工作型面。

设计靠模时必须注意：靠模工作型面与工件外形轮廓、铣刀中心与滚柱中心间应保持一定的相对位置关系。同时，铣刀半径应等于或小于工件轮廓曲面的最小曲率半径。考虑到铣刀重磨后直径减小，通常将靠模型腔面和滚柱做成 $10° \sim 15°$ 的斜角，以便获得补偿调整。

图 12-26 所示为仿形铣削夹具。工件（连杆）以一面两孔定位。工件与仿形靠模 5 一起安装在拖板 6 的两个定位圆柱上，由螺母 1 经开口垫圈 2 和 3 压紧；夹具的燕尾座 7 固定在铣床工作台上，仿形滚轮支架 9 固定在铣床立柱的燕尾导轨上，仿形滚轮 4 紧靠仿形靠模的表面。铣削时，铣床工作台连同仿形夹具做横向移动，由于悬挂重锤 8 的作用，迫使拖板根据仿形靠模的外形做相应的纵向移动，从而完成工件的单面仿形铣削。翻转工件，重新安装夹紧，即可进行另一面的仿形铣削。

有关靠模装置的许多优秀设计图样可查阅吴拓编著的《现代机床夹具典型结构图册》（化学工业出版社，2011 年出版）。

图 12-26　仿形铣削夹具

1—螺母　2、3—开口垫圈　4—仿形滚轮　5—靠模　6—拖板　7—燕尾座　8—悬挂重锤　9—支架

第五节　夹具体和夹具连接元件的设计

知识要点一　夹具体及其设计

1. 夹具体的结构

夹具体是将夹具上的各种装置和元件连接成一个整体的最大、最复杂的基础件。夹具体的形状和尺寸取决于夹具上各种装置的布置以及夹具与机床的连接，而且在零件的加工过程中，夹具还要承受夹紧力、切削力以及由此产生的冲击和振动，因此夹具体必须具有必要的强度和刚度。切削加工过程中产生的切屑有一部分还会落在夹具体上，切屑积聚过多将影响工件可靠地定位和夹紧，因此设计夹具体时，必须考虑其结构应便于排屑。此外，夹具体结构的工艺性、经济性以及操作和装拆的便捷性等，在设计时也都必须认真加以考虑。

根据夹具的要求，夹具体可用铸件结构，也可用钢件或焊件结构，结构形式可采用底座形或箱形。

2. 夹具体的设计

（1）夹具体设计的基本要求

1）应有适当的精度和尺寸稳定性。夹具体上的重要表面，如安装定位元件的表面、安装对

刀或导向元件的表面以及夹具体的安装基面等，应有适当的尺寸精度和形状精度，它们之间应有适当的位置精度。为使夹具体的尺寸保持稳定，铸造夹具体要进行时效处理，焊接和锻造夹具体要进行退火处理。

2）应有足够的强度和刚度。为了保证在加工过程中不因夹紧力、切削力等外力的作用而产生不允许的变形和振动，夹具体应有足够的壁厚，刚性不足处可适当增设加强筋。近年来许多工厂采用框形薄壁结构的夹具体，不仅减轻了重量，而且可以进一步提高其刚度和强度。

3）应有良好的结构工艺性和使用性。夹具体一般外形尺寸较大，结构比较复杂，而且各表面间的相互位置精度要求高，因此应特别注意其结构工艺性，应做到装卸工件方便、夹具维修方便。在满足刚度和强度的前提下，应尽可能减轻重量、缩小体积、力求简单，特别是对于手动、移动或翻转夹具，其总重量应不超过10kg，以便于操作。

4）应便于排除切屑。机械加工过程中，切屑会不断地积聚在夹具体周围，如不及时排除，切削热量的积累会破坏夹具的定位精度，切屑的抛甩可能缠绕定位元件，也会破坏定位精度，甚至发生安全事故。因此，对于加工过程中切屑产生不多的情况，可适当加大定位元件工作表面与夹具体之间的距离，以增大容屑空间；对于加工过程中切屑产生较多的情况，一般应在夹具体上设置排屑槽，如图12-27所示，以利切屑自动排出夹具体外。

图 12-27 夹具体自动排屑结构

5）在机床上的安装应稳定可靠。夹具在机床上的安装都是通过夹具体上的安装基面与机床上相应表面的接触或配合实现的。当夹具在机床工作台上安装时，夹具的重心应尽量低，支承面积应足够大，安装基面应有较高的配合精度，保证安装稳定可靠；夹具体底部一般应中空，大型夹具还应设置吊环或起重孔。

（2）夹具体毛坯的类型　由于各类夹具结构变化多端，使夹具难以标准化，但其基本结构形式不外乎图12-28所示的三大类，即开式结构（图12-28a）、半开式结构（图12-28b）和框式结构（图12-28c）。

选择夹具体毛坯的制造方法，通常根据夹具体的结构形式以及工厂的生产条件决定。根据制造方法的不同，夹具体毛坯可分为以下四类。

1）铸造夹具体。铸造夹具体如图12-29a所示，其优点是可铸出各种复杂形状，其工艺性好，并且具有较好的抗压强度、刚度和抗振性；但其生产周期较长，且需经时效处理，因而成本较高。

2）焊接夹具体。焊接夹具体如图12-29b所示，其优点是容易制造、生产周期短，成本低，

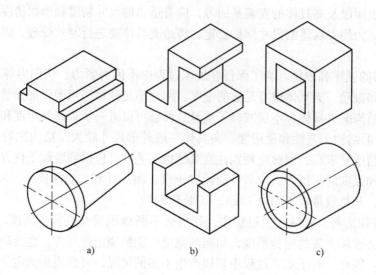

图 12-28 夹具体的结构

重量较轻；但焊接后需经退火处理，且难获得复杂形状。

3）锻造夹具体。锻造夹具体如图 12-29c 所示，适用于形状简单、尺寸不大、要求强度和刚度大的场合；锻造后需经退火处理。

4）装配夹具体。装配夹具体如图 12-29d 所示，由标准的毛坯件、零件及个别非标准件或者用型材、管料、棒料等加工成零部件通过螺钉、销钉连接组装而成，其优点是制造成本低、周期短、精度稳定，有利于标准化和系列化，也便于夹具的计算机辅助设计。

图 12-29 夹具体毛坯的类型

（3）夹具体的技术要求 夹具体与各元件配合表面的尺寸精度和配合精度通常都较高，常用的夹具元件间配合的选择请查阅相关手册。

有时为了夹具在机床上找正方便，常在夹具体侧面或圆周上加工出一个专用于找正的基面，用以代替对元件定位基面的直接测量。这时对该找正基面与元件定位基面之间必须有严格的位置精度要求。

（4）夹具体设计实例 以某车床开合螺母铣槽夹具为例，其夹具体设计如图 12-30 所示。

图 12-30　开合螺母铣槽夹具的底座

知识要点二　夹具连接元件及其设计

1. 夹具的连接元件

夹具上的定位装置、夹紧装置、导向元件，根据加工的需要，有些夹具上还设有分度装置、靠模装置、上下料装置、工件顶出机构、电动扳手、平衡块等，这些都必须采用适当的连接元件与夹具体牢固、可靠地连接起来，使之组成一个动作协调、结构稳定、具有一定刚性的整体。

夹具的连接元件有的可采用标准件，有的可能需要根据具体情况加以设计制造。无论是选择标准件还是自行设计，都必须保证连接元件的刚度，还要注意方便拆卸、更换，方便清除切屑。

2. 夹具连接元件的设计

夹具与机床连接的元件，如导向键、定位键等，必须按国家标准设计，并注意安装位置应合理。此外还可能需要设计安装滚动轴承的支架、承载靠模板和转动机构的拖板以及一些插销等。

上例某车床开合螺母铣槽夹具各装置的连接及其元件设计如图 12-31 所示。

图 12-31 开合螺母铣槽夹具装置的连接及其元件设计

思考与练习题

12-1 常见的对定方式有哪几种？各用于什么场合？

12-2 操纵对定销的机构有哪些？各有何特点？

12-3 何谓对刀？对刀方式有哪些？

12-4 什么是回转分度装置？它由哪几部分组成？各部分的主要功能是什么？

12-5 以圆柱销对定机构为例，分析机构的分度误差从何而来。

12-6 简要说明端面齿分度装置有哪些特点。

12-7 简要说明靠模的类型及其工作原理。

12-8 简要说明靠模工作型面的绘制过程。

12-9 设计夹具体时有哪些基本要求？

12-10 常见的夹具体毛坯有哪几种？

12-11 夹具体与各元件之间在精度方面有哪些技术要求？

实训项目四　机床夹具课程设计

本章学习结束后，可安排实训"机床夹具课程设计"。实训指导相关资料可从机械工业出版社教育服务网中本书的附件中下载。

第四篇

当代先进制造技术概要

第十三章 现代制造技术新理念

CHAPTER 13

第一节　精　益　生　产

知识要点一　精益生产的基本理念

1. 精益生产的产生

20世纪初，美国福特（Ford）汽车公司创立第一条汽车生产流水线，它以标准化、大批量生产来降低生产成本，提高生产率。这种生产适应了美国当时的国情。第二次世界大战后日本经济萧条，缺少资金和外汇，怎样建立日本的汽车工业？丰田汽车公司考察了福特汽车公司的轿车生产情况后，根据日本国情提出了解决问题的方法，即建立起一套新的生产组织管理体系，这就是后来被美国人称为"精益生产"的新的生产方式。精益生产（Lean Production，LP）是美国麻省理工学院（MIT）几位专家对日本"丰田生产方式"的美称。精，即少而精，不投入多余的生产要素，只是在适当的时间生产必要数量的市场急需产品（或下道工序所需产品）；益，即所有经营活动都要有效有益，具有经济性。经过30年的努力，日本成为新的汽车王国，产量远远超过了美国。

2. 精益生产的定义

通过对丰田汽车公司创建的新生产方式的考察分析，精益生产可定义为：精益生产是通过系统结构、人员组织、运行方式和市场供求关系等方面的变革，使生产系统能快速适应用户需求的不断变化，并能使生产过程中一切无用的、多余的或不增加附加值的环节被精简，以达到产品生命周期内的各方面最佳效果。

精益生产的基本目的是要在一个企业里同时获得极高的生产率、极佳的产品质量和很大的生产柔性。

3. 精益生产的特点

精益生产与技术性生产和大批大量生产不同的是，精益生产克服了二者的缺点，即避免了技术性生产的高费用和大批量生产的高刚性，与之相适应的是生产技术的柔性化，这主要得益于20世纪70年代以来的数控、FMS和集成制造技术。因此，精益生产采用的是由多功能工作小组和柔性很高的自动化设备所组成的制造系统。

精益生产的一切基础是"精简"，与大批量生产相比，只需要一半的劳动强度，一半的制造空间，一半的工具投资，一半的开发时间，从而使库存和废品大大减少，品种大量增加。二者最大的区别在于追求的目标不同，大批大量生产强调"足够"的质量，故总是存在缺陷，而精益生产则追求尽善尽美。

在生产组织中，精益生产与泰勒方式不同，不是强调过细的分工，而是强调企业各部门相互密切合作的综合集成。综合集成不仅仅限于生产过程本身，尤其重视产品开发、生产准备和生产之间的合作和集成。精益生产不仅仅要求在技术上实现制造过程和信息流的自动化，更重要的是从系统工程的角度对企业的活动及其社会影响进行全面的、整体的优化。换句话说，精益生产不仅仅着眼于技术，还充分考虑组织和人的因素。

精益生产的三大支柱是：① 准时生产（JIT），这是缩短生产周期、加快资金周转、降低生产成本、实现零库存的主要方法；② 成组技术（GT），这是实现多品种、小批量、低成本、高柔性、按用户订单组织生产的技术手段；③ 全面质量管理（TQC），这是保证产品质量、树立企业形象和达到无缺陷目标的主要措施。

精益生产是采用灵活的生产组织形式，根据市场需求的变化，及时、快速地调整生产，依靠严密细致的管理，力图通过"彻底排除浪费"，防止过量生产来实现企业的利润目标的。为此，精益生产必须能很好地实现以下三个子目标：零库存、高柔性（指企业的生产组织形式灵活多变，能适应市场需求多样化的要求，及时组织多品种生产）、无缺陷。

精益生产的特征可以总结为：以用户为上帝，以人为中心，以精简为手段，以零缺陷为目标。

1）以用户为上帝。企业要面向用户，保持与用户的密切联系，真正体现用户是上帝。不仅要向用户提供服务，而且要了解用户的要求，以最快的速度和适宜的价格，以高质量的适销新产品去抢占市场。

2）以人为中心。现代企业不但要不断取得技术进步，更要以人为中心，大力推行更适应市场竞争的小组工作方式，让每一个人在工作中都有一定程度的制订计划、判断决策、分析复杂问题的权利，都有不断学习新生产技术的机会，培养职工相互合作的品质，同时对职工素质的提高不断进行投资，提高职工的技能，充分发挥他们的积极性与创造性。此外，企业一方面要为职工创造工作条件和晋升途径，另一方面又要给予一定的工作压力和自主权，以满足人们学习新知识和实现自我价值的愿望，从而形成独特的、有竞争意识的企业文化。

3）以精简为手段。精益生产将去除生产过程中的一切多余的环节，实行精简化。在组织结构上，纵向减少层次，横向打破部门壁垒，将多层次、细分工的管理模式转化为分布式平行网络的管理结构。在生产过程中，采用先进的设备，减少非直接生产工人，每个工人的工作都真正使产品增值。精简还包括在减少产品的复杂性的同时，提供多样化的产品。采用成组技术是实现精简化和提高柔性化双重目标的关键。

4）以零缺陷为目标。精益生产所追求的目标不是"尽可能好一些"，而是"零缺陷"，即最低的成本、最好的质量、无废品、零库存与产品的多样化。

知识要点二　精益生产的管理

1. 精益生产的管理与控制技术

精益生产为了实现企业目标，主要从生产计划、生产组织和生产控制三方面着手。

（1）生产计划　精益生产计划与传统生产计划相比，其最大的特点是：只向最后一道工序下达作为生产指令的投产顺序计划，而对最后一道工序以外的各个工序只出示每月大致的生产品种和数量计划，作为其安排作业的一种参考基准。在传统的生产计划方式中，生产指令同时下达给各个工序，即使前后工序出现变化或异常，也与本工序无关，仍按原指令不断地生产。其结果造成工序间生产量的不平衡，工序间自然会存在制品库存。而在精益生产方式中，由于生产指令只下达到最后一道工序，其余各道工序的生产指令是由"看板"在需要的时候向前工序传递，这就使得各工序只生产后工序所需要的产品，避免了生产不必要的产品；因为只在后工序需要时才生产，所以避免和减少了不急需的库存量；因为生产指令只下达给最后一道工序，最后的生产成品数量与生产指令的数量是一致的；生产顺序指令以天为单位，而且"只在需要的时候发出"，因而能够反映最新的订货和市场需求，大大缩短了从订货或市场预测到产品投放市场的时间，从而提高了产品的市场竞争能力。

（2）生产组织　精益生产的核心思想就是力图通过"彻底排除浪费"来实现企业的盈利目标，也就是要去除任何"只使成本增加的生产诸因素"，这其中最主要的有生产过剩（即库存）所引起的浪费、人员利用上的浪费以及不良品引起的浪费。为了减少这些浪费，在生产组织过程中就相应地产生了同步化生产、弹性配置作业人数以及保证质量这样的实施措施。

（3）生产控制　精益生产要求生产系统的各环节全面实现生产同步化、均衡化和准时化，因此这种生产控制中主要采用"看板"的方法来控制。"看板"作为控制的工具和手段，发挥着重要的作用。精益生产的管理思想十分丰富，管理方法也很多，如果孤立地看每一个思想、每一种方法，就不能把握精益生产的本质。精益生产的每个管理思想、每种管理方法都不是孤立的，相互之间是有联系、有层次的，一种方法支持另一种方法，方法又保证思想的实现。只有把管理思想与方法有机地组合起来，构成一个完整的生产管理系统，才能发挥每种方法的功能，才能达到系统的最终目标——质量是好的、成本是低的、品种是多的、时间是快的。

2. 企业应用精益生产的条件

（1）内部条件　精益生产方式只有在生产秩序良好、各道工序设置合理、产品质量稳定的企业才有可能推行和实施。除此之外，企业还应具备下列条件。

1）企业领导对精益生产有深刻的认识和实施的决心。推行精益生产是管理思想的重大变革，是一项全局性的工作，需要领导层统一认识，在工作中密切配合才可能顺利实施。领导的认识和决心是推行精益生产成功的关键。

2）加强培训，更新职工观念，强化职工的参与意识。推行精益生产必须更新观念，加强对职工的教育培训，要使职工认识到精益生产的目标是提高企业素质、提高经济效益，与职工切身利益完全一致，从而增强职工对新管理方式的接受能力和参与意识。

3）要制定相应的经济政策和有效的激励手段，促进操作者提高技术水平和生产积极性。

（2）外部条件　企业推广应用精益生产方式，当前尤其应尽快完善以下两个外部条件。

1）要有一个比较顺畅的物资供应和产品销售流通体系。精益生产要求达到原材料无库存，产品无积压，这就相应要求企业外部的物资供应和产品销售渠道十分通畅，否则企业就可能因预防供应中断而增加原材料库存，或因销售渠道不畅而积压产品。这种外来影响往往会破坏均衡生产，造成精益生产方式无法实现。

2）要有一个劳动力调节市场，实行劳动力能自然流动的外部环境。这样，企业才可能成为一个开放系统，确保企业中劳动力的最优组合。企业可以不断与外界交换劳动力，吸收适合于本企业需要的人员，排除不适用的人员，保证劳动力队伍素质的稳步提高。

第二节　增材制造

知识要点一　快速成型技术

快速成型（Rapid Prototype，RP）又叫快速原模成型、增材制造、叠层制造或分层制造，其基本思想都是基于将复杂的三维实体或壳体做有限的二维离散细化分层。制造中，先将底层的二维图形（数控）制造完毕后，再向三维进给一定厚度，继续制造后一层，而前、后两层又是结合在一起的，从而达到三维制造。这是牛顿微分思想在制造中的具体应用和体现，目前主要用于原模制造、零件仿制。这是20世纪80年代以后出现的新技术，中国是在20世纪90年代初期开始研究，目前已形成部分设备产品。快速成型技术主要依托数控技术的发展，几乎所有的快速成型设备都配有数控系统。目前比较成熟的主要工艺方法有：光敏树脂液相固化、选择性粉末激光烧结、薄片分层叠加成型和熔丝堆积成型，其他方法还在进一步研究中。

1. 光敏树脂液相固化

光敏树脂液相固化（Stereolithography，SL）又称为光固化立体造型、立体光刻。其工艺原理基于液态光敏树脂光聚合原理，即液态光敏树脂材料在紫外线照射下迅速发生光聚合反应，分子量剧增，材料从液体转化成固态，达到固化成型的目的，如图13-1所示。

光敏树脂液相固化的特点是精度高、表面质量好、材料利用率高，接近100%，适于复杂、精密原模制造，成型材料为光固化树脂。

光敏树脂液相固化应用较广，可以直接制造各种树脂功能件，用于结构验证、功能测试；可以制作复杂、精细零件或透明零件；各种复杂模具的模具（母模）的单件生产，实现内外表面转化加工。

2. 选择性粉末激光烧结

选择性粉末激光烧结（Selected Laser Sintering，SLS）又称为选区加工烧结，于1989年研制成功。

如图 13-2 所示，利用金属、非金属的粉末材料在激光照射下，烧结热熔成型，在计算机控制下层层堆积成三维实体。其特点是材料适应面广，无需支承，可制造空心零件、多层空镂零件和实心零件或模型。粉体制备常用离心雾化和气体雾化等方法。

图 13-1 光敏树脂液相固化成型原理

1—扫描镜 2—Z 轴升降台 3—树脂槽

4—观摩树脂

图 13-2 选区激光烧结成型原理与过程

1—激光器 2—铺粉滚筒 3—加工窗口 4—平面烧结

5—原料粉末 6—生成工件 7—供粉活塞 8—成型活塞

3. 薄片分层叠加成型

薄片分层叠加成型（Laminated Object Manufacturing，LOM）又称为叠层实体制造、分层实体制造、纸片叠层法，1986 年开发成功。其工艺原理如图 13-3 所示，利用激光切割与黏合工艺相结合，用激光将涂有热熔胶的纸质、塑料薄膜等片材按照 CAD 分层模型轨迹切割成型，然后通过热压辊热压，使其与下层的已成型工件黏结，从而堆积成型。

薄片分层叠加成型的工艺特点是易于制造大型零件，无需专用支承，成型材料为纸、塑膜等。

4. 熔丝堆积成型

熔丝堆积成型（Fused Deposition Modeling，FDM）产生于 1988 年。

熔丝堆积成型工艺是利用热塑性材料的热熔性、黏结性，在计算机控制下层层堆积成型。如图 13-4 所示，材料抽成丝状后，送丝机构将它送

图 13-3 薄片分层叠加成型原理

1—计算机 2、6—导向辊 3—原材料存储及送料机构

4—工作台 5—原材料 7—热粘压机构

8—激光切割系统

达加热喷头，并被加热熔化，喷头在平面内沿着零件截面轮廓和填充轨迹移动，同时将熔融材料挤出，并与周边材料黏结固化，达到成型目的，再层层叠加形成立体模型。

熔丝堆积成型的特点是操作简单、成本低、不需用激光加热设备；但需要辅助支承材料。其常用的成型材料是 ABS 工程塑料。

知识要点二　3D打印技术

图13-4　熔丝堆积成型原理

3D打印技术起源于美国。3D打印的核心是数字化、智能化制造与材料科学的结合。与传统上对原材料进行切削的减材制造方法正好相反，3D打印的过程好比用砖头砌墙，是逐层增加材料，最终形成物件。

现在，3D打印技术的应用有两个方向，一种是个人桌面级3D打印机，主要满足用户个性化的需求；另一种则是针对工业上的应用。目前，3D打印已经发展出多种较为成熟的技术类型。依据材料输送方式的不同，3D打印技术总体上可以分为以下两大类：① 选择性沉积技术，包括熔融沉积成型（FDM）、激光净成型（LENS）、分层实体制造（LOM）、电子束熔丝沉积（EBF）等；② 选择性黏合技术，包括光固化成型（SLA）、选择性激光烧结（SLS）、选择性激光熔化（SLM）、三维打印（3DP）、电子束熔炼成型（EBM）等。近年来，国内外又发展出了一些新的3D打印技术，如微纳材料成型、细胞三维结构成型、复合沉积成型、多种材料喷射成型等。

随着工艺、材料和装备的日益成熟，3D打印技术的应用范围由最初的原形制造、模具制造扩展到直接制造领域。

在工业化进程和行业转型升级过程中，3D打印将扮演着工业化新经济增长点的角色，因为第三次工业革命是3D打印技术、数字化应用技术、新材料应用技术、信息化技术聚集到一起的结果，能解脱大量的人力束缚，为工业化生产带来新的生产方式和增长点。

第三节　敏 捷 制 造

知识要点一　敏捷制造的基本理念

1. 敏捷制造的起源

1991年，美国政府为了在世界经济中重振雄风，并在未来全球市场竞争中取得优势地位，由国防部、工业界和学术界联合研究未来制造技术，并完成了《21世纪制造企业发展战略报告》。该报告明确提出了敏捷制造（Agile Manufacturing，AM）的概念。敏捷制造的研究首先在美国开展。实际上，在敏捷制造这一概念提出之前，日本已有了敏捷制造的雏形，日本制造业的振兴与发展给美国企业施加了很大的压力。美国企业界分析总结日本制造业的成功因素，提出敏捷制造的概念。可见，敏捷制造起源于日本，诞生于美国。敏捷制造概念一经提出，就在世界范围内引起了强烈反响。可以说，敏捷制造代表着21世纪制造业的发展方向。

2. 敏捷制造的内涵

美国机械工程师学会主办的《机械工程》杂志对敏捷制造做了如下定义："敏捷制造就是指制造系统在满足低成本和高质量的同时，对变幻莫测的市场需求的快速反应"。因此，敏捷制造的企业，其敏捷能力应当反映在以下六个方面。

1）对市场的快速反应能力：判断和预见市场变化并对其快速地做出反应的能力。

2）竞争力：企业获得一定生产力、效率和有效参与竞争所需的技能。

3）柔性：以同样的设备与人员生产不同产品或实现不同目标的能力。

4）快速：以最短的时间执行任务（如产品开发、制造、供货等）的能力。

5）企业策略上的敏捷性：企业针对竞争规则及手段的变化、新的竞争对手的出现、国家政策法规的变化、社会形态的变化等做出快速反应的能力。

6）企业日常运行的敏捷性：企业对影响其日常运行的各种变化，如用户对产品规格、配置及售后服务要求的变化，用户订货量和供货时间的变化，原料供货出现问题及设备出现故障等做出快速反应的能力。

AM的基本思想是通过把动态灵活的虚拟组织结构（Virtual Organization）或动态联盟、先进的柔性生产技术和高素质的人员进行全方位的集成，从而使企业能够从容应付快速变化和不可预测的市场需求，获得企业的长期经济效益。它是一种提高企业竞争能力的全新制造组织模式。

3. 敏捷制造企业的主要特征

敏捷制造企业的特征及要素构成了敏捷企业的基础结构，通过一系列功能子系统的支持使敏捷制造的战略目标得以实现。这些功能子系统一般称为"使能系统（Enablin System）"。

敏捷制造企业的特征主要包括：

1）并行工作；

2）继续教育；

3）根据用户反应建立的组织结构；

4）动态多方合作；

5）尊重雇员；

6）向团队成员放权；

7）改善环境；

8）柔性重构；

9）可获得与可使用的信息：

10）具有丰富知识和适应能力的雇员；

11）开放的体系结构；

12）一次成功的产品设计；

13）产品终生质量保证；

14）缩短循环周期；

15）技术领先作用；

16）灵敏的技术装备；

17）整个企业集成；

18）具有远见卓识的领导。

知识要点二　可重构制造系统

1. 可重构制造系统的基本概念

在敏捷制造模式中，为了快速响应市场的变化，人们提出可重构制造系统的概念。通常将具备动态重构能力，能够敏捷地自我调整系统结构以便快速响应环境变化的制造系统称为可重构制造系统。

制造系统的可重构有两个方面的含义：①当内外部环境稳定变化或业务变化可长期预测时，系统结构随之稳定演变发展；②当环境剧烈变化或者业务变化不可预测时，系统结构可以快速彻底地重组，重组后的系统必须在尽可能短的时间内恢复到正常生产状态。

可重构制造系统包括动态重构和系统运行两大过程。当市场需求发生变化时，应该在重构控制系统的控制下对制造系统进行重构，使之能够满足变化了的市场需求。在重构结束后，得到系统运行的主要参数，重构后的系统根据运行参数正常运行，在运行过程中发现问题后，将问题反馈给重构控制系统再对系统进行动态重构。系统运行的输出是市场需要的产品，系统同时接收用户反馈的意见并将意见反馈给重构控制系统，使系统的结构发生改变。

可重构制造系统兼有智能色彩和自动化色彩，主要表现在以下几个方面。

1）系统应该具有一定的智能，能够根据需求的变化自动调整自身的结构。

2）为了在极短的时间内恢复到正常运行状态，系统应该具备自动检测和智能控制功能。

3）系统应该是按照模块化原理进行设计的，以便于系统的快速重构。

4）系统的设备应该是数字控制的，以使系统具有足够的柔性。

5）系统的布局应该在信息系统的支持下快速、自动地改变。

2. 可重构制造系统的内涵

可重构制造系统是个广义的概念，它包括企业组织结构的重构、业务处理过程的重构、技术系统的重构和物料处理系统的重构等。

（1）企业组织结构的重构　人员是制造系统的重要组成部分，组织结构规范了人员的行为方式与活动空间，因此组织结构的可重构能力是制造系统快速响应变化的基本条件。通过对组织机构的快速重构，能使企业以最恰当的方式组织和管理企业的生产经营过程，快捷和经济地向用户提供产品。

组织结构的重构包括企业内部组织结构的重构和企业间组织结构的重构。

1）企业内部组织结构的重构，一方面面对市场环境的变化，或为了提高组织的管理效率，需要对组织结构做一定的调整，其结果会保持较长的时间，以便维持企业结构的稳定性；另一方面为了响应外部环境的扰动，在一定的范围内进行临时性组织结构变化，在范围和深度方面的影响比较小，企业结构可以很快趋于稳定状态。

2）企业间组织结构的重构是指以供应链上的若干组织建立起长期或短期的战略联盟，这种动态联盟或网络型企业可以优化利用各企业的资源快速满足某个市场需求，实现共赢。

（2）业务处理过程的重构　现代企业的运作更多的是基于过程的。因此，制造系统的重构必须包括业务处理过程的重构。业务处理过程的重构包括单个过程的重构和过程网络的重构，单个过程的重构是过程网络重构的基础。在企业组织结构重构后，企业的业务处理过程也必须相应地进行重构，以适应组织结构的变化。业务处理过程重构被分成三个阶段，即过程建模、过程分析和过程重构三个阶段。

1）过程建模采用形式化的语言描述过程的目标、内容、活动分解、活动之间的关系等。

2）过程分析研究过程的边界、目标、活动的输入/输出约束、角色、资源和协调控制方式，评价过程运行的性能，分析可能存在的问题，寻找隐含的关联性。

3）过程重构是在各个过程单元的属性及其操作方法都确定后，再自下而上地将过程单元组合起来，形成完整的过程，再将相关过程组合成过程网络，并对过程网络进行优化，从而实现过程重构。

（3）技术系统的重构　技术系统的重构主要指的是产品开发技术的重构，通过产品开发技术的重构实现产品的可重构性。产品重构涉及从市场营销、设计、加工制造、使用到报废处理的整个生命周期。

（4）物料处理系统的重构　物料处理系统包括物料加工设备和物料储运设备。首先设备本身应该是可重构的，其次是设备的布局也应该是可重构的。设备本身的重构可以简化设备的结构，实现设备无冗余运行，从而提高设备的可靠性、效率和减少运行成本。设备布局的重构意味着可以快速改变设备的组合，以适应产品种类的变化。设备的模块化设计是设备及系统重构的基础。

除了上述重构内容外，还包括系统控制结构的重构和信息系统的重构。

知识要点三　我国敏捷制造的发展策略

我国于 1996 年开始敏捷制造研究，"九五"规划已部分立项。我国敏捷制造的发展策略是：

1）为发展适合于我国国情的敏捷制造，应充分发展设备柔性化、可编程模块化、信息系统标准化、高质量标准、低成本的敏捷制造企业。

2）积极开展敏捷制造的原理研究，进行企业试点，同时加快我国制造业信息高速公路的建设。

3）更新 CIMS 的自动化制造概念，开发出实例，让企业界认知、接受，同时进行先进制造技术的理论方法研究，培养出具有高新技术观念的高科技工作人员。

4）积极开发敏捷制造的关键技术及柔性设备，为推广敏捷制造打下基础。

5）基于我国制造业自动化程度差，没有改进和维护旧模式的负担的情况，可以建立高起点的新型企业模式。

6）我国的社会制度为敏捷制造提供了很好的保证，可以借助于国家力量，尽快解决企业间的关系问题以及商务标准的制定，这是我国进入国际合作的捷径。

第四节　绿色制造

知识要点一　绿色制造的基本理念

1. 绿色制造的概念

高速发展的工业经济给人类带来了高度发达的物质文明，同时也带来了严重的环境污染。环境污染除给人们的生活、健康带来不良影响外，还制约着人类社会的持续发展。制造业是最大的污染源之一。传统的制造业通常采取将生产过程中产生的废水、废气和固体排放物进行"末端治理"的方法，但这种方法无法从根本上解决制造业的环境污染问题，而且投资大、成本高、消耗资源和能源。于是，一种新的制造理念——绿色制造战略应运而生。

绿色制造（Green Manufacturing），有的也称为环境意识制造或面向环境的制造，这是一个系统考虑环境和资源效率的现代制造模式。绿色制造的目标是使产品从设计、制造、包装、运输、使用直至报废处理的整个产品生命周期中，对环境的负面影响最小，资源利用率最高，并使企业经济效益和社会效益协调优化。这里所指的环境，既包括自然生态环境，也包括社会环境和人类健康等。

基于产品生命周期的概念，绿色制造可定义为：在不牺牲产品功能、质量和成本的前提下，系统考虑产品开发制造及其活动对环境的影响，使产品在整个生命周期中对环境的负面影响最小，资源利用率最高，并使企业经济效益和社会效益协调优化。

2. 绿色制造的内涵及特征

（1）绿色制造的内涵　绿色制造具有非常丰富、十分深刻的内涵，其要点主要有几个方面。

1）绿色制造涉及制造技术、环境科学和资源优化等多个学科领域，是一种广义的现代制造模式。

2）绿色制造必须考虑产品的生命周期过程和物物转化过程，通过绿色制造要实现减少污染、保护环境和实现资源优化两个目标。

3）绿色制造技术包括绿色设计、清洁生产、绿色再制造等现代设计和制造技术，综合考虑了产品在整个生命周期过程中对环境造成的影响和损害。

4）绿色制造充分考虑资源、环境，综合解决了资源、环境、人口这三大实现可持续发展所面临的主要问题，是实现社会可持续发展目标的基础和保障。

（2）绿色制造的特征　绿色制造是一种以保护环境和资源优化为目标的现代制造模式，它与传统的制造模式相比具有本质的不同，主要表现在以下几方面。

1）绿色制造要求在整个产品生命周期，即在原材料供应、产品制造、运输、销售、使用、回收的过程中，实现减少环境污染、资源优化的目标。

2）绿色制造强调以人为本，以提高企业经济效益、社会效益和生态效益为目标。

3）绿色制造致力于包括制造资源、制造模式、制造工艺、制造组织等方面的创新，鼓励采用新的技术方法、使用新的材料资源。

4）绿色制造需要企业投入更多的人、财、物来保护生态环境，而受益者不仅仅是企业本身，还有整个社会，因此绿色制造模式具有社会性。

3. 推行绿色制造的意义

1）开展绿色制造技术的研究，将有力地推动制造科学的发展。绿色制造技术涉及现代制造思想的变革、可持续制造理论以及学科交叉、技术集成等，它属于一种现代制造技术的技术前沿和学科前沿，开展绿色制造技术的研究，必然会推动相关学科和技术的快速发展。

2）绿色制造是实现人类可持续发展的必然需求。绿色制造既考虑满足经济发展的需要，又考虑环境和资源对人类生存的影响，可真正满足人类长远生存的要求，无疑这对于人类的可持续发展是十分重要的。

3）绿色制造是企业管理的重要内容。1997 年国际标准化组织针对企业管理的评估推出了ISO14000 系列环境管理标准，它包括环境管理体系、环境审核、环境标志、生命周期分析等，用于指导和规范各类企业、公司的企业环境管理和绿色产品开发。

4）绿色制造为制造企业取得显著的经济效益带来了新的机遇。实施绿色制造可以最大限度地提高资源利用率，减少资源消耗，从而直接降低生产成本；实施绿色制造可以改善工作环境和条件，保护工人的安全和健康，提高工作效率；通过减少或消除环境污染，可以减少或避免企业的环境责任和义务。

5）实施绿色制造战略将为我国企业突破国际绿色贸易壁垒提供有力的支撑。近年来，许多国家，特别是某些发达国家以保护本国环境为由，制定了极为苛刻的产品环境指标，设置"绿色贸易壁垒"，限制国际产品特别是发展中国家产品进入市场。绿色制造将为我国企业提高产品的绿色性能、冲破"绿色壁垒"提供有效的技术支撑。

知识要点二　绿色制造研究的内容及发展趋势

1. 绿色制造研究的内容

（1）绿色设计技术　绿色设计技术是绿色制造的重要子领域，是指在产品及其生命周期全过程的设计中，充分考虑对资源和环境的影响，充分考虑产品的功能、质量、开发周期和成本，优化各有关设计因素，使得产品及其制造过程对环境的总体影响减到最小，资源消耗最少。

绿色设计的主要研究内容包括：① 面向环境的产品设计，涉及产品方案设计和产品结构设计；② 面向环境的制造环境设计或重组；③ 面向环境的工艺设计；④ 面向环境的产品包装方案设计；⑤ 面向环境的产品回收处理方案设计。

（2）制造企业的物能资源优化技术 制造企业的物能资源消耗不仅涉及人类有限资源的消耗问题，而且物能资源废弃物是当前环境污染的主要源头，因此应研究制造系统的物能资源消耗规律、面向环境的产品材料选择、物能资源的优化利用技术、面向产品生命周期和多个生命周期的物流和能源的管理与控制技术等。

（3）绿色 ERP（企业资源计划）管理模式和绿色供应链 在绿色制造企业中，企业的经营与生产管理必须考虑资源消耗和环境影响及其相应的资源成本和环保处理成本，以提高企业的经济效益与环境效益。其中，面向绿色制造的整个（多个）产品生命周期的绿色 MRPII/ERP 管理模式及其绿色供应链将是重要的研究内容。

（4）绿色制造的数据库和知识库 研究绿色制造的数据库和知识库，为绿色设计、绿色材料选择、绿色工艺规划和回收处理方案设计提供数据支撑和知识支撑。

（5）绿色制造的实施工具和产品 研究绿色设计的支撑软件，包括计算机辅助设计系统、绿色工艺规划系统、绿色制造的决策支撑系统、ISO14000 国际认证的支撑系统等，可能会形成一个新兴的软件产业。

（6）绿色集成制造系统的运行模式 绿色集成制造系统将企业中各项活动中的人、技术、经营管理、物能资源和生态环境，以及信息流、物料流、能量流和资金流有机集成，并实现企业和生态环境整体优化，达到产品上市快、质量高、成本低、服务好、有利于环境、赢得竞争的目的。

（7）制造系统环境影响评估系统 环境影响评估系统要对产品生命周期中的各个环节的资源消耗和环境影响的情况进行评估，所评估的主要内容包括：制造过程物料资源的消耗状况，制造过程能源的消耗状况，制造过程对环境的污染状况，产品使用过程对环境的污染状况，产品寿命终结后对环境的污染状况等。

（8）绿色制造的社会化问题研究 绿色制造是一种企业行为，但需以法律行为和政府行为作为保障和制约。研究绿色制造及其企业管理势必涉及社会对于环保的要求和相应的政策法规，只有合理制定关于资源优化利用和综合利用、环境保护等方面的法规，才能真正推动绿色制造的实施。

2. 绿色制造的专题技术

（1）绿色材料的研究 绿色材料是指在满足一般功能要求的前提下，具有良好的环境兼容性的材料。绿色材料在制备、使用以及使用后处置等生命周期的各阶段，应具有最大的资源利用率和最小的环境影响。选择绿色材料是实现绿色制造的前提和关键因素之一。

绿色制造选择材料应遵循以下几个原则。

1）优先选用可再生材料，尽量选用可回收材料，提高资源利用率，实现可持续发展。

2）尽量选用低能耗、少污染的材料，材料在制造提取过程中应能耗低、污染小。

3）尽量选择环境兼容性好的材料及零部件，并尽量避免选用有毒、有害和有辐射特性的材料，所用材料应易于再利用、回收、再制造或易于降解。

（2）清洁生产的研究 清洁生产实质是一种物料和能源消耗最少的人类生产活动的规划和管理，旨在将废物减量化、资源化、无害化，或消灭在生产过程中，从产品的生产过程到产品的使用、服务过程进行广义的污染防治和过程控制，从根本上解决工业污染问题。

清洁生产旨在实现两个目标：即通过节能、降耗等合理利用自然资源，减缓资源的耗竭；减少工业废弃物和污染物的产生和排放，降低工业活动对人类和环境的危害，促进工业与环境的协调发展。实现清洁生产的途径如下：

1）改变原材料投入、有用副产品的利用、回收产品的再利用，以及对原材料的就地再利用，特别是在工艺过程中的循环利用。

2）改变生产工艺或制造技术，改善工艺控制，改造原有设备，将原材料消耗量、废物产生量、能源消耗、健康与安全风险以及生态的损害减少到最低程度。

3）加强对自然资源的使用以及空气、土壤、水体和废物排放的环境评价，根据环境负荷的相对尺度，确定其对生物多样性、人体健康、自然资源的影响评价。

（3）绿色包装的研究　绿色包装技术就是从环境保护的角度优化产品包装方案，使得资源消耗和废弃物产生最少。绿色包装可以分为包装材料、包装结构和包装废弃物回收处理三个方面。

产品绿色包装的基本原则是：

1）选择绿色包装材料。各式各样的包装材料占据了废弃物的很大份额。包装材料的使用和废弃后的处置给环境带来了极大的负担，尤其是一些塑料和复合化工产品，很多是难以回收和再利用的，只能焚烧或掩埋处理，有的降解周期可达上百年，给环境带来了极大的危害。因此，产品的包装应摒弃求新、求异的消费理念，尽量简化包装，这样既可减少资源的浪费，又可减少对环境的污染和废弃后必需的处置费用。另外，产品包装应尽量选择无毒、无公害、可回收或易于降解的材料。

2）改进产品结构，改善包装。改进产品结构，减轻重量，也可改善包装，降低成本并减小对环境的不利影响。

（4）绿色产品使用的研究

1）延长产品的生命周期。显而易见，延长产品的生命周期可以最终减少产品报废后的各种处置工作，从而提高资源利用率，减少对环境的负面影响。要延长产品的生命周期，增加产品的可维护性是一个重要的方法，在设计阶段就应考虑使产品易损件易于拆卸和维修。

2）面向能源节省的设计。关注产品的使用所消耗的资源及其给环境带来的负担，关心产品的储存和运输环节，减少产品的重量和体积，以减轻产品的运输给环境带来的负担。

（5）面向回收的设计　产品的回收在其生命周期工程中占有重要的位置，正是通过各种各样的回收策略，产品的生命周期形成了一个闭合的回路。寿命终了的产品最终通过回收又进入下一个生命周期的循环之中。回收是实现生态工业的先决条件。面向回收的设计思想，使产品设计师能考虑产品生命周期的全过程，既减少了对环境的影响，又使资源得到充分利用，同时还明显降低了产品成本。

（6）绿色再制造　绿色再制造（Green Remanufacturing）是一项修复或改造废旧产品的一系列技术措施或工程活动。再制造的产品既可以是设备、设施，也可以是零部件；既可以是硬件，也可以是软件。采用产品再制造技术，在减少原材料使用、能源消耗的同时，还可大量减少工业废弃物的回收、处理费用以及对环境的污染。绿色再制造技术主要包括再制造加工和过时产品的性能升级。

再制造技术是为了适应持续发展、节约资源、保护环境的需要而形成并正在发展的新兴研究领域和新兴产业，是多个学科综合、交叉、渗透的新兴学科，相关学科有机械工程、材料科学与工程、冶金工程、摩擦学、仪器科学与技术、信息与通信工程、控制科学与工程、计算机科学与技术、环境科学与工程、检测与自动化装置、模式识别与智能控制等学科领域。

3. 绿色制造的发展趋势

绿色制造这几年以来的研究非常活跃，研究内容体系也正在形成。其研究发展趋势可归纳为以下几个方面。

（1）全球化——绿色制造的研究和应用将越来越为世界各国所重视

1）人们越来越清醒地认识到，人类需要团结起来，保护我们共同拥有的唯一的地球。

2）ISO14000 系列标准的出台为绿色制造的全球化研究和应用奠定了良好的基础。

3）随着全球化市场的形成，绿色产品的市场竞争将是全球化的。

4）近年来，许多国家对进口产品需要进行绿色性认定，要有"绿色标志"，特别是有些国家设置了"绿色贸易壁垒"，这就使得发展中国家必须为消除国际贸易壁垒而努力为绿色制造提供技术支持，这也将促使绿色制造全球化。

（2）社会化——绿色制造的社会支撑系统正在逐步形成　绿色制造的研究和实施需要全社会的共同努力和参与，必须建立绿色制造所必需的社会支撑系统。

绿色制造涉及的社会支撑系统首先是立法和行政规定问题，对于违反绿色制造的行为应加强惩罚力度；其次，政府可制定相应的经济政策，用市场经济机制对绿色制造实施导向，例如制定有效的资源价格政策，利用经济手段对不可再生资源和虽可再生资源但开采后会对环境产生影响的资源（如树木）严加控制，使得企业和个人不得不尽可能减少直接使用这类资源，转而寻求开发替代资源。

目前，世界各国对于环境保护问题、减少污染问题、有效利用资源等问题，都正在出台各种法规和政策，一个绿色制造所需要的社会支撑系统正在逐步形成。

（3）集成化——人们将更加注重系统技术和集成技术的研究　要真正有效地实施绿色制造，必须从系统的角度和集成的角度来考虑和研究绿色制造中的有关问题。

当前，绿色制造的功能目标集成体系、产品和工艺设计与材料选择集成系统、用户需求与产品使用集成系统、绿色制造体系的信息集成系统、绿色制造的过程集成系统等集成技术的研究将成为绿色制造的重要研究内容。

绿色制造集成化的另一个方面是绿色制造的实施需要一个集成化的制造系统来进行。为此，有人提出了绿色集成制造系统的概念，并建立了一种绿色集成制造系统的体系框架。该系统包括管理信息系统、绿色设计系统、制造过程系统、质量保证系统、物能资源系统、环境影响评估系统六个功能分系统，计算机通信网络系统和数据库知识库系统两个支持分系统以及与外部的联系。

（4）并行化——绿色并行工程将成为绿色产品开发的有效模式　绿色设计今后仍将是绿色制造中的关键技术。绿色设计今后的一个重要趋势就是与并行工程结合，从而形成一种新的产品设计和开发模式——绿色并行工程。

绿色并行工程又称为绿色并行设计，是现代绿色产品设计和开发的新模式。它是以集成的、并行的方式设计产品及其生命周期全过程，力求使产品开发人员在设计一开始就考虑产品整个生命周期中从概念形成到产品报废处理的所有因素，包括质量、成本、进度计划、用户要求、环境影响、资源消耗状况等。

绿色并行工程涉及绿色并行工程的协同组织模式、协同支撑平台、绿色设计的数据库和知识库、设计过程的评价技术和方法、绿色并行设计的决策支持系统等一系列关键技术。

（5）智能化——人工智能和智能制造技术将在绿色制造研究中发挥重要作用　绿色制造的目标决策体系是现有制造系统 TQCS（即产品上市时间 T、产品质量 Q、产品成本 C 和为用户提供的服务 S）目标体系与环境影响 E 和资源消耗 R 的集成，即形成了 TQCSRE 的目标决策体系。这些是一个难以用一般数学方法处理的十分复杂的多目标优化问题，需要用人工智能方法来支撑处理。另外，绿色产品评估指标体系及评估专家系统均需要人工智能和智能制造技术。此外，基于知识系统、模糊系统和神经网络等的人工智能技术也将在绿色制造研究开发中起到重要作用。

（6）产业化——绿色制造的实施将导致一批新兴产业的形成 除大家已注意到的废弃物回收处理的服务产业和废弃物回收处理的装备制造业外，另有两大类产业值得特别注意。

1）绿色产品制造业。制造业将不断研究、设计和开发各种绿色产品，以取代传统的资源消耗较多和对环境负面影响较大的产品，这方面的产业将持续兴旺发展。

2）实施绿色制造的软件产业。企业实施绿色制造，需要大量实施工具和软件产品，如计算机辅助绿色产品设计系统、绿色工艺规划系统、绿色制造决策系统、产品生命周期评估系统、ISO14000 国际认证支撑系统等，这将会推动新兴软件产业的形成。

第五节　网络化制造

知识要点一　网络化制造的理念

1. 网络化制造的基本概念

随着信息网络的飞速发展，借助网络技术实现产品的设计和制造已经是大势所趋。网络化制造的概念产生于 20 世纪 90 年代，是目前设计和制造领域重点研究的技术。网络化制造是通过采用先进的网络技术、现代制造技术、现代企业管理技术及其他相关技术，构建面向企业特定需求的、基于网络的集成化制造平台，并在平台的支持下，突破空间地域对企业生产经营范围和方式的约束，开展覆盖产品整个生命周期全部环节的企业数字化业务活动，实现企业间的商务协同和各种社会资源的共享与集成，高速度、高质量、低成本地为市场提供所需的产品和服务，最终提高企业的核心竞争能力。

网络化制造的概念，国内外已有大量的论述，综其所述，可以这样定义：网络化制造是基于网络的制造企业的各种制造活动及其所涉及的制造技术和制造系统的总称，其中网络包括：Internet、Intranet 和 Extranet 等；各种网络制造企业包括单个企业、企业集团以及面向某一市场机遇而组建的虚拟企业等各种制造企业及企业联盟；制造活动包括市场运作、产品设计与开发、物料资源组织、生产加工过程、产品运输与销售和售后服务等企业所涉及的一切相关活动和工作。

网络化制造系统是一种由多种、异构、分布式的制造资源，以一定互联方式，利用计算机网络组成开放式的、多平台的、相互协作的、能及时灵活地响应用户需求变化的制造系统，是一种面向群体协同工作并支持开放集成性的系统。

网络化制造是企业实现制造资源优化配置与合理利用的主要途径。网络化制造模式致力于将分散的制造资源有效集成，形成核心优势，降低成本，提高企业的效率和效益。在全球化制造形势下，使用外部资源而不是拥有它们的制造模式将成为制造业重要的发展方向。

从整体上看，网络化制造有四个核心概念：覆盖企业内外部、四通八达的网络环境，产品生命周期过程的协同，不同企业制造资源的共享，供应链上各方利益的共赢。实现网络化制造后，企业可以最快的速度、最低的成本、最好的服务满足动态多变的市场需求。

2. 网络化制造的主要内容

网络化制造包含的内容很多，几乎囊括了制造技术的方方面面。

（1）网络化制造的支撑环境　网络化制造系统是一个复杂的大系统，它的运作主要借助于现代计算机网络。按照企业的组织结构和网络化制造的要求，一般可分为企业内部的 Intranet 网，实现内部的信息交换和集成制造；企业总部与分散在全国各地甚至全球各国的分/子公司之间实现信息交换的 Extranet 网，实现集团级的协同管理和制造；与外部环境实现信息交换的 Internet 网，企业之间借助于网络实现协同设计、协同制造、协同商务等，供应链企业与制造企业共同构成敏捷供应链，此处的外部环境包括上级管理部门、上游供应商、下游的分销商和用户等。

网络化制造的重点是实现远程、异地的信息交换，因此需要在硬件网络环境基础上建立起一种机制，用以支持集团公司、各子公司、集团外战略合作伙伴、用户和供应商之间的通信，这种机制通过一个分布式异构环境下的集团资源共享、信息和过程集成的支撑平台来实现。支撑平台支持跨地域、异构环境下的信息无缝连接，支持整个集团的信息集成、过程集成和资源共享，从而能够实现更大范围内的应用系统重组。但是在逻辑上，产品生命周期的物流还是要经过设计、制造和销售等环节来实现的。支撑平台具有高度的灵活性和开放性，采用分布式对象技术，使不同应用系统之间的互操作透明化，并保证数据传输的可靠性和效率，采用工作流管理等技术实现应用系统的重组和集成。支撑环境还包括建立内容丰富的制造资源库。

（2）协同的概念　网络化制造的关键是协同，不同实体（既包括计算机系统，也包括人和组织等）的协同作用贯穿了整个产品生命周期的全过程（协同设计、分散制造、协同商务等方面），这些协同作用有：

1）集团公司与子公司的协同。一是集团公司在新产品的开发过程中要经常与负责制造的子公司进行工艺方面信息的交流，即并行工程式的协同；二是集团的采购工作要迅速响应生产的需求，即供应链式的协同。

2）子公司之间的协同，即集团内部供应链式的协同和产品的配套性协同。

3）集团与其他合作伙伴的协同，即集团与其他伙伴之间的知识共享、设计资源共享、制造资源共享、商务信息共享。

4）集团与用户的协同，即用户对设计和制造过程的某种介入，目的是使设计和制造的产品更符合用户的要求，减少双方理解上的偏差。

5）集团与供应商的协同，即使原材料供应商能够及时响应集团需求，减少甚至消除供应链的等待时间。

（3）协同商务系统　既包括对外的供应链管理系统、用户关系管理系统、合同管理系统、网上产品配置系统等，也包括用于集团内部（包括各子公司）联系的资产管理系统、财务管理系统、信息管理系统、决策支持系统和人力资源管理系统等。

（4）协同设计系统　协同设计系统包括新产品的协同设计、跨地域服务工程、协同工艺设计等功能。不仅支持集团内部的协同设计，也支持集团与其他企业和研究机构的协同设计。

（5）分散制造系统　分散制造系统由各个子公司内部的 ERP、CAM 等子系统与动态联盟企业中合作伙伴的部分系统组成。分散制造系统也包括借助于数据库的社会资源的协同采购和动态联盟等。

知识要点二 网络化制造技术

1. 网络化制造技术的特征

（1）基本特征 网络化制造的实质是网络技术和制造技术的结合，网络化制造中网络技术的根本功能是为制造系统和制造过程提供一种快速、方便的信息交互手段和环境，因此网络化制造的基本内涵特征是基于网络的信息（含数据）的快速传输和交互。

（2）技术特征

1）时间特征。网络使信息能快速传输与交互，使制造系统中信息传输过程的时间效率发生根本性变化，可在制造过程中利用地球时差实现不间断的24h设计作业等。

2）空间特征。基于网络的异地设计、异地制造使企业走出围墙，走向全球，使得分散在各地的企业根据市场机遇随时组成动态联盟，实现资源共享，拓展了企业空间。

3）集成特征。网络和信息快速传输与交互，支持企业内外实现信息集成、功能集成、过程集成、资源集成及企业之间的集成。

（3）功能特征

1）敏捷响应特征。基于网络的敏捷制造和并行工程等技术可显著缩短产品开发周期，迅速响应市场。

2）资源共享特征。通过网络使分散在各地的信息资源、设备资源、人才资源可实现共享和优化利用。

3）企业组织模式特征。网络和数据库技术将使得封闭性较强的金字塔式递阶结构的传统企业组织模式向着基于网络的、扁平化的、透明度高的、项目主线式的组织模式发展。

4）生产方式特征。过去的大批量、少品种和现在的小批量、多品种将发展到小批量、多品种定制型生产方式。21世纪的市场将越来越体现个性化需求的特点，因此基于网络的定制将是满足这种需求的一种有效模式。

5）客户参与特征。客户不仅是产品的消费者，而且还将是产品的创意者和设计参与者。基于网络的DFC（Design For Customer）和DBC（Design By Customer）技术将为用户参与产品设计提供可能。

6）虚拟产品特征。虚拟产品、虚拟超市和网络化销售将是未来市场竞争的重要方式。用户足不出户，就可在网上定制所喜爱的产品，并迅速见到其虚拟产品，而且可进行虚拟使用和产品性能评价。

7）远程控制特征。设备的宽带联网运行，可实现设备的远程控制管理，以及设备资源的异地共享。

8）远程诊断特征。基于网络可实现设备及生产现场的远程监视及故障诊断。

2. 网络化制造环境下的自动化制造系统

网络化制造在一定程度上扩展了自动化制造系统的概念。网络化制造环境下的机床或自动化制造设备将不再是孤立的加工系统，而是在网络环境下与工程设计系统、生产管理系统直接相连的一个节点，可以实现远程动态重构设备布局、远程加工过程管理和控制、远程设备监控及远程故障诊断和维修等功能。

知识要点三 网络化制造平台

1. 网络化制造平台的类型

常见的网络化制造系统，按照制造企业商务运行模式和业务经营范围可以分为通用型和专用型两大类。通用型网络化制造平台往往开始由政府出面组织运作，发展到一定阶段之后逐渐转交给专门的股份制企业进行商业化运作与管理，这类平台对于建立并支持许多基于市场机会而产生的短期和动态的企业间协作过程具有重要价值。通用型网络化制造平台包括两个子类：一般通用型和区域通用型。专用型网络化制造平台包括以下四个子类，即行业型专用平台、战略联盟型专用平台、集团或者单个企业专用平台、传统合约型专用平台。

2. 网络化制造的运行支撑技术和运行管理策略

（1）运行支撑技术 网络化制造系统的运行支撑技术可以分为两大类：计算机网络运行的通用支撑技术和产品制造过程的数字化与自动化相关支撑技术。前者可用于计算机网络应用的各个方面，后者只是在产品的整个生命周期中采用数字化的形式处理有关产品的一切相关信息和制造技术。

（2）运行管理策略 网络化制造系统的运行管理策略包括系统资源配置和调度策略等，这些与其商务运作模式密切相关，按照网络化制造项目的运行过程可以分为以下几个部分。

1）制造资源的配置。针对特定的制造项目，确定制造资源动态整合的目标，以及实施的评价标准，在一定的制造资源范围内进行整合，形成一个能够完成特定产品制造全过程的制造子系统。

2）制造过程的规划与调度。根据定制产品的设计与制造工艺要求确定（虚拟）企业制造项目的目标，包括产品的功能与质量需求，对产品制造技术的要求，交货期对制造总工期的限制，成本预算对制造总费用的限制，制订制造项目规划与调度方案。

3）制造过程中的控制。用户需求的改变、关键参数估计得不准确，以及其他不可预知的因素将导致制造项目执行过程与原有项目调度方案产生差异。有时这种差异将不得不导致项目目标的重新设定。制造过程的控制问题实质上是一个在某种资源约束范围内快速求得解决方案的过程。

4）制造过程结束后的评价。建立一整套跨企业制造项目的结束后评价体系，以便对完成的每一个制造项目，从项目的周期范围内的技术与质量、时间和费用等各方面进行全面评价。

3. 网络化制造研究的现状

网络化制造方面的研究正在全球迅速兴起，围绕网络化制造模式的研究，或者在与网络化制造有关的研究中出现了一系列新概念、新观点和新思想，如敏捷制造、并行工程、虚拟制造、虚拟企业和动态联盟等。这些新概念、新观点、新思想无不体现了企业基于网络的制造理念，同时以此为基础的网络化制造的研究和应用也在迅速发展。

国内在网络化制造方面也做了大量研究工作，国家自然科学基金、国家863计划、国家九五科技攻关计划，已确立的分散网络化制造系统（DNPS）、现代集成制造系统网络（CIMSNET）、区域性网络化制造系统等研究课题已取得了相当的研究成果。

思考与练习题

13-1 简要说明精益生产的特点。试比较精益生产与技术性生产和大批大量生产的不同。

13-2 精益生产是如何为了实现企业目标而开展管理的？

13-3 何谓快速成型？目前比较成熟的快速成型工艺有哪些？试分别说明其技术特点。

13-4 简要介绍3D打印技术及其应用。

13-5 简要说明敏捷制造的起源及其内涵。

13-6　试简要描述可重构制造系统的基本概念及其内涵。

13-7　试说明绿色制造的概念、内涵及特征。

13-8　简要说明推行绿色制造的意义。

13-9　试描述绿色制造的发展趋势。

13-10　简要说明网络化制造的基本概念及其主要内容。

13-11　试说明网络化制造技术的特征、网络化制造的运行支撑技术和运行管理策略。

第十四章 工业自动化制造技术

教 学 导 航

【知识目标】

1. 了解制造自动化的概念及其发展历程；熟悉制造自动化的研究内容及其发展趋势。

2. 了解数控加工技术的发展历程；熟悉 CNC 系统的组成及其结构特点；了解数控加工技术的发展趋势。

3. 熟悉 FMS、CIMS 的定义、基本组成及其主要功能和优点。

4. 了解工业机器人的概念、基本组成及其应用；了解工业机器人技术的研究热点与发展趋势。

【学习重点】

1. 制造自动化技术、数控加工技术与工业机器人技术的研究内容及发展趋势。

2. FMS、CIMS 的主要功能和优点。

第一节　制造自动化技术

知识要点一　制造自动化技术概述

1. 制造自动化的概念

制造自动化是人类在长期的生产活动中不断追求的主要目标之一，制造自动化技术是先进制造技术中的重要组成部分。早期制造自动化的概念认为，在一个生产过程中，机器之间的零件转移不用人去搬运就是"自动化"，狭义地理解为制造自动化就是用机器（包括计算机）代替人的体力劳动或脑力劳动。随着制造技术、电子技术、控制技术、计算机技术、信息技术、管理技术的发展，制造自动化已远远突破这一传统的概念，具有更加宽广和深刻的内涵。而今，制造自动化是指"大制造概念"的制造过程的所有环节采用自动化技术，实现制造全过程的自动化，也就是对制造过程进行规划、运作、管理、组织、控制与协调优化，以使产品制造过程实现高效、优质、低耗、及时和洁净的目标。

制造自动化的功能目标是多方面的，可用 TQCSE 功能目标模型描述。

1）T 表示时间（Time），指采用自动化技术，缩短产品制造周期，产品上市快，提高生产率。

2）Q 表示质量（Quality），指采用自动化技术，提高和保证产品质量。

3）C 表示成本（Cost），指采用自动化技术有效地降低成本，提高经济效益。

4）S 表示服务（Service），指利用自动化技术，更好地做好市场服务工作，也能通过替代或减轻制造人员的体力和脑力劳动，直接为制造人员服务。

5）E 表示环境（Environment），其含义是制造自动化应该有利于充分利用资源，减少废弃物和环境污染，有利于实现绿色制造及可持续发展制造战略。

T、Q、C、S、E 是相互关联的，它们构成制造自动化功能目标的有机体系。

制造自动化代表着先进制造技术的水平，促使制造业逐渐由劳动密集型产业向技术密集型和知识密集型产业转变，以其柔性化、集成化、敏捷化、智能化、全球化的特征来满足市场快速变化的要求，是制造业发展的重要表现和重要标志，也体现了一个国家的科技水平。

2. 制造自动化技术的发展沿革

制造自动化技术的发展与制造技术的发展密切相关。制造自动化技术的生产模式经历的五个发展阶段如图 14-1 所示。

图 14-1　制造自动化技术发展的五个阶段

第一阶段：刚性自动化，包括自动单机和刚性自动线。本阶段应用传统的机械设计与制造工艺方法，采用专用机床和组合机床、自动单机或自动化生产线进行大批量生产。其特征是高生产率和刚性结构，但很难实现生产产品的改变。

第二阶段：数控加工，包括数控（NC）和计算机数控（CNC）。数控加工设备包括数控机床、加工中心等。其特点是柔性好、加工质量高，适应于多品种、中小批量（包括单件）产品的生产。

第三阶段：柔性制造。本阶段的特征是强调制造过程的柔性和高效率，适应于多品种、中小批量的生产。涉及的主要技术包括成组技术（GT）、计算机直接数控和分布式数控（DNC）、柔性制造单元（FMC）、柔性制造系统（FMS）、柔性加工线（FML）、离散系统理论和方法、仿真技术、车间计划与控制、制造过程监控技术、计算机控制与通信网络等。

第四阶段：计算机集成制造（CIM）和计算机集成制造系统（CIMS）。其特征是强调制造全过程的系统性和集成性，以解决现代企业生存与竞争的 TQCSE 问题。

第五阶段：新的制造自动化模式，如智能制造、敏捷制造、虚拟制造、网络化制造、全球制造和绿色制造。

3. 制造自动化技术的研究内容

制造自动化技术的研究内容主要体现在以下几个方面：

1）单元系统的研究占有很重要的位置。以一台或多台数控加工设备和物料储运系统为主体的单元系统在计算机统一控制管理下，可进行多品种、中小批量零件的自动化加工生产，它是现代集成制造系统的重要组成部分，是自动化工厂车间作业计划的分解决策层和具体执行机构。

2）制造过程的计划和调度。研究表明，一个机械零件在传统的制造过程中，只有 1% 的时间在机床上，而在 95% 的时间里，零件是在不同的地方和不同的机床之间运输或等待。减少这 95% 的时间，是提高制造生产率的重要方向，优化制造过程的计划和调度是减少 95% 时间的主要手段。

3）柔性制造技术研究。FMS 的研究已有较长历史，目前的研究主要围绕 FMS 的系统结构、控制、管理和优化运行等方面进行。

4）制造系统的集成技术和系统技术。集成技术包括制造系统中的信息集成和功能集成技术（如 CIMS）、过程集成技术（如并行工程）、企业间集成技术（如敏捷制造）等；系统技术包括制造系统分析技术、制造系统建模技术、制造系统运筹技术、制造系统管理技术和制造系统优化技术等。

5）制造自动化系统中人的作用的研究。通过对无人化制造自动化问题进行反思，对于人在制造自动化系统中有着机器无法替代的重要作用进行了重新认识，提出了"人机一体化制造系统""以人为中心的制造系统"等新思想，其内涵就是发挥人的核心作用，将人作为系统结构中的有机组成部分，使人与机器处于优化合作的地位，实现制造系统中人机集成的决策机制，以取得制造系统的最佳效益。

6）适应现代生产模式的制造环境的研究。当前，并行工程（Concurrent Engineering）、精益生产（Lean Production）、敏捷制造（Agile Manufacturing）、虚拟制造（Virtual Manufacturing）、仿生制造（Bionic Manufacturing）和绿色制造（Green Manufacturing）等现代制造模式的提出和研究，推动了制造自动化技术研究和应用的发展，适应现代制造模式发展的需要。

7）底层加工系统的智能化和集成化研究。目前世界上的 IMS（Intelligent Manufacturing System）计划中，提出了智能完备制造系统 HMS（Holonic Manufacturing System，又称合弄制造系统）。HMS 是由智能完备单元复合而成的，其底层设备具有开放、自律、合作、适应柔性、可知、易集成和鲁棒性好等特性。另外，世界上刚刚出现的虚拟轴机床，变革了传统机床的工作原理，在性能上更具许多独特优势。又如快速原型制造（Rapid Prototyping Manufacturing）是一种有利于实现集成制造的新技术。

知识要点二　制造自动化技术的发展趋势

制造自动化技术的发展趋势表现在以下几个方面。

1. 制造敏捷化

敏捷化是制造环境和制造过程面向 21 世纪制造活动的必然趋势，所包括的内容有柔性、重构能力、快速化的集成制造工艺等。

2. 制造网络化

基于 Internet/Intranet 的制造已成为制造业重要的发展趋势。制造网络化包括制造环境内部的网络化,实现制造过程的集成;制造环境与整个制造企业的网络化,实现制造环境与企业中工程设计、管理信息系统等各子系统的集成;企业与企业间的网络化,实现企业间的资源共享、组合与优化利用;通过网络,实现异地制造等。

3. 制造虚拟化

基于数字化的虚拟化技术主要包括虚拟现实(VR)、虚拟产品开发(VPD)、虚拟制造(VM)和虚拟企业(VE)。制造虚拟化主要是以制造技术和计算机技术支持的系统建模技术和仿真技术为基础,集现代制造工艺、计算机图形学、并行工程、人工智能、人工现实技术和多媒体技术等多种高新技术为一体,由多学科知识形成的一种综合系统技术。它将现实制造环境及其制造过程通过建立系统模型映射到计算机及其相关技术所支撑的虚拟环境中,在虚拟环境下模拟现实制造环境及其制造过程的一切活动和产品制造全过程,并对产品制造及制造系统的行为进行预测和评价。虚拟制造是实现敏捷制造的重要关键技术。

4. 制造智能化

智能化是制造系统在柔性化和集成化基础上的进一步发展和延伸,未来的研究重点是具有自律、分布、智能、仿生、敏捷、分形等特征的新一代自动化制造系统。智能制造技术的目标在于通过人与智能机器的合作共事,去扩大、延伸和部分地取代专家在制造过程中的脑力劳动,以实现制造过程的优化。

5. 制造全球化

智能制造系统计划和敏捷制造战略的发展和实施,促进了制造业的全球化。随着网络全球化、市场全球化、竞争全球化、经营全球化的出现,全球化制造的研究和应用迅速发展,主要包括市场的国际化,产品销售的全球网络化;产品设计和开发的国际合作及产品制造的跨国化;制造企业在世界范围内的重组与集成,如动态联盟公司;制造资源的跨地区、跨国家的协调、共享和优化利用;全球制造体系结构即将形成。

6. 制造绿色化

近几年来,出现了一个新的制造理念,即最有效地利用资源和最低限度地产生废弃物。这是当前世界上环境问题的治本之道,绿色制造的概念也由此产生。绿色制造是一个综合考虑环境影响和资源效率的现代制造模式,其目标是使产品从设计、制造、包装、运输、使用到报废处理的整个产品生命周期中,对环境的负作用影响最小,资源使用效率最高。绿色制造已成为全球可持续发展战略对制造业的具体要求和体现。对制造环境和制造过程而言,绿色制造主要涉及资源的优化利用、清洁生产和废弃物的最少化及综合利用。

第二节　数控加工技术

现代数控技术综合了机械加工技术、自动控制技术、检测技术、计算机和微电子技术,是当今世界上机械制造业的高新技术之一。现代制造技术的发展过程是制造技术、自动化技术、信息技术和管理技术等相互渗透和发展的过程,而数控技术以其高精度、高速度、高可靠性等特点已成为现代制造技术的技术基础。世界上各工业发达国家都把发展数控技术作为机械制造业技术革命的重点。

知识要点一　数控加工技术概述

1. 数控加工技术的发展历程

数控加工技术按照控制系统的发展，经历了以下五个阶段：

1）1948年，美国帕森斯公司（Parsons Co.）提出了数控机床的初始设想。1952年，美国麻省理工学院试制成功世界上第一台数控机床。这是一台三坐标数控立式铣床，采用的是脉冲乘法器原理，其数控系统全部采用电子管器件，称为第一代数控系统。

2）1959年，由于在计算机行业中研制出了晶体管器件，因而数控系统开始广泛采用晶体管和印制电路板，从而跨入第二代数控系统。

3）1965年，小规模集成电路以其体积小、功耗低广泛应用于数控系统，使得数控系统的可靠性得以进一步提高，数控系统发展到第三代。

4）1970年，在美国芝加哥国际机床展览会上，首次展示以小型计算机取代专用计算机的第四代数控系统，即计算机数控系统（Computer Numerical Control，CNC）。

5）1974年，美、日等国数控生产厂家在美国 Intel 公司开发的微处理器技术基础上，首先研制出以微处理器为核心的数控系统（Micro – computer Numerical Control，MNC）。由于中、大规模集成电路集成度和可靠性高，价格低廉，这种以微处理器技术为特征的第五代数控系统很快占据领先地位。

2. CNC 系统的组成和结构特点

数控加工是指数控机床在数控系统的控制下，自动地按给定的程序进行机械零件加工的过程。数控系统发展水平的高低直接决定了数控加工技术的发展水平。

数控系统是由输入输出设备、计算机数字控制装置、可编程控制器、主轴驱动装置和进给驱动装置等组成的。

数控系统的核心是 CNC 装置。CNC 装置是采用存储程序的专用计算机，它由硬件和软件两部分组成，软件在硬件环境支持下运行完成一部分或全部数控功能。

（1）CNC 装置硬件结构　CNC 装置硬件结构一般分为单微处理机结构和多微处理机结构两大类。

1）单微处理机结构。在此结构中，只有一个微处理机集中控制、分时处理数控的多个任务。有的 CNC 装置有两个以上的微处理机，但只有一个微处理机能够控制系统总线，而其他微处理机成为专用的智能部件，不能控制系统总线，不能访问主存储器。

2）多微处理机结构。此结构是指具有两个或两个以上的微处理机构成的处理部件，处理部件之间采用紧耦合，有集中式操作系统，共享资源；或者具有两个或两个以上的微处理机构成的功能模块，功能模块间采用松耦合，有多重操作系统有效地实行并行处理。

多微处理机 CNC 装置采用模块结构，一般由6种功能模块组成，即 CNC 管理模块，CNC 插补模块，位置控制模块，可编程控制模块，操作、控制数据输入输出及显示模块，存储器模块。

（2）软件结构　软件结构取决于装置中软件和硬件的分工，也取决于软件本身的工作性质。CNC 系统软件包括零件程序的管理软件和系统控制软件两大部分。零件程序的管理软件实现屏幕编辑、零件程序的存储及调度管理、与外界的信息交换等功能。系统控制软件是一种前后台结构式的软件。前台程序（即实时中断服务程序）承担全部实时功能，而准备工作及协调处理则在后台程序中完成。后台程序是一个循环运行的程序，在其运行过程中实时中断服务程序不断插入，共同完成零件加工任务。

CNC 系统是一个专用的实时多任务计算机控制系统，其控制软件中融合了当今计算机软件技术的许多先进技术，其中最突出的是多任务并行处理和多重实时中断。多任务并行处理所包含的技术有：CNC 装置的多任务；并行处理的资源分时共享和资源重复流水处理，并行处理中的信息交换和同步等。

3. 数控加工工艺装备

数控加工工艺装备中的数控加工机床和数控加工夹具的内容，前文已做介绍，在此不再赘述。

知识要点二 数控加工技术的发展趋势

科学技术的飞速发展，制造技术的不断进步，社会对产品多样化需求的加强，产品更新换代速度的加快，中小批量生产的比重明显增加，以及加工制造业向更高层次的 FMS、CIMS 发展的需要等，都要求现代数控机床向更高的速度、更高的精度、更高的可靠性及更完善的功能方向发展。数控系统的发展对数控加工技术起决定作用。概括起来讲，数控系统呈现如下发展趋势：

1）总线式、模块化结构的 CNC 装置。采用多微处理机、多总线体系结构，提高系统计算能力和响应速度。模块化有利于满足用户需要，构成最小至最大系统。

2）在 PC 基础上开发 CNC 装置。充分利用通用 PC 丰富的软件资源，随 PC 硬件的升级而升级，适当配置高分辨率的彩色显示器。通过图像、多窗口、菜单驱动以及多媒体等方式，得到友好的人机界面。

3）PC 数控。PC 既作为人机界面，同时利用其大容量存储能力和较强的通信能力，又可作为机床控制使用，成为 PC 数控。

4）开放性。现代数控系统要求控制系统的硬件体系结构和功能模块具有兼容性，软件的层次结构、模块结构、接口关系等均符合规范标准，以方便机床制造商将特殊经验植入系统，让数控机床用户有自动化开发环境。

5）大容量存储器的应用和软件的模块化设计，不仅丰富了数控功能，同时也加强了 CNC 系统的控制功能。它具备通信联网能力，支持多种通用和专用的网络操作，为工厂自动化提供了基础设备。

6）将多种控制功能，如刀具破损检测、物料搬运、机械手控制等，都集成到数控系统中，使系统实现多过程、多通道控制，即具有一台机床同时完成多个独立加工任务，或控制多台和多种机床的能力。

7）面向车间编程技术（Workshop – Oriented Programming，WOP）和智能化。系统能提供会话编程、蓝图编程和 CAD/CAM 等面向车间的编程技术和实现二三维加工过程的动态仿真，并引入在线诊断、模糊控制等智能机制。

第三节 FMS 和 CIMS

知识要点一 FMS （柔性制造系统）

1. FMS 的产生和发展

机械制造自动化已有几十年的历史，从 20 世纪 30 年代到 50 年代，人们主要在大量生产领域中建立由自动车床、组合机床或专用机床组成的刚性自动化生产线。这些自动线具有固定的生产节拍，要改变生产品种是非常困难和昂贵的。随着市场对产品多样化、低制造成本及短制造周期等需求的日趋迫切，同时由于微电子技术、计算机技术、通信技术、机械与控制设备的进一步发展，制造技术已经向信息密集的柔性自动化生产方式及知识密集的智能自动化方向发展。20世纪60年代到70年代，计算机技术得到了飞速发展，计算机控制的数控机床在自动化领域取代了机械式的自动机床，因此使建立适合于多品种、小批量生产的柔性加工生产线成为可能。作为这种技术具体应用的柔性制造系统（FMS）、柔性制造单元（FMC）和柔性制造自动线（FML）等柔性制造设备纷纷问世，其中柔性制造系统最具代表性。

FMS 是一种高效率、高精度、高柔性的加工系统，是制造业向现代自动化发展（计算机集成制造系统、智能制造系统、无人工厂）的基础设备。柔性制造技术将数控技术、计算机技术、机器人技术以及生产管理技术等融为一体，通过计算机管理和控制实现生产过程的实时调度，最大限度地发挥设备的潜力，减少工件搬运过程中的等待时间损失，使多品种、中小批量生产的经济效益接近或达到大批量生产的水平，从而解决了机械制造业高效率与高柔性之间矛盾的难题，被称为机械制造业中一次划时代的技术革命。自 1967 年世界上第一条 FMS 在英国问世以来，就显示出其强大的生命力。

经过 10 多年的发展和完善，到 20 世纪 70 年代末 80 年代初，FMS 开始走出实验室而逐渐成为先进制造企业的主力装备。20 世纪 80 年代中期以来，FMS 获得迅猛发展，几乎成了生产自动化的热点。一方面，由于单项技术如 NC 加工中心、工业机器人、CAD/CAM、资源管理等高技术的发展，提供了可供集成一个整体系统的技术基础；另一方面，世界市场发生了重大变化，由过去传统、相对稳定的市场，发展为动态多变的市场，为了在市场中求生存、求发展，提高企业对市场需求的应变能力，人们开始探索新的生产方法和经营模式。近年来，FMS 作为一种工厂自动化的先进模式已被国际上所公认，FMS 作为当今世界制造自动化技术发展的前沿科技，是实现计算机集成制造（CIM）、智能制造（IM）、精益生产（LP）、敏捷制造（AM）等先进制造生产模式的基础，为未来机械制造工厂勾画出一幅宏伟的蓝图，将成为 21 世纪机械制造业的主要生产模式。

2. FMS 的定义及基本组成

（1）FMS 的定义　在我国有关标准中，FMS 被定义为：由数控加工设备、物流储运装置和计算机控制系统等组成的自动化制造系统。它包括多个柔性制造单元，能根据制造任务或生产环境变化迅速进行调整，适用于中、小批量和多品种生产。

（2）FMS 的基本组成　从上述定义可以看出，FMS 主要由三部分组成：多工位的数控加工系统、自动化的物流系统和计算机控制的信息系统。

1）加工系统。加工系统的功能是以任意顺序自动加工各种工件，并能自动地更换工件和刀具。加工系统通常由两台以上的数控机床、加工中心或柔性制造单元以及其他的加工设备所组成。

2）物流系统。在 FMS 中，工件、工具流统称为物流，物流系统即物料储运系统，由输送系统、储存系统和操作系统组成，通常包含有传送带、有轨运输车、无轨运输车、搬运机器人、上下料托盘、交换工作台等机构，能对刀具、工件和原材料等物料进行自动装卸和运输、储备。

3）信息系统。信息系统包括过程控制及过程监视两个系统，能够实现对 FMS 的运行控制、刀具监控和管理、质量控制，以及 FMS 的数据管理和网络通信。

3. FMS 的主要功能及优点

（1）FMS 的主要功能　常见的 FMS 一般具有以下功能：

1）作业计划与调度功能。

2）制造功能，在柔性制造系统中，由数控机床这类设备承担制造任务。

3）自动输送工件和刀具的功能。

4）自动监视（对刀具磨损、破损的监测）、自动补偿、自诊断等功能。

5）自动交换工件和刀具的功能。

6）自动保管毛坯、工件、半成品、工夹具、模具的功能。

柔性制造系统的上述功能是在计算机系统的控制下协调一致地、连续地、有序地实现的。制造系统运行所必需的作业计划以及加工或装配信息，预先存储在计算机系统中，根据作业计划，物流系统从仓库调出相应的毛坯、工夹具，并将它们输送到对应的机床上。在计算机系统的控制下，机床依据已经传送来的程序，执行预定的制造任务。柔性制造系统的"柔性"是计算机系统赋予的，被加工的零件种类变更时，只需变换其"程序"，而不必改动设备。

（2）FMS 的优点及效益　从 FMS 的构成和功能可以看出，FMS 具有下列优点和效益：

1）有很强的柔性制造能力。由于 FMS 备有较多的刀具、夹具以及数控加工程序，因而能接受各种不同的零件加工任务，柔性很高。FMS 的这一"柔性"特点，对新产品开发特别有利。

2）提高设备利用率，减少设备成本与占地面积。在 FMS 中，工件是安装在托盘上输送的，并通过托盘快速地在机床上进行定位与夹紧，节省了工件装夹时间。此外，因借助计算机管理而使加工不同零件时的准备时间大为减少，有很多准备工作可在机床加工的同时进行。机床利用率的提高使得每台机床的生产率提高，相应地可以减少设备数量。

3）减少直接生产工人，提高劳动生产率。FMS 除了少数操作（如装卸、维修和调整）由人工控制外，可以说正常工作的完成是由计算机自动控制的。在这一控制水平下，FMS 通常实行24h 工作制，将所有靠人工完成的操作集中安排在白班进行，晚班除留一人监管之外，系统完全处于无人操作状态下工作，直接生产工人大为减少，劳动生产率提高。

4）减少在制品数量，提高对市场的反应能力。由于 FMS 具有高柔性、高生产率以及准备时间短等特点，能够对市场的变化做出较快的反应，没有必要保持较多的在制品和成品库存量。

5）产品质量提高。FMS 自动化水平高，工件装夹次数和使用机床数量减少，夹具的寿命长，技术工人可把注意力更多地放在机床和零件的调整上，有助于零件加工质量的提高。

6）FMS 可以逐步地实现实施计划。若建一条自动线，FMS 可进行分步实施，每一步的实施都能进行产品的生产，因为 FMS 的各个加工单元都具有相对独立性。

知识要点二　CIMS（计算机集成制造系统）

1. CIM 与 CIMS 的概念

CIM（Computer Integrated Manufacturing，计算机集成制造）是美国的约瑟夫·哈林顿博士于1974 年首先提出的。哈林顿提出的 CIM 概念中有两个基本观点：

1）企业生产的各个环节，即从市场分析、产品设计、加工制造、经营管理到售后服务的全部生产活动是一个不可分割的整体，要紧密连接，统一考虑。

2）整个生产过程实质上是一个数据的采集、传递和加工处理的过程，最终形成的产品可以看作是数据的物质表现。

哈林顿当时是根据计算机技术在工业生产中的应用，预见其今后发展的必然趋势而提出 CIM概念的，这一概念直到20 世纪80 年代才被广泛接受。随着制造业的发展，CIM 的内涵也不断得以丰富和发展。目前取得的基本共识是，CIM 模式将成为工业企业新一代生产组织方式，并成为21 世纪的主要生产方式。我国"863 计划"对 CIM 提出了如下定义："CIM 是一种组织、管理与运行企业生产的新哲理，它借助计算机软硬件，综合运用现代管理技术，以实现产品高质、低耗、上市快，从而使企业赢得市场竞争。"

计算机集成制造系统（CIMS）是基于 CIM 思想而组成的现代制造系统，是 CIM 思想的物理体现。我国"863 计划"CIMS 专家组将它定义为："CIMS 是通过计算机硬件和软件，并综合运用现代管理技术、制造技术、信息技术、自动化技术、系统工程技术，将企业生产全部过程中有关人、技术、经营管理三要素及其信息流与物流有机地集成并优化运行的复杂的大系统。"

2．CIMS 的基本组成

CIMS 一般由四个功能系统和两个支撑系统组成。

（1）CIMS 的四个功能系统

1）管理信息系统：包括预测、经营决策、各级生产计划、生产技术准备、销售、供应、财务、成本、设备、人力资源的管理信息功能组成的系统。

2）工程设计自动化系统：通过计算机来辅助产品设计、制造准备以及产品测试，即 CAD/CAPP/CAM 阶段。

3）制造自动化系统：由数控机床、加工中心、清洗机、测量机、运输小车、立体仓库、多级分布式控制计算机等设备及相应的支持软件组成，根据产品工程技术信息、车间层加工指令，完成对零件毛坯的作业调度及制造。这是 CIMS 信息流和物流的结合点，是 CIMS 最终产生经济效益的聚集地。

4）质量保证系统：包括质量决策、质量检测、产品数据的采集、质量评价、生产加工过程中的质量控制与跟踪功能。该系统保证从产品设计、产品制造、产品检测到售后服务全过程的质量。

（2）CIMS 的两个支撑系统

1）计算机网络支撑系统：即企业外部的广域网、内部的局域网及支持 CIMS 各子系统的开放型网络通信系统，采用标准协议可以实现异机互联、异构局域网和多种网络的互联。该系统满足不同子系统对网络服务提出的不同需求，支持资源共享、分布处理、分布数据库和实时控制。

2）数据库支撑系统：支持 CIMS 各子系统的数据共享和信息集成，覆盖了企业全部数据信息，在逻辑上是统一的，在物理上是分布式的数据库管理系统。

CIMS 的体系结构分为工厂层、车间层、单元层、工作站层和设备层五层结构。每一层又可进一步分解为模块或子层，并由数据驱动。

近些年，并行工程、人工智能及专家系统技术在 CIMS 中的应用大大推动了 CIMS 技术的发展，增强了 CIMS 的柔性和智能性。随着信息技术的发展，在 CIMS 基础上又提出了各种现代先进制造系统，诸如精益生产、敏捷技术、全球制造等。与此同时，不但将信息引入到制造业，而且将基因工程和生物模拟引入制造技术，力图建立一种具有更高柔性的开放的制造系统。

第四节　工业机器人

知识要点一　工业机器人概述

1．工业机器人的概念

机器人学是一门交叉性科学，涉及机械学、电子学、计算机科学、控制技术、传感器技术、仿生学、人工智能等学科领域。由于科学技术的不断发展，机器人内涵的不断丰富以及人们认知存在的差异，目前还无法对机器人做出一个完全准确的、统一的定义。我国国家标准 GB/T 12643—2013 将工业机器人定义为"一种能自动定位控制，可重复编程的，多功能的、多自由度的操作机。能搬运材料、零件或操持工具用以完成各种作业。"操作机定义为"一种机器，其机构通常由一系列互相铰接或相对滑动的构件所组成。宏观世界通常有几个自由度，用以抓取或移动物体（工具或工件）"。因此，工业机器人可以理解为：一种模拟人手臂、手腕和手功能的机电一体化装置，它可把任一物体或工具按空间位姿的时变要求进行移动，从而完成某一工业生产的作业要求。

2. 工业机器人的基本组成和结构特点

现代工业机器人一般由机械系统、控制系统、驱动系统、智能系统四大部分组成，如图 14-2 所示。

机械系统是工业机器人的执行机构，一般由手部、腕部、臂部、腰部和基座组成。手部又称为末端执行器，是工业机器人对目标直接进行操作的部分，如各种夹持器；腕部是臂部和手部的连接部分，主要功能是改变手部的姿态；臂部用以连接腰部和腕部；腰部是连接臂部和基座的部件，通常可以回转。臂部和腰部的共同作用使得机器人的腕部可以做空间运动；基座是整个机器人的支撑部分，有固定式和移动式两种。

图 14-2　工业机器人的组成

1—基座　2—腰部　3—臂部　4—腕部

控制系统实现对操作机的控制，一般由控制计算机和伺服控制器组成。前者发出指令协调各关节驱动器之间的运动，后者控制各关节驱动器，使各个杆件按一定的速度、加速度和位置要求进行运动。

驱动系统包括驱动器和传动机构，常和执行机构连成一体，驱动臂部完成指定的运动。常用的驱动器有电动机、液压和气动装置等，目前使用最多的是交流伺服电动机。传动机构常用的有谐波减速器、RV 减速器、丝杠、传动链、传动带以及其他各种齿轮轮系。

智能系统是机器人的感受系统，由感知和决策两部分组成。前者主要靠硬件（如各类传感器）实现，后者则主要靠软件（如专家系统）实现。智能系统是目前机器人学中不够完善但发展很快的子系统。

和其他机器相比，工业机器人在结构上有很多独特之处，主要可归纳为以下几点：

1）工业机器人操作机可以简化成各连杆首尾相接、末端开放的一个开式连杆系，连杆末端一般无法加以支撑，因而操作机的结构刚度差。

2）在组成操作机的开式连杆系中，每根连杆都具有独立的驱动器，因而属于主动连杆系。不同连杆之间的运动没有依从关系，操作机的运动更为灵活，但控制起来也更复杂。

3）连杆驱动转矩在运动过程中的变化规律比较复杂，连杆的驱动属于伺服控制型，对机械传动系统的刚度、间隙和运动精度都有较高的要求。

4）连杆的受力状态、刚度条件和动态性能都随位姿的改变而变化，因此容易发生振动或其他不稳定现象。

3. 工业机器人的分类

目前，还没有统一的工业机器人分类标准，根据不同的要求可进行不同的分类。

（1）按结构型式分类 可分为直角坐标型、圆柱坐标型、球坐标型、关节型机器人，如图14-3所示。

（2）按驱动方式分类 可分为电力驱动、液压驱动、气压驱动以及复合式驱动机器人。电力驱动是目前工业机器人中应用最为广泛的一种驱动方式。

（3）按控制类型分类 可分为伺服控制、非伺服控制机器人。其中，伺服控制机器人又可分为点位伺服控制和连续轨迹伺服控制两种。

（4）按自由度数目分类 可分为无冗余度机器人和有冗余度机器人。无冗余度机器人是指具有二个、三个或多个（4～6个）自由度的机器人。

直角坐标型　　　　圆柱坐标型

球坐标型　　　　关节型

图14-3 机器人的基本结构型式

有冗余度机器人（或称冗余度机器人）是指独立自由度数目不少于七个的机器人。

（5）按用途分类 可分为焊接机器人、搬运机器人、喷涂机器人、装配机器人以及其他专门用途机器人。

此外，还可按基座型式分为固定式和移动式机器人；按操作机运动链型式分为开链式、闭链式和局部闭链式机器人；按应用机能分为顺序型、示教再现型、数值控制型、智能型机器人；按负载大小分为重型、中型、小型、微型机器人等。

知识要点二　工业机器人的应用与拓展

1. 工业机器人在现代制造业中的应用

工业机器人最早应用在汽车制造工业，常用于焊接、喷漆、上下料和搬运。工业机器人延伸了人的手足和大脑功能，可代替人从事危险、有害、有毒、低温和高热等恶劣环境中的工作；代替人完成繁重、单调重复的劳动，提高劳动生产率，保证产品质量。工业机器人与数控加工中心、自动搬运小车以及自动检测系统可组成柔性制造系统（FMS）和计算机集成制造系统（CIMS），实现生产自动化。

随着工业机器人技术的发展，其应用已扩展到宇宙探索、深海开发、核科学研究和医疗福利领域。火星探测器就是一种遥控的太空作业机器人。工业机器人也可用于海底采矿、深海打捞和大陆架开发等。在核科学研究中，机器人常用于核工厂设备的检验和维修。在军事上，工业机器人则可用来排雷和装填炮弹。医疗福利和生活服务领域中，机器人应用更为广泛，如护理、导盲、擦玻璃等。

2. 工业机器人技术的研究热点

目前，国际上都在对机器人加大科研力度，进行机器人共性技术的研究，并朝着智能化和多样化方向发展，主要研究内容集中在以下10个方面：

1）工业机器人操作机构的优化设计技术：探索新的高强度轻质材料，进一步提高负载/自重比，同时机构向着模块化、可重构方向发展。

2）机器人控制技术：重点研究开放式、模块化控制系统，人机界面更加友好，语言、图形编程界面正在研制之中。机器人控制器的标准化和网络化以及基于 PC 的网络式控制器已成为研究热点。编程技术除进一步提高在线编程的可操作性之外，离线编程的实用化将成为研究重点。

3）多传感系统：为进一步提高机器人的智能性和适应性，多种传感器的使用是其解决问题的关键。其研究热点在于有效可行的多传感器融合算法，特别是在非线性及非平稳、非正态分布的情形下的多传感器融合算法。另一个问题就是传感系统的实用化。

4）机器人的结构灵巧，控制系统越来越小，二者正朝着一体化方向发展。

5）机器人遥控及监控技术、半自主和自主技术：多机器人和操作者之间的协调控制，通过网络建立大范围内的机器人遥控系统，在有时延的情况下，建立预先显示进行遥控等功能。

6）虚拟机器人技术：基于多传感器、多媒体和虚拟现实以及临场感技术，实现机器人的虚拟遥控操作和人机交互。

7）多智能体控制技术：这是目前机器人研究的一个崭新领域，主要对多智能体的群体体系结构、相互间的通信与磋商机理、感知与学习方法、建模和规划、群体行为控制等方面进行研究。

8）微型和微小机器人技术：这是机器人研究的一个新的领域和重点发展方向，该领域研究的进展将会引起机器人技术的一场革命，并且对社会进步和人类活动的各个方面将产生不可估量的影响。微小型机器人技术的研究主要集中在系统结构、运动方式、控制方法、传感技术、通信技术以及行走技术等方面。

9）软机器人技术：主要用于医疗、护理、休闲和娱乐场合。传统机器人设计未考虑与人紧密共处，因此其结构材料多为金属或硬性材料。软机器人技术要求其结构、控制方式和所用传感系统在机器人意外地与环境或人碰撞时是安全的，机器人对人是友好的。

10）仿人和仿生技术：这是机器人技术发展的最高境界，目前仅在某些方面进行了一些基础研究。

提高机器人的智能化、机动性、可靠性和安全性，以及与人类环境的完美的融入性，所追求的主要目标是"融入人类的生活，和人类一起协同工作，从事一些人类无法从事的工作，以更大的灵活性给人类社会带来更多的价值"。

3. 工业机器人技术的发展趋势

工业机器人技术是一门涉及机械学、电子学、计算机科学、控制技术、传感器技术、仿生学、人工智能甚至生命科学等学科领域的交叉性科学，机器人技术的发展依赖于这些相关学科技术的发展和进步。归纳起来，工业机器人技术的发展趋势有以下几个方面：

（1）机器人的智能化　智能化是工业机器人一个重要的发展方向。目前，机器人的智能化研究可以分为两个层次：一是利用模糊控制、神经元网络控制等智能控制策略，利用被控对象对模型依赖性不强的特点来解决机器人的复杂控制问题，或者在此基础上增加轨迹或动作规划等内容，这是智能化的最低层次；二是使机器人具有与人类类似的逻辑推理和问题求解能力，面对非结构性环境能够自主寻求解决方案并加以执行，这是更高层次的智能化。

（2）机器人的多机协调化　在很多大型生产线上，往往要求很多机器人共同完成一个生产过程，因而每个机器人的控制就不单纯是自身的控制问题，需要多机协调动作。此外，随着 CAD/CAM/CAPP 等技术的发展，更多地把设计、工艺规划、生产制造、零部件储存和配送等有机地结合起来，在柔性制造、计算机集成制造等现代加工制造系统中，机器人已经不再是一个个独立的作业机械，而是成为其中的重要组成部分，这些都要求多个机器人之间、机器人和生产系统之间必须协调作业。

（3）机器人的标准化　机器人的标准化工作是一项十分重要而又艰巨的任务。机器人的标准化有利于制造业的发展，但目前不同厂家的机器人之间很难进行通信和零部件的互换。机器人的标准化问题不是技术层面的问题，而主要是不同企业之间的认同和利益问题。

（4）机器人的模块化　智能机器人和高级机器人的结构力求简单紧凑，其高性能部件甚至全部机构的设计已向模块化方向发展，其驱动采用交流伺服电动机，向小型和高输出方向发展；其控制装置向小型化和智能化方向发展；其软件编程也在向模块化方向发展。

（5）机器人的微型化　微型机器人是 21 世纪的尖端技术之一。目前已经开发出手指大小的微型移动机器人，预计将生产出毫米级大小的微型移动机器人和直径为几百微米甚至更小（纳米级）的医疗和军事机器人。微型驱动器、微型传感器等是开发微型机器人的基础和关键技术，它们将对精密机械加工、现代光学仪器、超大规模集成电路、现代生物工程、遗传工程和医学工程等产生重要影响。介于大中型机器人和微型机器人之间的小型机器人也是机器人发展的一个趋势。

（6）机器人的精密化　通过加速机器人功能部件的标准化和模块组合化，将机器人的回转、伸缩、俯仰和摆动等各种功能的机械模块和控制模块、检测模块组合成结构和用途不同的机器人，减轻重量、减少占用的空间，提高运动速度和动作精度；通过开发微动机构，开发多关节、多自由度的手臂和手指，研制新型的行走机构，以适应各种作业需要；通过研制各种传感检测装置，如视觉、触觉、听觉和测距传感器等，以获取有关工作对象和外部环境信息，采用微机控制来完成模式识别，并采用专家系统进行问题求解，达到动作规范、精准的目标。

思考与练习题

14-1　制造自动化的内涵及其功能目标是什么？

14-2　制造自动化技术的研究内容主要有哪些？制造自动化技术的发展趋势如何？

14-3　简要描述数控加工技术的发展历程。

14-4　简要说明 CNC 系统的组成和结构特点。试分析数控加工技术的发展趋势。

14-5　简要说明 FMS 的产生和发展过程，试说明 FMS 的定义及其基本组成。

14-6　FMS 具有哪些功能？FMS 的优点及效益有哪些？

14-7　试说明 CIMS 的基本组成。

14-8　何谓工业机器人？简要说明其基本组成和结构特点。

14-9　工业机器人在现代制造业中的哪些领域得到了应用？

14-10　目前工业机器人的研究热点有哪些？其发展趋势如何？

第十五章 智能制造技术

CHAPTER 15

人类从制造简单工具演化到制造由多个零件、部件组成的现代机械，经历了漫长的过程。机械加工虽然从产生到现在已有几百年的历史，经历了带传动机床加工→金属零件传动的机床加工→普通的机电液气机床加工→数控加工→智能加工的不同发展阶段，但它仍是获得精密零件的主要方法。现代机械加工业是一个应用现代化智能技术较为广泛的行业，是在机械技术、材料技术、刀具技术、电子技术、控制论、计算机技术、机器人技术的基础上发展起来的。现代机械加工制造的生产过程是一个利用高科技信息技术手段不断改进和提高自动化生产技术水平的过程。当前的机械加工制造业广泛采用智能化设备进行加工生产，正是因为智能化的融入才提升了机械加工自动化生产的质量和水平。智能制造自20世纪80年代末被提出后，便成为现代机械加工行业最明显的技术标志之一，它将引领未来新兴产品的研发、制造并普遍应用于人们的生产、生活中。智能制造是将智能制造技术贯穿于产品的设计、生产、管理和服务的制造活动全过程，不仅包括智能制造装备，还包括智能制造服务。随着社会的不断发展，智能制造技术已成为世界制造业发展的必然趋势。

新一轮的科技革命和产业变革正在兴起，高度发展的信息技术、互联网技术与制造业的深度融合，促使制造技术呈现出数字化、智能化和网络化的特点。发达国家以数字化、智能化和网络化为主要特征的第三次工业革命早已开始。这些新情况、新趋势要求我们务必面对现实，以新的视角来观察和研究制造技术。

根据形势，我国智能制造发展的战略与对策是：

（1）战略思路　按照"市场主导、创新突破、引领产业"的发展思路，前瞻布局核心智能制造技术、着力提升智能部件产业化、重点突破智能制造装备集成及工业软件创新，全面普及制造过程数控化、智能化与管理信息化。

（2）发展目标　基于我国现有的产业基础及技术水平，智能制造的发展可分两步走：到2020年，制造业基本普及数控化，实现重点领域智能制造装备尤其是高端数控机床及工业机器人的产业化与应用；到2030年，制造业全面实现数字化，在制造业重点领域推进智能制造模式的转变，形成与世界工业发达国家在高端制造领域全面抗衡的能力。

（3）发展重点

1）开发关键智能基础共性技术。围绕感知、决策和执行等智能功能的实现，针对测控装置、部件和重大智能制造成套装备的开发和应用，突破新型传感原理和工艺、高精度运动控制、高可靠智能控制、工业通信网络安全、健康维护诊断等一批共性、基础关键智能技术，为实现制造装备和制造过程的智能化提供技术支撑。

2）研制核心智能测控装置与部件。围绕重大智能制造成套装备研发以及智能制造技术的推广应用，开发机器人、感知系统、智能仪表等典型的智能测控装置和部件并实现产业化。在充分利用现有技术和产品的基础上，进一步实现智能化、网络化，形成对智能制造装备产业发展的有力支撑。

3）研制和应用重大智能制造成套装备。突出制造业所需装备，针对石油化工、冶金、建材、机械加工、食品加工、纺织、造纸印刷等制造业生产过程数字化、柔性化、智能化的需要，发挥产、学、研、用相结合的创新机制，依托有明确需求的用户，组织产、学、研、用共同参与的创新团队，推动软硬件在数控/工业控制装备中的应用与推广，通过集成创新，开发一批标志性的重大智能制造成套装备，保障产业转型升级，并结合国家重大工程建设，推进示范应用，加快产业化。

4）选择重点示范领域推广应用。根据我国智能制造技术和智能测控装置的发展水平，立足制造业，目前重点选择在电力、节能环保、农业、资源开采、国防军工等国民经济重点领域推广应用，分步骤、分层次开展应用示范，形成通用性、标准化、知识产权的应用平台，加快推进产业、技术与应用协同发展。

第一节　智能加工

知识要点一　智能加工的概念

1. 智能加工问题的提出

在数控加工的过程中，并非一直处于理想状态，而是伴随着材料的切除出现多种复杂的物理现象（如爬行、振动、变形）。加工过程中出现的问题是：利用零件模型生成正确的加工程序，并不一定就能加工出合格的优质零件。正是由于上述各种复杂的物理现象及加工过程中出现的问题，导致加工精度不能满足要求。在产品的生产制造过程中，一旦工艺设计不合理，就会导致零件的加工质量差，机床的加工能力得不到发挥，特别是制造系统的很多物理及力学特性（如惯性、间隙等）没有受到重视，出现一些难以控制的结果，如加工出的零件误差大，其原因是把工艺系统简化为线性系统，忽略了工艺系统的实际工况，其原因是机床零部件间的间隙、摩擦、阻尼迟滞等非线性因素将使工艺系统处于混沌状态，从而影响了工艺系统的灵敏性和稳定性，最终出现无法控制的加工误差。为了解决这些问题，要从系统和控制这两个角度来分析，对加工过程的状况及时感知和预测，从而对加工过程进行随时评估和调整。

2. 智能加工的内涵

智能加工是将制造技术与数字技术、智能技术、网络技术集成应用于设计、生产、管理和服务的全生命周期，在制造过程中进行感知、分析、推理、决策与控制，实现产品需求的动态响应、新产品的迅速开发以及对生产和供应链网络实时优化的制造活动的总称，可分为智能设计、智能生产加工、智能管理、智能制造服务4个关键环节。

从表面上看，智能加工是一种自动化、复合化的加工，实际上是借助先进的机床、刀具、夹具及检测、控制手段，实现对加工过程的主动感知和实时判断，用最优的工艺方法和手段获得最优的加工性能和加工质量。简单地说，智能加工是以数字信息为传递介质，以主动在线感知为手段，以先进的自适应控制为大脑神经的加工方法。

3. 智能加工的特点

智能加工具有以下特点：① 自动化、复合化；② 主动检测感知、自学习和自维护；③ 主动调整参数（几何参数、切削参数、物理参数）和主动调整机床、刀具、夹具，以得到最优的输出，即自适应控制；④ 高灵敏性、高响应速度、强抗扰性、高柔性。

以往以及现有的加工都是基于拉普拉斯（Laplace）提出的确定性理论，即如果对一个确定性动力系统施加确定性的输入，该系统的输出必然具有确定性。但是，在现实生产制造过程中，即使输入最优的参数，利用最好的机床、刀具、夹具，有时还是会得到超出设定的结果，这就是机械专家不断研究加工与制造的原因。智能加工就是为了解决机械制造中的加工精度和成本问题而发展起来的新兴加工技术。正是机床、工艺装备、电子信息、检测、机器人、控制论等技术的不断发展，为智能加工的发展奠定了基础。

4. 智能加工技术的基础

（1）智能加工正引领新一轮的制造业革命　先进制造技术的加速融合，使得机械制造业的设计、生产、管理、服务各个环节日趋智能化。智能加工正引领新一轮的制造业革命，主要体现在4个方面：①建模与仿真使产品设计日趋智能化；②以工业机器人为代表的智能制造装备在生产过程中的应用日趋广泛；③全球供应链管理创新加速；④智能服务业模式加速形成。

（2）智能加工的关键技术　智能加工的关键技术体现在以下几个方面：①智能加工的自动化、复合化；②数控系统的智能化；③智能加工的CAD/CAM；④智能加工的主动感知与判断；⑤智能加工的自适应控制；⑥智能加工的FMC/FMS；⑦智能加工的高速加工；⑧智能加工的工艺规划；⑨3D打印技术；⑩智能加工的刀具；⑪智能加工的新方法。

知识要点二　智能加工关键技术概要

1. 智能加工的自动化、复合化

（1）自动化生产　自动化生产是人类生产活动中的一种先进、完善的高级生产形式，是科学技术不断进步和生产高度发展的产物，也是人类向往和期待的一种理想生产形式。自动化生产时，各种高生产率的机械设备代替了人类繁重的体力劳动，各种自动控制装置、计算机代替了人的操纵管理和部分脑力劳动，整个生产过程可以在无人参与的情况下，自动按最佳状态连续进行。自动化生产经历了机床的变革、刀具的变革、电气控制和传感技术的变革。

近15年来，自动化助力制造业不断创新，从简单的机械加工到集机电一体化的复合制造，从单一生产到多级连续制造，工业自动化功不可没。伴随着中国制造业蓬勃发展的15年，自动化也在朝着集提高效率、质量控制、流程控制、远程服务、节能环保等功能于一身的"新"方向发展。自动化创新可以用集成、通信、安全、节能等几个词来概括。

（2）复合加工　复合加工是指在柔性自动化的数控加工条件下，当工件在机床上一次装夹后，能自动进行同一类工艺方法的多工序加工，或者不同类工艺方法的多工序加工，从而能在一台机床上顺序地完成工件的全部或大部分加工工序。复合加工机床一般具有4个特征：①设置较少，有时甚至是一次性的；②复杂工件能在同一台机床上加工，无须多台机床；③减少工件的装夹次数；④加工现场机床设备数量减少，不需要在设备上投入很多。

复合加工机床的功能是从以下两个方面实现的：①设计的机床能进行一道以上的加工工序，现在，有些机床能提供铣削、钻削、攻螺纹、车削、磨削、焊接和调平等多种功能；②通过加速工件装夹速度来使机床提高生产率，这主要是通过在单台机床或单元内增加机器人或工件夹持机构来实现的。

2. 数控加工以及数控系统的智能化

在现代制造系统中，数控技术是关键技术，它集微电子计算机、信息处理、自动检测、自动控制等高新技术于一体，具有高精度、高效率、柔性自动化等特点，对制造业实现柔性自动化、集成化、智能化起着举足轻重的作用。目前，数控技术正在发生根本性变革，由专用型封闭式开环控制模式向通用型开放式实时动态全闭环控制模式发展。在集成化的基础上，数控系统实现了超薄化、超小型化；在智能化的基础上，综合了计算机、多媒体、模糊控制、神经网络等多学科技术，数控系统实现了高速、高精、高效控制，加工过程中可以自动修正、调节与补偿各项参数，实现了在线诊断和智能化故障处理；在网络化的基础上，CAD/CAM 与数控系统集成为一体，机床联网实现了中央集中控制的群控加工。

（1）数控加工　相对于普通加工，数控加工的加工过程是自动化的，数控加工将零件的几何信息、工艺信息用规定的代码编成程序，用程序来控制加工过程，但很多数控机床辅助过程（装料、夹紧、卸料、换刀、测量）还是手动完成。数控加工的工序比较单一（如数控车、数控铣、数控磨等），而智能加工是在数控加工的基础上发展起来的，运用机械手或机器人使所有过程都是自动化的，并在一台或几台数控机床上连续完成几道工序的全自动化加工。

（2）数控系统的智能化　数控机床数控系统的智能化包含两个方面的含义：①数控系统操作维护时的方便直观性，即智能数控系统可以把晦涩的数控指令变成可视化的图形，使不懂编程的人通过直观的图形指引来编程；②智能数控系统的适应性，即它具有一定的思维能力，能应对环境和条件的变化做出预警和调整。

传统的数控系统是根据程序指令控制机床的运动来完成零件的加工的，所有的动作和加工轨迹都事先通过程序输入到数控系统中，不管加工条件和环境如何变化，数控系统都严格地执行事先下达的命令，是一个被动的执行者。在复杂的环境以及多变条件下，加工过程中的加工参数无法在现场环境下根据外部干扰和随机因素实时动态调整，更无法通过反馈控制环节随机修正CAD/CAM 中的设定量，因而影响 CNC 的工作效率和产品的加工质量。因此，对数控技术实行变革势在必行。

智能化数控机床要解决的问题是如何使数控机床根据当前的加工条件和环境，通过自主判断和决策以适应外界的变化，从而保证加工任务顺利完成。智能化数控机床能对自身和外部环境进行感知，可自行分析各种与机床、加工状态和环境有关的信息，并自行采取应对措施来保证加工过程的最优化。换句话说，机床已经进化到可根据命令进行自主思考，进而适应柔性和高效生产的要求。数控机床的智能化可分为操作智能化、加工智能化、维护智能化、管理智能化等几个层次。

智能化的主要发展趋势如下：①自动识别加工特征、带有工艺规划的编程系统；②自动防止刀具和工件干涉碰撞，智能刀具监控技术可自主发现刀具存在的问题，并实施相应的应对策略；③监测机床振动情况，进行机床振动等级评价，借助相应的抑振算法或智能主轴转速调整自动抑制振动，以提高加工的平稳性延长刀具寿命；④自动位置检测和补偿功能，自动补偿主轴、立柱、床身等热变形的影响；⑤自动补充润滑油和抑制噪声；⑥机床故障诊断及维护等。因此，智能化数控系统的配置将根据不同的目标和应用场合进行选择和组合，有针对性、有选择地集成智能化技术，构筑由简单到高级的智能化产品体系。

（3）智能加工的 CAD/CAM 技术 CAM 的发展是一个不断吸收和利用 CAD 及周边相关技术成果而不断发展的过程，它的基本处理方式及编程的目标对象对系统的结构、智能化水平等起着决定性的作用。CAM 系统在 APT 语言时代，编程的目标对象为直接计算走刀轨迹。在曲面加工时代，CAM 系统采用面向局部曲面的编程方式，系统可根据零件表面形状自动计算加工点位，在很大程度上提高了编程的自动化程度。新一代的 CAM 系统将采用以实体模型为载体，面向工艺数据、实体特征的基本处理方式，自动加载加工信息，使系统的智能化程度大大提高。

1）智能加工的 CAD/CAM 原理。智能加工的 CAD/CAM 就是转换数字信息，将建模知识与编程加工充分地融为一体。由于 CAD 具有强大的建模、分析功能，从而使设计者的设计工作更加数字化、立体化、真实化、正确化，CAD 软件功能越强大，几何模型转化为产品数据模型越方便及智能化。特别是，CAM 软件的仿真功能能随时在线虚拟加工，从而检查自动生成的程序的正确性。

2）CAD/CAM 集成——共享和传输。从信息的角度看，CAD/CAM 集成就是 CAD、CAPP 和 CAM 各系统之间的数据提取、交换和处理的信息共享。从硬件设备的角度看，CAD/CAM 集成既包括内部集成，为使系统成为真正的开放式系统，并易于扩充，各个组成部分之间的接口必须一致；又包括外部集成，为使一个系统能嵌入另一个系统而作为其组成部分，前者的外部接口必须和后者的内部接口一致。

CAD/CAM 的应用不仅把数控编程人员从繁琐的手工编程工作中解放了出来，而且对机床数控系统软件的轮廓插补功能、刀具补偿功能以及其他数控加工功能产生了重要影响。CAD/CAM 一体化技术对机床数控系统的影响主要表现在：使用 CAD/CAM 一体化技术可以大幅度简化机床数控系统软件，有利于数控系统的更新换代和新系统的开发研制；CAD/CAM 软件生成的数控加工程序所用的 G 代码种类较少，编程难度小，效率高、可靠，有利于数控加工技术的推广应用。

（4）基于实体特征的智能化加工 在编程过程中，希望能将实体模型中所有对加工有用的信息，包括几何信息、工艺信息、零件材料信息等都提取出来，让 CAM 系统加以利用，将编程人员从这些繁琐的数据中解放出来。要实现智能化的编程操作，前提是系统能够自动识别实体模型中的相关加工信息，并将其加载到系统中。同时，系统必须根据识别的加工信息，帮助编程人员完成加工方法的选择、参数设置、刀具的选择、专家数据库的调用、切削用量的设定等操作，在编程人员少量人工干预的情况下，自动完成加工对象的编程操作。

首先查找实体模型加工特征，将零件模型中需要的加工特征提取出来，系统自动找到模型的几何参数信息、工艺信息，将其作为后面编程操作的依据。由于加工特征中包含了完整的加工信息，因此系统可根据这些加工信息自动筛选并判断合适的加工方法。接着充分利用实体模型所能承载的几何信息、材料信息、工艺信息，自动判断并调用所需的参数，以实现更精确、智能的走刀控制，进行实体加工。系统有效地利用实体模型携带的加工信息，并通过系统自动识别加工特征、自动筛选加工方法、自动设置加工参数，实现无人工干预的全自动的编程操作。

（5）智能加工的 FMC/FMS FMC/FMS 是智能加工的重要表现形式，传统的自动化生产技术可以显著提高生产率，然而其局限性也显而易见，即无法很好地适应中小批量生产的要求。随着制造技术的发展，特别是自动控制技术、数控加工技术、工业机器人技术等的迅猛发展，柔性制造技术（Flexible Manufacturing Technology，FMT）应运而生。所谓"柔性"，是指制造系统（企业）对系统内部及外部环境的一种适应能力，也指制造系统能够适应产品变化的能力。柔性可分为瞬时柔性、短期柔性和长期柔性。瞬时柔性是指设备出现故障后，自动排除故障或将零件转移到另一台设备上继续进行加工的能力。短期柔性是指系统在短时期内适应加工对象变化的能力，包括在任意时期进行混合加工两种以上零件的能力。长期柔性是指系统在长期使用中，能够加工各种不同零件的能力。凡具备上述3种柔性特征之一的、具有物料或信息流的自动化制造系统都可以称为柔性制造系统。柔性制造技术是计算机技术在生产过程及其装备上的应用，是将微电子技术、智能技术与传统制造技术融合在一起，具有自动化、柔性化、高效率的特点，是目前自动化制造系统的基本单元技术。

3. 智能加工的主动感知与判断以及自适应控制

（1）智能加工的主动感知与判断　数控机床是现代高科技发展的产物，每当一批零件开始加工时，有大量的检测工作需要完成，包括夹具和零件的装夹、找正，零件编程原点的测定，首件零件的检测，工序间检测及加工完毕检测等。目前，完成这些检测工作的主要手段有手工检测、离线检测和在线检测。在线检测也称为实时检测，是在加工的过程中对刀具或工件进行实时检测，并依据检测的结果做出相应的处理。在线检测分为机床检测、工件检测两种形式，它们都是主动测量，根据测量结果自动修改加工程序或指令，改善加工精度。

智能加工的主动感知与判断主要依靠传感器技术的应用。一般认为，传感器是将一种物理量经过电路转换成另外一种直观的可表达的物理量的描述。传感器是一种检测装置，能感受被测量的信息，并能将其按一定规律变换成电信号或其他所需形式的信息输出，以满足信息的传输、处理、存储、显示、记录和控制等要求。它是实现自动检测和自动控制的首要环节，现代科技不断进步，但凡是智能的东西，里面都少不了传感器的存在。在智能加工的机床和机器人（机械手）中都安装了很多传感器，它们相当于智能加工的眼睛和耳朵，是智能加工主动感知的器官。因此，传感器的分辨力、灵敏度、抗干扰能力决定着智能加工的及时性和反馈性，并影响智能加工的控制信息采集。在智能加工中用传感器检测和控制机床位置和速度，检测机器人的机械手压力。因此，传感器在数控机床、机器人中占据着十分重要的地位。

（2）智能加工的自适应控制　在现代先进制造系统中，需要依赖那些不够完备和不够精确的数据来解决难以或无法预测的情况，人工智能技术为解决这一难题提供了有效的解决方案，智能控制随之也被广泛地应用于机械制造行业。它利用模糊数学、神经网络的方法对制造过程进行动态环境建模，利用传感器融合技术进行信息的预处理和综合；采用专家系统的"Then – If"逆向推理作为反馈机构，修改控制机构或者选择较好的控制模式和参数；利用模糊集合和模糊关系的鲁棒性，将模糊信息集成到闭环控制的外环决策选取机构来选择控制动作；利用神经网络的学习功能和并行处理信息的能力，进行在线的模式识别，处理那些残缺不全的信息，来达到自适应控制。自适应是指系统按照环境的变化调整其自身，使得其行为在新的或者已经改变了的环境下，达到最好或者至少是容许的特性和功能，这种对环境变化具有适应能力的控制系统称为自适应控制系统。由于自适应控制的对象是那些存在不定性的系统，所以这种控制应首先能在控制系统的运行过程中通过不断地测量系统的输入、状态、输出或性能参数，逐渐了解和掌握对象，然后根据所得到的过程信息，按一定的设计方法，做出控制决策去更新控制器的结构、参数或控制作用。自适应神经元控制显著的特点是：不需要知道受控对象（伺服电动机）的结构和参数，即控制器的设计无须进行系统建模。这种单神经元结构和学习算法，具有自学习、自组织、自适应能力，适合解决非线性和时变参数控制对象的问题。

现在，大多数数控机床在加工过程中都维持一个固定不变的进给速率，这个进给量是由加工程序预先设定好的。为了保证生产的安全，编程人员必须按照负荷最大的工况设定这个进给速率，但实际上这种工况或许只占整个工序的5%。那么如何提高数控机床的加工效率，优化刀具进给量，同时又能自动保护机床的主轴系统和昂贵的刀具不受损坏，已经成为终端用户和机床制造厂家十分关注的问题。为了解决这个问题，研究人员便将自适应控制技术应用在数控机床上，研发了数控机床自适应系统，对数控加工过程进行实时监控，并将所有在切削过程中的性能数据（主轴切削负载、进给率变化、刀具磨损量、加工工件数、切削时间等）统计起来，实时生成加工情况报表，并输出图形、数据至 Windows 用户界面，形成完整的机床档案，供管理人员进行评估、分析，从而辅助生产管理，大幅提高加工效率，保护刀具、机床、工件不受损坏，实时监控、记录切削加工状况。这些数据还可以存储在硬盘中供以后查阅存档。

4. 虚拟制造技术

（1）虚拟制造技术的概念　虚拟制造（Virtual Manufacturing，VM）是国际上近年来提出的一项新型制造技术，目前还没有一个统一的定义。但综合地讲，虚拟制造技术就是利用仿真与虚拟现实技术，在高性能计算机及高速网络的支持下，采用群组协同工作，通过模型来模拟和预测产品功能、性能及可加工性等各方面可能存在的问题，实现产品制造的本质过程，包括产品的设计、工艺规划、加工制造、性能分析、质量检测等，并进行过程管理和控制。在计算机上设计、生产的产品是可视化的"数字产品"，并不需要实际的材料、机床和能量，易于分析、校验和修改。只有在一切模拟和检验都通过后，才采用最佳的工艺和工厂管理方案，真正进行实际产品的生产。

（2）虚拟制造技术的应用　当今全球制造业企业之间的竞争越来越激烈。企业要想赢得竞争，就要以市场和用户为中心，快速地响应市场的需求以及满足用户的需要。就是要以最短的产品开发时间（Time）、最优的产品质量（Quality）、最低的成本（Cost）和价格、最佳的服务（Service），也就是所谓的"TQCS"去赢得用户和市场。这样，在智能加工的要求下，迫切需要虚拟制造技术。

应当指出的是，虚拟制造技术是一种软件技术，它填补了 CAD、CAM 和生产过程管理之间的技术鸿沟，以在计算机上制造数字化的产品为目的，而不直接制造真实的产品。真正的产品，归根到底，还是需要在车间内，由工人用机床一步一步地制造出来。然而，虚拟制造技术能够保证更加多快好省地把实际产品制造出来，使企业具有较强的市场竞争力，所以一些工业发达国家正不断地建立虚拟制造企业。虚拟制造企业是一个快速响应市场的、充分利用现有资源的、没有围墙的、超越空间约束的、靠计算机网络联系的、但是统一指挥的、互惠互利的、实实在在的经济实体。近年来，在工业发达国家，从虚拟技术到虚拟企业，不断地发展，并不断地体现出它的生命力。

目前，虚拟制造技术在以下 10 个方面应用的效果比较明显，即产品的外形设计、产品的布局设计、产品的运动和动力学仿真、热加工工艺模拟、加工过程仿真、产品装配仿真、虚拟样机与产品工作性能评测、产品的广告与推广、企业生产过程仿真与优化及虚拟研究开发中心与虚拟企业。其中产品的外形设计是一个极为重要的方面，采用虚拟现实技术的外形设计，可随时进行修改、评测，方案确定后的建模数据可直接用于产品设计、仿真和加工，甚至用于广告和宣传。

（3）虚拟制造技术的分类　虚拟制造要求对整个制造过程进行统一建模，一个广义的制造过程不仅包括设计和制造，还包含对企业生产活动的组织与控制。按照与生产各个阶段的关系，目前一般把虚拟制造划分为三类，即以设计为中心的虚拟制造（Design - centered VM）、以生产为中心的虚拟制造（Production - centered VM）和以控制为中心的虚拟制造（Control - centered

VM）。三种虚拟制造的侧重点各有不同，分别着眼于产品全生命周期中的不同方面，但它们都以计算机仿真技术作为一个重要的实现手段，通过仿真支持设计过程，模拟制造过程，进行成本估算和计划调度。

（4）虚拟制造的关键技术　虚拟制造的实现主要依赖于 CAD/CAE/CAM 和虚拟现实等技术，可以看作是 CAD/CAE/CAM 发展的更高阶段。虚拟制造不仅要考虑产品，还要考虑生产过程；不仅要建立产品模型，还要建立产品生产环境模型；不仅要对产品性能进行仿真，还要对产品加工、装配和生产过程进行仿真。因此，虚拟制造涉及的技术领域极其广泛，但一般可以归结为两个方面：一方面是侧重于计算机以及虚拟现实的技术，另一方面则是侧重于制造应用的技术。前者属于共性技术，后者则是专门面向制造业的应用技术，主要包括制造系统建模、虚拟产品开发、虚拟产品制造以及可制造性评价等。

（5）虚拟加工技术　虚拟加工技术是指利用计算机技术，以可视化的、逼真的形式来直观表示零件数控加工过程，对干涉、碰撞、切削力变化、工件变形等进行预测和分析，减少或消除因刀位数据错误而导致的机床损坏、夹具或刀具折断以及因切削力和切削变形造成的零件报废，从而进一步优化切削用量，提高加工质量和加工效率。虚拟加工是实际加工在计算机上的本质实现，它是虚拟制造技术的重要组成部分。虚拟加工技术主要包括虚拟环境的建立和加工过程仿真等关键技术。机床的数控加工本身是一个极其复杂的过程，涉及的因素很多。计算机虚拟加工技术的研究要应用微分几何、计算机图形学、虚拟现实技术、仿真技术、金属切削理论及机床运动学和动力学等多个相关学科的知识和最新技术。

5. 智能加工的高速加工及刀具

（1）智能加工的高速加工　实现智能化加工以后，工艺的可靠性提高，加工性能进一步优化，而且在无人操作的情况下，工作可靠，带动了高速加工的发展。高速加工的实践者们逐渐认识到，在加工过程中遵循相关物理定律具有十分重要的意义。例如，离心力、不平衡、振动、热膨胀等因素都会影响工艺而妨碍可靠的无人化操作的开展。需要注意的是，高速加工不是简单地以是否使用高速机床，或是所使用机床主轴的转速来衡量。高速切削的本质是，不同工件材料切削加工时的线速度进入高速切削的速度区间，从而获得优于常规切削速度下的加工质量和效率。

高速化是数控机床发展的一个重要趋势，国内外的数控机床制造企业都致力于研制和生产各类高速机床；同时，高速切削刀具技术是实现高速加工的关键，它不是单一的刀具问题，而是涉及刀具、刀柄及主轴接口、冷却润滑、安全防护等诸多方面的系统问题。一方面，提高切削速度的关键制约因素之一是刀具是否能承受高的切削温度，因此，刀具材料及表面涂层和刀具结构参数等成为高速切削成功应用的重要技术。刀具材料必须具有高硬度、耐磨损、高韧性、耐高温等性能，从而满足高速切削时刀具/工件接触区高温、高压以及高频冲击等对刀具的要求。另一方面，主轴高速旋转时会产生大的离心力以及偏心质量，从而产生附加的径向载荷，这是高速加工的主轴刀具系统区别于中低速加工的新的重要特点。因此，要求刀具与主轴必须实现高可靠性的连接，并通过动平衡测试和调整保证刀具系统达到标准规定的允许不平衡量。以 HSK、KM、CAPTO 等为代表的一类刀柄，采用空心短锥和端面同时定位，并配用热缩、弹簧或液压夹头，保证了高速加工时的刀具与主轴的可靠连接，使高速切削加工技术从理论研究进入工业应用阶段。

高速切削工艺技术也是成功应用高速加工的关键技术，其核心就是在高速加工过程中尽量保持恒定的切削负载、高的切削线速度和高的进给速度，从而实现高的材料去除速率和加工精度，主要涉及切削方法及走刀策略、切削参数优化技术等。高速加工过程切削参数优化是使高速机床真正实现高速切削的支持技术。

生产中许多异形零件（①椭圆类，如活塞、活塞环等；②凸轮类，如凸轮轴、曲轴等；

③棱形体类）的数控加工都是采用高速随动加工。这些零件在圆周各点的直径是不同的，如果零件做等速转动，则零件在圆周各点的线速度都不相同。在保持切削深度 a_p 不变的条件下，各点的切削力是变化的，这将对工件的加工精度、表面粗糙度与波纹度等加工表面质量产生一定的影响，进而影响工件的轮廓度。为了保证非圆工件表面质量，必须使工件轮廓上各切削点的线速度是恒线速度。为了实现恒线速度，零件的旋转轴要采用闭环伺服控制（即 C 轴控制），即零件的旋转采用角加速度的控制（变速转动）。同时，对进给伺服系统提出了更高的要求，即要求伺服系统不但具备优良的静态特性（如停止时的定位精度、稳定度），更重要的是伺服刚性好、响应快、运动稳定性好、分辨力高，也就是通常说的随动性好。

（2）智能加工的刀具　切削技术和刀具是装备制造业的基础工艺和关键技术，不仅决定零件加工效率的高低和加工质量的好坏，而且对降低加工成本起着举足轻重的作用。研究开发"智能刀具"及多功能刀具是提高切削加工效率和精度的有效方法之一。智能刀具通过与机床控制器的无线耦合，实现了加工尺寸误差的调整及对刀具寿命的识别，并可实时采集切削过程的信息，经数控系统处理后使机床始终保持在最佳状态。

"智能刀具"是将各种传感器置于刀体内，将驱动、返回、微型计算装置、非接触式能量和数据传输装置集成在一起，实现刀具的微米级调整，并可由机床控制器的 M 指令加以控制。德国 Mapal 公司和 Heller 机床公司首先将该技术用在对发动机气缸体的缸孔的镗削加工上，该智能刀具具有三组 Mapal 六边形 CBN 刀片，刀具呈轴向和径向交错排列，最高切削速度可达 10000r/min。其中，两组刀片用于半精加工，第三组刀片能自动调节，用于完成精加工工序。当主轴转速增加时，在离心力作用下，机构会将刀片位置调节一个预定的数值，并由内置式气动量规测量已加工的孔径，将测量结果传给机床控制系统，自动调整刀具尺寸。

带有测量功能并可自调的切削部件及可适应控制的和能自学的数控机床，装有传感器和执行元件的智能化刀具，将是未来智能加工的发展方向。

6. 智能加工的工艺规划

不管是什么零件，也不管采用何种生产方式，都面临一个问题：如何在保证质量及精度的前提下，低成本、高效率地加工出零件。即使是同一个零件，由于生产方式（生产类型、毛坯类型、机床、刀具、夹具、量具等）不同，零件的工艺规划也不一样，所以工艺是零件加工的决定因素。如果采取智能加工的生产方式，那么零件的工艺规划与普通机床加工和普通数控加工的工艺规划有所区别，具体表现在以下几个方面：

（1）工艺过程发生改变　采取智能加工的生产方式，由于它是一种复合化及自动化的加工，零件的整个工艺过程缩短了，工序数目减少了，机床数量、占地空间及操作人员都减少了。

（2）工艺规划的形式发生改变　采取智能加工的生产方式，充分运用 CAM 和信息数据的通信功能，可以用计算机和 CAM 软件来进行工艺规划并与机床联机操作。

（3）工序设计发生改变

1）工序内容发生改变。由于采取智能加工的生产方式，零件的加工往往采取工序集中的方法，提高了零件的加工精度（特别是几何精度），工序的工步多了，使用的刀具也多了。

2）采用计算机和 CAM 软件能非常方便地进行加工阶段、切削参数的选取及走刀方式的规划，并通过仿真检验，对切削参数、走刀方式、走刀轨迹进行优化。

3）在智能加工中，由于多数情况下要使用上、下料机器人，夹具要求是自动动作的，这样才能适应柔性制造单元各部分的动作节拍和动作程序要求。

4）在智能加工中，大多采用在线自动量具。

5）在智能加工中，新的加工方法（如铣螺纹、铣螺纹退刀槽、铣孔等）的出现，改变了工件工序的加工方式。

(4) 成组技术　在智能加工中，尽可能采用成组技术，这样可充分利用数控系统和 CAD/CAM 软件的功能。成组技术被公认为是解决多品种、小批量生产的有效途径。成组技术在制造工艺中主要用于编制成组工艺规程，设计成组工艺装备，建立柔性制造系统，并且有利于实现计算机辅助工艺、工装设计等。

(5) 工艺规划的方向　在将来的智能加工中，"基于特征的数控技术加工工艺的决策支持"是工艺规划的方向。特征应是零件的几何特征和加工特征的结合体，但它又是某种特定功能的反应。将特征分为以下 5 类广义特征。

1) 形状特征。形状特征用于描述具有一定工程意义的功能几何形状。

2) 精度特征。精度特征用于描述与产品的几何许可变动量相关的信息，如表面粗糙度、几何公差及其基准面、尺寸公差等。

3) 技术特征。技术特征用于描述零件的性能、作用等相关的信息。

4) 材料特征。材料特征用于描述零件材料的类型等。

5) 管理特征。管理特征用于描述零件的管理信息，如零件名称、批量等。

零件信息建立在上述 5 类特征上，从而把特征作为零件数控技术加工工艺设计的基本单元。这样将多个特征组织在一起就可以形成完整的零件特征，不但可以完成零件设计者的意图，也可以为以后的数控技术加工工艺设计的辅助化工作提供基础数据。

7. 智能加工的新方法

(1) 智能加工的新方法　随着机械工业的发展和科学技术的进步，机械制造工艺的内涵和外延不断发生变化，常规工艺不断优化并普及，原来十分严格的工艺界限和分工将逐步趋于淡化，在功能上趋于交叉，各种先进加工方法不断出现和发展。特别是智能加工的出现及其发展，导致了新的加工方法、新的加工设备、新的刀具出现，将改变甚至颠覆现有的加工方式。

最具代表性的是以铣代车代镗工艺的出现。以往，外圆或槽孔的加工一般是车和磨，现在由于有了全自动的双主轴双刀架的车铣中心，零件径向分布的圆柱外圆可铣，并可铣螺纹、铣槽、倒角等。当然，为了配合铣外圆、铣螺纹、铣槽出现了新的铣刀，并且在一台双主轴双刀架的车铣中心上可插键槽、滚齿、铣孔等，颠覆了常规工艺里孔只能车、钻和镗，滚齿只能在滚齿机上加工，插键槽只能在插床上加工等的约束，使工艺更加复合化，加工更加自动化。

另外，机器人出现在切削加工领域，也是智能加工发展的结果。现在在切削加工领域的机器人主要完成打磨去毛刺、钻孔、抛光等工序。切削加工机器人最大的问题是刚度和精度，这限制了其应用。影响机器人运动精度的因素主要是关节和悬臂的变形、关节的运动误差和传动误差。在克服机器人刚度和精度问题的前提下，机器人在铣削、磨削等领域的应用将更加广泛。

(2) 智能加工的发展趋势

1) 机床复合技术进一步扩展。随着数控机床技术的进步，复合加工技术日趋成熟，包括铣-车复合、车-磨复合、车-镗-钻-齿轮加工复合等，车-磨复合加工、成形复合加工、特种复合加工等，复合加工的精度和效率大大提高。"一台机床就是一个加工厂"，"一次装夹，完全加工"等理念正在被更多人接受，复合加工机床发展正呈现多样化的态势。

2) 智能化技术有新突破。数控机床的智能化技术有新的突破，在数控系统的性能上得到了较好体现。如自动调整干涉防碰撞功能、断电后工件自动退出安全区断电保护功能、加工零件检测和自动补偿学习功能、高精度加工零件智能化参数选用功能、加工过程自动消除机床振动功能等进入了实用化阶段，智能化提升了机床的功能和品质。

3) 机器人使柔性化组合效率更高。机器人与主机的柔性化组合得到广泛应用，使柔性线更加灵活，功能进一步扩展，柔性自动线进一步缩短、效率更高。机器人与加工中心、车铣复合机床、磨床、齿轮加工机床、工具磨床、电加工机床、锯床、压力机、激光加工机床、水切割机床等组成多种形式的柔性单元和柔性生产线，并已经开始应用。在机器功能越来越复杂时，编程和操作人员的水平千差万别，机床供应商和使用单位如何让不同水平的用户的加工实现最佳的效果呢？那就需要把人的高技能与计算机和信息技术有效地结合起来，以机器替代并完成需要高素质人员完成的、自动的加工。智能化是机械加工发展的必然之路。

第二节　智　能　检　测

智能检测是伴随着自动化技术、计算机技术、检测技术和智能技术的深入发展而产生和形成的新研究领域。智能检测是将传统学科和新技术进行综合集成和应用的一门学科，体现了多学科的交叉、融合和拓展，其应用范围遍布国民经济的诸多方面。智能检测与智能仪表是未来检测技术的主要发展方向。

知识要点一　工业过程检测

1. 工业过程检测的概念

工业过程检测是指在生产过程中，为及时掌握生产情况和监视、控制生产过程，而对其中一些变量进行的定性检查和定量测量。

检测的目的是获取各过程变量值的信息。根据检测结果可对影响过程状况的变量进行自动调节或操纵，以达到提高质量、降低成本、节约能源、减少污染和安全生产等目的。

检测技术涉及的内容非常广泛，包括被检测信息的获取、转换、显示及测量数据的处理等技术。随着科学技术的不断进步，特别是随着微电子技术、计算机技术等高新科技的发展及新材料、新工艺的不断涌现，检测技术也在不断发展，并且已经成为一门实用性和综合性很强的新兴学科。

2. 工业过程检测的特点

1）被测对象形态多样，有气态、液态、固态介质及其混合体，也有的被测对象具有特殊性质（如强腐蚀、强辐射、高温、高压、深冷、真空、高黏度、高速运动等）。

2）被测参数性质多样，有温度、压力、流量、液位等物理量，也有各种机械量、电工量、化学量、生物量，还有某些工业过程要求检测的特殊参数（如纸浆的打浆度）等。

3）被测变量的变化范围宽。如被测温度可以是1000℃以上的高温，也可以是0℃以下的低温甚至超低温。

4）检测方式多种多样，既有断续测量又有连续测量，既有单参数检测又有多参数同时检测，还有每隔一段时间对不同参数的巡回检测等。

5）检测环境比较恶劣。在工业过程中，存在着许多不利于检测的影响因素，如电源电压波动，温度、压力变化，以及在工作现场存在水汽、烟雾、粉尘、辐射、振动等。

为适应工业过程检测的上述特点，要求检测仪表不但具有良好的静态特性和动态特性，而且要针对不同的被测对象和测量要求采用不同的测量原理和测量手段。因此，检测仪表的种类繁多，而且为了适应工业过程对检测技术提出的新要求，还将有各式各样的新型仪表不断涌现。

3. 检测仪表

检测仪表是能确定所感受的被测变量大小的仪表，它可以是传感器、变送器和自身兼有检出元件和显示装置的仪表。传感器是能接收被测信息并按一定规律将其转换成同种或别种性质的输出变量的仪表。输出为标准信号的传感器称为变送器。所谓标准信号，是指变化范围的上下限已经标准化的信号。

检测仪表可按下述方法进行分类：

1）按被测量分类。可分为温度检测仪表、压力检测仪表、流量检测仪表、物位检测仪表、机械量检测仪表及过程分析仪表等。

2）按测量原理分类。可分为电容式、电磁式、压电式、光电式、超声波式、核辐射式检测仪表等。

3）按输出信号分类。可分为输出模拟信号的模拟式仪表、输出数字信号的数字式仪表及输出开关信号的检测开关（如振动式物位开关）等。

4）按结构和功能特点分类。可按照测量结果是否就地显示分为测量与显示功能集于一身的一体化仪表和将测量结果转换为标准输出信号并远传至控制室集中显示的单元组合仪表；或者按照仪表是否含有微处理器而分为不带微处理器的常规仪表和以微处理器为核心的微机化仪表。后者的集成度越来越高，功能越来越强，有的已具有一定的人工智能，常被称为智能化仪表。目前，有的仪表供应商又推出了"虚拟仪器"的概念。所谓"虚拟仪器"是指在标准计算机的基础上加一组软件或（和）硬件，使用者操作这台计算机，即可充分利用最新的计算机技术来实现和扩展传统仪表的功能。这套以软件为主体的系统能够享用普通计算机的各种计算、显示和通信功能。在基本硬件确定之后，就可以通过改变软件的方法来适应不同的需求，实现不同的功能。虚拟仪器彻底打破了传统仪表只能由生产厂家定义、用户无法改变的局面，用户可以自己设计、自己定义，通过软件的改变来更新自己的仪表或检测系统，改变传统仪表功能单一或有些功能用不上的缺陷，从而节省开发、维护费用，减少开发专用检测系统的时间。

知识要点二　智能检测系统

智能检测系统和所有的计算机系统一样，由硬件、软件两大部分组成。智能检测系统的硬件部分主要包括各种传感器、信号采集系统、处理芯片、输入输出接口与输出隔离驱动电路。其中，处理芯片可以是微机，也可以是单片机、DSP等具有较强处理计算能力的芯片。

1. 智能检测系统中的传感器

传感器是"能把特定的被测量信息（包括物理量、化学量、生物量等）按一定规律转换成某种可用信号输出的器件或装置"。所谓可用信号，是指便于处理与传输的信号，即把外界非电信息转换成电信号输出。随着科学技术的发展，传感器的输出信号更多地将是光信号，因为光信号更便于快速、高效地处理与传输。

传感器作为智能检测系统的主要信息来源，其性能决定了整个检测系统的性能。传感器的工作原理多种多样，种类繁多，而且还在不断地涌现出新型传感器。

（1）常用传感器　常用传感器包括热电传感器（将温度转换成电量的装置）、应变式传感器（利用电阻应变效应将应变转换成电阻的相对变化）、电感式传感器（基于电磁感应原理将被测量转换成电感量变化的装置）、电容式传感器（将被测量转换成电容量变化的装置）、压电式传感器（利用某些材料的压电效应将力转变为电荷或电压输出）、磁电式传感器（利用磁电作用将被测量转换为电信号）、光电式传感器（用光电元件将光能转换成电能的一种装置）、声波传感器（利用超声波的传播特性进行工作的，其输出为电信号）。

（2）新型传感器　新型传感器包括光纤传感器（分为利用光纤本身的某种敏感特性或功能制成的功能型传感器和光纤仅仅起传输光波的作用而必须在光纤端面或中间加装其他敏感元件才能构成传感器的传光型传感器）、红外传感器（将辐射能转换为电能的一种传感器，又称为红外探测器）、气敏传感器（能将被测气体浓度转换为与其成一定关系的电量输出的装置）、生物传感器（利用生物或生物物质做成的、用以检测与识别生物体内的化学成分的传感器）、机器人传感器（能将机器人目标物特性或参量变换为电量输出的装置）、智能传感器（带有微处理机且兼有信息检测、信息处理、信息记忆、逻辑思维与判断功能的传感器）、数字传感器（能把被测模拟量直接转换成数字量输出的传感器）。

2. 数据采集

数据采集系统是计算机、智能检测系统与外界物理世界联系的桥梁，是获取信息的重要途径，用于对整个系统进行控制和数据处理。它的核心是计算机，而计算机所处理的是数字信号，因此，输入的模拟信号必须进行模数（A－D）转换，将连续的模拟信号量化。所以，数据采集系统一般由多路开关、放大器、采样/保持器和 A－D 转换器等几部分组成。设计数据采集系统时，首先根据被测信号的特点及对系统性能的要求，选择系统的结构形式。常见的数据采集系统有多通道共享采样保持器和 A－D 转换器、多通道同步型数据采集系统、多通道并行型数据采集系统。

3. 智能仪器的基本结构

智能仪器实际上是一个专用的微型计算机系统，由硬件和软件两大部分组成。

智能仪器的硬件部分主要包括主机电路、模拟量输入/输出通道、人机接口电路、标准通信接口等。

主机电路用来存储程序、数据并进行一系列的运算和处理，通常由微处理器、程序存储器、输入/输出（I/O）接口电路等组成，或者它本身就是一个单片微型计算机。

模拟量输入/输出通道用来输入/输出模拟信号，主要由 A－D 转换器、D－A 转换器和有关的模拟信号处理电路等组成。

人机接口电路的作用是沟通操作者和仪器，主要由仪器面板中的键盘和显示器等组成。

标准通信接口电路用于实现仪器与计算机的联系，以便使仪器可以接收计算机的程控命令。

智能仪器的软件部分主要包括监控程序和接口管理程序两部分。其中，监控程序面向仪器面板键盘和显示器，接口管理程序主要面向通信接口。

4. 智能仪器的现状与发展趋势

20 世纪 70 年代以来，在新技术革命的推动下，尤其是微电子技术和微型计算机技术的快速进步，使电子仪器的整体水平发生了很大变化，先后出现了独立式智能仪器、GPIB 自动测试系统、插卡式智能仪器（个人仪器）和 VXI 总线仪器系统，近年来又发展出了 PXI 仪器系统等。

独立式智能仪器（简称智能仪器）即前述的自身带有微处理器，能独立进行测试的电子仪器。智能仪器是现阶段智能化电子仪器的主体。

独立式智能仪器在结构上自成一体，因而使用灵活方便，并且仪器的技术性能可以做得很高。这类仪器在技术上已经比较成熟，不仅大多数传统的电子仪器已有相应换代的智能仪器产品，而且还出现了不少全新的仪器类型和测试系统体系，使现代电子测量与仪器发生了根本性的变化。智能仪器几乎都配有 GPIB（或 RS－232C）通信接口，可以很方便地组成自动测试系统。

自动测试系统具有极强的通用性和多功能性，对于不同的测试任务，只需增减或更换"挂"在它上面的仪器设备，编制相应的测试软件，而系统本身不变。这种自动测试系统特别适用于要求测量时间极短而数据处理量极大的测试任务，以及测试现场对操作人员有害或操作人员参与操作会产生人为误差的测试场合。

个人仪器是在智能仪器的基础上伴随着个人计算机（PC）而创造出的一种新型仪器。个人仪器系统是由不同功能的仪器卡、插卡箱和一台 PC 有机结合而构成的自动测试系统。由于个人仪器和个人仪器系统充分地利用了 PC 的软件、硬件资源，因而相对传统智能仪器和由智能仪器构成的 GPIB 总线仪器系统来说，极大地降低了成本，大幅度地缩短了研制周期，显现出了广阔的发展前景。

VXI/PXI 总线是开放式结构，它对所有仪器生产厂家和用户都是公开的，即允许不同生产厂家生产的卡式仪器在同一机箱中工作，从而使 VXI/PXI 总线很快就成为测试系统的主导结构。VXI 总线是面向模块式结构的仪器的总线，与 GPIB 总线相比，其性能有了较大幅度的提高。

智能仪器的未来发展主要在以下几个方面：

1）微型化。微型智能仪器指微电子技术、微机械技术、信息技术等综合应用于仪器的生产中，从而使仪器成为体积小、功能齐全的智能仪器，能够完成信号的采集、线性化处理、数字信号处理，控制信号的输出、放大，与其他仪器的接口，与人的交互等功能。

2）多功能化。这种多功能的综合型产品不但在性能上比专用脉冲发生器和频率合成器好，而且在各种测试功能上提供了较好的解决方案。

3）人工智能化。利用计算机模拟人的智能，可无需人的干预而自主地完成检测或控制功能，用于机器人、医疗诊断、专家系统、推理证明等方面。人工智能在现代仪器仪表中的应用，使我们不仅可以解决用传统方法很难解决的问题，而且可望解决用传统方法根本不能解决的问题。

4）网络化。伴随着网络技术的飞速发展，Internet 技术正在逐渐向工业控制和智能仪器仪表系统设计领域渗透，将实现智能仪器仪表系统基于 Internet 的通信能力及对设计好的智能仪器仪表系统进行远程升级、功能重置和系统维护。

在线系统编程技术（ISP 技术）是对软件进行修改、组态或重组的一种最新技术，它消除了传统技术的某些限制和连接弊病，有利于在线设计、制造与编程。ISP 硬件灵活且易于软件修改，便于设计开发。由于 ISP 器件可以像任何其他器件一样在印制电路板（PCB）上处理，因此编程 ISP 器件不需要专门编程器和较复杂的流程，只要通过 PC、嵌入式系统处理器甚至 Internet 远程网进行编程。

5）虚拟仪器是智能仪器发展的新阶段。测量仪器的主要功能都是由数据采集、数据分析和数据显示三大部分组成的。在虚拟现实系统中，数据分析和显示完全用 PC 的软件来完成。因此，只要额外提供一定的数据采集硬件，就可以与 PC 组成测量仪器。这种基于 PC 的测量仪器称为虚拟仪器。在虚拟仪器中，使用同一个硬件系统，只要应用不同的软件编程，就可得到功能完全不同的测量仪器。可见，软件系统是虚拟仪器的核心，"软件就是仪器"。传统的智能仪器主要在仪器技术中用了某种计算机技术，而虚拟仪器则强调在通用的计算机技术中吸收仪器技术。作为虚拟仪器核心的软件系统具有通用性、通俗性、可视性、可扩展性和升级性，能为用户带来极大的利益。

5. 智能仪器的人机接口

人机接口是人与仪器交换信息的通道，是智能仪器智能的一个重要体现。一个优秀的人机接口可以增强仪器的功能，提高仪器工作效率，降低对操作人员的要求，从而提高仪器智能化的水平。

智能仪器人机接口通常有 4 种类型，即问答对话式（Question and Answer）、专用指令语言式（Command Language）、菜单式（Menu）和预定义式（Pre – defined Method）。其中，问答对话式和菜单式仪器以菜单的形式在屏幕上显示，操作方法简单，对操作者要求较低，适于新手操作使用，而专用指令语言式和预定义式对接口设计和仪器操作使用要求较高，设计周期较长，而且要求对操作者进行专门培训。但对于有经验的使用者来说，其操作灵活快捷，能迅速地与计算机通信。目前，大型精密仪器大多采用菜单式和专用指令语言式作为主要交互形式，或者采用多种交互形式混合使用的方法。

6. 虚拟仪器概述

虚拟仪器是基于计算机的仪器。计算机和仪器的密切结合是目前仪器发展的一个重要方向。粗略地说，这种结合有两种方式：一种是将计算机装入仪器，其典型的例子就是所谓智能化的仪器，随着计算机功能的日益强大及其体积的日趋缩小，这类仪器功能也越来越强大，目前已经出现含嵌入式系统的仪器；另一种方式是将仪器装入计算机，以通用的计算机硬件及操作系统为依托，实现各种仪器功能，虚拟仪器主要是指这种方式。

虚拟仪器是现代仪器技术与计算机技术结合的产物。随着计算机技术特别是计算机的快速发展，CPU 处理能力的增强、总线吞吐能力的提高及显示器技术的进步，人们逐渐意识到，可以把仪器的信号分析和处理、结果的表达与输出功能转移给计算机来完成。这样，可以利用计算机的高速计算能力和宽大的显示屏更好地完成原来的功能。在计算机内插上一块数据采集卡，就可以把传统仪器的所有功能模块都集成在一台计算机中了。而软件就成为虚拟仪器的关键，任何一个使用者都可以通过修改虚拟仪器的软件来改变它的功能。

虚拟仪器的主要特点如下：

1）尽可能采用了通用的硬件，各种仪器的差异主要是软件。

2）可充分发挥计算机的能力，有强大的数据处理功能，可以创造出功能更强的仪器。

3）用户可以根据自己的需要定义和制造各种仪器。

虚拟仪器实际上是一个按照仪器需求组织的数据采集系统。

知识要点三　智能检测新技术

1. 智能传感器与网络智能传感器

智能传感器是当今世界上正在迅速发展的高新技术，其最新定义为："通过信号调理电路与微处理器赋予智能的结合，兼有信息检测与信息处理功能的传感器就是智能传感器。"这一提法突破了传感器与微处理器结合必须在工艺上集成在一块芯片上的限制，而着重于两者赋予智能的结合可以使传感器的功能由以往只起"信息检测"作用扩展到兼有"信息处理"功能，因此智能传感器是既有获取信息又有信息处理功能的传感器。

智能传感器过去主要用于过程工业，如今在离散自动化领域和商业领域都有广泛应用。尤其是近十年，由于半导体技术的迅速发展，使微控制器的功能不断升级，价格不断下降，从而引起工业传感器设计的革命，也使检测技术的发展跃上一个新台阶。

智能传感器的功能特点如下：

1）提高了检测的准确度。

2）可设置灵活的检测窗口。

3）快捷方便的按钮编程。

4）具有学习功能。

5）可以有多种输出形式及数字通信接口等。

6）具有自诊断功能。

7）智能化使开发新应用更经济、更方便。

2. 智能传感器网络化的实现

传感器与网络相连，是信息技术发展的一种必然趋势。

（1）利用现场总线技术　在自动化领域，现场总线控制系统 FCS（Fieldbus Control System）正在逐步取代一般的分布式控制系统 DCS（Distributed Control System），各种基于现场总线的智能传感器/执行器技术也得到迅速发展。同时，现场总线控制系统是一个开放式和全分散式的控制系统，它作为智能设备的连接纽带，把挂接在总线上作为网络节点的智能设备连接为网络系统，并进一步构成自动化系统，实现基本控制、补偿运算、参数修改、报警、显示、监控、优化及管控一体化的综合自动化功能，这是一项以智能传感器、控制、计算机、数字通信、网络为主要内容的综合技术。

现场总线的出现导致了传统控制系统结构的变革，形成了新型的网络集成式全分布控制系统。现场总线系统具有较高的测控能力，可将微机置入现场设备，使设备具有数字计算和数字通信能力，为实现其远程传送创造了条件，可借助其网络功能，实现异地控制或远程控制，也可以更好、更方便地了解生产现场和自控设备的运行状态，以便进行故障诊断等工作。

现场总线控制系统综合了数字通信技术、计算机技术、自动控制技术、网络技术和智能仪表等多种技术手段，从根本上突破了传统的"点对点"式的模拟信号或数字－模拟信号的局限性，构成一种全分散、全数字化、智能、双向、互联、多接点的通信与控制系统，相应的控制网络结构也发生了较大的变化。

（2）利用 Intranet/Internet 技术　对于大型数据采集系统（特别是自动化工厂用的数据采集系统）而言，由于其中的传感器/执行器数以万计，特别希望能减少其中的总线数量，最好能统一为一种总线或网络，这样不仅有利于简化布线、节省空间、降低成本，而且方便系统维护。另一方面，现有工厂和企业大都建有企业内部网（Intranet），基于 Intranet 的信息管理系统（MIS）成为企业运营的公共信息平台，为工厂现代化提供了有力的保障。

Intranet 和 Internet 具有相同的技术原理，都基于全球通用的 TCP/IP 协议，让传感器/执行器在应用现场实现 TCP/IP 协议，使现场测控数据就近登录网络，在网络所能及的范围内适时发布和共享，是具有 Internet/Intranet 功能的网络化智能传感器（包括执行器）的研究目标，也是目前国内外竞相研究与发展的前沿技术之一。

具有 Internet/Intranet 功能的网络化智能传感器是在智能传感器的基础上实现网络化和信息化，其核心是使传感器本身实现 TCP/IP 网络通信协议。随着电子和信息技术的高速发展，通过软件方式或硬件方式可以将 TCP/IP 协议嵌入智能化传感器中。

3. 软测量技术简介

随着生产技术的发展和生产过程的日益复杂，为确保生产装置安全、高效地运行，需对与系统的稳定及产品质量密切相关的重要过程变量进行实时控制和优化控制。可是，在许多生产装置的这类重要过程变量中，存在着一大部分由于技术或是经济上的原因，很难通过传感器进行测量的变量。为了解决此类过程的控制问题，以前往往采用两种方法：一种方法是采用间接的质量指标控制，但此法难以保证最终质量指标的控制精度；另一种方法是采用在线分析仪表，但此法设备投资较大，维护成本高，并因较大的测量滞后而使得调节品质下降。为了解决这些问题，逐步形成了软测量方法及其应用技术。

目前，软测量技术被认为是最具有吸引力和富有成效的新方法。在不增加或少增加投资的条件下，软测量技术将会得到广泛应用，从而对过程检测和控制系统产生巨大影响。其主要意义如下：

1）打破传统单输入单输出仪表格局。软测量仪表是多输入多输出智能型仪表，它可以是专用仪表，也可以是由用户进行编程的通用仪表，一些价格较贵、难维护的仪表将为软测量仪表所代替。

2）实现在同一仪表中结合软测量技术与控制技术。采用智能总线化仪表后，在一台仪表中实现多个回路的控制将成为可能。

3）修改方便。软测量的本质是面向对象的，通过编程或组态来实现软测量数学模型，可以通过编程器或组态操作方便地对模型参数进行修改，甚至可以对推理控制模型进行修正。

4）在分散控制系统中实现方便。一些较简单的数学模型还可在单回路控制器中实现。

5）对过程控制系统来说，原来因缺少检测手段而采用的一些间接控制方案将被采用软测量技术的以直接控制目标为目的的控制方案所代替，以提高控制性能指标。同时，软测量技术的应用对原有一些经典控制方案也提出了挑战，采用软测量技术可直接对多优化目标函数进行估计，使优化控制直接在过程控制级实现，减少控制回路间的协调。

软测量就是选择与被估计变量相关的一组可测变量，构造某种以可测变量为输入、被估计变量为输出的数学模型，用计算机软件实现重要过程变量的估计。软测量估计值可作为控制系统的被控变量或反映过程特征的工艺参数，为优化控制与决策提供重要信息。

软测量技术通常由选择辅助变量、数据处理、建立软测量模型、软测量模型的在线校正等要素构成。

对用户来说，建立软测量技术控制方案的关键还是软件。软测量系统软件主要分为四层结构：测试管理层、测试程序层、仪器驱动层和 I/O 接口层。

软测量技术作为一种新的检测与控制技术，与其他技术相似，只有在其适用范围内才能充分发挥自身优势。因此，必须对其适用条件进行分析。

1）通过软测量技术所得到的过程变量估计值必须在工艺过程所允许的精确度范围内。

2）能通过其他检测手段根据过程变量估计值对系统数学模型进行校验，并根据两者偏差确定数学模型校正与否。

3）直接检测被估过程变量的自动化仪器仪表较贵或维护困难。

4）被估过程变量应具有灵敏性、精确性、鲁棒性、合理性及特异性。

目前，软测量技术在石化生产过程中正逐步得到应用。

第三节 智 能 控 制

知识要点一 智能控制简介

1. 智能控制产生的背景及发展智能控制的重要意义

（1）智能控制的产生背景 控制理论的发展经历了古典控制、现代控制和智能控制三个阶段。其中，古典控制理论主要解决单输入单输出问题，主要采用传递函数、频率特性、根轨迹法等频域方法；现代控制理论利用状态空间法描述系统的动态过程，主要解决多输入多输出的控制问题。习惯上，将古典控制和现代控制统称为传统控制理论，其共同特点是须建立被控对象的数学模型，用数学公式刻画被控对象的动态行为，以明确被控对象的输入量与输出量之间的数学关系，如古典控制理论中的传递函数、现代控制理论中的状态方程。

传统控制理论在相当长的一段时间内是解决控制问题的有力工具，时至今日也在工业控制中发挥着重要作用。但随着科学技术的飞速发展，被控对象越来越多样化，控制任务越来越复杂，传统控制理论遇到了很多难以解决的问题：

1）传统控制系统的设计与分析是建立在精确的系统数学模型基础上的，而实际系统由于存在复杂性、非线性、时变性、不确定性和不完全性等，一般无法获得精确的数学模型。

2）研究这类系统时，必须提出并遵循一些比较苛刻的假设，而这些假设在应用中往往与实际不相吻合。

3）对于某些复杂的和包含不确定性的对象，根本无法以传统数学模型来表示，即无法解决建模问题。

4）为了提高性能，传统控制系统可能变得很复杂，从而增加了设备的初投资和维修费用，降低了系统的可靠性。

5）应用要求进行创新，提出新的控制思想，进行新的集成开发，以解决未知环境中复杂系统的控制问题。

面对这些挑战，自动控制工作者的任务如下：

1）拓展视野，着力创新，发展新的控制概念和控制方法，采用非完全模型控制系统。

2）采用开始时知之甚少和不甚正确的，但可以在系统工作过程中加以在线改进，使之成为知之较多和日臻正确的系统模型。

3）采用离散事件驱动的动态系统和本质上完全断续的系统。

从这些任务可以看出，系统与信息理论以及人工智能思想和方法将深入建模过程，不把模型视为固定不变的，而是视为不断演化的实体。所开发的模型不仅含有解析与数值，而且包含定性和符号数据。它们是因果性的和动态的，高度非同步的和非解析的，甚至是非数值的。对于非完全已知的系统和非传统数学模型描述的系统，必须建立包括控制律、控制算法、控制策略、控制规则和协议等理论。实质上，这就是要建立智能化控制系统模型，或者建立传统解析和智能方法的混合（集成）控制模型，而其核心就在于实现控制器的智能化。

人工智能的产生和发展正在为自动控制系统的智能化提供有力支持。自动控制既面临严峻挑战，又存在良好发展机遇。为了解决面临的难题，一方面要推进控制硬件、软件和智能的结合，实现控制系统的智能化；另一方面要实现自动控制科学与计算机科学、信息科学、系统科学以及人工智能的结合，为自动控制提供新思想、新方法和新技术，创立边缘交叉新学科，推动智能控制的发展。自动化控制的发展过程如图 15-1 所示。

近十年来，随着人工智能和机器人技术的快速发展，对智能控制的研究出现了一股新的热潮。各种智能决策系统、专家控制系统、学习控制系统、模糊控制、神经控制、主动视觉控制、智能规划和故障诊断系统等已被应用于各类工业过程控制系统、智能机器人系统和智能化生产（制造）系统。

近年来，以计算智能为基础的一些新的智能控制方法和技术已被先后提出来。这些新的智能控制系统有仿人控制系统、进化控制系统和免疫

图 15-1　自动化控制的发展过程

控制系统等。把源于生物进化的进化计算机制与传统反馈机制相结合用于控制，可实现一种新的控制——进化控制；而把自然免疫系统的机制和计算方法用于控制，则可构成免疫控制。进化控制和免疫控制是两种最新的智能控制方案，其研究将推动智能控制的发展。

（2）发展智能控制的重要意义　智能控制作为一门新的学科登上国际科学舞台和大学讲台，是控制科学与工程界以及信息科学界的一件大事，具有十分重要的科学意义和长远影响。

1）为解决传统控制无法解决的问题找到一条新的途径。多年来，自动控制一直在寻找新的出路。现在看来，出路之一就是实现控制系统的智能化，即智能控制，以期解决面临的难题。

2）促进自动控制向着更高水平发展。从智能控制的发展过程和已取得的成果来看，智能控制的产生和发展反映了当代自动控制的发展趋势，是历史的必然。智能控制已发展成为自动控制的一个新的里程碑，发展成为一种日趋成熟和日臻完善的控制手段，并获得日益广泛的应用。

3）激发学术界的思想解放，推动科技创新。智能控制采用非数学模型、非数值计算、生物激励机制和混合广义模型，并可与反馈机制相结合组成灵活多样的控制系统和控制模式，激励人们解放思想、大胆创新。

4）为实现脑力劳动和体力劳动的自动化——智能化做出贡献。由于智能控制的应用，一些过去无法实现自动化的劳动，已实现智能自动化。

5）为多种学派合作树立了典范。与人工智能学科相比，智能控制学科具有较大的容他性，而没有出现过于激烈和对立的争论。早在智能控制建立的初期，许多智能控制专家实际上就已把不同认知学派的思想融合贯穿在了智能控制学科之中。

智能控制采用各种智能化技术实现复杂系统和其他系统的控制目标，是一种具有强大生命力的新型自动控制技术，并在航天、航海、复杂工业流程、机器人、带有生物化学变化的加工过程等领域获得日益广泛的应用。

2. 智能控制的内涵及特点

（1）智能控制的内涵　智能控制是典型的多学科交叉的产物，涵盖了人工智能、自动控制、运筹学、信息论、仿生学、系统论、心理学、计算机科学等众多学科。其中，人工智能是智能控制产生和发展的重要基础。

通俗地说，智能控制是驱动智能机器自主地实现其目标的过程。或者说，智能控制是一类无需人的干预就能够独立地驱动智能机器实现其目标的自动控制。

和许多新兴的学科一样，智能控制尚没有统一的定义，有多种不同的描述，从学科结构理论上说，先后已提出了智能控制是二元、三元和四元交集的论述。1989 年中国学者蔡自兴教授提出了智能控制四元交集论，即认为智能控制是自动控制、人工智能、运筹学和信息论的交集，如图 15-2 所示。

（2）智能控制的功能特点　无论从智能控制的各种定义，还是从实际控制中对智能控制系统的要求来看，智能控制就是一类无需（或仅需尽可能少的）人的干预就能够独立地驱动智能机器实现其目标的自动控制。智能控制一般具有如下功能特点：

图 15-2　智能控制四元交集论结构

1）学习功能。智能控制系统具有很好的学习能力，能够从外界环境中获取信息，并进行识别、记忆和学习，通过不断地积累知识和经验来逐步提高控制系统的性能。

2）适应功能。智能控制系统在被控对象的动力学特性变化、外部环境变化、运行条件变化等情况下均能进行良好的控制，即使系统某一部分发生故障也能实现控制。

3）自组织功能。智能控制系统对于复杂的任务和多种传感器信息具有自行组织与协调的功能，当出现多目标时，可自行决策进行解决。

4）优化功能。智能控制系统能够不断优化控制参数和控制系统的结构形式，以获得最优的控制性能。

除以上功能外，智能控制系统还应具有相当的在线实时响应能力和友好的人机界面，以保证人机互助和人机协同工作。

（3）智能控制与传统控制的关系和差别　智能控制与传统的或常规的控制有密切的关系，不是相互排斥的。传统控制往往包含在智能控制之中，智能控制也利用常规控制的方法来解决"低级"的控制问题，力图扩充常规控制方法并建立一系列新的理论与方法来解决更具有挑战性的复杂控制问题。但是，智能控制与传统自动控制相比较，存在着巨大的差别。

1）传统的自动控制是建立在确定的模型基础上的，而智能控制的研究对象则存在严重的模型不确定性，即模型未知或知之甚少。

2）传统的自动控制系统的输入或输出设备与人及外界环境的信息交换很不方便，而智能控制能够更加深入而灵活地和系统进行信息交流，能够用文字、图纸、立体形象、语言等形式的输出信息。

3）传统的自动控制系统对控制任务的要求要么使输出量为定值（调节系统），要么使输出量跟随期望的运动轨迹（跟随系统），因此具有控制任务单一性的特点，而智能控制系统的控制任务可能比较复杂，它要求系统对一个复杂的任务具有自动规划和决策的能力等。

4）传统的控制理论对线性问题有较成熟的理论，而智能控制为解决复杂的非线性问题以及工业过程中动态的、在线运动的问题等找到了行之有效的途径。

5）与传统自动控制系统相比，智能控制系统具有足够的关于人的控制策略、被控对象及环境的有关知识以及运用这些知识的能力；以知识表示的非数学广义模型和以数学表示的混合控制过程，采用开、闭环控制和定性及定量控制结合的多模态控制方式；具有变结构特点，能总体自寻优，具有自适应、自组织、自学习和自协调能力；具有补偿及自修复能力和判断决策能力。

总之，智能控制系统通过智能机自动地完成其目标的控制过程，其智能机可以在熟悉或不熟悉的环境中自动地或人机交互地完成拟人任务。

（4）智能控制的主要研究内容　目前国内外智能控制研究方向及内容主要有：①智能控制的基础理论和方法研究；②智能控制体系结构的研究；③基于知识系统的专家控制；④基于模糊系统的智能控制；⑤基于学习及适应性的智能控制；⑥基于神经网络的智能控制系统；⑦基于信息论和进化论的学习控制器研究；⑧基于感知信息的智能控制系统；⑨其他，如计算机智能集成制造系统、智能计算系统、智能并行控制、智能容错控制、智能机器人等。

3. 智能控制的几个重要分支

由于研究者对人类智能的认识和模拟的思路与方法各有不同，因此，与传统控制理论不同，智能控制不是一套独立的知识体系，而是对所有具有"智能"特点的控制理论的统称。智能控制包含了多个分支，如专家智能控制、分级递阶控制、模糊控制、神经网络控制、遗传算法等，各个分支之间没有明显的关联，但可以相互融合。下面简要介绍智能控制中的几个重要分支。

（1）专家智能控制　专家智能控制是专家系统理论和控制技术相结合的产物。专家系统的实质是计算机软件程序，其中包含了人类专家的知识和经验，从而可以让计算机像人类专家那样去解决各种问题，目前可以处理预测、诊断、设计、规划等诸多工程问题。专家控制不需要被控对象的数学模型，因此是解决不确定性系统控制的一种有效方法。

（2）分级递阶控制　分级递阶控制建立在自适应控制和自组织控制的基础上，属于最早的智能控制理论之一。分级递阶控制遵循"精度随智能降低而提高"的原则，将控制系统分为组织级、协调级和执行级。组织级通过人机接口和用户进行交互，执行最高决策的控制功能，监视并指导协调级和执行级的所有行为；协调级在组织级和执行级之间起连接作用；执行级通常执行一个确定的动作。

（3）模糊控制　模糊控制的理论基础是模糊集理论，这一理论使用数学方法表达如"比较好""非常大"等这类日常生活中对事物的模糊描述。模糊控制的基本出发点是人在操控某一系统时依靠的是经验，并且人在实际控制过程中不进行精确计算，而是使用模糊化的推理，如"如果温度很高，则降低电压"。因此，模糊控制的核心是对经验的有效总结，并将经验转化为相应的模糊控制规则。

（4）神经网络控制　神经网络方法试图通过模拟人的神经系统的结构和运行机制来解决各种工程问题。神经网络的功能主要是对输入数据进行映射，从而得到输出。而控制问题实质上也是映射问题，即对被控系统的输出数据进行映射，从而得到控制系统的输出，用于解决强非线性系统、无法建立数学模型的系统的控制问题。

（5）遗传算法　遗传算法是一种寻优方法，常用于模糊控制规则的优化和神经网络的权阈值寻优。这一算法充分体现了人工智能的特色和思想，它模拟生物遗传原理，并遵循自然界中"适者生存，不适者淘汰"的生物繁衍规律。算法向寻优目标逐步靠近的过程，相当于生物通过多代遗传产生最优个体的过程。遗传算法是处理非线性、高维、多极值寻优问题的有力工具。

（6）仿生智能控制　仿生智能控制的基本思想是在控制过程中利用计算机模拟人的控制行为功能，最大限度地识别和利用控制系统动态过程所提供的特征信息，进行启发和直觉推理，从而实现对缺乏精确模型的对象进行有效的控制。从某种意义上说，智能控制就是仿生和拟人控制，模仿人和生物的控制机构、行为和功能所进行的控制，就是拟人控制和仿生控制。神经控制、进化控制、免疫控制等都是仿生控制，而递阶控制、专家控制、学习控制和仿人控制等则属于拟人控制。

（7）学习控制系统　研究用机器来代替人类从事体力和脑力劳动（包括控制作用），就是用机器代替人的思维。在人类的进化过程中，学习功能起着十分重要的作用。学习控制正是模拟人类自身各种优良的控制调节机制的一种尝试。学习作为一种过程，它通过重复各种输入信号，并从外部校正该系统，从而使系统对特定输入具有特定响应。学习控制系统是一个能在其运行过程中逐步获得受控过程及环境的非预知信息，积累控制经验，并在一定的评价标准下进行估值、分类、决策和不断改善系统品质的自动控制系统。

（8）集成智能控制系统　将几种智能控制方法或机理融合在一起而构成的智能控制系统称为集成智能控制系统，如模糊控制与神经网络的融合、基于遗传算法的模糊控制系统、专家模糊系统、混沌模糊控制等。

知识要点二　智能控制的应用

智能控制现有和潜在的应用领域众多，如机器人、计算机集成制造、航天航空、农业生产、社会经济管理、交通运输管理、环保、家用电器等。现举几例进行说明。

1. 复杂工业过程的智能控制

在石油、化工、冶金等生产过程中，难免会存在大量的非线性和不确定性，如原材料的变化及其自身的非线性、生产设备的非线性、生产任务的不同、不正常工况的干扰等。同时，生产过程也需要优化调度。目前，神经网络已应用于炼油厂的生产过程控制中，专家系统已应用于轧钢控制和高炉控制中，模糊控制已应用于粮食烘干过程控制中，模糊专家系统已应用于啤酒发酵生产中。

2. 机器人智能控制

可以说，机器人是机械技术和智能控制理论的完美结合，虽然目前机器人的智能化程度还未达到人类的智能水平，但已在很多方面有所突破，如机器人的避障控制、寻迹和跟踪控制、机器臂的柔顺控制等。另外，国外已开发出能够自如动作的舞蹈机器人、能够直立行走并能完成跳跃的双足机器人、能够进行管道缺陷检测和修复的机器人等。

3. 工程机械智能控制

在矿山、建筑工地、垃圾清理场和道路工程中，总是有大量的挖掘和铲土作业。要完成这些工作，经常使用像挖掘机、装载机这样一些既复杂又昂贵的机器。为了让驾驶员脱离恶劣的工作环境，提高劳动生产率，改善机器的使用状况，降低机器的使用费用，对这类机器的自主作业的控制，已引起普遍的重视。但在实际工地上，在不能预测的、非结构化的、动态的岩土挖掘与铲装工作环境里，铲斗阻力的预测是不可能的，铲斗的运动只能依靠在当前状态下数据的反馈来做出在线的决策。在完全自主的岩土挖掘与铲装作业中，采用的控制结构遵循了基于行为的控制概念，通过把一项复杂的工作任务分解成很多简单的组成部分，这些组成部分分别由一些铲装行为来实现，以解决岩土挖掘与铲装的控制问题。

4. 家用电器的智能控制

家用电器是智能控制的一个重要应用场合。各种家用电器都工作在非线性、时变、不确定的环境中。例如，在空调控制中，空调所处的环境条件是时变的、不确定的，空调控制器输出的控制信号所产生的作用在一段时间之后才会体现出来，因此又具有时滞性；在洗衣机控制中，每一次洗涤衣物的多少、衣物的材质、衣物的干净程度均不一样，从而它也是一种非线性不确定系统。所以，传统控制理论在家电控制方面效果甚微。目前，应用了智能控制的家用电器为数众多，如洗衣机、空调、电冰箱、电饭锅等。

另外，智能控制还在农田灌溉、城市污水处理、石油开采、飞行器控制等多个领域中获得成功应用，并表现出了较强的灵活性和实用性。可以说，凡是传统控制理论能够解决的问题，智能控制也能够解决，而传统控制理论不能够解决的问题，智能控制往往会获得良好的效果。正是因为有新的解决问题的思想，智能控制才成为新一代的控制方法，并具有十分广阔和诱人的应用前景。

思考与练习题

15-1 试描述智能制造产生的前景以及我国智能制造发展的战略与对策。

15-2 简要说明智能加工的内涵、特点，以及智能加工的关键技术有哪些。

15-3 试说明在现代先进制造系统中是如何实现自适应控制的。

15-4 何谓虚拟制造？简要介绍虚拟制造技术的应用。

15-5 试说明工业过程检测的目的及其特点。

15-6 简要介绍智能检测系统的传感器有哪些。

15-7 简要描述智能传感器的功能特点。

15-8 试说明传统控制理论遇到了哪些难以解决的问题，面对这些问题自动控制的工作者的任务是什么。

15-9 简要说明自动控制的发展过程以及发展智能控制的重要意义。

15-10 智能控制有哪些重要分支？试举例说明智能控制的应用。

参 考 文 献

[1] 吴拓. 金属切削加工及装备 [M]. 3 版. 北京: 机械工业出版社, 2018.

[2] 吴拓. 机械制造工程 [M]. 3 版. 北京: 机械工业出版社, 2011.

[3] 吴拓. 机械制造工艺与机床夹具 [M]. 3 版. 北京: 机械工业出版社, 2018.

[4] 吴拓. 机床夹具设计 [M]. 2 版. 北京: 机械工业出版社, 2018.

[5] 刘晋春, 赵家齐, 赵万生. 特种加工 [M]. 4 版. 北京: 机械工业出版社, 2004.

[6] 李伟. 先进制造技术 [M]. 北京: 机械工业出版社, 2005.

[7] 赵云龙. 先进制造技术 [M]. 西安: 西安电子科技大学出版社, 2006.

[8] 邓力凡. 智能加工技术 [M]. 北京: 北京理工大学出版社, 2015.

[9] 李邓化, 彭书华, 许晓飞. 智能检测技术及仪表 [M]. 2 版. 北京: 科学出版社, 2012.

[10] 刘杰, 等. 智能控制与 MATLAB 实用技术 [M]. 北京: 科学出版社, 2017.

[11] 吴拓. 机械制造工艺与机床夹具课程设计指导 [M]. 3 版. 北京: 机械工业出版社, 2016.